中华农业文明研究院文库

农史研究一百年

中华农业文明研究院院史（1920－2020）

王思明◎主编

中国农业科学技术出版社

图书在版编目（CIP）数据

农史研究一百年：中华农业文明研究院院史（1920—2020）/ 王思明主编 . —北京：中国农业科学技术出版社，2020. 8

ISBN 978-7-5116-4799-3

Ⅰ. ①农… Ⅱ. ①王… Ⅲ. ①农业-文化遗产-科学研究组织机构-概况-中国-1920-2020 Ⅳ. ①S-242

中国版本图书馆 CIP 数据核字（2020）第 098856 号

责任编辑 朱 绯
责任校对 李向荣

出 版 者 中国农业科学技术出版社
北京市中关村南大街 12 号 邮编：100081
电 话 (010)82106626(编辑室) (010)82109702(发行部)
(010)82109709(读者服务部)
传 真 (010)82106626
网 址 http://www.castp.cn
经 销 者 各地新华书店
印 刷 者 北京科信印刷有限公司
开 本 710mm×1 000mm 1/16
印 张 28. 5
字 数 450 千字
版 次 2020 年 8 月第 1 版 2020 年 8 月第 1 次印刷
定 价 120. 00 元

编委会

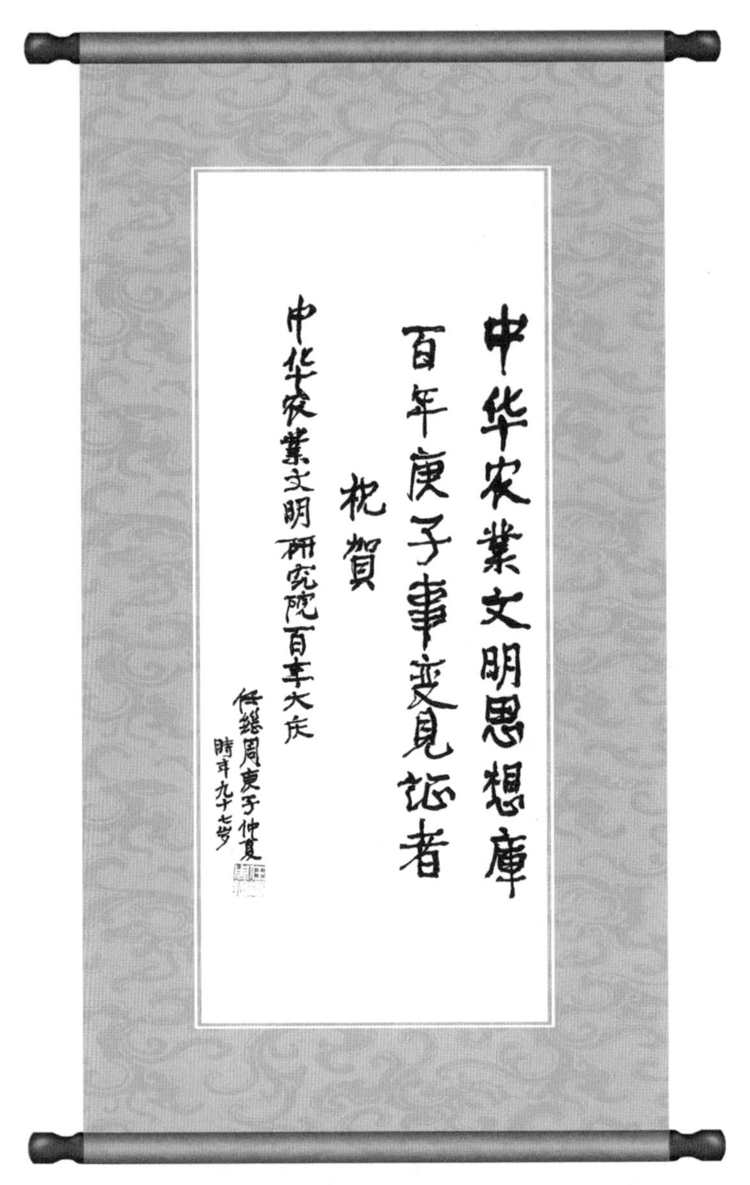

中国草业科学、中国农业伦理学创建人，

中国工程院院士任继周教授题字

中共中央原候补委员、
中国农业科学院原院长翟虎渠教授题字

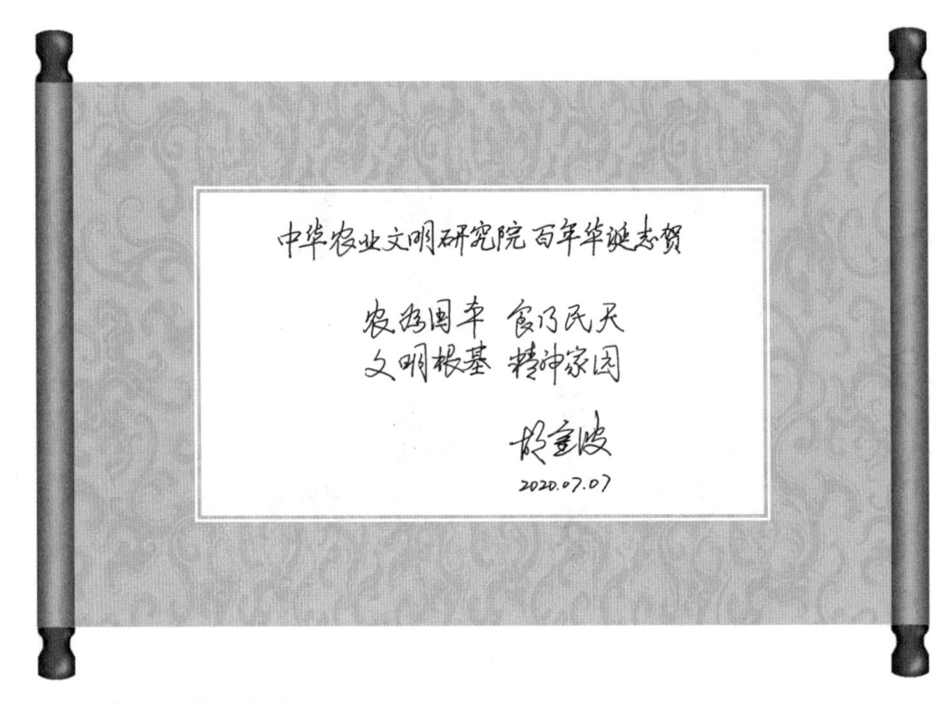

江苏省政协副主席、

南京大学党委书记胡金波教授题字

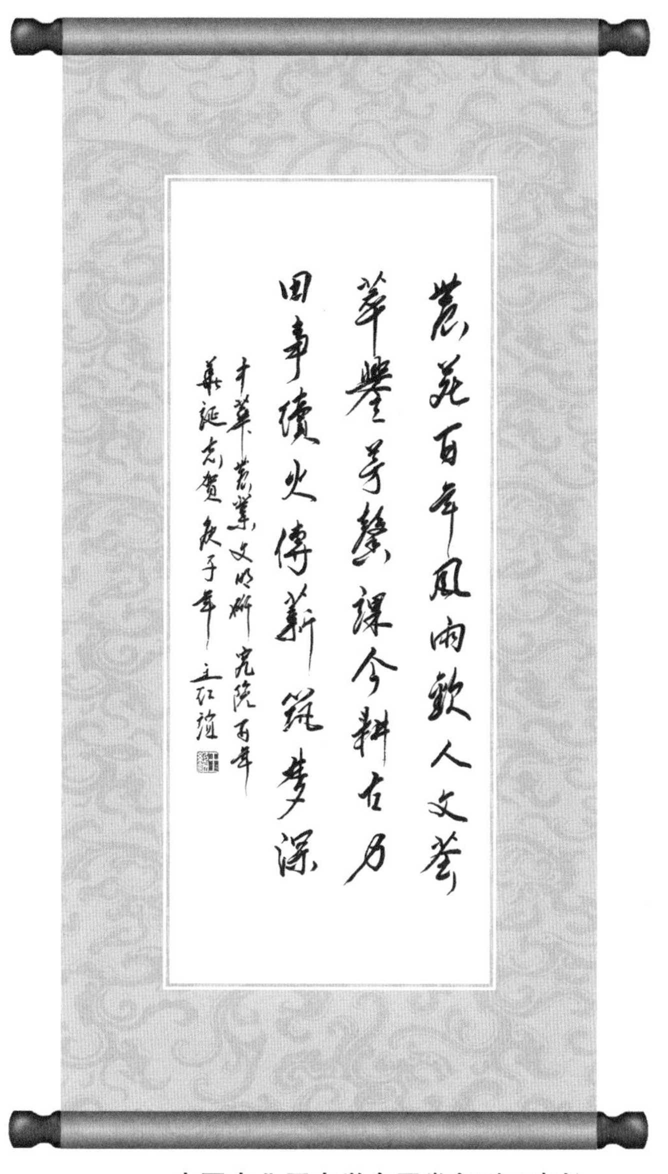

中国农业历史学会原常务副理事长、

中国农业博物馆原党委书记王红谊教授题字

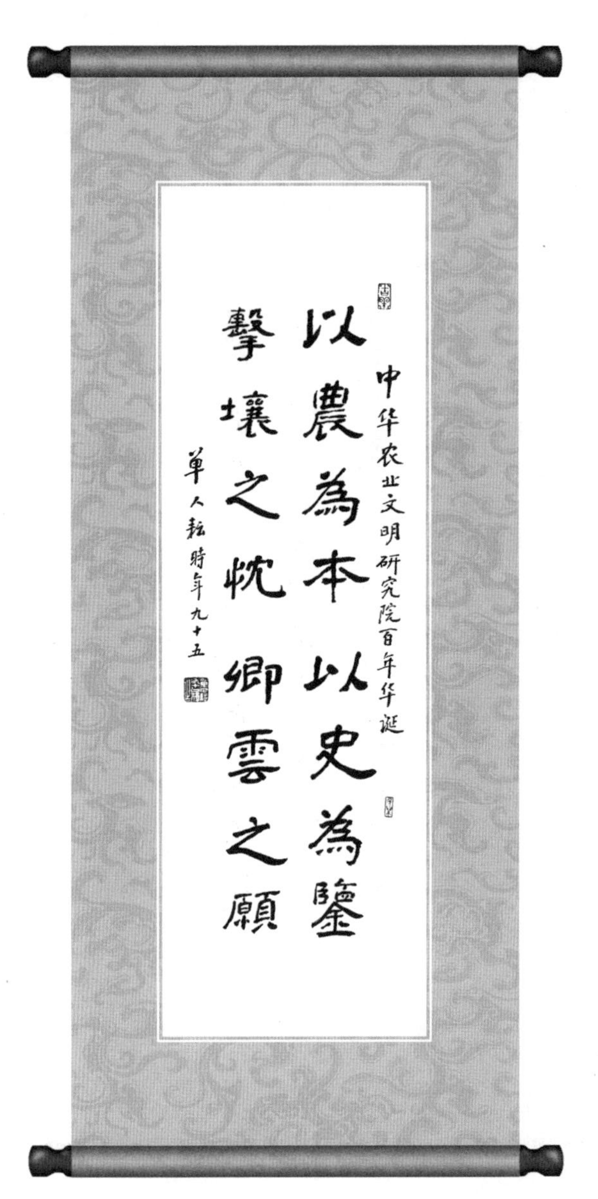

著名诗书画家、
南京农业大学中华农业文明研究院单人耘教授题字

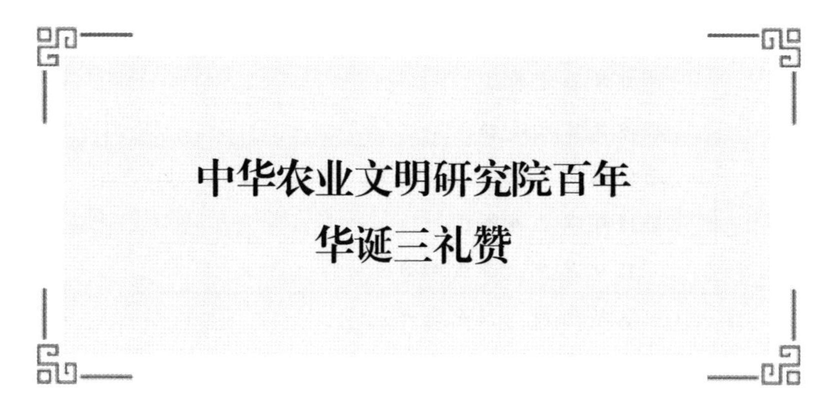

中华农业文明研究院百年华诞三礼赞

2020年7月1日

单人耘时年九十五

（一）

农为本，史可鉴，

此经天纬地、贯纵古今之至理也，

昭如日星。

前有哲人启迪，

后有学人承继，

渊源有自，

汇注南雍。

集思广益，谈稼利耕。

虔秉初衷，砥砺以成。

不亦伟哉！

（二）

中国农史研究
东有举鼎之奠定，
西宣汉声之远扬，
北知珊瑚之蕴毓，
南得邦家之黾勉；
　农业遗产，肇兹四方，
　取精用宏，兴农兴邦。
不亦说乎！

（三）

我中华农业文明研究院成立百年
　院立于校，
　诚朴勤仁。
　农林牧渔，
　溯流探源。
　其命维新，
　裕后光前！
辑地方志，办农史刊，
古农书之注释、阐述，
农学史、农业科技史之编纂，
是皆华夏农耕文化
　耿耿之光。
而文理融通，探究学者诗作内涵，
诗教育人，致力学生文化素质培养，
斯是我院农史学人之人文情怀也，
殊可嘉也！

至于博士点，文明网，

　农博馆，流动站，

海内学界之互动交流，

国际科研之资源共襄。

乃至促“三农”，达小康，

振中国乡村之建设，

谋人类社会之发展，

更属我院我刊之天职——

　白首丹心，

　青春矢志，

与夫全国农史工作者

　考索、贡献之精诚所在，

值兹百年华诞，

能不热烈庆贺、由衷感佩哉！

于是引吭高歌曰：

美哉中华！进取无限！

以农为本兮以史为鉴！

百年之研，绣地参天，

农业文明兮历久弥艳。

钟山春酣，卫岗绿酽，

积一旬之忱兮珍兹所献。

敬祝长乐未央兮社稷大千！

序

农业是传统文明的根基和物质基础。中国自古以农立国，有着丰厚的农业文化积累。然而，传统史学以帝王将相为中心，所谓“时势造英雄”“英雄造时势”，农业历史是难登大雅之堂的。但从 18 世纪法国启蒙大师孟德斯鸠（Montesquieu）和伏尔泰（Voltaire）等开始，史学逐渐向文学、艺术、经济等领域延伸。国际学术界使用“农业史”一词作为著作的名称，距今不过一百余年。

但是人类的生活常态并非宫廷斗争和军事冲突，而是日复一日、年复一年的经济生活。因此，对历史准确而全面的认识不能脱离对它的经济分析。在古代，农业是社会经济中居于支配地位的经济形态，对古代经济和社会的分析自然应从农业开始。

农史研究作为一种学科化的努力始于 20 世纪初期。1902 年，第一种农业史的专门刊物《历史农业论文》在德国出版。1904 年，第一个农业史学会“农业历史与文献学会”在德国宣告成立。1953 年，农业历史与社会学学会成立。第一次世界大战后，农史研究有了长足的发展。在美国，特纳（Frederic J. Turner）的博士论文《边疆在美国历史中的意义》被认为是对“美国历史的农业阐释”，开创了风行美国数十年、影响广泛的“边疆学派”。1919 年，美国成立农业历史学会。1927 年，创办了《农业历史》（*Agricultural History*）杂志。1970 年，又建立了历史农场与农业博物馆协会。

受社会转型和国际学术的影响，中国农业历史文化的研究于民国初期肇始。1920 年，金陵大学与美国农业部、美国国会图书馆合作，筹建金陵大学农业图书研究部，着手系统搜集和整理中国古代农业文献，此后，这一工作以农史研究组、中国农业遗产研究室和中华农业文明研究院等形式传承延续至今。2020 年是自金陵大学开展农史研究工作以来的一百周年，可以说，金陵大学是中国农史研究事业的开创者，它的发展与中国农史事业的发展相生相伴，是中国农史事业的典型代表和生动缩影。梳理中华农业文明研究院百年历史变迁就是再现中国农史事业的发展历程。

中华农业文明研究院的历史变迁大致可分为五个发展阶段。

（1）1920—1954 年。清末民初，在“实业救国”和“棉铁政策”的激励下，人们开始关注农业历史文化的研究，但大多是单打独斗、零零散散，不成气候。农史研究建制化的重大突破是金陵大学农业图书研究部的创建。1920 年，金陵大学在美国农业部和美国国会图书馆的资助下，开始系统搜集和整理中国古代农业资料，着手《先农集成》的编纂工作，这些资料尔后成为中国农业遗产研究室和中华农业文明研究院的重要学术基础。

（2）1955—1966 年。1954 年 4 月，农业部在北京召开了“整理祖国农业遗产座谈会”，提出系统搜集、整理和研究中国古代农书和农史资料。1955 年 7 月，在中共中央农村工作部和农业部支持下，组建了第一个以研究中国农业历史为主要任务的国家级专门研究机构“中国农业遗产研究室”，由中国农业科学院和南京农学院双重领导，万国鼎先生任第一任室主任。与此同时，西北农学院、北京农业大学、华南农学院等也相继成立了农业史研究机构，开展农史研究工作。

（3）1967—1977 年。因为众所周知的原因，中国的教育和科研工作陷于停顿，农史研究机构大多撤并，中国农业遗产研究室也被下放到江苏省农业科学院，改称农业技术史研究室。

（4）1978—2000 年。改革开放以后，科研工作逐渐恢复正常。1979

年，中国农业遗产研究室重新回归中国农业科学院和南京农学院（1984年更名为南京农业大学），西北农学院（1985年更名为西北农业大学，1999年9月并入西北农林科技大学）、北京农业大学（1995年机构调整后更名中国农业大学）、华南农学院（1984年更名为华南农业大学）农史研究机构陆续恢复。不仅如此，一些新的农史研究机构也得以建立，如浙江农业大学（1998年机构调整并入浙江大学）农史研究室、江西省社会科学院农业考古研究中心、北京林业大学林史研究室、农业部农村经济研究中心当代农史研究室、水利部水利水电科学研究院（1994年更名为中国水利水电科学研究院）水利史研究室、中国农业博物馆研究所，等等。1981年，由中国农业遗产研究室主办的《中国农史》（中国农业历史学会会刊）创刊。1984年，中国农业历史学会在郑州宣告成立。在农史专门人才培养方面，1981年中国农业遗产研究室等单位获国务院批准农业史硕士学位授予权，1986年获博士学位授予权，1989年获批农业史学科博士后流动站（1995年学科专业调整，授权为科学技术史一级学科博士后流动站），成为国内唯一一个具有硕士、博士到博士后各层次农史专门人才培养的基地，中国农史事业进入了一个新的长足发展时期。

（5）2001年至今。2000年国家进行科技体制改革，多数部委不再办学，中国农业遗产研究室整建制划入南京农业大学，由原来以中国农业科学院管理为主，变更为以南京农业大学管理为主，但继续保持双重领导机制，保留“中国农业科学院中国农业遗产研究室”的牌子。学校在相关学科资源重组的基础上，2001年6月建立了南京农业大学中华农业文明研究院（Institution for Chinese Agricultural Civilization），两块牌子，一套班子，仍然定位为以研究、传承中国农业历史文化为宗旨的专业学术机构。

回顾百年历史发展，中华农业文明研究院始终立足国家经济社会和文化发展需要，与时俱进、卓有成效地开展农业历史的研究和人才培养工作。“巧妇难为无米之炊”，在创建初期，金陵大学农业图书研究部和农史研究组的主要工作任务是农史学术资料的搜集和整理工作，成效显著，受到了学术界的关注，英国驻华科技参赞李约瑟博士曾专程来金陵大学索取相关农业史资料。文献资料工作之外，金陵大学也开启了中国农史研究和农史教育工作，1920 年万国鼎先生即完成《中国蚕业史》，尔后又陆续撰写了《中国田制史》等专著，创办《地政月刊》等学术专门刊物，并在金陵大学农经系开设农业经济史和中国田制史等课程，翻译出版了中国第一部农业史教材《欧美农业史》，为中国农史事业主要发展方向奠定了坚实的基础。

中华人民共和国成立后，中国农业遗产研究室的工作仍然延续了金陵大学时期的学术传统，不仅启动了被学术界誉为农史“万里长城工程”的方志物产农业资料的搜集和整理工作，也开始对中国古代重要农书进行全面的研究和诠释，完成了《中国农学史》《齐民要术校注》《中国农学遗产选集》等重要学术著作，1987 年《中国农学史》获农牧渔业部科技进步一等奖。

“文革”结束到 20 世纪末，因农史文献梳理工作基本完成，中国农业遗产研究室研究重心开始从农史文献梳理转向全方位的农业历史研究，在作物学史、园艺史、植物保护史、畜牧兽医史、农业经济史、水利史及农业考古学研究方面取得了诸多成果，其中，由中国农业遗产研究室主持的《中国农业科学技术史稿》获得国家科技进步三等奖和农业部科技进步一等奖，《齐民要术校释》获教育部人文社科优秀成果二等奖，《中国传统农业与现代农业》被译成日文在日本出版，产生了广泛的社会影响。这一时期，农史事业的另一重要突破是农史高级专门人才的培养。农业史作为一门独立学科专业进入国家学科体系，并先后获得农学硕士、农学博士授权和设立博士后流动站，中国农业遗产研究室培养了中国第一位农业史博士和第一位农业史博士后，培育了数百位农业史博士和硕士研究生。目前国内主要农史研究机构学术领军人物大多毕业于南京农业大学农业史专业，为中国农史事业的发展做出了突出的贡献。

最近 20 年，中华农业文明研究院保持传统优势以彰显特色，扩充研究领域以促进发展，在农业历史研究、中外农业交流、农业文化遗产保护、农业生态环境、运河农耕文明、农史文献和数字化及中国农业地标文化方面取得了新的进展，先后入选江苏省高校哲学社会科学重点研究基地（中国农业历史研究中心）、首批江苏省非物质文化遗产研究基地、农业部重点实验室、教育部区域和国别研究基地（美洲研究中心）。此外，还与新华报业集团和江苏省住房和城乡建设厅联合创建了“江苏特色田园乡村协同创新中心”、与农业部农村经济研究中心、浙江农林大学联合创建了“中国名村变迁与农民发展协同创新中心”，与英国雷丁大学联合创建了“世界农业起源与传播研究中心”，与日本东京农业大学、东京大学联合创建了“中日农史比较研究中心”，与美国普渡大学创建了“中国研究联合中心”；创建了中国高校第一个以农业历史文化为主题的博物馆“中华农业文明博物馆”（全国科普教育基地），创建了农业历史专题网站“中华农业文明网”；编撰出版了中国第一本高校农业文化遗产教材《农业文化遗产学》和江苏省高校“十三五”重点教材《世界农业文明史》、第一部《中国农业文化遗产名录》（上、下）和第一部“中国地标品牌发展蓝皮书”，获国家出版基金支持，编撰出版了《中国传统村落记忆》（4 卷）和《中国传统村落与乡村振兴丛书》（5 本）。

回顾历史，总结过去，是为了更好地迈向未来。中国农史事业是在几代人筚路蓝缕、辛勤努力下发展起来的，今天我们仍然要缅怀农史前辈的教诲，弘扬前辈的精神，齐心协力将中华农业文明研究院建设成为国际知名的农业历史文化科学研究中心、人才培养中心、信息资源中心、传播展示中心和学术交流中心，为传承优秀传统文化，保护农业文化遗产，促进乡村振兴做出自己应有的贡献。

《农史研究一百年：中华农业文明研究院院史（1920—2020）》（以下简称《院史》）编撰工作于 2019 年 1 月正式启动。编撰工作的原则是客观真实、系统全面；既是机构沿革史，也是学科发展史；时间为经，内容为纬；力图通过图文并茂的方式梳理中华农业文明研究院百年发展历程。每个历史时段大体包含历史背景、机构变化、科学研究、人才培养、学术交流及社会服务等几个部分。全书由王思明负责框架设计、编撰体例、历史分期、重点难点及《院史》序言；陈少华撰写了第一章和第二章，即从机构初创到新中国成立前金陵大学图书馆农业图书研究部和农史研究组的发展情况；曾京京撰写了第三章，即中国农业遗产研究室从组建到改革开放前的发展情况；

沈志忠撰写了第四章，即改革开放到千禧年中国农业遗产研究室的恢复与迅速发展；李昕升撰写了第五章，即21世纪中华农业文明研究院的发展情况；朱世桂负责编纂附录一 大事记；蒋楠负责编纂附录二 人员名录；夏如兵、惠富平、卢勇负责文稿初稿审阅；最后由王思明负责全书的统稿。中国农业科学技术出版社编辑朱绯从始至终参加了《院史》的编撰工作，尤其在图文呈现形式、整体设计等出版工作方面，她也是南京农业大学科学技术史专业毕业的博士，专业能力强，又认真敬业，对《院史》出版质量起到了重要保障作用。在《院史》即将出版之际，我想在此对各位编委及中国农业科学技术出版社相关工作人员的辛勤付出表示由衷的敬意和真诚的感谢。

《院史》跨越百年，世事沧桑，涉及人物、事件众多，很多熟悉中华农业文明研究院发展历史的前辈多已谢世，所需档案资料、历史文献又分散各地，编撰工作中难免出现错误和遗漏，还望各位院友和读者不吝指正。

王思明

2020年6月26日

目录

第一章 农史研究之先河

金陵大学图书馆合作部的创建

中国具有悠久的农业发展历史，万国鼎有过总结："我国是世界古国之一，人口最多，又一向以勤劳著称，因此，历代以来，我国劳动人民在农业生产斗争中积累了非常辉煌的成就和经验。我国历代劳动人民在农业生产斗争中积累下的这些成就和经验，正是我们在理论结合实际中的宝贵指针。我们必须珍视这份遗产，认真加以整理、研究和发展。"① 其中古代农书具有很高的价值，"古农书所记，不乏经验之言。往往欧美耗巨资、费时日，累加考验而仅得者，已于数百年前载诸我国农书，是其价值可知。"②

中国有悠久的传统农学，历朝历代多以农书传承。早在战国时代就有专门的农书，可惜都散失了，但《吕氏春秋》中《上农》《任地》《辩土》《审时》四篇，反映了相当高的农学水平。汉代农书有十多种，以《氾胜之书》最有名，后世农书多有引用。北魏贾思勰撰《齐民要术》是我国现存最古老的完整农书，系统总结6世纪以前我国北方地区的农业生产技术，具有很高的声誉，版本达二十多种。宋代《陈旉农书》、元代《王祯农书》、明代徐光启《农政全书》、清代《授时通考》都是著名的总论农业的书籍。还有一些地方性的农书如《沈氏农书》、张履祥《补农书》、蒲松龄《农桑经》、祁寯藻《马首农言》等，都记载不少当地的农事经验。此外，还有不少专论一门的著述，如蚕书、茶书、兽医、动物专书、植物谱录等。这类书籍种类很多，单是茶书一类，就在一百种以上。

中国古代的农学实践遵循中国传统哲学，崇尚"天人合一"，讲究"天时、地利、人和"，用"阴阳协和，五行相生"的理论来指导农业生产。在传统的"冷农具"即非电热机械农具的时代，孕育了数千年的先进农学体系。中国古代的农业生产技术不仅长期领先于世界，而且深刻地影响了周边国家，成为竞相效仿和广泛传播的先进农学文化。这种基于整体观察、外部描述和经验积累的农学体系，可以称为"经验农学"。而以欧洲、美国为代表的西方农业，借助文艺复兴运动以来力倡科学精神，知识阶层以科学实验探索新的理

① 万国鼎：《祖国丰富的农学遗产》，《人民日报》1956年8月4日第7版。
② 万国鼎：《古农书概论》，《农林新报》第133期，1928年5月1日。

论，到18世纪确立了一套全新的西方农学体系。它与中国传统农学的本质区别在于，它不是把农业生产作为一个整体来观察，而是将其动植物个体进行解剖分析；不是进行生物个体的外部描述，而是将其内部结构乃至构成生物体的基本单位的细胞结构进行研究，以便发现生物个体生命活动的本质；不是依赖于长期的生产经验来提高农业生产技术，而是利用人为控制的有限环境（比如实验地或实验室）来进行农业生产过程的模拟实验，从而在较短时间内发现和抽象出生物个体的生长规律，并以此来指导现实的农业生产。这种基于个体观察、内部剖析和科学实验的农学体系，可以称为“实验农学”。①

近代西方试验农学被渐渐引入中国。鸦片战争以后，中国丝、茶等农产品在国际市场的激烈竞争中落入下风，朝野许多人士痛感改革和振兴农业的必要，纷纷介绍和引进西方的农业科学技术和工具设施，逐步建立起中国的近代农学。这就产生了一个如何把引进的西方农学与中国的实际情况相结合，如何正确总结和继承中国传统农业遗产的问题。在引进西方农学方面做出突出成绩的罗振玉，1896年与徐树兰、朱祖荣、蒋黻等人倡导并创办了上海务农会。1897年他又创办中国第一份农业学术刊物《农学报》。该刊一直到1906年停刊，其间共发表国外农业译文700余篇。此外，上海务农会还出版一套《农学丛书》，收录农学译著171种，介绍包括美国、日本、英国、法国和意大利等国家的农业科技、农政法规、农业教育、农业经济以及农业时事等内容，农业科技几乎涵盖了农业生产的全部内容，涉及作物栽培、病害防治、土壤肥料、农业机具、生产加工、畜养防病、蚕桑生产、渔业林业、蔬菜园艺、农田水利、域外农事等。罗振玉在引荐西方农学的同时，曾研习《齐民要术》《农政全书》《授时通考》等古农书，搜访有关农书古籍，探寻中国经验农学和西方实验农学的相通之处。罗振玉晚年在《集蓼编》的结论是“译农书百余种，始知其精奥处，我古籍固已先言之，且欧美人多肉食乳食，习惯不同，惟日本与我相类，其可补我不足者，惟除虫及以显微镜验病菌，不过数事而已，至是始恍然于一切学术求之古人记述已足，固无待旁求也。”清末民初学者高润

---

① 曹幸穗：《从启蒙到体制化：晚清近代农学的兴起》，《古今农业》2003年第2期。

生，为防止引进西方农学时削足适履之弊，提出一个全面整理和继承古代农业遗产的方案，他采用的仍然是“以经义说农事，以农证经义”的考据学方法，但在编纂计划中部分地吸收现代农业学科分类，并提出“古农学”的概念；可惜这个计划没有付诸实施。但因引进西方农学引发的整理传统农业遗产和研究农业历史的愿望和行动，成为研究中国农业历史的一种动力和一个源头。①

回溯百年来中国农业历史研究事业的发展历程，以万国鼎等先贤从事的古农书整理实务为开端，渐以农业历史专题研究和教学而充实，构建学科化农业历史研究体系。“晚近学者，知农业之重要，审其非按科学方法，图图改良不可，顾农业非纯粹科学之比，可以推之世界万国而无不然者，风土异宜，民俗异情，农业即受其影响。异国经营研究之所得，未必即可召贩而用之吾国，要当考诸学理，验之事实，使其适合于时与地，是则前代遗书，尤不可不加之意，以为研究改良之参考焉。惟古书编次，往往欠善，检阅困难，谬误之处，亦所不免。曰泰半直录前人之言，辗转征引，雷同者多，而所谓谱录之属，复杂以传说。盛载诗文，与实学无涉，此其所短也，加以旧书购置不易，流传久者，版本不一。脱文讹字，错见迭出，而散见群书中之农家言，头绪纷繁，查考更难，此又整理之不可缓也。”② 可以说，百年农业历史研究，就是从古农书的整理和研究开始的。

近代高等农业教育的创立为农业历史研究的产生和发展提供了基础。中国近现代农业教育的产生从晚清洋务运动后“兴农会、办学堂”开始，学习、借鉴日本、美国的办学模式、理念，逐渐发展。

欧洲国家很早就有农业历史研究的传统。早在 1775 年，德国哥廷根的经济学教授约翰·贝克曼（Johann Beckmann）就曾将农业史定义为农业生产的历史。农业历史研究的学科化发展，时间并不长。世界范围内农史研究作为一种学科化的努力始于 20 世纪初期。1902 年，世界上第一种农业历史的专门刊物《历史农业论文》在德国出版，不久这一刊物更名为《农业史与农村社会

① 李根蟠，王小嘉：《中国农业历史研究的回顾和展望》，《古今农业》2003 年第 3 期。

② 万国鼎：《古农书概论》，《农林新报》第 133 期，1928 年 5 月 1 日。

学杂志》，可说是农业历史方面历史最为悠久的杂志。同样是在德国，1904 年第一个农业史学会“农业历史与文献学会”宣告成立。①

中国近代农业历史研究在上述时代背景下逐步发展。在这段农业历史研究的发展过程中，可以发现金陵大学的农业历史研究机构自创建以来，在万国鼎、陈祖榘等人的不断努力之下，农史资料收集整理工作绵延未断，农业历史研究教学逐渐发展，各项事业传承有继，至今已历百年，为中国农业历史的学科化发展做出重要贡献。

第一节　金陵大学图书馆合作部创建的历史背景

金陵大学图书馆合作部是金陵大学和美国农业部、美国国会图书馆 1920 年开始合作创办的正式机构，最初的创办目的是“志在汇编我国古来农书索引”，机构设置在金陵大学图书馆。1923 年秋扩充为金陵大学图书馆农业图书研究部，人员隶属金陵大学农林科，是我国农业历史研究机构创立的开端。

金陵大学图书馆合作部的创建与金陵大学、金陵大学图书馆、金陵大学农林科的发展密切相关，它们的不断发展在人才培养、机构建立和经费支持等方面为金陵大学图书馆合作部的创建提供了坚实的条件。

金陵大学图书馆合作部的创建和美国农业部、美国国会图书馆相关人士的倡议同样密切相关，关键人物是施永高（Walter T. Swingle，1871—1952）——美国农业部植物产业局（Bureau of Plant Industry）植物学专家，他在科学研究中发现中国传统农业中有近代西方农业中不具备的一些精髓可供借鉴，由此想到收集、整理、利用中国传统的农书、涉农古籍、地方志等，并借用西方索引工具以方便学生等人士使用。由此，经过中美人士的共同努力，1920 年开始组建中国农业历史范畴的最初的专门机构，其后由万国鼎等人不断开拓发展，在初期借鉴美国农业文献整理方法的基础上，发展符合中国实际状况的农业历史资料收集、整理和研究工作，并开启中国农业历史学科化进程（图 1-1）。

① 王思明：《农史研究：回顾与展望》，《农业考古》2003 年第 1 期。

施永高（Walter T. Swingle，1871—1952）　　万国鼎（1897—1963）

图 1-1　施永高和万国鼎

一、金陵大学与金陵大学图书馆的早期发展

金陵大学前身是清光绪十四年（1888 年）美国教会在南京创建的汇文书院（Nanking University，1888—1910）。1910 年，美国教会合并汇文书院、宏育书院（Union Christian College，1907—1910，由南京的基督书院和益智书院合并）成立金陵大学堂（The University of Nanking，1915 年效仿京师大学堂改名为金陵大学），包文（A. J. Bowen）任校长，文怀恩（J. E. Williams）任副校长。金陵大学堂始以汇文书院为校址，后迁入鼓楼西南坡的新校舍（今南京大学鼓楼校区北园）。金陵大学同美国康奈尔大学为姊妹大学，在美国纽约州教育局立案，以美国大学教育制度为蓝本，当时社会评价金陵大学为"中国最好的教会大学"，逐步发展成为一所具有一定规模的综合性大学。金陵大学创立初期仅设文科。1914 年，创办农科；翌年，增设林科；1916 年两科合并为农林科，为中国四年制大学农业教育之先河。首任科长裴义理（Joseph Bailie），1916 年芮思娄（J. E. Risner）继任科长。

金陵大学早期图书馆和图书馆学的发展，为中国农业历史学科化发展提供了极大的助益。金陵大学图书馆是中国近代学习西方图书馆学理论和实践的重要基地，在西方图书馆学中国本土化过程中，金陵大学最早开设图书馆学课程，最早开办图书馆学讲习科，最早创办图书馆学系，最早创办图书馆学学术期刊，主持筹建中华图书馆协会，在培养图书馆学杰出人才等方面做出了积极的贡献，是中国图书馆学界专业人才培养的重镇之一。1913 年美国图书馆学家克乃文（William Harry Clemons）来华任教并担任金陵大学图书馆馆长，大力培养馆内青年人才，并积极推荐他们到美国留学，使得馆内骨干的业务视野和知识层次在起步伊始的中国图书馆学界出类拔萃。出色的图书馆藏书和业务，让金陵大学图书馆成为当时的东南知识重镇、人才基地，成为 20 世纪上半叶中国图书馆学研究和专业教育的东南中心。① 尤其是长期服务金陵大学图书馆的几位中国图书馆学的开创者李小缘（1920 年文科毕业）、刘国钧（1920 年文科毕业）和万国鼎（1920 年农科毕业）等在文献收集、文献整理（书目、索引、分类、馆藏）等方面成就卓著，为农业历史学科发展贡献良多。

金陵大学图书馆创立于民国前 2 年（1910 年），初附设于本校中学部学生青年会楼上，占屋二间，规模甚小，设备简陋，所有书籍仅 3000 余本，时主其事者为刘君靖夫，民国元年（1912 年）韩凯博士管理之，其明年恒模君任其事，四年（1915 年）秋克乃文君（美籍）与刘君靖邦继之，嗣鉴于学员日渐加多，图书之需要日增，始从事扩充，益以其傍之二楹，备储藏阅书之用。是年刘君始编西书目录，以便检阅，中文书籍，苦无编目良法。五年（1916 年）刘君辞职，洪君范五继之，编中西书目录，对于管理方法，颇加改进，因之进步日著。……既而洪君慨祖国图书馆之不振及图书馆科学之不讲，遂于八年（1919 年）自费留美，专攻斯科（归国后，任东南大学图书馆馆长），刘君衡如继之，对于馆务计划大加整策，时李君小缘任西书编目事，亦颇有经验，本校图书馆之雏形判然可观矣，然固有房屋已觉不敷，适值北大楼落成，遂将分藏书籍悉迁入斯室之第三层楼，占屋凡三大间，一年之内，添置器具不遗余力，规模渐备，而原设于中学部之图书部遂改为支部，不二年又就新图书

① 叶继元，徐雁：《南京大学在西方图书馆学中国本土化过程中的贡献》，《中国图书馆学报》2002 年第 5 期。

室之西添辟一室，作为研究部及办事室之用，时刘、李二君亦迹洪君先后赴美攻斯学（刘君拟于本年暑假回国，李君已于四月到宁，两君归国后，仍担任本馆事务，实未可限量），沈君学植继之一年，而管理均得其道，公余并从事西书编目。自伟担任馆务后，沈君即专任西书编目事宜，而曹君祖彬专任中文书编目，兼管中学图书部及预备装订杂志，并以其暇与何君汉三编制中文杂志目录等事焉，馆内中国志书甚富。自去秋均移至北大楼四层楼上，另辟一课室为阅书室、书库又扩充一大间，然大学中学及华言科等阅书室，书库及办事室仍不敷用，亟待扩张，副校长文怀恩刻正从事募捐，以备建筑新馆……①

这段文字选自当时担任金陵大学图书馆馆务的陈长伟（1923 年金陵大学毕业任职图书馆）的文章《金陵大学图书馆》，刊于 1925 年《金陵光》（学生期刊），是对早期金陵大学图书馆研究最常引用的文献。根据学者的考证，记述大体准确，只是克乃文（图 1-2）接任金陵大学图书馆馆长的时间记载有误，应该是 1914 年秋季。②

图 1-2　克乃文（William Harry Clemons，1879—1968）

① 引自南京大学高教研究所校史编写组编《金陵大学史料集》，南京大学出版社，1989 年，第 230 页，原刊《金陵光》第 14 卷第 2 期（1925 年 11 月）。

② 参见朱茗《1910 — 1915 年金陵大学图书馆历任馆长考略》，《河南科技学院学报》2018 年第 5 期。

克乃文（William Harry Clemons，1879—1968），1879 年 9 月 9 日出生于美国宾夕法尼亚州伊利县科利镇。1902 年卫斯理大学（Wesleyan University）毕业，获得文学士学位，而且他在就读期间就获得了很高的荣誉。1902—1903 学年，克乃文仍然留在卫斯理大学，他一边在该校图书馆担任助理，一边攻读研究生。1903—1904 学年，他获得普林斯顿大学的“大学奖学金”，并转到该校攻读研究生。1905 年他同时获得卫斯理大学与普林斯顿大学文学硕士学位。1904—1906 学年，他在普林斯顿大学担任英文教员。1906—1907 学年，他获得普林斯顿大学的“雅各布斯奖学金”，到英国牛津大学学习一年。1907—1908 学年，他返回普林斯顿大学，仍担任英文教员。1908—1913 学年，克乃文在普林斯顿大学图书馆担任参考部主任。

1913—1920 学年，克乃文担任金陵大学外国文学系主任。由于他在美国的图书馆工作经历，1914—1927 学年，同时担任金陵大学图书馆馆长和承担教学工作。1920 年，他卸任金陵大学外国文学系主任，工作重心以金陵大学图书馆为主。

因 1927 年 3 月北伐军队攻占南京后发生暴力排外的“南京事件”，克乃文离开中国。回到美国后，1927—1950 年，克乃文一直担任弗吉尼亚大学图书馆馆长。1968 年 8 月 30 日，克乃文先生在弗吉尼亚州夏洛茨维尔去世，享年 89 岁。

克乃文执掌金陵大学图书馆达十余年。据金陵大学图书馆统计，在 1913 年 12 月，也就是克乃文掌管金陵大学图书馆之前，该馆藏书（不含未装订的报刊）总量为 7 376册，包括中文图书（含日文图书）1 702册、西文图书 4 560册、小册 1 114册。1927 年 6 月，也就是克乃文离华返美之后不久，该馆藏书总数（不含未装订的报刊）增加到 101 590册，包括中文图书（含日文图书）54 907册、西文图书 15 889册、小册 30 794册。反映了金陵大学图书馆令人瞩目的发展。

克乃文到金陵大学不久，就在文科开设图书馆学课程，直接向学生引介近代美国图书馆学理论与知识。这被中国图书馆学界视为中国最早的图书馆学教学活动，而克乃文也被称为“在华开设图书馆学课程的第一人”。同时，正是因为克乃文多年的努力，金陵大学的图书馆学教育才得以夯实基础，最终于1927年秋开设图书馆学系，成为中国早期图书馆学教育的重镇之一。克乃文与武汉文华图书馆学校的美国人韦棣华（Mary Elizabeth Wood）女士是近代最为著名的两位美国在华图书馆学家。

克乃文在不仅在金陵大学首开图书馆学课程，还有计划地安排在校学生半工半读，并对这些学生进行图书馆学方面的指导，对该校学生产生了巨大的后续影响。耳濡目染之下，不少金陵大学学生对图书馆学与图书馆事业产生了兴趣。克乃文先后推荐金陵大学学生洪有丰、李小缘、刘国钧等到美国留学。这些人毕业回国之后，成为中国图书馆界的栋梁之材，为中国早期图书馆事业与图书馆学教育之开创和发展做出了杰出贡献。其他如万国鼎、陈祖槼、陈长伟、朱家治、沈学植等，在金陵大学图书馆各项工作中成就卓著。①

二、美国农业部专家施永高对中国古代农业文献价值的认识

施永高（Walter Tennyson Swingle，1871—1952），②毕业于美国堪萨斯州立农业学院（堪萨斯州立大学），师从美国植物病理学先驱威廉·阿什布鲁克·凯勒曼（William Ashbrook Kellerman）教授，研究真菌学和植物病害，这对他后来在柑橘方面的工作很有帮助。施永高在20岁时获得学士学位，他当时已经发表27篇论文，其中6篇为唯一作者，包括植物病理学、植物育种和遗传学等新的领域。

1891年，施永高根据大卫·费尔柴尔德（David Fairchild）的建议，到新成立的美国农业部植物产业局（Bureau of Plant Industry）从事植物学研究。当时是美国农业扩张的重要时期，施永高立即被派往佛罗里达柑橘产区，制定策

---

① 郑锦怀：《中国图书馆学教育的肇始者——克乃文生平略考》，《图书馆》2013年第1期。

② 西方治中国学中国史的学者多有中文名字。施永高和我国著名出版家张元济相熟，有长期的书信来往，根据现存的张元济往来书札、年谱，最早（1913年）Walter T. Swingle 被张元济当时的翻译人员译为司温德耳，而在1920年，张元济的上海商务印书馆的翻译人员将 Walter T. Swingle 译为施永高。以后张元济的自撰文章中大都采用施永高的译名。Walter T. Swingle 自己使用的中文名片姓名也译为施永高。国内采用的汉语译名有施文格、施永格、施温高、施文葛、斯文格尔、司文格等。

略防治橘树的几种新病害，这开始了他对柑橘的毕生挚爱。在佛罗里达早期，施永高利用不同的柑橘品种培养成功几个新的杂种，他探究真菌和其他柑橘病害，开发防治害虫的措施。他还着手实施全面且宏伟的培育和嫁接防治新病害和柑橘树抗霜冻的计划。

1894 年至 1895 年冬季，在美国南部植物经历灾难性的冰冻之后，施永高（以及费尔柴尔德）前往欧洲接受进一步的科学训练。回到美国农业部后，他继续研究热带和亚热带作物的农学、植物演变史和植物病理学，包括菠萝、椰枣、番石榴、咖啡、无花果、开心果、棉花以及柑橘。这一系列工作使他在世界各地旅行。

1914 年，美国佛罗里达州柑橘类水果普遍发生坏死病。1915 年，美国农业部植物管理局派遣农业专家施永高到中国，寻找能抵御这种疾病的柑橘品种。当时中国长江以南各省有几百种柑橘。施永高不仅在中国找到抵御坏死病的柑橘品种，而且发现中国古书中对柑橘的性状、种植和疾病防治技术有大量记载，迈克尔·哈格蒂（Michael J. Hagerty）在施永高的组织下将《钦定古今图书集成》中关于柑橘的部分共 500 页内容翻译成英文，大大促进了美国人对柑橘知识的了解。①

施永高在他的柑橘科学研究中，率先发现中国古代农业文献的重要作用。他是 20 世纪开创柑橘研究的第一人，从事柑橘和柑橘近缘植物的植物学研究、当时最全面的柑橘分类工作以及柑橘杂交育种改良等。施永高的研究理顺了柑橘及其近亲的分类和描述，这使他有了探索柑橘栽培品种历史的想法。柑橘属原产于东南亚，长期在中国栽培繁育。中国文献中有记载和描述，美国国会图书馆藏有中文书籍，所以他决定去那里寻求帮助。

同时，他从事的植物种质资源研究和“农业植物猎人”工作也促使他到美国国会图书馆查阅资料。

施永高对中国的兴趣来源于他认为中美两国有着特殊的植物学关系，因为

① 何芳川：《中外文化交流史》（下册），国际文化出版公司，2008 年，第 1017 页。（原始出处，Our Agricultural Debt to Asia，*The Asian Legacy and American Life*，The John Day Company）

它们是地球上仅有的两个非常大的陆地区域，在温带的位置，在地球的对岸。1910年左右，这种信念导致他对美国国会图书馆的中国藏书产生了兴趣。为了寻求中国人对适合在美国种植的珍稀植物的描述，他于1912年开始敦促华盛顿（国会图书馆）建立大量的中文藏书馆藏。①

有了这个契机，施永高在利用美国国会图书馆已有中文藏书的基础上，开始为其不断增加收藏服务。

从这一点来看，直到1928年，美国国会图书馆中文馆藏的发展得益于施永高，并且在此之后的许多年他的兴趣不减。他最初感兴趣的是寻找那些包含着几百年来经济作物记录的中文植物学和农业书籍。他得以查阅的古老书籍中包含了一些更古老的书籍，这些书籍要么是在中国和日本幸存下来，要么是在着意寻找时会出现的。因此，他开始不懈地寻找能够弥补缺陷（西方农业缺陷）的重要作品。起初，（他）主要关注的是古老的与农业相关的中国本草书籍和类书，施永高很快将注意力转向方志。根据时间的先后方志反映作为整体的国家、省或更小细分地域的各种状况。这些方志不仅包括地理描述，而且有和当地政府相关的编年记载、详细的地方历史和名人传记、利用自然特产的记录以及生产农产品的发展、官方考察的报告等，有如此大量的详细信息，向读者尽情展示中国社会文化发展的各个阶段。②

在整个职业生涯中，施永高先见性地认识到重视作物遗传多样性的必要性，他是一位早期倡导永久的、活体的重要经济植物搜集——我们今天所称的种质资源收集的科学家，是美国近代“农业植物猎人”的重要组织者。1897年，大卫·费尔柴尔德在美国农业部组了建一个植物引进署（The Plant Introduction Service），专门负责从国外引进经济性和观赏性植物。20世纪初，植物引进署的农业专家收集了数千包的植物种子和数百捆活着的植物，运回美国。

① 胡述兆：Contributions of Herbert Putnam and Walter Swingle to the Chinese Collection in the Library of Congress. 转自《胡述兆文集》，中山大学出版社，2014年。

② Swingles's First Delving into the History of Botany and Agriculture in China.（Harley Harris Bartlett. Walter Tennyson Swingle：Botanist and Exponent of Chinese Civilization. ASA GRAY BULLETIN，Vol. 1，No. 2.）

其中，多塞特（P. H. Dorsett）和迈耶（Frank N. Meyer）的工作最为突出，20世纪20年代初期，多塞特曾在华北地区考察，拍摄很多中国农作物的照片，对华北地区农作物的种植、收割和病虫害的防治情况进行详细记录，收集多种大豆标本。1925年，美国农业部雇员多赛特到中国东北收集大豆品种，在那里工作两年多，将1 500份大豆种子带回美国。1929—1931年，他又和摩斯（W. J. Morse）受雇于美国农业部，到中国东北、朝鲜和日本收集大豆品种资源。来华时，他们带着施永高等人收集准备的、从中国古代有关大豆文献资料选译的大量资料（有些是从方志中整理的）作为收集工作的参考。在这两年间，他们收集到4 000多份种子样品。另外，金陵大学农学院美籍教授卜凯也曾送回1 000多份大豆种子样品。此外，美国农业部还派出过其他一些人来华收集大豆品种资源和有关的文献资料。从20世纪40年代开始，美国农业部开始执行一项保存种质和筛选某些种质的经济性状的计划，例如种子的化学成分以及对特殊病原体的抗原等。大豆种质材料约4 500份，包括植物引种、美国推广的栽培品种、遗传原种和原生种。①

施永高在学术研究活动中，充分认识到中国古代农业文献中蕴藏丰富的宝贵资源，能够解决一些西方近代科学不能解决的问题，他借鉴中国古农书及方志中的相关农业内容，取得了很好的效果。这得益于他多年来中国农业文献和方志等的收集。他对中国古代农业文献价值的认识，促使他在美国学界积极地介绍中国古代文献，促进利用。

施永高作为美国农业部的一位植物学家，在为美国国会图书馆中国文献收集方面贡献卓著。他在美国的图书馆学界、历史学界及中国学界等均享有学术盛誉，有着重要的社会影响。1917年，施永高在美国图书馆学会年会上发言 *Chinese Books and Libraries*，介绍中国的图书文献和收藏中文书籍的美国图书馆。1921年，施永高在美国历史协会刊物《美国历史评论》发表文章 *Chinese History Sources*，对中国重要的历史文献和收藏中文书籍的美国图书馆进行了介

① 王渝生主编《中国农业与世界的对话》，贵州人民出版社，2013年，第113页。罗桂环：《近代西方识华生物史》，2005年，第267页，375-377页。

绍。1928 年 ACLS（美国学术团体联合会）在纽约市哈佛俱乐部组织召开促进中国研究的第一次会议，这次会议的诱因就是施永高为美国国会图书馆收集大量中文收藏引起了 ACLS 执行干事勒兰德（Waldo G. Leland，1879—1966）的注意，而后者有兴趣推动美国的中国学研究。①

三、施永高为美国国会图书馆收集整理中国古代农业文献

施永高对美国国会图书馆的中国文献收集研究工作（1915—1935）贡献巨大。施永高在阅读柑橘栽培史著作时，开始对中国古代农业文献产生兴趣——柑橘在亚洲很早就被驯化，许多野生品种的近亲都是该地区的本地品种。在美国农业部工作时的东亚旅行期间，他开始收集中国古老的本草书籍、农书、方志和经济植物百科全书（类书）。令他印象特别深刻的是，中国农书里有对不同作物品种的潜在用途、植物病害的诊断和治疗的早期认识。他推介了许多中国古代农业文献进行翻译，后来将推介的范围扩展到日本、韩国和蒙古的文献。

1915—1935 年，施永高与美国国会图书馆馆长赫伯特·普特南（Herbert Putnam，1899—1939）是亲密朋友。在此期间，他向美国国会图书馆捐赠了许多农业文献和方志，并就应收集的书籍提出建议，并利用他的专业学识帮助美国国会图书馆获得重要的中国古籍。总的来说，施永高帮助美国国会图书馆获得了 10 万多卷中文书籍，帮助美国国会图书馆拥有了中国之外当时世界一流的中文藏书。

1920 年施永高开始为美国国会图书馆撰写年度书籍收藏报告，以中国古农书、方志、丛书等为主，还包括一些日文、韩文等东亚国家文献，附载于《美国国会图书馆馆长年度报告》（*Annual Report of the Librarian of Congress*），在 1928 年后，他继续撰写书籍收藏专题报告，为收集植物学、农业和地理著

---

① 陈怀宇：《1928 年纽约中国学会议及其启示》，《光明日报》2016 年 6 月 4 日第 11 版。这次会议的名字没有用当时欧洲学者熟知的 Sinology（汉学）一词，而是用 Chinese Studies（中国学），表明这不完全是接受欧洲东方学传统的汉学会议，而是在议题与方法上来源都更为广泛的中国学会议。具体见《世界历史评论》第 3 辑陈怀宇同名文章（上海人民出版社，2015 年）。

作贡献自己的力量，直到1935年。1947年，最终被任命为美国国会图书馆的名誉顾问，以表彰他在东方文献收集方面长期、持续、有效的工作。

在1928年恒慕义（Arthur William Hummel，1884—1975）担任美国国会图书馆首任亚洲部主任之前，施永高为美国国会图书馆收集、整理和利用中文图书资料等，并担当负责事务。他曾经担任美国农业部图书馆委员会主任，在他的科学研究中，注重利用中文文献，正是他在农业部和国会图书馆间的中文文献工作实践，促成了后来的与金陵大学图书馆的合作①。

根据现有资料查证，施永高开始帮助美国国会图书馆收集购买中国农书、地方志等，求助中国本地的书店、出版社等，最初是与上海商务印书馆编译所张元济联络的。

1913年1月15日施永高就写信给张元济，信中提到："敝处哈格提（Michael J. Hagerty）近年以来翻译中国农事论说，且得California大学校中中国学生之臂助，故对于蔡襄《荔枝谱》确切原文颇为注意，鄙人知此项论说业已在蔡襄著作内再版，此书出版名《端明集》，拟托阁下搜觅一册，以备敝处议院藏书楼之用，倘无法办到，可将该著作内《荔枝谱》并《荔枝故事》拍照寄来。"② 信中议院藏书楼就是美国国会图书馆。《张元济日记》是商务印书馆张元济1912—1926年的馆事日记。《张元济日记》中有关商务对外交流、合作的条目为数众多，涉及的事件发生在1916年2月25日至1920年12月11日。其间提及协助国会图书馆购书的地方有十多处。

1915—1927年施永高三次来华，除了完成美国农业部委派的科学调查和研究活动，都是为美国国会图书馆开展文献收集活动。

1915年春天，美国农业部派施永高去调查中国和日本的植物。在他启程前往东方之前，他写信给普特南，表示愿意为美国国会图书馆购买中文书籍。

在芝加哥，我有机会和Berthold Laufer博士（劳费尔博士，当时芝加哥菲尔德博物馆的著名汉学家）讨论中国书籍。他向我保证，他在东京找到过许

① 以上参考美国迈阿密大学图书馆"施永高特藏"的背景介绍。

② 《张元济来往书札之三》，《上海档案史料研究》第6辑。

多珍贵的中国书籍，价格比北京便宜得多。我相信我可以花一千五百美元买到（美国）国会图书馆仍然缺乏的重要书籍。我有图书馆里所有中文图书的完整清单，我很高兴你想授权我购买，你可在我确定这些书的价值后再做决定。若需购买，请你来我办公室将购书资金付给我。当然，就这件事而言，我的服务不收取任何费用。我很乐意尽我所能继续充实你们已经非常有价值的东方书籍藏书①。

施永高特意带着华盛顿和芝加哥图书馆里东方书籍目录的照片以供翻检，避免购买重复的书籍。在远东期间，他还征求和接受中国本土学者（商务印书馆张元济等）、还有日本学者（东京帝国大学植物学教授白井光太郎等）的建议。他受普特南的委托购买大量适合美国国会图书馆的图书。

1918 年 4 月到 1919 年 2 月，施永高在远东地区执行着美国农业部的另一项考察任务。普特南再次委托他购买中文书籍，授权他的购书经费高达一万美元。结果，他获得 961 部中文书籍，共 13 259册，占当时美国国会图书馆全部中文藏书的近三分之一。施永高最显著的成就是获得方志的丰硕成果。通过在广州、上海、北京和日本的图书市场的不懈努力，他几乎将美国国会图书馆这类图书的数量增加一倍，获得 413 部方志，使当时在中国收集的总数达 887 部。比中国以外的任何图书馆都要多②。

1926 年 10—11 月，第三届泛太平洋科学大会在日本东京举行，施永高是出席这次会议的美国代表之一，会后他代表美国图书馆协会到访了中国多个城市。和 1915 年、1918 年一样，普特南再次委托他为美国国会图书馆在中国、日本购买东方书籍。

由于施永高的高效工作，美国国会图书馆馆藏的迅速、系统地增长及初步的目录编制，使中文藏书的使用量大大增加。农业部植物产业局在编写中国食用植物的有关品种、用途和地理差异的中文文献摘要和翻译资料，大量利用了这些藏书。至少有十名中国学生以及政府人员还有私人读者，都使用了这些藏

① Walter Swingle to Herbert Putnam，March 5，1915，Walter T. Swingle File，Library of Congress Central Services Division.

② Annual Report of the Librarian of Congress. 1919.

书，其中有些人相继使用了几个月。

施永高在中国方志的收藏、研究上，还有另一方面的贡献，就是把方志的概念扩大了。从前，大家多数只看重省志，施永高则对于各级志书，如府志、州志、县志、乡镇志，细大不捐。此外，像山川志、河流志，乃至庙宇、道观、边疆等志，都一律兼收并蓄。①

在施永高的中国农业文献资料收集、整理、利用、研究的过程中，他充分利用团队的力量，团队里相关人员有冯庆桂、哈格蒂、卫德、高鲁甫、江亢虎、克乃文等人，他们或在施永高的科研项目里承担中国文献的翻译和索引等，或在不同时期为施永高收集整理中国文献。

1. 冯庆桂

冯庆桂是第一个为美国国会图书馆系统整理中文藏书的中国学者，他也是施永高的助手。

冯庆桂（Hing Kwai Fung，有研究者译称冯景桂），字千里，广东番禺人，清光绪八年（1882 年）生，光绪三十年（1904 年）官派赴美留学，1908 年获康奈尔大学学士，1910 年 6 月硕士毕业，论文题目《棉花产业研究》（*A Study of the Cotton Industy*），1911 年 6 月博士毕业，论文题目《美国棉花种植在中国的生态适应性研究》（*An Ecological Study of the American Cotton Plant with Incidental Reference to its Possible Adaptability in China*）。毕业后任职美国农业部植物产业局，兼任美国国会图书馆中文图书编目事务。1913 年回国后，历任北京大学、北京农业专门学校教授，后任职民国政府棉业局、农商部、财政部、交通部等②。

美国国会图书馆的中文藏书起初来自清朝的同治皇帝在 1869 年赠送的 933 册中文线装书，包括《本草纲目》等。两任美国驻华公使顾盛（Caleb Cushing，1800—1879）、柔克义（William W. Rockhill，1854—1914）赠送大批典籍。1908 年，清朝政府又赠送一套《古今图书集成》给美国国会图书馆。

---

① 潘铭燊：《美国国会图书馆收藏中国方志缘起——兼谈张元济与施永高的交往》（未刊，2007. 10. 25）

② 北京清华学校编《游美同学录》，1917 年。

到1911年，美国国会图书馆已收藏15 550册中文书籍。

冯庆桂博士毕业后就职于美国农业部植物产业局，协助施永高工作，并在其安排下去美国国会图书馆查阅文献，从1911年8月28日到1912年7月23日被美国农业部授权帮助美国国会图书馆整理当时收藏的15 000余册中文书籍，在美国国会图书馆编目主任马泰尔（Charles Martel）指导下编目、分类（依中国传统的四部分类）。对此，美国国会图书馆馆长年报有记载。

这些中文藏书仍然没有试图分类，也没有对目录进行充分的尝试。然而，最近的一个幸运的情况导致了这两个方面事务的启动。这是冯庆桂博士在华盛顿的现身和藏书的使用。他首先代表农业部接触到了这些藏书，亲自寻找中国人自身对经济植物的早期描述，而农业部正试图在美国引种这些经济植物，因此对整个藏书很感兴趣。他同意代表我们承担开发和利用中文藏书的项目，即对中文藏书进行分类和编目的初步工作。①

1913年2月冯庆桂回国时，受美国国会图书馆馆长普特南所托，购买了一批和美国国会图书馆已收藏的、不重复的及基本的中文书籍，数量达到17 208册，其种类除关于农书和本草一类之外，还有史书、方志、类书等，这是美国国会图书馆大规模采购书籍充实中文馆藏的开始。

2. 哈格蒂

迈克尔·哈格蒂（Michael Joseph Hagerty，1876—1951），早年在马萨诸塞州从事图书装订工作，后来自学中文，曾经受聘于美国农业部担任中文翻译，是担任这一职务最早的美国人。离开农业部之后，他到伯克利加州大学担任汉语研究助理等，其间和施永高一直有合作，翻译了很多农业典籍，如韩彦直的《橘录》、吴其濬《植物名实图考》等。

1913年1月15日，施永高写信给张元济，信中提到“敝处哈格提（Michael J. Hagerty）近年以来翻译中国农事论说”②，显示哈格蒂掌握中文翻译后就和施永高合作翻译中国古农书相关内容。

① Annual Report of the Librarian of Congress，1912，P90.

② 《张元济来往书札之三》，《上海档案史永料研究》第6辑。

哈格蒂起先在美国国会图书馆协助施永高收集整理中文文献。

关于这一点，我们在图书馆的报告中首次提到迈克尔·哈格蒂先生。他是美国国会图书馆的一名雇员，他对中文阅读的简捷特点很感兴趣，并能理解大量印刷的汉字。大约在1912年，哈格蒂得出结论，学习阅读中文没有什么不可克服的困难，于是他开始潜心研究阅读，当然不包括口语，而且在很大程度上是在没有指导的情况下。他的成功使他能够为施永高做很多中文资料的编目和翻译工作，因此他被调到植物产业局做中文翻译。①

根据美国公务员委员会年度公告（1914年），施永高还为哈格蒂争取成为美国农业部植物产业局的正式中文翻译人员，以协助他从事美国农业部的科研工作。

Michael J. Hagerty.（Minute 3，Aug. 7，1914）

应（美国）农业部的要求，哈格蒂为植物产业局中国植物、农业和园艺工作的索引员和翻译员，年薪1880美元。该部门表示，要完成这项工作，就必须确保有一些熟悉中国藏书的人，特别是（美国）国会图书馆的藏书。能够翻译中日两种语言，为植物、农业、园艺等方面的中文图书提供索引，用拉丁文的名称对植物的中文名称进行校对，从而提供这些书中的信息。这是一个与植物产业局正在进行的中国经济植物调查有关的重要课题。这里要说明的是自从曾受雇为农业部专家的冯庆桂博士辞职以来，哈格蒂先生是能找到的最充分熟悉这种工作的人员，对这种类型的工作能够准确可靠地处理，他以前和冯博士共事过，熟悉中文，特别熟悉（美国）国会图书馆中文藏书，协助整理编目。②

哈格蒂和施永高、冯庆桂、江亢虎等为美国国会图书馆的中文馆藏编写分类目录，1918年完成，1920年又有增订。③分类目录的完善为美国国会图书馆

---

① Swingles's First Delving into the History of Botany and Agriculture in China.（Harley Harris Bartlett. Walter Tennyson Swingle：Botanist and Exponent of Chinese Civilization. ASA GRAY BULLETIN，Vol. 1，No. 2.）

② Annual Report of the United States Civil Service Commission 1914，P260.

③ Walter T. Swingle，Hing-kwai Fung，Kanghu Jiang and Michael Joseph Hagerty. Classification of the Chinese Collection.

中文藏书的利用提供了便利，同时为中文文献的传统四部分类法与西方近代图书分类法的结合进行了探索。

哈格蒂是和施永高合作时间最长的中文翻译人员，从20世纪初叶开始，一直到20世纪40年代。

3. 卫德女士

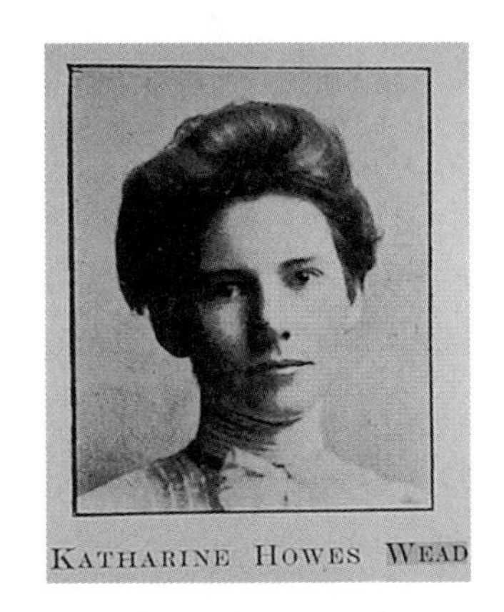

图1-3 卫德女士头像（1909年毕业册）

Katharine Howes Wead（1886—1983），译称卫德或王德（图1-3），1909年美国史密斯学院毕业，文学士。1909—1910年，她就读于Carnegie Library School（卡内基图书馆学校，匹兹堡）。1911—1915年，她担任Wilmington Institute Free Library（威尔明顿学院公共图书馆，特拉华州）青少年部主任。[①] 1915—1921年，她在美国农业部植物产业局担任图书管理员。[②] 1917年12月至1921年，她在施永高的安排下为美国国会图书馆整理中文图书。当时她还是美国图书馆学会国外合作部（Library Cooperation with Other Countries）委员。1921年5月，她来华任职金陵大学图书馆，从事目录、索引等工作。1922年秋，卫德因她的父亲生病，回到美国。1923—1924年，她在密歇根大学图书馆工作，后去匹兹堡等地。1934—1951年，她担任康涅狄格州图书馆事务局局长等职务至退休。

由于卫德具有图书馆学的专业训练和在美国农业部机构管理农业图书、在美国国会图书馆编制索引的经验，经过施永高的安排，1921年5月，卫德来到中国南京的金陵大学图书馆，指导金陵大学图书馆合作部开展中国古农书索引编制等工作。其间，她作为美国图书馆学会国外合作部委员，调查访问中国数地的各类图书馆，并到访北京大学图书馆和时任北京大学图书馆馆长李大钊

① ALA handbook. 1914.

② ALA handbook. 1915—1920.

见面及通信。

4. 高鲁甫

高鲁甫（George W. Groff，1884—1954），1907 年美国宾夕法尼亚州立大学毕业，是第一位来华的美国农业传教士。他首先在广州的岭南学堂开讲农业课程，兴办农学部；参与岭南农科大学的建立，并任校长；在以后整合为岭南大学农学院后，他又任首任院长。

施永高作为美国农业部植物生理学家主持的研究课题“作物生理和育种研究”，其研究内容为“对作物的生理进行调查，以确定控制作物成功培养并进行新品种繁殖和试验的限制因素……在西南部的一些印第安保留地进行实地调查，以测试似乎适合印第安人和在邻近地区的白人定居者培养的经济作物。椰枣、无花果、硬皮柑橘、阿月浑子树和某些抗旱树种正在接受试验。”其中在团队中承担任务并与施永高收集整理中国农业文献的有：卫德（Wead），科研助手（scientific assistant）；哈格蒂（Hagerty），索引员和中文翻译（indexer and translator of Chinese）；Elizabeth H. Groff，中文翻译和索引及植物学助手（Chinese interpreter and indexer and botanical assistant）；高鲁甫（George W. Groff），柑橘育种工作现场助理（field assistant in citrus breeding work）。参与这个课题的高鲁甫和格罗芙女士（Elizabeth H. Groff）都在岭南学校（后改岭南大学）期间和施永高合作。《广东植物的植物学名称汉语索引》（高鲁甫与伊丽莎白·H. 格罗芙合著。草稿成于 1917 年 7 月，正式稿成于 1919 年 7 月，修订稿成于 1922 年）就是在施永高的指导下进行的。高鲁甫的植物索引实践给施永高之后建立金陵大学图书馆合作部索引工作，提供了思路。施永高还和岭南大学图书馆特嘉馆长合作有关古代农书方志收集等。施永高还在高鲁甫推荐下聘请他的学生郭华秀担任调查员，协助柑橘研究。

岭南大学也是一所以农业教育为特色的教会学校，重视农业教学和科研。施永高和高鲁甫以及当时校方和图书馆人士方面也有书信联络，就索引编制、图书分类、古农书和方志收藏方面多有合作。① 1920 年，施永高在高鲁甫等人

---

① 周旖：《岭南大学图书馆中文善本书研究》，《资讯管理研究文集》，2015 年。

引荐下，委托一位专业的抄写员开始在广州各大图书馆抄写有价值的文稿，[1]将广州岭南大学和南京金陵大学作为他在中国收集整理中国古代农业文献最为重要的两个合作单位。

第二节　金陵大学图书馆合作部创建的历史过程

金陵大学图书馆合作部的创建是在1920年前后，金陵大学图书馆经过近十年发展，有了一定的事业基础，馆藏大量增加、馆舍逐步扩大、管理渐趋完备，尤其是美国图书馆学家克乃文就任后，金陵大学图书馆培养了一批在图书馆半工半读的学生，这些学生接受近代西方先进的图书馆学理论与实践，并投身金陵大学图书馆的各项工作。另外，施永高也积累了近十年对中国农业历史文献的收集、整理和利用经验，为美国农业部的植物病害防治、植物种质资源搜集等工作提供了极大的助益，为美国国会图书馆建立起世界领先的中文馆藏。他不仅有自身的实践，还广揽多方人才，组建了一个得力的团队，辅佐他的中国农业历史文献相关工作。

金陵大学作为美国在华教会大学，和美国农业部有着多方面的合作关系，施永高在和金陵大学的科研合作中产生了借助金陵大学的人才和地理优势，加强美国国会图书馆中国农业历史文献的收集、整理和利用力度，促进美国农业部借鉴中国传统农业经验，建立专门机构的想法，这一想法得到了金陵大学校方、图书馆、农林科的积极呼应。

一、金陵大学图书馆合作部创建的缘起

民国十年（1921年），本馆与美国农（业）部组织合作部于本馆，志在汇编我国古来农书索引；由美国政府派王（卫）德女士来宁，主任其事。有毛君雍、刘君纯甫、何君汉三助理之。现卫女士以事回国而毛君亦赴美治植物病理学，刘、何二君仍留该部任事。自本馆得赈后余款百万元以来，该部遂扩

① Frank D. Venning. Walter Tennyson Swingle，1871—1952.

充为研究部，去年由万君国鼎揽其事，并聘杭立武编纂荒灾史，杭君他就，陈君祖槼继之，编制中西杂志报章中亦载农林学科之索引。现该部收罗关于各省通志及府县志凡640种。关于地理、地学书籍者凡300余种，此项图书由各省机关送赠者甚多，而以江苏省长公署所遗者为最多焉。①

这段选自陈长伟的文章《金陵大学图书馆》，涉及金陵大学图书馆合作部的创建，描述大体上是准确的，但是限于他并非金陵大学合作部创立时的决策人士，对合作部的创建状况未有更多描述。现经过笔者多方查阅资料，特别对收藏于耶鲁大学神学院图书馆的亚洲高等教育联合董事会档案有关金陵大学早期的资料和收藏于迈阿密大学图书馆的施永高专藏资料进行探究，可以比较清楚地知悉金陵大学校方和金陵大学农林科在1920年前后与美国农业部及美国国会图书馆有关人士交流合作，开始建立并发展金陵大学图书馆合作部（后改为农业图书研究部）成为我国第一个中国农业历史研究机构的脉络。

1. 卫德女士来华

一般认为，中国农史研究机构的早期发展、中国农史资料的系统收集、整理是自美国人卫德女士（Katharine Howes Wead）1921年5月来华担任金陵大学图书馆和美国农业部的合作部主任编制中国古农书索引开始的。正如前面陈长伟文章的介绍，卫德女士显然只是受派来从事具体工作的专业人士，而创建这个机构虽然明确地写明是金陵大学图书馆和美国农业部主导的，但是并没有具体谈到决定合作的缘由和决定合作的关键人物以及时间等。通过回溯卫德女士来华的历程，可以探析金陵大学图书馆合作部的创立时间和相关人员。

卫德女士来到金陵大学之后，1921年6月曾经到访北京大学，《北京大学日刊》1921年9月30日“本校纪事”有顾颉刚详细记录(《卫德参观纪事》)，介绍卫德女士参观北京大学图书馆相关情形。②

《卫德参观纪事》提到卫德女士是美国国会图书馆派遣的汉文书籍编目

---

① 陈长伟：《金陵大学图书馆》（原刊《金陵光》1925年11月第14卷第2期），引自南京大学高教研究所校史编写组编《金陵大学史料集》，南京大学出版社，1989年，第230页。文章中王德女士即Katharine Howes Wead，本书采用卫德女士的译法。

② 顾颉刚：《顾颉刚全集（33）》《宝树园文存》，中华书局，2010年，第153页。

员，是施文葛博士（Dr. Walter K. Swingle，美国国会图书馆中文部主任）的属下，当时到中国来研习汉文，并研究汉文书籍编目方法。卫德女士在北京大学参访由图书部主任李大钊接待，她回到南京后致信李大钊。①

卫德致李大钊函（金陵大学原译稿）

守常先生赐鉴：

今夏道出燕京，备承指导，又蒙示以藏书，甚感甚感。随即致函（美国）国会图书馆馆长卜提间博士，转达足下拟索取该馆目录卡片之盛意，想彼现已有报命矣。至该馆中文部主任施文葛处亦已去函，请其将中文书编目法函致到尊处，藉备参考。至尊处所有祁君著之中文书编目法，曾蒙允假给敝处一用，兹特请敝馆主任具函奉借，务希慨允，一俟译书告竣，立即奉还。

此颂

公绥

卫德谨启 1921. 9. 17

在《卫德参观纪事》和以上信件中提到的施文葛博士，现今通常译称施永高，他是金陵大学图书馆合作部创建最重要的推动者。

2. 施永高与金陵大学的合作

施永高作为美国农业部的植物病理专家，和金陵大学农林科很早就有合作关系，在金陵大学1918—1919年的校长年度报告中有记载。1919年，他亲自推荐棉业专家郭仁风（J. B. Griffing）到金陵大学农林科工作，其间和包文校长、文怀恩副校长、农林科科长芮思娄有多次信件来往和见面。② 在此期间，开始了他和金陵大学农林科长芮思娄商议派人到金陵大学图书馆指导中国农业典籍收集和索引工作，进而创建金陵大学图书馆合作部。

根据1918—1919年金陵大学农林科年度报告，“为了确定哪些外国品种的

---

① 周芳，李继华，宋彬：《李大钊书信集》，中国文史出版社，2015年。

② Report of the President for the Year 1918—1919. P43. 本书以后此类年度报告均称金陵大学校长年报。

棉花最适合中国不同地区，本科在去年春天组织了一次大型合作试验，采用由美国农业部提供标准试验组的棉花纯种，并通过美国驻北京商业参赞杰伦·阿诺德先生转交给我们。这项试验包括 8 个省 25 个地区。"① 这份年报中还提到了棉花改良工作，这项工作的重要参与者美国棉花专家郭仁风正是施永高推荐给芮思娄的。"美国农业部植物产业局施永高先生极力推荐郭仁风先生。他（郭仁风）将于今年秋天抵达中国，并及时加入美国农业部棉花专家顾克先生的团队，进行一次涵盖重要棉花产区的考察旅行。"② 而这位顾克（O. F. Cook）先生是施永高的挚友和美国农业部同事，就是在这次行程中，他在陪同人员金陵大学农科毕业的叶元鼎帮助下收购了大量的方志。

1919 年前后，施永高与芮思娄的联系频繁，主要是商讨发展中国棉花产业的有关问题和推荐郭仁风到金陵大学任教事宜。文怀恩副校长是金陵大学负责联系美国学者服务金陵大学教育科研事务的，也与施永高有过接触交流，并逐渐了解到施永高在美国国会图书馆收集中国农业典籍和编制中文书籍索引等工作实绩以及对中国书籍的热情。1919 年 6 月 25 日，文怀恩写信给芮思娄，提到施永高对中国图书馆的兴趣。

如果能够让施永高对您正在进行的工作充满兴趣，那将会对您有所帮助。他似乎已成为金陵大学所有事业最热情的支持者。他对图书馆的发展特别感兴趣。他在（美国）国会图书馆为大量中文收藏编制索引，成就卓越，顺便提一下，（美国）国会图书馆是中国和日本之外规模最大的中文藏书图书馆。③

此时文怀恩"正在进行的工作"是为金陵大学筹集资金以建造一座现代化的图书馆建筑，在一次谈话中施永高得知了这个消息，专门写信给金陵大学副校长文怀恩，强调了中文书籍具有不可替代的重要价值以及建设一个现代化

---

① Report of the College of Agriculture and Forestry for the Year Ending August, 1919 by John H. Reisner. Dean, Archives of the United Board for Christian Higher Education in Asia, RG 11. Box 199. Folder 3408. 本书以下档案简称格式如"UBCHEA, RG 11-199-3408"，此类年度报告均称金陵大学农林科年报。

② Report of the College of Agriculture and Forestry for the Year Ending August, 1919 by John H. Reisner. Dean, UBCHEA, RG 11-199-3408.

③ Nanking Correspondence John H. Reisner 1919, UBCHEA, RG 11-223-3770.

图书馆的必要性。

1919年8月16日，施永高当时以美国农业部图书馆委员会主席的名义给南京金陵大学副校长文怀恩（当时在纽约）的信件。试译如下：

就我们周四的谈话而言，我写信给你们是为了强调中文书籍的重要性，这不仅是为了充分研究中国的历史、艺术和技术，而且因为这些书籍是人类每一个领域中最完整的经验记录，一份正确解释的记录对我们自己和其他西方民族来说肯定是最有价值的。

从农业的角度讲，我想我可以毫不畏惧地说，中国是世界上最大的经济植物储藏地。1848年出版的吴其濬的《伟大的经济植物学》（即《植物名实图考》），包含了近一千八百个经济植物的极好的插图和描述，他根本没有用尽这份清单（他实际上没有囊括当时所有的已经了解的植物）。这些中国植物对任何试图在美国东南部的沼泽和排水不良的土地种植的人们而言，都是至关重要的。在这种情况下，没有哪个国家像中国那样有适合生长的植物种类。在过去的十年里，我一直在研究中国的农业，现在我认为，美国农业受惠于中国将随着时间的推移而不断增加①。

我相信中国文献在所有的历史研究中都是特别有价值的，因为中国没有知识的“黑暗时代”，而且文献语言的变化很少，这是世界上任何其他国家都无法比拟的。此外，中国文献的数量也是巨大的。毫无疑问，到18世纪初，中国书籍的数量，至少应当等同于所有其他国家的书籍的数量和价值。在中国，出版业不需要大量资金，因此，自第一次商业印刷应用以来，数千个印刷中心分散在中国各地。

只有花费数年时间研究这件事的人，才能充分了解中文书籍的范围和价值。不幸的是，在西方学者的立场来看，许多最有价值的书籍现在并没有得到中国人自己的高度赞赏（珍视）。描述工业方法、社会学实验、农业经营等的作品对整个世界都是至关重要的，但除非这些作品是由一位因文学价值而被保

① 施永高一再认为美国农业受惠于中国，1943年5月、6月的*Asia and the Americas*杂志刊载文章Trees and Plants We Owe to China，1968年这篇文章还收入文集*The Asian Legacy and American Life*，成为文章Our Agricultural Debt to Asia的一部分，由美国The John Day Company出版。

存下来的文学天才所写，否则在未来的几十年里，他们将面临完全消失的危险。

图书馆科学方法在中国文献中的应用将有助于使它比现在更容易为世界所接受。卡片索引已经显示，在及时定位任何需要的图书，甚至比中国的记忆优越。

在过去的几年里，我为（美国）国会图书馆购买了大约一万册中国作品，并从一些年迈学者那里收到了近一千册赠书。在我的行程中，我有充分的机会看到了中国文献资源系统保护的迫切需要。

在中国，革命所带来的社会和政治动荡，导致旧的考试制度废弃，今天，年轻的进步派和老的保守派之间出现了尖锐的裂痕。这一不幸的结果之一就是，年轻的进步人士对学习古老的传统文化不屑一顾。这引发了严重的危险，其中一些很有价值的书籍将因轻忽而消亡。在这种情况下，我相信许多年迈的学者会把他们的藏书借给或甚至捐赠给那些能够提供防火设施的图书馆等机构，并避免书虫的侵蚀。这是很容易做到的，防火建筑在冬季几个月提供蒸汽热。这样就能使书保持干燥，书虫就不能存活在书叶里了。

我相信，如果贵机构能在南京建一座好的图书馆，你就不难说服学者们把他们的图书存放在那里，如果你租到合适的地方，许多年迈学者会把你的图书馆作为文献工作的总部。这会把中国的学者们聚集在一起，让他们有宾至如归的感觉，借此，可以向西方学者解释中国古籍所蕴含的意义。①

施永高还根据在美国国会图书馆整理中文文献的实践，提出应用卡片索引的方法可以快速定位需要的信息，这种科学的图书管理方法也应当应用于中国书籍，以便更加方便地获取其中的知识。

施永高虽然没有在信中表明与金陵大学图书馆合作的具体想法，但是从他对中国古籍表现出的强烈兴趣和对建设图书馆的支持，可以看出当时他应该已经存在合作的意向了，不过还需要和文怀恩、芮思娄等人进一步交流信息后才能做出决定。

---

① Nanking Correspondence John E. Williams 1919 May-Nov.，UBCHEA，RG 11-228-3865.

施永高致文怀恩的另外一封信件提到，“我非常自豪地确信我们能为中国做的最重要的事情之一就是协助他们为自己的文献编制索引。相信我们已经发现了对中国古代文献进行索引的基本的、重要的方法，以便将它们提供给新一代的中国学生。我已经和克乃文教授详细讨论了这个问题，并希望当你看到他时，能够慷慨地提出建议。我相信它在医学和农业工作中的重要性在于：它在不久的将来必将在保护中国发展方面发挥其影响力。”①

事实上，施永高当时联系了中国所有的基督教会大学，敦促他们在选定的领域里对中国的藏书进行索引，并效仿美国的模式开办图书馆学校。他后来还邀请金陵大学图书馆馆长克乃文教授到华盛顿，指导美国国会图书馆中文藏书编目工作。②

二、金陵大学图书馆合作部创建的过程③

根据前述陈长伟文章，金陵大学图书馆合作部创立的标志性事件是卫德女士前往南京就任金陵大学图书馆合作部主任（Chief of Cooperative Work，University Library，金陵大学图书馆合作部的英文名称是 Cooperative Work），但作为合作的决策起始还在之前。根据已知的资料显示，1920 年夏金陵大学包文校长同意卫德女士来华指导工作，是金陵大学校方与美国农业部决定合作的明确开端。

1. 建立合作机构的最初决策

前面已经介绍施永高在和金陵大学的农业科研合作中，有意在金陵大学图书馆建立合作机构，1920 年施永高向文怀恩、芮思娄等推荐他的科研助手卫德女士到金陵大学，确定好人员之后，向包文校长请示同意后，安排包文校长在 1920 年夏在美国与卫德女士见面。双方有了初步的合作意向，由施永高、芮思娄商讨落实来华各项细节，到 1921 年最后向金陵大学最高管理机构纽约托事部请示后，确定卫德女士到南京的行程，卫德女士到南京后开始实质的合作。

---

① Nanking Correspondence Walter T. Swingle 1919-1932，UBCHEA，RG 11-226-3829.

② Swingle's First Delving into the History of Botany and Agriculture in China.

③ 金陵大学图书馆合作部创建的过程，主体内容采用尧捷的考证文章。

金陵大学当时设有董事会，本部设在纽约，在南京设分部。金陵大学董事会本部也叫“托事部”，是该校的最高权力机关。南京的董事会由校长、行政管理人员和各与会代表组成，监察审议该校所有进行事宜，任命行政管理人员和中国教职员，起草学校预算申报托事部批准，批准学校课程等。

1921 年 4 月 15 日，金陵大学农林科科长芮思娄致信在美国纽约的金陵大学托事部（图 1-4），时任部长是著名学者、教士斯皮尔（Robert Elliott Speer）

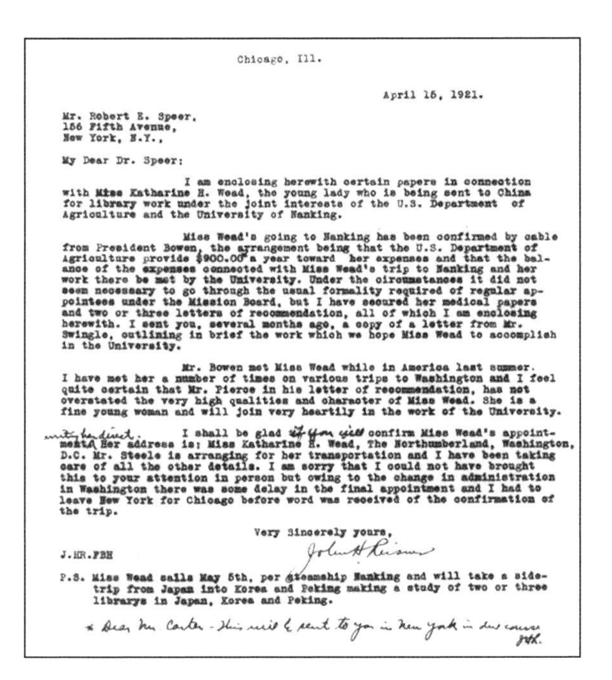

Chicago, Ill.

April 15, 1921.

Mr. Robert E. Speer,
156 Fifth Avenue,
New York, N.Y.,

My Dear Dr. Speer:

I am enclosing herewith certain papers in connection with Miss Katharine H. Wead, the young lady who is being sent to China for library work under the joint interests of the U.S. Department of Agriculture and the University of Nanking.

Miss Wead's going to Nanking has been confirmed by cable from President Bowen, the arrangement being that the U.S. Department of Agriculture provide $900.00 a year toward her expenses and that the balance of the expenses connected with Miss Wead's trip to Nanking and her work there be met by the University. Under the circumstances it did not seem necessary to go through the usual formality required of regular appointees under the Mission Board, but I have secured her medical papers and two or three letters of recommendation, all of which I am enclosing herewith. I sent you, several months ago, a copy of a letter from Mr. Swingle, outlining in brief the work which we hope Miss Wead to accomplish in the University.

Mr. Bowen met Miss Wead while in America last summer. I have met her a number of times on various trips to Washington and I feel quite certain that Mr. Pierce in his letter of recommendation, has not overstated the very high qualities and character of Miss Wead. She is a fine young woman and will join very heartily in the work of the University.

I shall be glad if you will confirm Miss Wead's appointment. Her address is: Miss Katharine H. Wead, The Northumberland, Washington, D.C. Mr. Steele is arranging for her transportation and I have been taking care of all the other details. I am sorry that I could not have brought this to your attention in person but owing to the change in administration in Washington there was some delay in the final appointment and I had to leave New York for Chicago before word was received of the confirmation of the trip.

Very Sincerely yours,
John H. Reisner

J.HR.FBH

P.S. Miss Wead sails May 5th, per steamship Nanking and will take a side-trip from Japan into Korea and Peking making a study of two or three librarys in Japan, Korea and Peking.

* Dear Mr. Carter - This will be sent to you in New York in due course
JHR.

图 1-4　芮思娄致金陵大学托事部（美国纽约）部长斯皮尔（Robert Elliott Speer）博士函①

博士，向他报告卫德女士将要前往金陵大学图书馆工作一事。信中提到金陵大学校长包文 1920 年夏季和卫德女士见面，这个时间节点是金陵大学和美国农业部以及美国国会图书馆三方为建立金陵大学图书馆合作部专门机构的实质性

① John H. Reisner to Robert E. Speer. UBCHEA, RG 11-223-3771.

开端，这也是中国第一个农业历史研究机构之先河。

芮思娄在信中说明，这是美国农业部和金陵大学的一项合作，派遣卫德女士到金陵大学图书馆工作，美国农业部每年提供900美元的支持，金陵大学负责旅行费用和卫德女士在南京工作的费用。这项合作已得到校长包文的批准，包文在1920年夏天与卫德女士已经有过会面，并且对她的能力十分认可。随函附上施永高1921年1月13日的合作信函，这封信简述了卫德女士在金陵大学的工作计划，用于证明这项合作对金陵大学的图书馆事业是很有帮助的。根据之后芮思娄与施永高的通信，斯皮尔博士随后批准了这项合作，卫德女士按照计划来到南京。

1920—1921年，金陵大学农林科年报中有关于金陵大学农林科和美国农业部的合作的通报：

在过去植物种子、标本交流的基础之上，最新的进展是经过施永高和芮思娄商议，卫德女士将来中国至少一年，帮助金陵大学收集和索引中国古代农业和植物学文献。

金陵大学将尽可能收集两套文献，一套交由施永高转美国国会图书馆。购书的费用一半由金陵大学负担。

这说明金陵大学农林科和美国农业部的合作有了新的进展，那就是金陵大学图书馆和美国农业部将就中国古代农业文献进行合作。但事实上还有第三方美国国会图书馆参与其中，以此合作协助美国国会图书馆增加中文藏书。据1921年4月27日美国国会图书馆的介绍信函，明确写到卫德女士到访中国主要是为美国农业部服务，但她也有为美国国会图书馆获得收藏文献的重要任务。①

2. 卫德来华的具体事宜安排

1920年7月30日，芮思娄写信给施永高商讨卫德女士到金陵大学读语言学校的时间。基本确定卫德女士将来到南京后，先进入语言学校学习，再进行中国古农书的索引工作，只是具体行程安排还有待确认。

---

① The Records of the Library of Congress. The Central File.

1920年12月24日，芮思娄写信给校长包文和图书馆馆长克乃文，阐述了关于卫德女士来华的初步安排。

本周三在华盛顿与施永高先生和卫德女士会面，讨论了关于金陵大学图书馆中文部分馆藏的发展以及与施永高先生的合作。我寄给你们的这封信已经获得了施永高先生和卫德女士的同意……当我们一起在华盛顿时，包文先生与凯瑟琳·卫德女士进行了见面交流，她愿意来中国，而施永高先生急于让她去南京学习中文一两年。她在施永高先生的指导下负责（美国）国会图书馆的中文馆藏部分的工作已经有三年了，并将与伯德夫人一起继续进行这一相当重要的中国文献汇编工作。①

这封信提到包文已经与卫德女士有过交流，卫德女士参与美国国会图书馆的中国文献汇编工作已经有三年了，在这方面她有着丰富的经验，施永高也希望卫德女士早些来南京学习中文，以便更好地开展中文书籍索引工作。

关于卫德女士的工资和旅费问题，芮思娄也做出了解释，施永高每年向大学支付900美元，相当于卫德女士工资的一半，金陵大学将主要负责卫德女士中美往返的费用。卫德女士在金陵大学工作期间享受教师的待遇，免去参加语言学校的费用。

芮思娄非常推荐这种安排，认为这对美国方面和金陵大学图书馆是双赢的。但当时这些建议还都是暂时的，需要包文和克乃文的同意，才方便进行下一步安排。从与卫德女士的信函交流中可以得知，她至少能够在南京工作一年以上，并且有可能停留两年甚至更长时间，这对于人才缺乏的金陵大学图书馆无疑是个好消息。在信的末尾，芮思娄提到施永高将会在近期写一封信，主要是关于和金陵大学合作购买中文书籍的安排建议，这是施永高提议创建合作部的另外一个目的——为美国国会图书馆购买方志、农书等书籍。

芮思娄希望尽快和施永高达成正式的合作协议，1921年1月7日，他写信给施永高："随信附上了我写给包文校长和克乃文先生的信件，一份卫德女士来信的复本和我的回信。我很高兴您就这封信提出任何建议，如果您赞同这

① 金陵大学校长包文的公务文书（英），金大档649-2327-115.

么写的话，我就可以尽早将所有的信件直接转发给包文校长。”①

施永高没有让芮思娄等待太久，之前的会面已经基本确定了这项合作，欠缺的只是书面的正式协议。1921 年 1 月 13 日，施永高回复芮思娄 1 月 7 日的来信，进一步确定了卫德女士将会到金陵大学图书馆指导古农书索引编制的工作。施永高明确提出了合作方案，卫德女士将在金陵大学图书馆进行半工制的工作，为中文书籍，特别是农书、方志和本草书籍编制索引，运用她在美国国会图书馆编制中文书籍索引的丰富经验。同时，施永高对卫德从美国来中国的行程做出了具体安排：先到韩国拜访用中文编制韩国书籍索引的盖尔（Dr. James S. Gale）教授，再经过北京去学部的图书馆检索中国方志，最后抵达南京。施永高还提出愿意共享美国国会图书馆六年来完成的中文书籍索引副本，并且明确表达了希望和金陵大学图书馆保持长期合作的期待，这无疑是对金陵大学图书馆工作的一种肯定和支持，同时希望金陵大学能够协助施永高完成对美国国会图书馆中国古农书的整理和编目。

同一天，施永高向包文校长寄送一封提出正式的合作请求的信，这封信阐述了美国国会图书馆愿意与金陵大学图书馆合作购买中国方志的计划。施永高提出了购买地方志的费用安排以及美国国会图书馆在选择方志方面需要具有优先选择权。② 即美国农业部和美国国会图书馆与金陵大学图书馆的合作包含两项内容：一是外派有丰富经验的卫德女士来金陵大学图书馆学习中文并为古农书编制索引，二是金陵大学图书馆派人为美国国会图书馆购买中国方志。

1921 年 2 月 8 日，芮思娄写了一封信给施永高：“我很高兴卫德女士有可能比她一开始预想的更早出发。我相信 5 月安排卫德女士出发的事情并不会有任何困难，他们非常期盼她能够早点出发。我要求斯皮尔先生在 5 月为卫德女士确定一个可行的航行方案。”③

① 美国农业部植物实业局与金陵大学农学院院长芮思娄往来函件（英文），金大档 649-2671-51.

② 金陵大学校长包文的公务文书（英），金大档 649-2327-112.

③ 美国农业部植物实业局与金陵大学农学院院长芮思娄往来函件（英文），金大档 649-2671-71.

在同一时间，芮思娄也与卫德女士保持着联系。2月3日，芮思娄写信给卫德女士："随函附上一份给包文校长和克乃文先生的信的最后草稿副本。如果能尽快得到你的答复，我将非常高兴，这样我就可以尽早把信发给他们。我觉得现在情况非常乐观，并且认为只要你做好了充分准备，就一定能够按照计划前往东方。"[①] 卫德女士在次日给出了肯定的回复："我很高兴今天早上收到你写给包文先生和克乃文先生的信。其中的条款清楚且令人满意。"

临近5月预定的出发日期时，芮思娄再次联系施永高，请求确认卫德女士行程安排的可行性。4月19日，施永高告知芮思娄已确认卫德女士准备5月5日从旧金山乘船出发前往南京。经过近10个月的筹划，金陵大学和美国农业部就卫德女士来华的路线、具体工作、工资支付等问题进行了一系列的商榷，终于尘埃落定。8月19日，芮思娄致信施永高，克乃文写信告知他卫德女士已经抵达南京并开始学习中文。[②]

派遣卫德女士到金陵大学图书馆工作，是金陵大学与美国农业部和美国国会图书馆三方的合作，主要由美国农业部施永高和金陵大学农林科科长芮思娄斡旋商讨，在获得三方批准的情况下，卫德女士为金陵大学图书馆带来编制中文书籍索引的技术编制索引以供美国农业部参考，金陵大学帮助美国国会图书馆搜集中国古代志书、农书。

1921—1922年度金陵大学图书馆委员会会议记录中，包文校长确认了这一安排："通过芮思娄先生和施永高先生的安排，美国农业部植物产业局研究馆员凯瑟琳·卫德女士将从今年秋天开始在南京度过一年或两年，学习中文，并在美国国会图书馆和我们图书馆的合作下从事中文图书的分类工作。"

三、金陵大学图书馆合作部的成果

卫德女士在金陵大学图书馆担任合作部主任期间，除去学习中文和为施永

---

① 金陵大学农学院院长芮思娄与美国华盛顿地区各机关公司的往来函件（英文），金大档649-2672-113.

② 美国农业部植物实业局与金陵大学农学院院长芮思娄往来函件（英文），金大档649-2671-198.

高搜集相关植物学书籍，大部分时间都用来编制中文书籍索引。她将美国国会图书馆的索引方法传授给金陵大学图书馆人员，并指导他们系统地开展古农书编目工作，短短一年多，成绩斐然。

1921—1922年度的金陵大学校长年报的图书馆部分，较为详细地阐述了卫德女士到金陵大学后的工作以及带来的新变化。

如果变化表示进步，那么（金陵大学）图书馆在过去一年里有了长足的进步。华盛顿国会图书馆凯瑟琳·卫德女士的到来是一股新的力量，不仅对图书馆的发展有所帮助，同时还是振奋人心的。她的到来证明金陵大学图书馆和美国农业部以及（美国）国会图书馆合作的完成，因为她的主要工作就是为美国农业部编制中国古农书索引。她花了一些时间学习中文。在她的工作中，她得到刘纯甫先生和何汉三先生有效的协助。刘先生阅读中文文献并制作索引卡片，这是非常重要的工作。这些卡片随后由学生助理翻译成英文。何先生曾经帮助编制中文期刊的索引，这项工作类似于英文的读者指南。作为图书馆员顾问，卫德女士指导了一般小册子的分类和编目，这项工作再现了在图书馆长期被湮没的知识宝藏，便于读者使用[①]。

上面引文提到的协助卫德女士工作的学生助理是陈祖槼[②]，他1923年从金陵大学农科毕业，1924年11月受聘金陵大学农业图书研究部，他是金陵大学最早从事农史资料工作的人员之一。陈祖槼在回忆文字《农业经济系农业历史组之沿革及其成绩》中提到："民国十年（1921年）秋，本院与美国国会图书馆合作在本校图书馆编制古农书索引，由（美国）国会图书馆派韦德（即卫德）女士来华，主持其事。时本人尚在农学院求学，由院长介绍协助韦女士编制索引。十一年（1922年）毛雍君到馆任职，开始编纂《中国农书目录汇编》。后韦女士回国，毛君亦以十三年（1924年）夏赴美留学，改聘万国鼎君继之。是年农业历史组前身农业图书研究部正式成立，扩充工作范围，增

---

① Reports of the President and the Treasurer for the Year 1921-1922（University of Nanking Bulletin），P50-51.

② Reports of the President and the Treasurer for the Year 1923-1924（University of Nanking Bulletin），P28.

加编制杂志索引，本人亦于十一月回校加入工作。当时工作人员除万君及本人外，尚有助理员两人。”①

1920年夏金陵大学图书馆合作部开始创建，由施永高、芮思娄、克乃文等确立了合作事宜及工作内容，1921年卫德女士来华后担任合作部主任，开展工作，刘纯甫和何汉三担任助理。1922年又选派金陵大学1920年农科毕业生毛雍加入，担任合作部副主任。

毛雍，字章孙，武进县毛家桥人。1920年毕业于金陵大学农科，1922年任职金陵大学图书馆合作部，短期工作后赴美留学，获美国加州大学农业硕士。回国后，他担任国立东南大学、中山大学及中央大学教授。后辞教从政。

刘纯，字纯甫，南京人，1922年任职金陵大学图书馆合作部，编有《历代经籍汇考》《四库全书总目索引评》《杂志索引之需要及其编制大纲》，后任职中央图书馆中文编目股。1928年冬，胡朴安等在上海发起以“研究中国学术，发扬民族精神”为宗旨的中国学会，刘纯列名发起人，长期致力于整理古代中国学术资料工作。②

1. 古农书索引工作

卫德女士在美国国会图书馆有编制索引的经验，她来中国的主要任务就是为中文古农书编制索引，并在金陵大学图书馆员中推广索引编制方法，颇有成效。1921—1922年金陵大学年报图书馆部分报告中提到，自4月以来，中文期刊的索引已经开始使用，提供英文字母顺序查找和中文查找两种途径，中文书籍的卡片编目也取代之前旧的图书目录，开始引入金陵大学图书馆使用，提高了古农书资源的利用效率。

1924年5月，中华教育改进社发起的全国教育展对国内当时图书馆界的发展和成就进行展示。《图书馆教育组报告》列出了金陵大学的展品，其中金陵大学图书馆合作部的工作成果以索引为主，计有如下：

---

① 藏于南京农业大学档案馆。

② 1928年冬，胡朴安先生等在上海发起中国学会，以“研究中国学术，发扬民族精神”为宗旨。刘纯（刘纯甫）与于右任、王云五、吴梅、何炳松、柳诒徵、蔡元培、钱基博等政、学各界知名之士八十四人应邀列名发起，志在整理古代中国学术资料。

毛雍　《南方草木状索引》按该书系毛君与刘君纯甫合编，中英文对照，极便检查。

卫德（Miss Katharine H. Wead）《玉海·食货索引》按该书将宋应麟所辑《玉海》中食货一部，制成索引，中英文对照，而以中文首字笔画之多寡，依次排列，极便检查。《授时通考索引》按该书将《授时通考》全书，制成索引，亦系中英文对照，其便于检查，与前书相等。

刘纯甫　《四库全书总目索引》按该书系取四库全书总简二目，制为索引，以笔画之多寡，分次序之先后；阅者欲得何书，即可依次求之，甚为便利。①

其中可以看出金陵大学图书馆合作部两年多的工作成就。这是中国近代最早的古代典籍索引实践。最先完成的三部图书索引均为中英文对照，体现了西方索引技术引入中国的过程。卫德编制的索引《玉海·食货索引》《授时通考索引》根据前文陈祖槼回忆文稿和金陵大学校长年报图书馆馆长的年度汇报，基本程序是刘纯甫阅读中文（文献）并制作索引卡片，这些卡片随后由当时的图书馆学生助理陈祖槼等翻译成英文，索引的编排由卫德完成。在卫德的指导下，毛雍与刘纯甫合编《南方草木状索引》，也是中英文对照。刘纯甫还单独完成《四库全书总目索引》。②

金陵大学是美国人办的大学，英语是主要的教学语言，当时金陵大学学生尤以英文水平高而被称道，因此，毛雍与陈祖槼等能熟练地使用英文进行索引编制，同时刘纯甫有很好的国学素养，③ 以及何汉三在文书方面有效的协助，为索引编制提供了基础条件。当然，这次索引实践主要还是得益于卫德女士掌握的西方先进的索引理论、方法及悉心的传授和指导。

根据1921—1922年金陵大学农林科年报，卫德小姐来中国在学习中文之

---

① 《新教育》1924年第5期，第1145-1147页。

② 根据刘纯《四库全书总目索引评》，《图书馆学季刊》第1卷第4期，1926年12月，刘纯甫的《四库全书总目索引》1923年编制完成。

③ 1928年冬，胡朴安先生等在上海发起中国学会，以“研究中国学术，发扬民族精神”为宗旨。刘纯（刘纯甫）与于右任、王云五、吴梅、何炳松、柳诒徵、蔡元培、钱基博等政、学各界知名之士八十四人应邀列名发起，志在整理古代中国学术资料。

外，指导金陵大学图书馆各项工作，为13部中国农书做了6 000张索引卡片。

2. 农书目录汇编

金陵大学图书馆合作部的另外一项工作成果是1924年6月毛雍编辑的《中国农书目录汇编》出版。前述《图书馆教育组报告》也有记载：

毛雍　《中国农书目录汇编》按该目所收，均系吾国旧时农书及关于农业者，近人所著关于旧农业者，亦在收录之列。其分类方法，系根据最新农学及旧时农书所分之门类，种别部居，各求其当，共分为二十八类。研究农学者，欲知中国农学参考书，可以一览了然。

金陵大学图书馆馆长克乃文撰写了英文序言，原书的中文译文如下：

本目录系金陵大学图书馆出版物之第一种，发行目的盖欲于中国农书之质量搜集而类列之，以便稽考此尤其初步也。

此次目录吾人自知殊欠完善、遗漏固必甚多，而所采集亦必有不尽称旨者，至采集时期凡逾十有八月，但以情势关系参考所及仅囿于南京及本省附近各图书馆之图书，而旁及远地图书馆目录及藏书志艺文志等者又多不能一观其书之内容，此吾人所深引为憾事而诚恳要求阅者诸君之指正，冀于再版时得渐臻完备也。

惟此次搜集所得蔚为大观殊出意外，故容多不妥之处，然于图书馆农学界及中国学者或不无稍有裨益，江苏省长韩紫石先生特赐序以章之，先生盖深以此为重要者。

虽然吾不言乎吾人之希望不仅将以藉知中国农书之数量，已也且将以之为进求中国农书内容之梯阶，吾人计划拟择重要农书悉制索引混合排列以便稽考，虽云卷帙浩繁令人不敢尝试，然吾人于此数年内所试制农书索引十数种，皆自始显其有用，苟能循此以进于农业界只之知识及实际应用，必将有若干之贡献。

本目录之主编人毛君雍系前任本馆与美国国会图书馆合作部副主任，此外万君国鼎自初即与以助力，万君现任本馆之新设研究部主任，毛君赴美留学后万君更为任校雠之责，复有同部刘君纯甫、何君汉三相助为理始告完成，今将付印，余谨为之序云①。

《中国农书目录汇编》（图 1-5）是中国农业历史文献工作的基础，是文献整理的第一步，这部目录出版以后受到当时国内外学者的好评。1929 年芮思娄写信给万国鼎，介绍美国芝加哥自然历史博物馆人类学部门的策展人，也是探讨中国和古代西域植物的传播关系的《中国伊朗编》的作者，汉学家劳费尔（Berthold Laufer，1874—1934）博士将此书放在书案右手位置，时时翻阅，当作重要参考书。

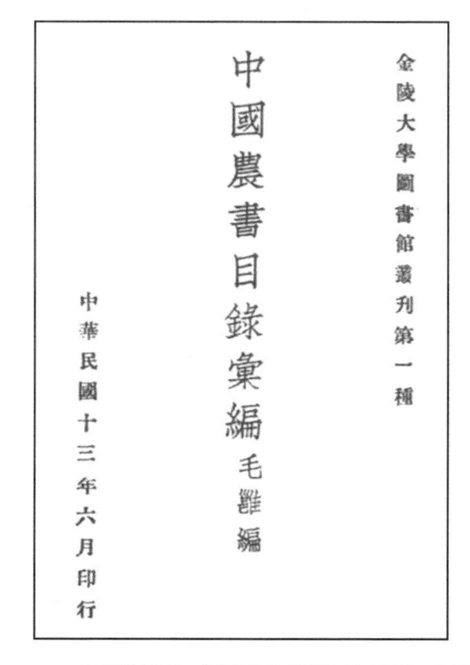

金陵大學圖書館叢刊第一種

中國農書目錄彙編

毛雝編

中華民國十三年六月印行

图 1-5　毛雍编辑的《中国农书目录汇编》扉页

《中国农书目录汇编》将所有涉及农业的古籍分类汇编，分为总记、时令、占候、农具、水利、灾荒、名物诠释、博物、物产、作物、茶、园艺、森

① 克乃文提到合作部是金陵大学图书馆和美国国会图书馆双重合作，准确地说美国农业部是主要合作对象，美国国会图书馆也是合作一方，是三方的合作部。在金陵大学 1922—1923 年的 Announcements 有关于教职工介绍，来到金陵大学图书馆工作的卫德女士的介绍是代表美国农业部的编目人员。

林、畜牧、蚕桑、水产、农产制造、农业经济、家庭经济、杂论和杂类共21类，博物类分博物、植物、动物和昆虫4属，园艺类分园艺总记、果、蔬、花、园林5属，提纲挈领，供农业研究参考。

金陵大学图书馆合作部是当时金陵大学图书馆的研究机构，毛雍编辑的《中国农书目录汇编》被列为金陵大学图书馆丛刊第一种，反映了金陵大学图书馆合作部为中国古代农业文献收集、整理的成立宗旨。

卫德女士在金陵大学图书馆合作部工作期间，一方面帮助和指导图书馆员从事中国古农书索引编目，另一方面受命于施永高收集各地方志和植物古书，施永高也一直和金陵大学校长包文、副校长文怀恩、农林科科长芮思娄保持着紧密的联系。1922年1月31日，施永高致信包文，感谢他对卫德女士的关照，希望卫德的工作能够让他满意，并且帮助农业图书研究部开发标准的索引农业文献的方法。[①] 1922年2月16日，芮思娄致信施永高，在信末询问卫德女士返回美国的日期是否确定，同时诚挚的期望卫德女士能够在南京度过更长的一段时间。[②] 1922年3月25日，包文致信施永高，赞赏卫德在金陵大学工作出色，希望施永高允许卫德在南京留久一些，并且相信这个决定对双方都是有益的。[③] 但是由于卫德女士的父亲身体抱恙，最终卫德决定于1922年秋返回美国。金陵大学众人对卫德女士的优秀才能有目共睹，都希望她能多留一些时间，指导中文书籍编目索引工作。1922年9月22日，芮思娄在给施永高的信中提到，卫德女士工作出色，非常遗憾她当年秋天必须返回美国，期待不久的将来她能够回到南京继续指导图书馆工作。[④] 1923年1月23日，文怀恩致信施永高提到："她（卫德女士）工作完成得非常出色。她是一位有着高尚品质和人格的女士，每个和她共事的人都很喜爱她。"[⑤] 施永高对此表示遗憾。

---

① 金陵大学校长包文的公务文书（英），金大档649-2327-108.

② 美国农业部人士与金陵大学芮思娄等关于教授西方农业知识、来华参观考察调查等事项的往来函件（英文），金大档649-2723-173.

③ 金陵大学校长包文的公务文书（英），金大档649-2327-111.

④ 美国农业部人士与金陵大学芮思娄等关于教授西方农业知识、来华参观考察调查等事项的往来函件（英文），金大档649-2723-174.

⑤ Nanking Correspondence Walter T. Swingle 1919-1932，UBCHEA，RG 11-226-3829.

1923 年 3 月 2 日，施永高给副校长文怀恩的信中说："我对她（卫德女士）刚刚为最佳工作做好准备时却不得不返回美国感到遗憾。我希望你将认识到她在和农业图书研究部合作制作索引工作中的重要性，并且你会把这项工作继续下去。"①

虽然卫德女士在金陵大学图书馆仅仅度过了一年半的时光，但她对金陵大学图书馆的影响是深刻的。在施永高的谋划下，卫德女士带来了美国国会图书馆为中文古农书编制索引的方法，指导金陵大学图书馆员编制古农书索引，并采用新式的图书卡片编目，使得沉寂已久的古农书重新焕发出生机。根据农业图书研究部的有关资料记载，从 1921 年开始，也就是农林科与美国农业部在芮思娄和施永高主持下合作，采用美国国会图书馆的方法对古代著名农业著作进行索引编目，从而使人们认识到这些古老的作品中包含着远超预期的价值。

1920 年金陵大学图书馆和美国农业部以及美国国会图书馆组织合作部，开始搜集、整理、研究中国古代农业文献，堪称中国农业历史研究之先河。中国农业历史学科的主要创始人万国鼎先生于 1920 年从金陵大学农林科毕业，逐步开始农业历史研究。1924 年 1 月他担任后续的农业图书研究部负责人并长期致力于农史资料收集、整理、研究。同时中国图书馆学科重要的开拓者李小缘、刘国钧 1920 年从金陵大学文理科毕业即进入金陵大学图书馆工作，他们的加入为金陵大学图书馆合作部的发展提供了有力保证。而美国农业部植物学家施永高教授、金陵大学图书馆美籍克乃文馆长 1920 年的工作重心转移，对金陵大学图书馆和美国农业部以及美国国会图书馆合作业务开展发挥了重要的作用。

---

① Nanking Correspondence Walter T. Swingle 1919-1932，UBCHEA，RG 11-226-3829.

第二章　一枝独秀

金陵大学时期的农史事业发展(1920—1949)

百年之前，金陵大学办学的早期，开风气之先，注重中国农业历史资料的收集整理。我国农业历史学科主要创建人万国鼎学生时期就立志撰写中国农业史，1920 年，万国鼎金陵大学毕业之后，就开始尝试研究撰写文章《蚕业史》。1920 年前后，在美国植物学家施永高的倡议下，金陵大学校方和美国农业部以及美国国会图书馆建立了专门机构——金陵大学图书馆合作部，引进西方整理利用文献的先进方法，为中国古代农书编制索引，也为农业历史学科化发展带来契机。

1924 年，万国鼎担任金陵大学图书馆农业图书研究部主任之后，系统规划农业历史研究各项工作，收集资料、研究专题、著述研讨、开设课程、学术交流以及农史资政、社会服务等各个方面都取得许多开创性的成就，奠定了中国农业历史学科发展的基础。

第一节　金陵大学农史机构的历史变迁

金陵大学的农史机构开始于金陵大学图书馆合作部——1920 年由金陵大学校方、农林科科长芮思娄和美国农业部图书馆委员会主任施永高等谋划建立机构，并议定合作方式、内容。1921 年美国图书馆学专家卫德来到金陵大学图书馆指导编制中国古农书索引，进行一系列合作。1923 年秋，金陵大学图书馆合作部改名为金陵大学图书馆农业图书研究部，兼隶金陵大学农林科，主要工作以收集、整理和研究农业历史资料为主，后又开始中国农业史的教学。1932 年 8 月底，金陵大学图书馆农业图书研究部改组为金陵大学农业经济系农业历史组，继续承担中国农业史的教学，同时进行农业历史的课题研究。

一、金陵大学图书馆农业图书研究部

1920 年，施永高、芮思娄、克乃文等在金陵大学校方同意后和美国农业部及美国国会图书馆组建金陵大学图书馆合作部，编制中国古农书索引，收集中国各地方志，开始中国农业历史资料的收集利用，成为创建中国农业历史研究专门机构的起点。1921 年，美国农业部索引专家卫德女士到任，担任合作

部主任，1922年毛雍（金陵大学1920年农科毕业）担任副主任。1922年11月，卫德女士以事回国，而毛雍亦赴美留学后，只有刘纯甫和何汉三在该部任事。

1923年秋，金陵大学图书馆得赈后余款利息款办馆，金陵大学图书馆合作部遂扩充为研究部。1924年由万国鼎主任其事，并聘杭立武编纂灾荒史，1925年杭立武离职留学英国，陈祖椝继之，编制中西杂志报章中亦载农林学之索引。[①] 赈后余款系美国对华赈款委员会（American Committee for China Famine Fund，亦译“中国救灾基金美国委员会”），将对华赈济余款中的约67.5万美元作为基金资助金陵大学农林科开展有关事业，以其利息作为调查研究灾荒的原因、救济以及在中国发展农林教育之用。美国对华赈款委员会资助的金陵大学“灾荒预防计划”（Famine Prevention Program）包括以下项目：林业指导、推广与研究、农业推广、农作物改良和纯种农场、饥荒地区的经济和农场管理研究、饥荒地区的合作推广项目、植物病害防治、动物病疫防控、农业工程、乡村教育和研究图书馆（即农业图书研究部）。金陵大学农林科将金陵大学图书馆的合作部改组为农业图书研究部，列入其中。[②]

1923年，农业图书研究部由金陵大学图书馆的一个部门转为兼隶金陵大学农林科，业务工作接受金陵大学图书馆管理，人员属于农林科，这主要是因为当时开展业务内容是农书、方志收集利用，收藏注重中国古代荒政书籍，业务经费来自农林科灾荒预防计划专款。

金陵大学农林科的1923—1924年度报告（英文）首次出现金陵大学农业图书研究部的介绍（图2-1），在当时金陵大学年报和金陵大学农林科年报中的英文名称是Research Library，而地点是在金陵大学鼓楼校址的北大楼三楼（图2-2）。[③]

---

① 陈长伟：《金陵大学图书馆》，刊于1925年11月第14卷第2期《金陵光》。

② Reports of the President and the Treasurer for the Year 1923-1924（University of Nanking Bulletin），P5-6.

③ 本校图书馆之雏形判然可观矣，然固有房屋已觉不敷，适值北大楼落成，遂将分藏书籍悉迁入斯室之第三层楼，占屋凡三大间，一年之内，添置器具不遗余力，规模渐备……不二年又就新图书室之西添辟一室，作为研究部及办事室之用……。（原刊《金陵光》第14卷第2期，1925年11月）

Research Library

The Research Library is a part of the University Library though in personnel it is directly related to the College of Agriculture and Forestry. It has taken over the books and catalog and index cards gathered during the several years of co-operative work with the United States Department of Agriculture, and, so far as Chinese literature is concerned, it is following the methods adopted at the beginning of the co-operative arrangement. Emphasis is placed on the collecting, cataloging, and indexing of Chinese literature pertaining to agriculture and on getting the information contained therein in an available form. Foreign books needed in the prosecution of research and investigational projects of the College of Agriculture and Forestry are also being secured. It is not generally known that China possesses a fairly rich literature pertaining to agriculture; in horticulture, sericulture, irrigation, land tenure, botany, zoology, entomology, farm crops, forestry, animal husbandry, fish culture, etc., etc. Much of this old literature is as useful in many ways for China as the more modern books, and the possession of the knowledge which it contains will be not only valuable but should also be considered an absolute necessity in any serious study of any phase of Chinese agriculture. In carrying out several minor investigations of Chinese crops, we have found that some of the most useful information has come from this little known literature. Recently the University library has published an exhaustive bibliography on Chinese agricultural literature which lists more than two thousand separate and distinct titles.

The Research library as such has been organized less than one year. Mr. Wang Kwoh-ting is in charge, Mr. Liu Shen-pu is Associate, and Mr Ho Han-san is Writer. Mr. Han Lih-wu, Associate in Agricultural Research is making an intensive study of famines. The three principal lines of work being undertaken at the present time are: collection of books, cataloging of books, and indexing of important old Chinese works on agriculture and famines.

图 2-1　农业图书研究部第一次年度总结，载金陵大学农林科年报 1923—1924（英文）

1932 年夏，金陵大学图书馆农业图书研究部改为金陵大学农业经济系农业历史组。

图 2-2　金陵大学农业图书研究部设于金陵大学鼓楼校区北大楼三楼（20 世纪 20 年代）

金陵大学图书馆农业图书研究部，承继金陵大学图书馆合作部，收集中国古代农业文献，并整理利用，1924 年 1 月万国鼎开始主持金陵大学图书馆农业图书研究部和后续的金陵大学农业经济系农业历史组（1924—1937），开创农业历史研究，开始中国农业历史学科建制化进程。尤以组织农史资料搜集、整理、研究工作建立了宝贵的农史资料收藏，对中国农学遗产的传承做出了杰出贡献。

万国鼎，字孟周，1897 年 12 月 26 日出生于江苏省武进县小新桥乡。父亲营农经商，母亲料理家事。母舅奚九如，前清秀才，进过江南水师学堂，清末在乡间倡办学校，民国初年就提倡机器灌溉，创办常州厚生机器制造厂（江苏常柴股份有限公司的前身），制造抽水机等。万国鼎青少年时在读书学习和思想方面受到其母舅的影响很大，1915 年 6 月，他在江苏省常州中学毕业后，原先欲报考上海南洋公学电机科，希望做实业家、发明家，后决定投考金陵大学农林科，希望能在学问中有所作为，做一名学者。

1916—1920 年，万国鼎就读于金陵大学，不仅认真钻研农业科学，也注重文史课程学习，成绩优异，就读期间发表学术文章数篇。其间曾任金陵大学农林学会会长，《金陵光》编辑、学生自治会主席、五四运动议事部副主席、南京学生会金陵大学学生代表等。

1920年，万国鼎留校担任助教，协助钱天鹤教授进行蚕桑教学研究推广工作，1921年10月，万国鼎经钱教授推荐，在上海美国丝商设立的生丝检验所（当时称万国检验所）担任技师。1922年6月，转到上海商务印书馆编译所担任编辑，负责编辑和校订有关农业的图书。1924年1月，回到金陵大学任农业图书研究部主任。1932年9月，农业图书研究部改组为农业经济系农业历史组，继续担任主任。

1932年11月，万国鼎就任南京国民政府国防设计委员会（1935年该委员会改组为资源委员会）专职专员，在之后的五年间从事田赋调查等事务。1932—1948年，还担任南京（战时迁重庆）中央政治学校地政学院、地政专修科、地政系教授。1947年8月，中央政治学校改为国立政治大学，万国鼎任地政系教授及系主任。解放前夕，他和一些反对学校南迁广州的师生一起，坚持上课，一直到1949年6月学校解散。其间担任中国地政学会理事、《地政月刊》总编辑、中国地政研究所导师兼研究主任等。[①]

1. 农业图书研究部的人员

金陵大学农业图书研究部的人员组成时有变动。

1924年1月，万国鼎担任农业图书研究部主任，根据研究中国历史上的灾荒防治需要，增加了人员。1924年2月，杭立武在金陵大学就学期间开始担任图书馆农业图书研究部研究助理，收集中国古代关于饥荒赈济等文献，并进行灾荒史研究和编纂。[②] 1924年11月，陈祖槼担任农业图书研究部研究助理，主要从事中西期刊中所载农业相关内容的索引。同时还有金陵大学图书馆

---

① 王思明，陈少华：《20世纪中国知名科学家学术成就概览·农学卷·第一分册·万国鼎》，科学出版社，2011年。

② Reports of the President and the Treasurer for the Year 1923—1924（University of Nanking Bulletin），P39. 杭立武，1925年参加安徽省公费留学考试获得第一名，留学英国伦敦政经学院学习政治学，后又获美国威斯康星大学硕士，英国伦敦大学博士，回国后担任金陵大学、中央大学教职以及从事政府工作。

合作部的原有人员刘纯甫和何汉三留任。

根据金陵大学农林科年报 1925—1926 人员名录，助理人员增加范允康、韩煦元、何逸吾三位，何汉三调离。

1929 年春季，农业图书研究部主任为万国鼎，成员有陈祖槼、刘纯甫、范允康、韩煦元、何逸吾。① 1929 年 9 月，增加储瑞棠。②

1931 年 10 月，农业图书研究部主任为万国鼎，成员有陈祖槼、储瑞棠、范允康、韩煦元、刘家豪、刘一泉。③ 何逸吾去职，刘纯甫调任中央图书馆。

1933 年 12 月出版《农业论文索引》，自 1924 年冬由陈祖槼开始编制，以后陆续有人加入，或为在读学生，或为农业图书研究部员工，《农业论文索引》于 1932 年夏农业图书研究部改为农业经济系农业历史组之前完成。《农业论文索引》著作者写明金陵大学农学院农业经济系农业历史组即原农业图书研究部，扉页列名人员均为农业图书研究部人员，计有：万国鼎、陈祖槼、黄沩、胡锡文、万国鼐、徐治、刘宣、刘一泉。

金陵大学农业图书研究部由于兼隶于图书馆和农林科，业务有方志和农书的购买等主要事宜，人员依例将图书馆先后任馆长克乃文、刘国钧和李小缘列入。刘纯（纯甫）、何汉三是从金陵大学图书馆合作部人员的沿用（表 2-1）。

表 2-1　金陵大学农业图书研究部人员名录

名字	籍贯	学历（毕业时间）	附注
万国鼎（孟周）	江苏武进人	金陵大学农科（1920 年）	农业图书研究部主任，教授
陈祖槼（组珪）	浙江鄞县人	金陵大学农科（1923 年）	讲师
杭立武	安徽滁县人	金陵大学文理科（1924 年）	1925 年初离任
刘纯（纯甫）	江苏南京人		曾任职合作部，编辑
何汉三			曾任职合作部，书记员
范树铭（允康）	江苏武进人	前清秀才	校读员

① 参见《金陵大学图书馆概况》，金陵大学图书馆，1929 年。

② Annual Reports of the College of Agriculture and Foresty and Experiment Station 1927—1931，P3.

③ 参见《金陵大学图书馆概况》，金陵大学图书馆，1931 年，第 19 页。

（续表）

名字	籍贯	学历（毕业时间）	附注
韩煦元（冈如）	江苏江宁人		农业图书研究部助理
何逸吾			农业图书研究部助理
储瑞棠	江苏宜兴人	金陵大学农经系（1931 年）	农业图书研究部助理
刘家豪（子俊）		金陵大学农业专修科	农业图书研究部助理
刘一泉	山东人	金陵大学农业专修科	农业图书研究部助理
黄沩（慈荪）	湖南人	金陵大学农艺系（1932 年）	农业图书研究部助理
胡锡文（叔纯）	江苏人	金陵大学农艺系（1932 年）	农业图书研究部助理
万国鼐（仲熊）		金陵大学农经系（1932 年）	农业图书研究部助理
徐治			农业图书研究部助理
刘宣			农业图书研究部助理
克乃文	美国人	普林斯顿大学硕士（1905 年）	金陵大学图书馆馆长
刘国钧（衡如）	江苏南京人	金陵大学文科（1920 年）	金陵大学图书馆馆长
李小缘（国栋）	江苏南京人	金陵大学文科（1920 年）	金陵大学图书馆馆长

2. 农业图书研究部的任务

金陵大学图书馆农业图书研究部是金陵大学图书馆的一部分，承继金陵大学图书馆合作部，业务上得到金陵大学图书馆的支持和指导，但在人员方面与金陵大学农林科有着直接的关系。它接管了在与美国农业部合作工作的几年期间收集的书籍和目录和索引卡片，而且，就中国文献而言，它遵循合作开始时采用的方法。重点放在收集、编目和索引与农业以及灾荒预防有关的中国古代、近代文献，以现代图书馆学方式获取包含在其中的信息以供应用。

1929 年李小缘编辑《金陵大学图书馆概况》，1931 年刘国钧对其进行了修订，其中对农业图书研究部的各项具体任务的开展做了很好的总结。

概说　农业图书研究部系本馆之一部而兼隶农学院，盖工作在农，经费亦出自农学院专款也。该部沿革业已前述。主要任务有三，（一）征集古今关于农业荒政之书及各种地理图籍，（二）编纂先农集成，（三）编纂农业索引及剪报。其目的在搜集并整理我国农业文献。先农集成所以为旧者结账，农业索引则为新者记录也。关于西文图书之选购及其他行政事务则由本馆其他各部依法处理之。

先农集成　我国为文物旧邦，自古重农，讲农专集及散见各书者甚多，其中不乏经验之旨。往往欧美耗巨资，费时日，累加考验而仅得者，已于数百年前载诸我国农书。是其价值可知。农学院有鉴于此，因在本馆特设研究部，编纂古农书索引，以便检阅。赓续数年，成效渐著。惟典籍浩瀚，重复者多，且其编制体例，每欠妥善。但恃书目及索引，不足以竟整理之功。因于十五年（1926年）春，为更进一步之计划。将现存关于农业之全部文献，审订除复，分类排比，汇为一编，名之曰《先农集成》，以结数千年农学之总账。迄今材料已收齐十之八九，约一千数百万字。现正辑录散见群书之零星材料，颇为费时。整理亦殊不易，犹非短时间所能蒇事也。

农业论文索引　杂志报章中常散见有价值之调查报告及论文等，与研究特殊问题时，往往为不可不知之参考资料。惟平时既难悉加留意，历时既久，更易遗忘。若素乏有系统之登录，临时翻检，谈何容易。因此于十三年（1924年）冬，添聘专人，将国内出版之中英文杂志中一切有关农业之篇目，编制索引。所积既多，为用渐宏。现正加工赶编，自中国初有杂志起，编至本年底止，为期共八十二年，作一结束，于明年暑假前出版。（实际于1933年12月出版）。包括中文杂志三百余种，英文三十余种，索引三万二三千条，即代表论文三万篇左右。嗣后则每年编印一次（自1932年起农业图书研究部改隶于农业经济学系，该索引编纂工作转由金陵大学图书馆继续进行，1935年7月出版了《农业论文索引续编》。《农业论文索引三编》原拟在1936年出版。《金陵大学出版物目录》（1936年8月），第9页）。

日报剪存　日报当载农业消息，间登论文，殊关重要。以其性质，与杂志不同，各地保持者少，翻检较难，因未辑入《农业论文索引》中。然遗弃亦甚可惜。因于十九年（1930年）9月1日起，将申报、新闻报、民国日报、时事新报、中央日报、大公报等六种，逐日检其有关农业者，分题剪存，以资查考（后因剪报机关增多，而该部自身人力财力有限，故于1935年8月底停止此项研究工作）。

中国农书目录汇编　欲图整理我国农业文献，其第一步必将各种有关农业之图书杂志等，一一考其原委，辨其优劣，以为整理之根据。故自初即着手于中国农书目录汇编之编纂。将所有关于农业之书，无论现存或已佚，广为收录（计收书2 000余种），刊成专册，于民国十三年（1924年）6月出版。

中国农书考　年来更不以前述书目为足，略仿朱彝尊《经义考》之例，于各书之撰者、内容、版本、真伪、存逸等，无不一一考订，以观究竟。拟明年暑假前编竣。

农业书报解题　对于新书及杂志丛刊等，亦将一一为作解题，已有数篇刊布于本校农林新报。他日有暇，仍当赓续，将附载农业索引中。

中文地理书目　（农业图书）研究部成立以后，从事图书之征集，约得中文书四万余册。以地理图籍为大宗。十五年（1926年）冬，编印《金陵大学图书馆中文地理书目》。嗣因增书复多，重行编印，以十八年（1929年）4月出版，该目所载计书一千七百余部，一万七千六百余册，方志一千一百余部，一万四千余册。自该目编印后，复多续增。至二十年（1931年）9月15日止，已收的方志一千七百余部，一万九千余册。其中有通志四十余部，旧本部十八省辽宁吉林新疆等省之通志，均已购全矣。

方志考　本部既发力与方志之搜求，久有编纂方志考之计划。近更广事采购爰即加工编纂方志考，详检各地历届所修之志，作为征求的依据，兼供爱好或研究方志者观览收藏的古方志日渐增多，遂于1931年5月开始编纂《方志考》。该书。拟尽明年暑假蒇事。上述中文地理书目编印后，续增过半，理宜增订重刊。兹于方志考注明已否入藏，以代上项书目。

校刊古农书　先农集成所收材料，皆觅善本校雠，发现通行本之脱误处甚多。例如元鲁明善《农桑撮要》一书，四库全书本较元刊本脱误多至全书字数五分之一，而墨海金壶、珠丛别录、长恩书室丛书、农学丛书等，相率传误，曾无一人发其覆，可谓异矣。兹因先农集成非丛书，将治群书与一炉。拟将先农集成编竣后，择重要古农书校付刊，以存原书面目。

此外，（农业图书）研究部有时亦应外界之请，代为研究某项问题。或遇本校教职员学生研究特殊问题，须查考图书时，代为收觅资料。

金陵大学图书馆农业图书研究部十年的发展主要依靠的是万国鼎、陈祖槼等利用当时较好的条件，收集整理相当数量的中国古代农业文献，为后期的农业历史研究打下基础。具体成就分析见本章以下几节。

二、金陵大学（农业经济系）农业历史组

1932 年夏，金陵大学图书馆农业图书研究部改为金陵大学农学院农业经济系农业历史组。这主要是当时美国对华赈款委员会资助的金陵大学“灾荒预防计划”到期，后续相关经费减少的原因。

金陵大学农业历史组的英文全称是“Division of Agricultural History of Department of Agricultural Economics”。

金陵大学农业历史组人员较农业图书研究部时期有所减少，在成立到 1934 年 8 月 30 日的人员如图 2-3。

The RESEARCH LIBRARY was closed at the end of August, 1932, but the work is being carried on under the Division of Agricultural History of Department of Agricultural Economics with the following staff:

(萬國鼎) Wan Kwoh-ting, B.S. (Nanking). Chief. (part time).
(陳祖槼) Chen Tsu-kwei, B.S. (Nanking). Instructor.

Associates:

(儲瑞棠) Chu Shui-tang, B.S. (Nanking).
(胡錫文) Hu Sih-wen, B.A. (Nanking). 9/32.
(黄　瀉) Hwang Wei, B.S. (Nanking). 9/32.
(奚竹卿) Hsi Tsui-ching, B.A. (Central). 1/34.

图 2-3　金陵大学农学院农业历史组人员

（金陵大学农学院年报 1931—1932，1932—1933，1933—1934（合刊），第 64 页）

万国鼎担任金陵大学农学院农业经济系农业历史组主任，他因为另有地政方面的兼职，在金陵大学农业历史组属半职。陈祖槼当时担任讲师，1937 年在金陵大学西迁成都后担任主任。储瑞棠、胡锡文、黄沩、奚竹卿担任助教。

万国鼎、陈祖槼、储瑞棠是农业图书研究部的沿用人员。胡锡文、黄沩学生时期就参加《农业论文索引》的编制，在 1932 年金陵大学农学院毕业后任职农业历史组。奚竹卿 1934 年 1 月就任。

黄沩（慈荪），湖南人，1929 年从上海沪江大学转学到金陵大学，1936 年离开金陵大学。

胡锡文（叔纯）（1906—1982），江苏人，1929 年从上海沪江大学转学到金陵大学，金陵大学农艺系毕业后即留校从事农史研究工作（1932—1937）。

奚竹卿，中央大学毕业，1934 年 1 月任职农业历史组，之前曾经在万国鼎撰写《中国田制史》时帮助整理材料。

金陵大学农业历史组在成立初期，还有 4 个项目正在继续进行：（1）《先农集成》的汇编，（2）《农书考》，（3）《方志考》，（4）剪报（图 2-4）。

AGRICULTURAL HISTORY

The work in agricultural history is an outgrowth of the Research Library formerly connected with the University of Nanking Library for nine years. The transfer was made in September 1932 with the exception of the part pertaining to the collection of old agricultural books and the indexing of periodicals.

The compilation of the Agricultural Index from the earliest periodicals published in China has been completed by Mr. Chen Tsu-kwei and was published in December, 1933. The compilation was started in November, 1924, and represents nine years' work in indexing all articles pertaining to agriculture and its related subjects which have been published in Chinese or English in China during a period of 73 years. The index contains articles from 320 Chinese and 36 English publications, with a total of 30,000 articles in Chinese and over 6,000 in English, all of which have a direct bearing on agricultural subjects. The index contains 915 pages and is published in cooperation with the National Peiping Library by the University of Nanking Library with the help of funds granted by the China Foundation.

Four projects are being continued: (1) the compilation of the Agricultural Encyclopedia Sinica, (2) the compilation of an annotated bibliography of old Chinese agricultural books, (3) the compilation of an annotated bibliography of Chinese regional gazetteers, and (4) newspaper clippings.

Practically all of the material appearing in strictly agricultural books has been collected for the Agricultural Encyclopedia Sinica. The work is now centered on the collection of material scattered in books that are not strictly agricultural but which are nevertheless important sources of information.

The completion of the annotated bibliography of Chinese agricultural books has been delayed on account of Mr. Wan Kwoh-ting's new appointment in the government service.

The annotated bibliography of Chinese Regional Gazetteers has progressed steadily. All the Gazetteers collected by the Research Library and three other libraries, namely the Kiangsu Provincial Library, the Ministry of the Interior Library in Nanking and the Catholic Library in Shanghai, have been compiled.* The buying of regional gazetteers continued to the end of 1932. Every means has been tried to increase the collection which is now the second largest of its kind in the world. A catalogue was prepared and published in January, 1933, listing, 2,104 sets of regional gazetteers with no duplications. Much effort has been given to checking, repairing, casing with cardboard cases, labeling and arranging the whole collection in order to keep them in the University Library in a well arranged and neat condition. About half of the work on the bibliography has been done and about another year and a half will be required to complete it.

The clipping of articles pertaining to agriculture was started some years ago and is being continued from five important newspapers; three representing Shanghai, one Tientsin, and one Nanking. The work was started in September, 1930 with six papers, one of which was dropped in January, 1933.

The financing of the work in Agricultural History is becoming an acute problem because of the general feeling that funds should be put into projects which directly increase the farmer's income. It is, therefore, desirable to find another source of funds for this type of work.

图 2-4　金陵大学农学院年报 1931—1932，1932—1933，1933—1934（合刊）

《先农集成》的基础史料，在1937年金陵大学西迁时，全部装箱运到四川成都，抗战后又带回南京，历经战乱，得以留存。

第二节　金陵大学时期的农史资料工作

农史资料工作是金陵大学时期农业历史组的主要工作，主要包括广泛收集各类农业历史文献资料、整理农史资料以便利用以及相关的一些研究工作。

一、农史资料收集

金陵大学的农史资料收集工作主要是在金陵大学成立农业图书研究部期间，尤其是万国鼎担任农业图书研究部主任之后，积极谋划，设法筹集经费，构建了相当规模的农业历史文献收藏。

由于对中国古代农业历史文献的价值和重要性有充分的认识，农业图书研究部的工作任务有数种，“集古今关于农业荒政及各种地理图籍，其一也”，是首要任务。①

收集各种有关古代农业书籍及方志最初受美国植物学家施永高的启发，而且金陵大学图书馆合作部创建时的一项任务就是帮助美国国会图书馆收购方志。

毛雍在合作部任职期间就开始调查中国农书的种类数量以利收集。《申报》1923年3月31日曾经刊文《金大征求志书》。

金陵大学特设征集农林图书部，昨函致各省征求各种志书，并将校内图书馆关于中国书籍部分之近况及将来之计划于函内披露。（一）图书馆现储有中国书籍共一万六千余册，比较所储西文书籍之数已经超过。（二）现于所储中国书籍中将有关农林者，已从事编辑书目，此外并搜集各省省志、县志、乡志

---

① 万国鼎：《金陵大学图书馆中文地理书目》弁言，1926年。在此书目里书籍分类根据美国国会图书馆分类方法，包括地理学通论、中国地理、世界地理和地图四大类。中国地理为主体部分，分总志、方志、类志和游记四类。收集的书籍主要是方志和与方志相关的，其中，类志包括都城境界区域防务、水、山、名胜古迹、人民政治风土、物产实业交通、人物、文献、杂记九个类目。

等类，择要编辑，不厌其详。（三）调查中国志书共有二千二百余种，农学书共有一千五百余种，其中记载有关于当地出产及工商业经济状况部分大有研究价值。拟广为征集编成细目以广流传。

1923年金陵大学农业图书研究部成立之后，利用美国对华赈济余款基金的支持，开始了对方志、农书的系统购藏，农业图书研究部的各类书籍采购也得到金陵大学图书馆的李小缘馆长和刘国钧馆长的支持。

如1930年当得知北平富晋书社将扬州测海楼藏书运到上海销售，其中有不少志书，金陵大学图书馆就计划去上海选购。金陵大学"特由万国鼎、刘国钧、李小缘三君赴申检书"。在沪一周，除在富晋外，还到中国书店、博古斋、汉文渊、受古书店、来青阁、蟫隐庐、医学书店等处购书。"此次农业图书部购书，约费洋一千六百五十元。所购之书，以志书为多，约九十部，此外农书等约三十部。内殿本《大清一统志》、康熙《湖广通志》、康熙《云南通志》、康熙《山东通志》、乾隆《吴县志》、明弘治《无锡县志》、钞本《全椒县志》《歙县采访册》、明经厂本《重修证类本草》等，均为难得之书"。[①]

为了收集农史资料，农业图书研究部想方设法，有些书籍难以购买，就采取抄写的方法。在20世纪20、30年代金陵大学图书馆农业图书研究部组织人员精心抄写的边远省份稀见方志。这批用专门稿纸抄绘，版心印有"金陵大学图书馆农业图书研究部钞本"的方志抄本主要抄录的是东三省、青海、广西、贵州等边远地区的方志，如［光绪］《辽阳州志》、［民国］《拜泉县志》、［民国］《讷河县志》、［道光］《阳朔县志》、［光绪］《恩阳州判志》《中甸县纂修县志资料》。[②]

经过多方努力，金陵大学农业图书研究部的有关中国古代农业书籍和方志

---

① 《金陵大学图书馆采访消息》，《中华图书馆协会会报》1930年12月，第6卷第3期，第17页。

② 周艳：《"金陵大学图书馆农业图书研究部钞本"方志初探》，《中国地方志》2017年第4期。史梅，周慧：《〈南京大学图书馆藏稀见方志丛刊〉出版整理述略》。这批抄本具有不可取代的文献价值。因为它们的祖本多数或原稿不存，或并未付梓，或为海内孤本，尤其东三省及青海省的23种方志，皆未付梓，原稿亦多不存，如此一来，金陵大学抄本便成为祖本，目前国内其他单位所藏抄本，多为辗转传抄金陵大学抄本而来。

数量大幅度增加，并在当时国内具有领先的地位。在农业图书研究部成立后历年的金陵大学农林科年报中，都有农书及方志的数量统计。

1923—1924年度的金陵大学农林科年报首次刊登农业图书研究部（Research Library）的介绍和总结。对比了金陵大学图书馆合作部成立初期（1921年6月）和金陵大学农业图书研究部成立半年多（1924年6月）藏书情况（表2-2）。

表2-2　金陵大学图书馆合作部（1921年6月）和金陵大学农业图书研究部（1924年6月）藏书情况

种类	1921年6月30日藏书数		藏书增加数		1924年6月30日藏书数	
	部	册	部	册	部	册
方志	4	48	273	3 955	277	4 003
其他地理类	4	151	169	1 186	173	1 337
农书	17	243	41	1 359	58	1 602
荒政专书	3	3	26	81	29	84
涉及荒政书籍	4	162	42	1 657	46	1 819
类书	19	2 685	22	791	41	3 476
丛书	27	5 183	44	3 299	71	8 482
各类总计	78	8475	617	12 328	695	20 803

资料来源：Annual Reports of the College of Agriculture and Forestry and Experiment Station 1923—1924.

表2-3为金陵大学农业图书研究部的藏书统计，可以看到各种农史资料收集取得的成绩。

表2-3　金陵大学农业图书研究部（1924年6月—1931年5月）藏书情况

种类	1925年6月30日藏书数		1927年6月30日藏书数		1931年5月1日藏书数	
	部	册	部	册	部	册
方志	680	8 954	892	11 848	1 597	18 460
其他地理类	332	2 272	504	3 366	593	4 306

（续表）

种类	1925年6月30日藏书数		1927年6月30日藏书数		1931年5月1日藏书数	
	部	册	部	册	部	册
农书	106	1 768	141	1 991	228	2 397
荒政专书	39	121	41	126	48	150
关于管理的书	51	1 856	52	1 896	110	2 488
类书	47	4 089	67	4 963	78	5 231
丛书	112	11 699	238	15 933	266	17 058
各类总计	1 367	30 759	1 935	40 123	2 920	50 090

资料来源：Annual Reports of the College of Agriculture and Forestry and Experiment Station 1924—1925，1926—1927，1927—1931.

方志里有大量的农业历史资料，农业图书研究部将方志收集作为重要的工作。从以上两表可以看出，金陵大学图书馆方志数量从1921年的4部48册，增加到1931年农业图书研究部的1 597部18 460册。

《金陵大学图书馆方志目》编定时的统计（1932年12月止）收藏方志单行本共2 104种，22 056册，尚有收入丛书中的方志未列入。内有元刻本1种，明刻本17种、抄本稿本100种，清代方志中罕见者，也为数不少。收藏数量在当时仅次于国立北平图书馆。

万国鼎在《金陵大学图书馆方志目》序中总结了农业图书研究部收集农史资料的情况：

民国十二年（1923年）秋，本校农林科拨款创设农业图书研究部于图书馆，除编纂工作外，致力于我国旧农书及地理图籍之收聚，迄今共得五万余册，内以方志为大宗。收藏方志之风，盛于近五六年。民初过问者殊鲜，书贾视同废籍。民八九年（1909—1910年）经商务印书馆之征求，稍稍为人所重。然本校开始购求时，普通每册价银一二角，三四角者已目为昂，不即购。民十六七（1927—1928年）以来，求者骤多，价遂激增。近则普通每册索价一二元，多且数十元。于是购书之款大窘，不得不一方集中经费，一方别求捐助，继以称贷，惟力所及。二十一年（1932年）夏，改研究部为农业经济系农业历史组，而将原有购书之职，归之图书馆。时适数逾二千种，幸达年来想望之的。且书款亦罄，可望之资助，因事稽迟，愧无余力。爰即编目付印，告一段落。

本目之编纂，储君瑞棠之力为多。书之采购及整理，得刘君纯甫、刘家豪、吴永铭、范永（允）康、韩昫元诸君之助亦不少。而庋藏之富，犹赖前校长包文，农学院前院长芮思娄，今院长谢家声，中国文化研究所徐则陵、贝德士、李小缘，图书馆前馆长克乃文，今馆长刘国钧诸先生，会记毕丽斯女士之力及哈佛燕京研究院与本校农业经济系之资助。特志于此，以示不忘。（图2-5）

	通志		府志		縣志		市鄉志		其他		共計	
	部	册	部	册	部	册	部	册	部	册	部	册
河北	2	312	11	284	146	898	1	8			160	1502
山東	5	202	11	218	174	1034	1	10			191	1464
河南	3	80	11	150	139	1023			1	1	154	1254
山西	3	232	11	175	128	802	1	4	1	12	144	1225
陝西	2	108	11	156	116	511	1	2	2	7	132	784
甘肅	2	116	2	18	21	109					25	243
江蘇	2	156	29	576	150	1420	24	89			205	2241
安徽	2	220	13	243	56	604			4	10	75	1077
浙江	2	156	36	757	143	1444	16	103	2	5	199	2465
江西	3	400	27	538	109	1432					139	2370
湖北	4	197	15	236	88	871			2	40	109	1344
湖南	3	388	9	185	84	805			1	2	97	1380
四川	2	168	9	144	142	910	1	1	1	4	155	1227
福建	4	361	12	273	38	384					54	1018
廣東	2	152	12	297	59	460	2	9	3	40	78	958
廣西	2	93	6	73	35	151	1	6			44	323
雲南	4	271	4	41	9	47	1	1	3	50	21	410
貴州	1	20	5	126	22	139			2	6	30	291
遼甯	1	32	3	6	15	45			2	7	21	90
吉林	1	48	1	4	6	29			1	4	9	85
黑龍江	1	2	1	5	13	13			1	2	16	22
蒙古									1	4	1	4
熱河			1	24							1	24
察哈爾			1	16	15	92					16	108
綏遠					1	2			2	4	3	6
甯夏					1	1			2	13	3	14
新疆	5	68							3	12	8	80
青海			1	12	7	7			1	3	9	22
西藏	1	8							4	17	5	25
總計	57	3790	242	4557	1717	13233	49	233	39	243	2104	22056

附註　凡非通志，府志，縣志或市鄉志，概列入『其他』項下。

內有元刻本一，明刻本十七，鈔本稿本一百種，清志之罕見者亦不少。

图2-5　《金陵大学图书馆方志目》序载方志收藏统计

國立北平圖書館	3844	種
上海東方圖書館(已燬)	2641	,,
本校	2104	,,
北平故宮博物院圖書館	1855	,,
上海徐家匯天主堂藏書樓	1778	,,
美國國會圖書館	1600餘	,,
南京國學圖書館	1561	,,
北平燕京大學圖書館	1500餘	,,
上海南洋中學圖書館	1388	,,
北平中央研究院歷史語言研究所	1200	,,
內政部	1000餘	,,

图 2-5 《金陵大学图书馆方志目》序载方志收藏统计（续）

二、农史资料整理

金陵大学农史资料整理是为了更好地利用中国古代的农业文献，根据工作重点的变化，主要包括农史资料的目录索引编制、《先农集成》编制、《农业论文索引》编制以及一些农书、方志的考证。

1. 目录索引编制

金陵大学农史资料整理肇始于成立之初的合作部，当时汲取美国近代先进的图书馆学的索引和目录理论，根据中国浩繁的古代农业文献状况，作了资料整理工作。在施永高、克乃文的计划下，卫德女士来华亲自传授指导，先期进行了《授时通考》《南方草木状》等古农书的索引，毛雍编辑《中国农书目录汇编》主要是在合作部时期的工作成果，具体见第一章。

农业图书研究部建立之后不久万国鼎就任，他很快就开始研究索引理论并进行编制索引实践，同时组织人员继续进行古农书索引工作。

1924 年 5 月，中华教育改进社发起的全国教育展对国内当时图书馆界的发展和成就进行展示。《图书馆教育组报告》列出了金陵大学的展品，万国鼎当时提交的是《汉字母笔索引》《汉字母笔排列法》《丛书索引》《中国植物名汇》《植物考古索引》《编制古籍索引之缘起及方法》。[①]

1924年春，万国鼎先生到农业图书研究部伊始，就参与一系列书目索引的编制，他在工作中发现当时使用的检字法“迂缓纷杂，渴望新制之成，遂发宏愿，肆力治之。编纂年余，稿凡七易。……草《汉字母笔排列法》一文，投登《东方杂志》”。文章发表后，又有《修正汉字母排列法大纲》(《图书馆学季刊》1926年6月，第1卷第2期)。使此种汉字排列法（检字法）应用于书目、索引、字典等工具书的编排。《新桥字典》实际是他检字法研究最初的试验成果，1925年开始编制。1926年5月，万国鼎在《新桥字典序》中解释字典何以用新桥之名，说到：“新者所以别于旧，桥者所以通彼此，意谓用此新排列法，使检字便捷，如涉水架桥，易达彼岸也。”当时农业图书研究部的主要工作之一，就是编纂农业索引，1924年冬开始编制，供金陵大学师生使用。1933年《农业论文索引》编印出版以应社会之需。索引不用分类，依字典式排列，应用了万氏汉字母笔排列法，这在当时国内是开创性的工作。此外，《金陵大学图书馆方志目》（万国鼎，储瑞棠同编，1933年1月）所附的“方志地名索引”等书目索引也采用万氏汉字母笔排列法。

除了大量的索引实践工作，万国鼎先生还在理论上对索引工作进行探讨。他在《索引与序列》(《图书馆学季刊》1928年第2卷第3期）一文，论述了索引的效用，介绍了欧美的索引发展概况，并首次提出了“索引运动”的说法，指出索引工作已日益为学术界重视，“盖中国索引运动，已在萌芽矣。他日成绩，惟视吾人如何努力耳”。有一批学者，学习借鉴国外索引理论，努力探索适合中国文字特点的、科学的索引编纂方法，取得一系列的索引工作成果，俨然掀起一场“索引运动”，在当时知识界引起极大的反响。

1927年，金陵大学图书馆学系成立，万国鼎先生与中国图书馆学的开创者李小缘先生、刘国钧先生同任教授。1928年秋，万国鼎教授讲授“索引与序列”课程，这在国内尚属初次，颇受学术界注目。1929年，中华图书馆协

---

① 根据万国鼎《中国农业史料整理研究计划草案》（南京农学院农业经济系1954年7月19日，万国鼎）后续还有《新旧县名索引》（应用于《金陵大学图书馆方志目》）、《植物中英文及学名索引》，1929。

会第一届年会在南京金陵大学举行，万国鼎先生任执行委员，被推选为检索委员会书记。

农业图书研究部承继之前合作部的古农书索引工作，1930 年时，已完成索引的书籍有《玉海·食货》《授时通考》《南方草木状》《农桑辑要》《蚕事要略》《牧令书辑要》；部分完成索引的书籍有《玉函山房辑佚书》《齐民要术》《王祯农书》《农政全书》《救荒辑要初稿》《荒政丛书》《筹济篇》《康济录》《江南通志》《浙江通志》（图 2-6）。①

A LIST OF BOOKS INDEXED IN THE University of Nanking RESEARCH LIBRARY

I. Completely indexed

(1) Yu Hai (玉海), an encyclopedia written by Wang Ying-lin in the Sung dynasty (960-1280 AD). Seven sections of this work related to agriculture under the general name Shih Huo (食貨) were indexed.

(2) Shou Shih T'ung K'ao (授時通考), complied by imperial command and published in 1742, in 78 chuan.

(3) Nan Fan Ts'ao Mu Chuang (南方草木狀), written by Ki Han (嵇含) of ~~the~~ Tsing dynasty.

(4) Nung Sang Chi Yao (農桑輯要), compiled by order of Kublai Khan of Yuan dynasty in 1273.

(5) Tsan Shih Yao Liao (蠶事要略), written by Chang Hsing-fu (張行孚) in 19th century. This work was usually printed as a supplement to Nung Sang Chi Yao.

(6) Mu Ling Shu Chi Yao (牧令書輯要), a manual for district magistrates, compiled by Hsu Tung (徐棟) in 1838 and revised by Ting Jih-chang in 1868. Two parts of this work dealing with famine prevention and relief were indexed.

II. Partly indexed

(1) Eight works of very early days (before Christ) on agriculture contained in the collectana Yu Han Shan Fan Chi I Shu (玉函山房輯佚書).

(2) Tsi Min Yao Shu (齊民要術), written by Chia Shih-hsieh (賈思勰) in 5th or 6th century.

(3) Nung Shu (農書), written by Wang Cheng (王禎) in the beginning of 14th century, first published in 1313.

(4) Nung Chen Chuan Shu (農政全書), by Hsu Kuang-ki (徐光啓) of Ming dynasty, first published in 1639.

(5) Chiu Huang Chi Yao ChuPin (救荒輯要初稿), a collectana of five works on famine, edited and published recently by book salers in Shanghai.

(6) Huang Cheng Tsung Shu (荒政叢書), a collectana of 12 works on famine, edted and partly written by Yu Sung (俞森) in 17th century.

(7) Chou Tsi Pien (籌濟編), written by Yang Ching-jen (楊景仁), first published in 1826. A book on famine.

(8) Kang Tsi Lu (康濟錄), a book on famine ~~written~~ compiled by Ni Kwoh-lian (倪國璉) in 18th century.

(9) Kiangnan Tung Chih (江南通志), the official gazatteer of Kiangnang Province which includes the precent 2 provinces Kiangsu and Anhwei.

(10) Chekiang Tung Chih (浙江通志). Of the last two works, only those parts on products were indexed.

图 2-6　金陵大学农业图书研究部古农书索引工作统计（1930 年 9 月 19 日）

---

① 根据 1930 年金陵大学农业图书研究部申请哈佛燕京学社经费资助时相关资料。RG-11-199-3415

万国鼎先生在农业图书研究部工作中，发现编制目录需记载撰书之年，为解决查考费时费力，特将年号纪元与西元对照，列为一表，成《中西对照历代纪年图表》。此工具书一直受到学术界关注，1927 年编成，由商务印书馆出版。[①]

金陵大学农业图书研究部的方志收藏一直是工作的重点，由此方志及地理书目编制受到重视。最初是《本馆中文地理书目》（万国鼎、刘纯甫编），1926 年 11 月油印本。之后随着方志收藏的增加，有了修订，《金陵大学图书馆中文地理书目》（万国鼎、刘纯甫编），1929 年 1 月出版，铅印本。1933 年 1 月，在此基础上万国鼎与储瑞棠同编《金陵大学图书馆方志目》（金陵大学图书馆丛刊第五种）。

2.《先农集成》编制

1929 年 11 月 1 日万国鼎先生发表于《农林新报》的一篇文章中明确提到了“整理古农书”：“本校图书馆设有农业图书研究部，刻正从事这个整理古农书的工作，预备搜集古书里一切关于农学的记载。不仅取材于整部的农书，就是片段的记录，只要与农学有关而稍有价值的也一律都在搜集之例。”

整理古农书的工作，在 1924 年 1 月万国鼎先生就任农业图书研究部时即已开始，当时主要根据施永高先前的计划为各种古农书编制索引，以便利用。但在工作中发现了这个计划的缺陷，万国鼎重新谋划，计划辑录中国古书中有关农业的资料，类似西方百科全书式样的编排，汇编为《先农集成》（*Agricultural Encyclopedia Sinica*）。先后共事的有十多人。到 1937 年因抗日战争全面爆发中途停顿。为了收集资料，他付出大量的人力和物力，往往特为一书，派人到各处图书馆里抄录，到 1937 年，收集的农史资料约有 3 000万字。同时由于片段的农学记载，各省府县志中可以寻到不少，因此，他们对于各省府县志的搜集，也不遗余力。在 1933 年时收藏的有关方志达 2 104种，当时仅次于京师

① 王思明，陈少华：《万国鼎文集》，中国农业科学技术出版社，2005 年，第 369-377 页。《中西对照历代纪年图表》1956 年经万斯年、陈梦家补订后，改名《中国历史纪年表》由商务印书馆出版，1978 年 11 月转由中华书局出版，2004 年又重印。20 世纪 70、80 年代，此书在中国台湾和香港地区也以多种版本出版，是一部获得普遍好评的工具书，泽被学界近 80 年。

图书馆及商务印书馆之东方图书馆。

《先农集成》的编制，由于战时影响，未能按计划完成。对于这部浩大著作的计划和编制设计，可以通过这篇万国鼎拟定的详细计划了解。①

《先农集成》编制计划

万国鼎 拟

缘　由

1. 众所周知，中国古农书的价值和重要性。这对于在中国从事农业工作的人来说尤其如此。因为农业并不是一门纯粹的科学，它不能不加修改地在任何地方应用：它的问题和实践必须经过仔细的研究，以适应特定的地区。由此可见，任何地区的旧经验和旧记录，都可能对同地区或类似地区的农业工作者有很大的帮助。但是古农书很难买到。尽管近几年来，金陵大学图书馆在收集古农书方面做出了特殊的努力，但馆藏仍不完整。有些书很少见，只能找到，但买不到。另一些则非常昂贵，大多数农业人士无法获得。另一方面，许多青年学生不知道古农书有多丰富，也无法收集这些资料。如果我们能以某种方式将全部古农书汇编成一本书，它将使学习农业的学生更容易了解、购买和阅读，而不是现在的状况。的确，这样的汇编不仅可以保存和传播许多古旧的书籍，而且对中国乃至国外的农业界都有很大的帮助。

2. 虽然古农书相当多，但书中大部分内容都是从之前书籍中引用的引文。当你对它们进行一些研究时，经常会发现这样的情况。他得到的基本是同样的材料。如果我们把这样的文献汇编成一本书，系统地整理，剔除所有重复的引文，那一个人就只需要去买这一整部书，而不是许多其他的稀有书。他不仅可以节省购买费用，而且还可以节省研究的时间。此外，经过深入的研究和仔细

① 根据档案资料（Compilation of Agriculture Encyclopedia Sinica Proposed by Wan Kwoh-ting）试译。

的分类和整理，将使人们了解到许多有价值的资料。因此，编纂一部百科全书式的古农书(《先农集成》)，而不是一本本独立作品的藏书，是非常有用的。

3. 古农书本质上是知识宝库，富含有价值的材料，但往往缺乏良好的整理。此外，某些解释或做法可能是错误的或不适当的。其他人不能明辨，容易导致不正确的解释。此外，许多有价值的材料散落在其他书本上，而不是农业书籍，而且很难找到。因此，现在是我们系统研究过去几个世纪的历史，开创农业新时代的时候了。为结古农书总账，有必要编纂一部系统而详尽的百科全书(《先农集成》)，涵盖过去的全部农业文献。

4. 目前在农业图书研究部进行的索引工作，是一种很好的宣传和利用古农书的方法。但我们面临着几个重要的难点。（1）一本书经常有几个版本。一个版本的索引不适用于其他版本。（2）在本索引中有太多的重复。（3）这些索引要么单独归档，要么组合在一起，篇幅太大，无法打印，从而限制了它们的实用性，使其仅限于一个很小的圈子。（4）卡片索引有无序和丢失的风险。如果是这样，就很难更换。为了克服这些难点，有必要将整个文献合并成一本百科全书，并对其进行索引。这样做，(《先农集成》) 索引的数量至少可以减少到目前索引工作数量的1%，并且可以用百科全书形式印刷。不仅消除了混乱和损失的风险，而且大大拓展了索引工作的有效性。我对目前的索引做得越多，我就越觉得有必要更进一步地改进。

在财政方面，它将与目前的计划大致相同，甚至更好。目前所采用的方法很难在五六年内完成古农书的索引工作。增加两到三位作者，在指导下进行抄写工作，这部百科全书(《先农集成》) 的编纂工作将在大约与上述时间相同的时间内完成，或者至少在这段时间内完成重要资料的收集和分类。印刷可与商务印书馆合作。如能按照学术方式编撰，则至少可在出版后不久出售2 000至5 000套，而商务印书馆出版的动植物词典的销售量远远大于这个数字。假设每一套的价格是50美元，2 000套在出版后立即出售，价格的15%作为版权返还编辑者，那么有15 000美元可以返还。随着时间的推移，退回的资金将至少能支付使用的全部费用。我们花钱的本质上是投资，但最终会产生一件不朽的作品。

因此，从各个方面来看，我真诚地提出了“农业百科全书”（《先农集成》）的编制方案，以涵盖中国过去农业相关的全部有用文献。

计　划

1. 与农业有关的所有有用的段落都将从农书和其他重要书籍中引用。将特别努力使百科全书详尽无遗。但同时也会被谨慎执行。

2. 此外，引文还将扩展到与农业直接相关的学科，例如野生植物和动物、度量衡、饥荒预防和救济等。

3. 古农书将按照一个明确的计划进行分析和重新安排，以便把所有与同一主题有关的材料放在一个地方。

4. 引文将不加修改，以原著的标题和页码为准。文章将不加修改地引用及原著的标题和页码。

5. 凡以后的农书引用了一本原始书籍的一段内容，其标题和页数也将与原作的引文一并注明。

6. 本文将结合现代科学方法，对所选引文进行分类和编排。将产生特殊效果，使之清晰和合乎逻辑。

7. 只有目前常用或接受的名称才会用于主题标题。如果必要的话，段落中过时的名称将用现代的等价名称来替代。动植物名称将附有科学名称。旧名称和同义词的交叉引用将在需要时自由使用。

8. 每一分部或主题将以导言开头，简要和批判性地指出该分部或主题的内容。

9. 当需要时，在引文或引文之后会有注释，强调有特殊价值的段落，总结历史变化，解释晦涩的想法或名字，指出错误的或不适当的解释或做法等。

10. 将汇编一份详尽无遗的附加注释的农业著作书目，附有作者说明、内容、版本种类、出版日期和地点、真伪、存佚、完整性等。此外，只要从一本书中引用一句话，就会在这本书上作注释，但要简短得多，并安排在农业书目的末尾。

11. 当某人在《先农集成》中被提到，而他的生平以前没有人注意到，将在第一次出现名字的引文之后做简短的注释。

12. 将编制四个索引，一个中文和一个英文主题索引，一个人名索引，一个图书和引文索引。

程　序

总编辑负责所有事宜。但他将得到其他农业图书研究部工作人员的帮助，如收集零散的资料和阅读校样，还有两三位担任抄写工作的人员。除农业图书标引外，其他工作仍将照常在农业图书研究部进行。

在急需时将得到来自大学教职员工和校外学者的帮助。

第一步是准备方案中规定的书目。

农业文献收集工作将尽可能一式两份完成。应特别注意该版本的质量。每一本用来作引文的书，如有可能，应与正本核对。

经过检查，书籍将按照一个明确的计划（方案）分散处理、重新编排。对于除农业以外的书籍中的零散材料，这些特定的段落将被复制在零散的纸张上，以便以后安排。

在收集引文的同时，会进行仔细的研究和考证，但对于文集的完成将会有更系统的研究和论证。

初级索引将从一开始就按下文所述方式编制。与图书分类一样，收集到的所有引文都将按照实际分类填写，并将数字符号提供给主题。因此，对主题的索引可以使用分类的数字表示法。一张卡片将被给予一个特定的段落，一个主题标题和它的数字符号在顶行，原文的标题和页码在第二行，从第一栏开始，后面引用该段落的作品的标题和页码在第二行，从第二栏开始。在百科全书（《先农集成》）编撰过程中，这个索引将被发现在检查引文和帮助学生和教师的研究工作是有用的。但是最终的索引必须在印刷时经过校对后才能制作出来。

金陵大学农林科的年报中有记载《先农集成》的编制进度，主要是收集资料的进度：

金陵大学农林科的年报 1926—1927 提到，“到目前为止收集和整理的资料包括192部不同的著作和数百个主题。”

金陵大学农林科的年报1927—1931提到，“收集到的资料现在已超过1 200万字，涵盖中国农业和农村生活的各个历史阶段，直到近代。”

金陵大学农林科的年报1931—1934提到，“现在的工作集中在收集散落在各类书籍中的材料，这些书籍严格来说不是农业专门书籍，但仍然是重要的信息来源。”

3.《农业论文索引》

农业图书馆研究部于1923年冬，添聘专人（陈祖槼）将国内出版的中英文杂志中，一切有关农业的篇目，编制索引，以金陵大学图书馆和国立北平图书馆的名义出版。自中国初有杂志起，直至1931年年底为止，共计73年的资料，汇为一册，于1933年12月出版。其中包括中文杂志312种、丛刊8种，在华出版的英文杂志及丛刊36种；总计索引36 000多条。自1932年起农业图书研究部改隶农业经济学系，该索引编纂工作转由金陵大学图书馆继续进行，1935年7月出版了《农业论文索引续编》（朱耀炳）。《农业论文索引三编》原拟在1936年出版(《金陵大学出版物目录》1936年8月，第9页)。

万国鼎在序言中对《农业论文索引》的编制目的、编制过程以及索引相关内容加以介绍，谨录如下。

《农业论文索引》序

杂志报章中，常散见有价值之论文、记事及调查、报告，于研究特殊问题时，往往为不可不知之参考资料。惟平时既难悉加留意，历时既久，更易遗忘。若素乏有统系之登录，临时检阅，谈何容易。故杂志索引尚焉。方今学术日进，人事日繁，而精力有限，吾人不得不节省精力，善用时间，以读日多之书，治日繁之事。索引者，所以应此需要，给吾人以一种工具，俾节省时间，而增加求学及治事之效率者也。

今欧美各国，莫不重视索引，种类繁多，编制完善。吾侪治农，请但言美国之农业索引。该索引按月出版，积月成年，出一年刊，复合三年出一永久本。今已出永久本五巨册。包括英美及其属地出版之农业杂志百数十种，与少数异国文字之农业杂志，并及农部、农校、农事实验场等之报告、丛刊、小册等，复记载该时期内出版之有价值新书及书评。随时翻检，极为便利。返视吾国，则此种索引，尚付阙如。此本校所以有农业论文索引纂也。

本索引之编纂，原为农业图书研究部主要工作之一，始于民国十三年（1924 年）冬。初未计及印行，供本校师生自用而已。所积较多，为用渐宏，同好辄以付印为眼，用是数议及之。然齐备心切，印资复多，一再因循。逮二十一年（1922 年）春，中华教育文化基金会慨助印资，经国立北平图书馆拨付；而研究部前为工作便利，附丽于本校图书馆者，是夏亦改组为农业经济系农业历史组。用是加力整理，亟求结束，编至二十年（1921 年）底止。然以旧刊残缺，搜求非易，补充审定，排版校读，又复年余。自创始至今，先后十年矣。罗致所及，计中文杂志三百一十二种，丛刊八种，在华出版之西文杂志及丛刊三十六种，编为中文索引三万条，西文六千余条，举凡民国二十年（1921 年）之前者，大抵无遗。虽未敢言善，而回首往年，内外多故，京国数危，未尝波及，预其事者七八人，而陈君祖槼一手主编，未尝中辍，卒底于成，亦可为慰矣。其二十年以后，将由本校图书馆赓续编印，以期永垂于无穷。兹值出版在即，记其缘起及经过如此。至编纂体例，已详凡例中，不复赘述。惟本索引不用分类，依字典式排列，在国内尤为创举，标题亦费斟酌，愿大雅有以教之。

杂志既多，一馆所藏，往往欠全。为求完备计，除利用本校所藏外，京沪各校较大图书馆，无不问津。其借助最多者，在京有中央大学、中华农学会、中国科学社、中央党部、国民政府、建设委员会、实业部、中央研究院等图书馆，在沪有东方、人文、海关、总商会、明复及英国皇家亚洲学会等图书馆。所至均荷尽量借阅，本索引之成，实利赖之。特志于此，以表谢忱。

4.《农书考》《方志考》

古农书的收集只是整理古农书的一个步骤，万国鼎等人整理古农书是基于这样一个认识：“古农书所记，不乏经验之言。往往欧美耗巨资、费时日，累加考验而仅得者，已于数百年前载诸我国农书，是其价值可知。晚近学者，知农业之重要，审其非按科学方法，力图改良不可。顾农业非纯粹科学之比，可以推之世界万国而无不然者，风土异宜，民俗异情，农业即受其影响。异国经营研究之所得，未必即可负贩而用之吾国，要当考诸学理，验之事实，使其适合于时与地。是则前代遗书，尤不可不加之意，以为研究改良之参考焉。”而设立农业图书研究部，专门开展古农书整理，是缘于“惟古书编次，往往欠善，检阅困难，谬误之处，亦所不免。且泰半直录前人之言，辗转征引，雷同者多。而所谓谱录之属，复杂以传说，盛载诗文，与实学无涉，此其所短也。加以旧书购置不易，流传久者，版本不一，脱文讹字，错见迭出，而散见群书中之农家言，头绪纷繁，查考更难，此又整理之不可缓也。”①

万国鼎在农业图书研究部期间，撰写了《农书考》（1928—1930 年写作 90 余篇，未完成，图 2-7），对古代农书及农业资料举行了初步的整理研究，并对《齐民要术》的多种版本收集后，进行版本和引用书目考证。

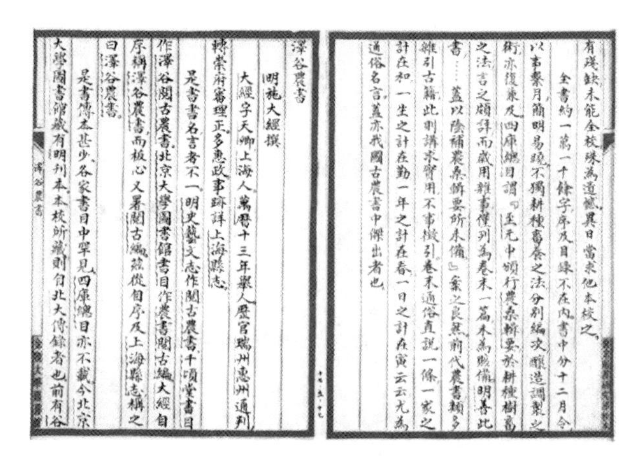
有殘缺未能全校殊為遺憾異日當求他本校之
全書約一萬一千餘字序及目錄不在內書中分十二月令
以事繫月簡明易曉不獨耕種畜養之法分別編次釀造調製之
術亦復兼及四庫總目謂『至元中頒行農桑輯要於耕種樹畜
之法言之頗詳而歲用雜事僅列為卷末一篇未為賅備明善此
書……蓋以除補農桑輯要所未備』案之良然前代農書類多
雜引古籍此則講求實用不事徵引卷末通俗直說一條一家之
計在和一生之計在勤一年之計在春一日之計在寅云云尤為
通俗名言蓋亦我國古農書中傑出者也

澤谷農書
明施大經撰
大經字天卿上海人萬曆十三年舉人歷官瑞州惠州通判
轉崇府審理正多惠政事跡詳上海縣志
是書書名言者不一明史藝文志作閱古農書千頃堂書目
作澤谷閱古農書北京大學圖書館書目作農書閱古編大經自
序稱澤谷農書而板心又署閱古編茲從自序及上海縣志稱之
曰澤谷農書
是書傳本甚少各家書目中罕見四庫總目亦不載今北京
大學圖書館藏有明刊本本校所藏則自北大傳錄者也前有谷

图 2-7　万国鼎先生在金陵大学农业图书研究部时撰写的《农书考》稿（1928）

① 万国鼎：《古农书概论》，《农林新报》1928 年 5 月 1 日，第 133 期。

《方志考》是为了更好地利用方志，农业图书研究部期间由万国鼎、储瑞棠、范允康、刘家豪编纂[①]。

第三节　金陵大学时期的农业历史研究与教学

金陵大学时期的农业图书研究部自1924年由万国鼎主持之后，主要的工作任务是收集、整理、利用农业历史资料，随着各项工作的进展，农业历史研究和教学工作也逐步开展。

金陵大学时期的农业历史研究与教学的主要工作是以万国鼎、陈祖椝、储瑞棠等人从事的中国农业史、中国田制史、中国作物源流考、中国茶叶史以及中国农村社会经济史的研究、著述以及教学。

1932年8月底，金陵大学图书馆农业图书研究部改组为金陵大学农业经济系农业历史组。但农业历史的教学在此之前就开始，万国鼎在金陵大学农学院农业经济系开设中国农业史、中国灾荒研究等课程。

一、中国农业史研究和教学

中国农业历史的系统研究，万国鼎是主要开拓者和奠基人，他1920年大学毕业就开始投入研究，以后一直着意收集农业史料，关注国内外学术动态，借鉴国外农业史著作，并在金陵大学农学院讲授中国农业史课程，进而全面研究，完成《中国农业史》著述。

陈祖椝也是中国农业历史研究重要的开拓者，他1921年就学期间就参与金陵大学图书馆合作部的农业典籍索引编制，以后长期从事农业历史资料收集、整理、利用等工作。20世纪40年代，在万国鼎转到地政学界工作后，由他负责金陵大学农业历史组的研究和教学工作。

万国鼎在金陵大学农林科求学期间（1916—1920），治农而好史，对中国

① 《金陵大学图书馆概况》，金陵大学图书馆，1931年，第18页。

悠久的农业发展历史有兴趣，立志花十年时间撰写一部《中国农业史》。① 1920年，他大学毕业留校任蚕科助教，协助钱天鹤教授进行蚕桑教学和推广工作。他在1920年冬，就结合自己的工作，撰写《蚕业史》一文（翌年3月刊载于《中华农学会报》（蚕业专刊，第16期）），开始其农史研究的学术生涯。②

《蚕业史》文章，约5 000字（图2-8）。开篇以蚕丝于国计民生有重大关

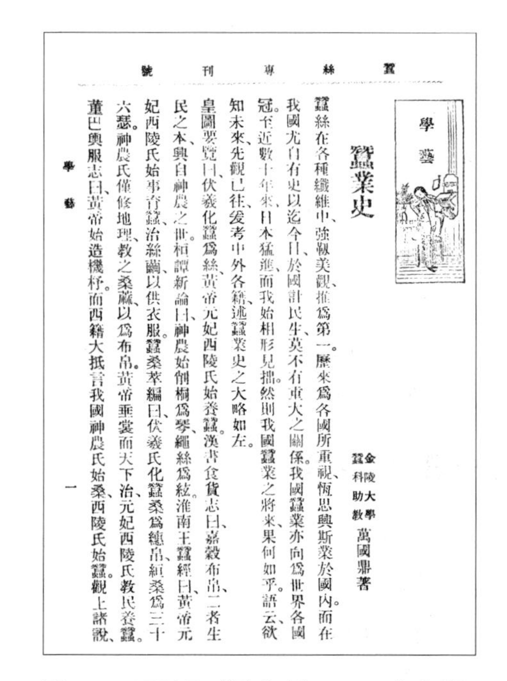
蠶絲專刊號

學藝

蠶業史

金陵大學蠶科助教 萬國鼎著

蠶絲在各種纖維中、強韌美觀、推爲第一。歷來爲各國所重視、恆思興斯業於國內。而在我國尤自有史以迄今日、於國計民生、莫不有重大之關係。我國蠶業亦向爲世界各國冠。至近數十年來、日本猛進、而我始相形見拙。然則我國蠶業之將來、果何如乎。語云、欲知未來、先觀已往、爰考中外各籍、述蠶業史之大略如左。

皇圖要覽曰、伏羲化蠶爲絲、黃帝元妃西陵氏始養蠶。漢書食貨志曰、嘉穀布帛、二者生民之本、興自神農之世。桓譚新論曰、神農始削桐爲琴、繩絲爲絃。淮南王蠶經曰、黃帝元妃西陵氏始事育蠶、治絲繭、以供衣服。蠶桑萃編曰、伏羲氏化蠶桑爲繐帛、絙桑爲三十六慼。神農氏偉修地理、教之桑蔴、以爲布帛。黃帝垂裳而天下治、元妃西陵氏教民養蠶。董巴輿服志曰、黃帝始造機杼。而西籍大抵言我國神農氏始桑、西陵氏始蠶。觀上諸說、

學藝　一

图2-8　万国鼎《蚕业史》（1920年冬撰）

① 参见万国鼎为《大中华农业史》（张援编，1921年出版）撰写的书评，载《农业周报》，1931年5月8日出版。“余在民国七八年间为学生时，即言他日必撰《中国农业史》。至今忽忽十余年，最近六七年且常与古书为缘，而成就无几。虽于前昨两年两次在金（陵）大（学）农学院授中国农业史，惟积累零星讲稿，于中国农业通史，未敢著一字。至今犹拟先就各小问题，分别撰考数十篇至数百篇，积以十年，然后贯而通之，以成一整个之《中国农业史》……1931年4月1日于南京。”

② “余于民国九年（1920年）冬，曾草《蚕业史》一文，投登《中华农学会报》之蚕丝专号”（见万国鼎书评文章《特别注重农业的中国经济史》1931年4月7日附记，载《农业周报》，1931年5月8日出版。）

系，我国蚕业向为世界各国之冠。但到当时已落后于日本，对于中国蚕业的将来，他还是充满希望。万国鼎本着“欲知未来，先观以往。爰考中外各籍述蚕业史之大略”，引用中国古代农书、蚕书的相关记载，概述了中国蚕业发展历史，同时也涉及国外蚕桑发展状况。文章考证了蚕业发源之时，再考发源之地。然后分时段述说，计黄帝至尧舜，尧舜之后以迄于周初，而后春秋战国汉代魏晋唐宋。同时概述了自汉末开始的蚕业外播，涉及日本、印度、阿拉伯地区以至埃及，意大利、法国和英美也有涉及。

万国鼎立志中国农业史著述，贯穿他一生的大部分时间。1924 年春任职金陵大学农业图书研究部，他就着意收集农业史料。1927 年春夏，他为了借鉴国外农业史著作的结构体例，特意翻译《欧美农业史》（Norman Scott Brien Gras. *A History of Agriculture in Europe and America*. 1925）（图 2-9），在翻译的过程中还与金陵大学农业经济学教授卜凯（John Lossing Buck）、历史教授贝德士（Miner Searle Bates）、农林科科长过探先和图书馆学教授李小缘等切磋探讨，以求准确把握领会原书的精髓，用到以后自己的中国农业史写作中。

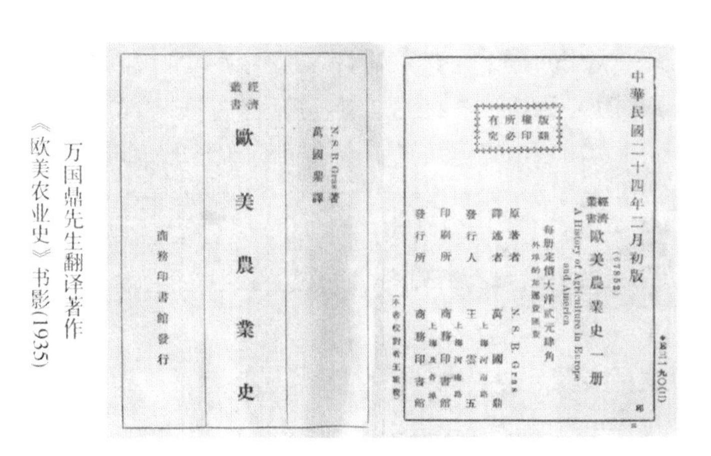

經濟叢書
歐美農業史
N. S. B. Gras 著
萬國鼎 譯
商務印書館發行

中華民國二十四年二月初版
經濟叢書 歐美農業史 一册
A History of Agriculture in Europe and America
每册定價大洋貳元肆角
原著者 N. S. B. Gras
譯述者 萬國鼎
發行人 王雲五
印刷所 商務印書館
發行所 商務印書館
版權所有 翻印必究

图 2-9　欧美农业史书影

1929 年秋和 1930 年秋，万国鼎在金陵大学农学院农业经济系讲授中国农业史课程，[①] 而在 1932 年以后由于万国鼎的工作重心放在地政领域等原因，未能如期完成中国农业史的著作，但自 1955 年任农业遗产研究室主任以后，重新开始考虑中国农业史的著述，1959—1960 年完成的《中国农学史》（初稿）实际上完成了万国鼎的夙愿。

根据金陵大学农学院年报 1929 年 9 月到 1931 年 6 月农业经济系讲授课程统计表，万国鼎 1929 年秋季开设"中国农业史"，3 个学分，有 31 位学生修课。1930 年春季开设"中国灾荒研究"，3 个学分，有 14 位学生修课。1930 年秋季开设"中国农业史"，3 个学分，有 25 位学生修课。（转引自卜凯《金陵大学农业经济系之发展（1920—1946）》，《金陵大学农学院农业经济系 70 周年纪念册》）

二、中国田制史研究与教学

20 世纪 30 年代，万国鼎的中国农业史研究尚在全面探索实践之中，而 1933 年完成出版的《中国田制史》奠定了万国鼎的学术地位。

万国鼎 1929 年秋和 1930 年秋为金陵大学农学院农业经济系讲授中国农业史课程，对涉及中国农业历史的一些专题进行研究，分别撰考文章，一段时期进行的是农书、农官和田制等专题研究。1931 年他将研究田制的系列考辨文章刊发在《金陵学报》上，获得学界的好评，随后又在金陵大学农业经济系、中央政治学校的地政学院及后来的中央政校地政学院讲授中国田制史等课程，在教学过程中，感到缺乏教材的麻烦，于是撰写《中国田制史》，以应教学之需。

万国鼎 1931 年 9 月 1 日拟订中国田制史课程梗概，在金陵大学农业经济系开设课程，谈到研究中国田制史是基于"前事不忘后事之师"，土地问题影响于国计民生至巨，解决土地问题有利于改良农业。

1932 年到中央政治学校的地政学院后，万国鼎又讲授中国田制史课程，

① 参见万国鼎为《大中华农业史》（张援编，1921 年出版）撰写的书评，载《农业周报》1931 年 5 月 8 日。

为授课方便，编纂教材，因古人称土地制度为田制，所以此书袭称《中国田制史》。但是全书却不以土地制度为限，他认为，田赋与土地制度关系密切，而研究田赋又必须涉及租税，这些都是农民的沉重负担，与土地的分配与利用有着十分重要的关系，"田制之良窳，为历代兴亡之所系"，[①] 而且土地制度还与当时的学风、政治、社会、经济以及农工技术均有关系。

《中国田制史》1933 年 5 月由南京书店出版，列为中国地政学会丛书第一种，1934 年 12 月，南京正中书局再次印刷此书，列入大学丛书系列。1986 年万国鼎的中央政治学校同事高信在台湾地区逢甲大学土地管理系，组织影印此书，由台北正中书局发行。商务印书馆 2011 年又重新编排出版此书，列入中华现代学术丛书，体现了万国鼎此书对中国土地制度史的学术贡献历久弥新。

根据教学的需要，万国鼎计划将《中国田制史》分为 9 章，每章均为 10 节。先期出版的是上部，共四章，分别为上古田制之推测及土地所有制之成立、两汉之均产运动、北朝隋唐之均田制度、均田制度破坏之唐宋元。《中国田制史》的下部内容已有着笔，下册在万国鼎的手稿中找到部分目录，第五章为明代田制，第六、第七两章为清代田制，第八章为民国以来之改革，第九章为现状与问题，也是每章十节。如第八章"民国以来之改革"有民初田赋之整理、清丈、农民负担之日重、垦荒、移民、官产之处置、国民党之土地改革、民国政府成立以来地政之实施情形等内容，而第九章"现状与问题"有汉魏以来地方经济与一般经济之转变、土地利用、垦荒、田赋、耕地整理、土地所有权与租田制度、灾荒、人口与土地、耕者如何有其地、工商与农业等内容。不仅有计划，万国鼎还有具体的写作，如 1932 年、1933 年《金陵学报》上刊有《明代屯田考》《明代庄田考略》，就是第五章的内容，万国鼎遗留手稿中的《急就章》是第五、第六章的文稿。万国鼎后来还写作有未发表的《中国田制史纲要》，1942 年 7 月出版的张丕介《垦殖政策》一书中的《我国垦殖政策史略》中的"清代垦殖政策""屯田之演进——由汉至明"即大体引

① 萧铮：《高人言先生重印万国鼎氏之中国田制史跋言》。

用此纲要，而且由万国鼎亲自校核一遍。可见如果不是战事的影响，《中国田制史》最后应该是可以完成的。20 世纪 60 年代初期，万国鼎曾经组织人员继续收集资料，计划重新写作《中国土地史》，也是想弥补《中国田制史》未全之憾，可是他因突然患病去世而未能实现。①

《中国田制史》（图 2–10）著作体例师承史学大师柳诒徵（著有《中国文化史》），他有文章提到："尝为志例特谒柳翼谋先生。柳先生谓缪小山先生生时，尝谓作志有孙洪（孙渊如、洪北江）与章鲁（章实斋、鲁一同）两派，孙洪依据载籍言必有徵，章鲁重在自撰，成一家言。而柳先生于《中国文化史》及《江苏通志・书院志・钱币志・社会志稿》等（见国学图书馆馆刊），则著文为纲，而将小字夹附其间。小字之于正文，若引证，若补充，其体甚便。盖折衷于两派之间者也。"②《中国田制史》自序中也解释书中分正文与小

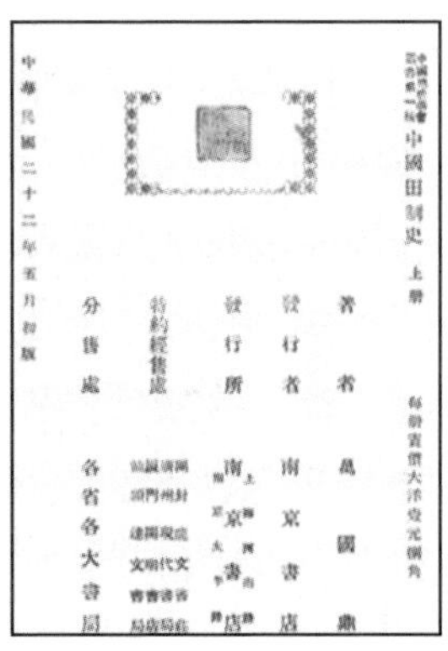

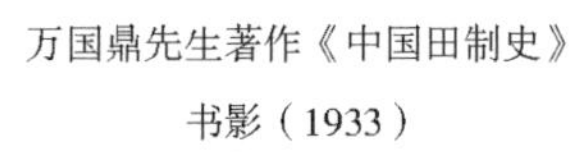
万国鼎先生著作《中国田制史》书影（1933）

万国鼎先生著作《中国田制史》在台湾地区的重印本书影（1986）

图 2–10 《中国田制史》书影

---

① 陈少华：《万国鼎与〈中国田制史〉》，载《中国田制史》，商务印书馆，2011 年。

② 万国鼎：《方志体例偶识》，《金陵学报》1935 年第 5 卷第 2 期。

注（交错编排，正文字体稍大，小注字体略小，书眉部分有简单批注）：正文撮举纲要，力求简赅，脉络自通；论证引辩之词，悉入小注。如此体例是因为"吾国田制之沿革变迁，史长事复，古书复不尽可信，辨证费辞，合则难免混淆。不如析之为二，览全文即可明其大体，欲知其详，则案其小注，较为醒目。"更因"用作课本，字数既多，内容繁复，亦宜析为纲目，俾阅时易得要领，便于记忆。且小注既分，论辩引证，较为自由，多收原料，亦便异日之修正也。"

三、其　他

陈祖椝在农业图书研究部时期，主要从事《农业论文索引》的编制，1932年农业历史组成立后，他担任讲师，开始进行教学科研工作。抗战期间，万国鼎离开金陵大学从事地政研究和教学，陈祖椝为金陵大学农业经济系农业历史组的主任，并担任中国农业史的教学工作。根据金陵大学农业经济系学生才文启（1940—1946年就学）回忆，当时由陈祖椝讲授"中国农业史"，为了教学，他备有几柜子大卡片。才文启40多年后还清楚记得当时陈老师所讲的甘薯从菲律宾传来以及烟草、玉米和棉花从国外输入的历史。

《中国茶业史略》，陈祖椝撰，分篇刊于《经济周讯》1940年第39期到第47期，题注"本篇依前任本系教授万国鼎君大纲草成"。《中国茶业史略（附表）》还刊载于《金陵学报》1940年第10卷第1/2期。

《中国作物源流考》陈祖椝撰写，未发表。《中国作物源流考》存有手稿及油印稿（图2-11），共38篇，考证了38种作物的名称、原产地等。分别是稻、玉蜀黍、甘薯、马铃薯、大豆、豌豆、蚕豆、落花生、脂麻（芝麻）、亚麻、棉、烟草、甘蔗、苜蓿、核桃、石榴、葡萄、凤梨、西瓜、黄瓜、韭菜、韭葱、葱、胡葱、洋葱、□、大蒜、小蒜、芫荽、茉莉、素馨、凤仙花、指甲花、番红花、红蓝花、□金、阿月浑子、规那树。

另有《西瓜考》刊载于《经济周讯（成都）》1940年第31期。

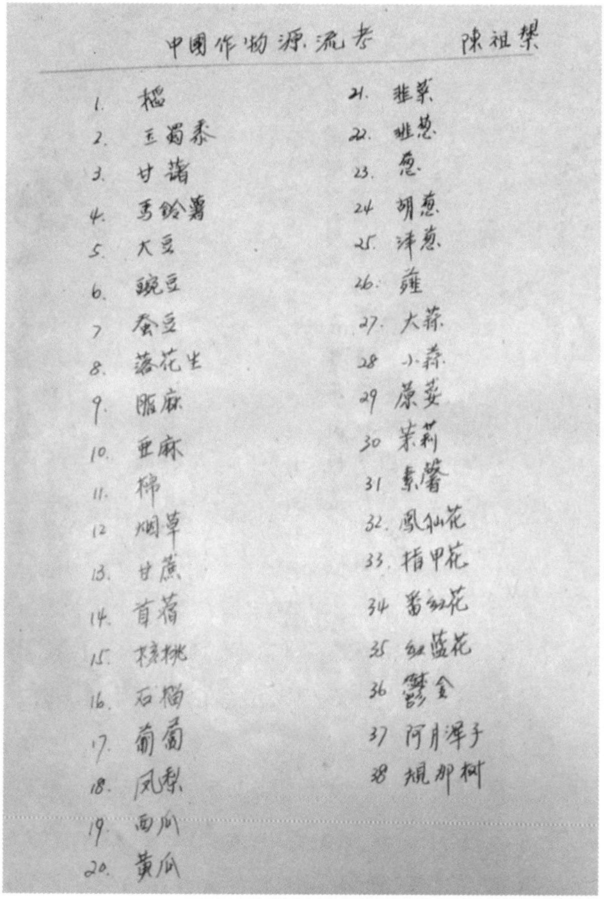

中国作物源流考　陈祖梁

1. 稻
2. 玉蜀黍
3. 甘藷
4. 马铃薯
5. 大豆
6. 豌豆
7. 蚕豆
8. 落花生
9. 胡麻
10. 亚麻
11. 棉
12. 烟草
13. 甘蔗
14. 苜蓿
15. 核桃
16. 石榴
17. 葡萄
18. 凤梨
19. 西瓜
20. 黄瓜
21. 韭菜
22. 韭葱
23. 葱
24. 胡葱
25. 洋葱
26. 薤
27. 大蒜
28. 小蒜
29. 原荽
30. 茉莉
31. 素馨
32. 鳳仙花
33. 指甲花
34. 番红花
35. 红蓝花
36. 鬱金
37. 阿月浑子
38. 規那樹

图 2-11　陈祖梁《中国作物源流考》（手稿）

第四节　农史资政与社会服务工作

金陵大学农学院的创办，肇始于美国学者裴义理（Joseph Bailie）等倡设的义农会。在中国华东地区承办以工代赈的金陵大学数学教授裴义理，目睹中国农民的生计窘迫，深感培养中国农业技术人才，以求复苏农村经济的重要性，建议金陵大学托事部开设农科并获同意。[①] 金陵大学于 1914 年开设农科，翌年增设林科，1916 年两科合并为农林科，裴义理任主任。1917 年裴义理辞职返美，芮思娄（J. H. Reisner）任农林科主任。1930 年改组为农学院，成为中国历史最悠久的四年制大学农业教育机构。[②]

1923 年，在金陵大学校长包文和芮思娄的努力下，获得美国对华赈灾余款基金支持，金陵大学图书馆合作部，在此财务支持下，遂扩充为金陵大学图书馆农业图书研究部，设立仍在图书馆，但因经费来源于农林科，所以亦属农林科，金陵大学图书馆农业图书研究部人员均列农林科名册。[③] 相应的农业图书研究部的工作中有所侧重，将收藏中国古代荒政书籍和为荒政典籍编制索引列为主要工作，并于 1924 年专门聘用金陵大学农科毕业的杭立武编纂灾荒史，体现了农史资政的研究特色。

在金陵大学西迁成都办学期间，金陵大学农业历史组，依托中国历史时期文献资料，进行古代农业政策的研究。1943 年，农林部资助 5 万元研究宋元农业政策。1945 年复资助 10 万元，研究明清两代农业政策。[④]

万国鼎自 1924 年担任农业图书研究部主任开始，从事农史资料搜集、整理、研究工作，但自 1932 年开始在金陵大学逐渐转变工作趋向，将更多的精力转向地政研究和教学等方面的工作，抗战期间完全脱离了金陵大学的工作。这段时间，万国鼎从事的是农史资政的工作，也是为社会服务的学术工作。

万国鼎在研究中国农业史时，涉及中国土地制度的演变与发展，他撰写了一组论文刊发在《金陵学报》上。这些关于中国田制史的学术文章，受到了钱昌照的关注，1932 年 3、4 月，钱昌照推荐他就土地问题为蒋介石等讲课，授课共两次，一为中外土地制度鸟瞰，一为中国土地问题。就此，万国鼎先生的工作重心发生变动，除在金陵大学担任一些教学、研究工作之外，1932—1937 年担任国防设计委员会（资源委员会）委员、专员，职务是土地问题的

---

① 费旭，周邦任：《南京农业大学史志》，第 1 页。

② 《金陵大学农学院卅年来事业要览》（农学院纪念专刊第 1 号），第 1 页。

③ 过探先：《金陵大学农林科之发展及其贡献》，《金陵光》1927 年 11 月。

④ 《25 年来金大农业经济系之概述》，《金陵大学农业经济系成立 25 年纪念册》。

调查研究，兼及农业问题。1932—1949 年，他还担任南京（战时迁重庆）中央政治学校地政学院、地政专修科、地政系以及国立政治大学地政系教授，担任的教学课程有：中国田制史、田赋问题、土地政策、土地税、农业概论、土壤学等。[①] 从事地政教学与研究。

1932 年以后，万国鼎主要从事地政研究、编辑与教学工作。1933 年 1 月 8 日中国地政学会成立之时，万国鼎提议编印《地政月刊》，建立一个可以“集思广益，相与研究”的平台，万国鼎一直任总编辑。此刊因抗日战争全面爆发而停刊，以后又任《人与地》半月刊、《中央日报》副刊《人与地》《土地改革》半月刊的编辑。

万国鼎自 1933 年开始从事田赋调查达五年，曾在江苏、浙江的一些市县做过深入的土地调查，并对江苏、浙江、安徽、湖北、湖南、四川、江西等省进行农业资源和农业行政的考察访问。1934 年春所作《江苏省武进南通田赋调查报告》，曾印为国防设计委员会参考资料第七号，同年夏又作《浙江吴兴兰溪田赋调查报告》，作为初步试查的示范。1935 年组织进行浙江 23 市县之调查。1936 年，集合各调查员所作初步报告，稽核校订，汇集为《浙江田赋调查报告》，且编且印，至 1937 年编印将毕而抗日战争全面爆发，只油印 20 份以留存。此外曾作历代田赋及晚近长江流域各省田赋之概略研究；并在地政学院指导学生之毕业论文，作田赋地税之调查研究者先后 38 人，调查所及者 17 省，详细调查 25 市县。缘是曾拟撰《中国田赋概要》，最后因战事影响未能完成。

万国鼎进入地政界，原先是以一种“书生报国”的理想，通过土地问题的“学理之研究，现实之调查，历史之探讨”，以推进立法的形式，逐渐实施自己期望的土地政策，但随着时间的推移，他发现这只是一种幻想，后来就逐渐淡出了地政界。其间有很好的进仕机会，但他那时就给自己写下了座右铭“淡泊以明志，宁静以致远”。他将精力多用在了学术研究之中，尤其在解放

① 参见王思明，陈少华主编《万国鼎文集》，中国农业科学技术出版社，2005 年：第 373－374 页。

后，又重新投身农史研究，辛勤耕耘，最后获得了丰硕的成果，在农史学界产生了深远的影响。

第五节　金陵大学时期农史学术交流与合作

一、农业图书研究部和美国农业部及美国国会图书馆的合作与交流

1921年，金陵大学图书馆合作部创立时，在施永高的安排下，代表美国国会图书馆和美国农业部的卫德女士来华指导中文古农书索引编制工作，也安排当时金陵大学图书馆克乃文馆长以合作部专家身份去美国国会图书馆进行学术交流，帮助完善美国国会图书馆中文索引和分类工作。1923年秋金陵大学图书馆合作部转为金陵大学农业图书研究部，1924年万国鼎担任金陵大学农业图书研究部主任之后，施永高通过与芮思娄、克乃文和万国鼎的通信，保持长期的交流和合作，主要是为美国国会图书馆购买方志和农书。1927年3月，克乃文离开金陵大学后回到美国，7月任弗吉尼亚大学图书馆馆长，但他仍然关心农业图书研究部的发展。1928年他在美国农业部图书馆期刊（*Agricultural Library Notes*）以转录金陵大学农林科年报1926—1927中农业图书研究部年度报告内容为主，简介金陵大学图书馆农业图书研究部的相关情况，并特别补充有关农业图书研究部建立初期和他离开金陵大学后一年多的最新情况，以使美国读者更全面了解①。文章发表后，他还寄送此期杂志给万国鼎。万国鼎在1929年4月10日的回信里，表示感谢克乃文对金陵大学农业图书研究部的宣传，并向他介绍近两年来的工作状况，特别介绍《先农集成》的编纂进程。1929年5月8日万国鼎又写信给克乃文，告知他刚刚出版的《金陵大学图书馆中文地理书目》有关状况。

在 *Agricultural Library Notes* 的文章中特别提到由于金陵大学农林科主任芮

① The Research Library of the College of Agriculture and Forestry，University of Nanking. Agricultural Library Notes. Vol. 3，No. 10-12.

思娄成立农业图书研究部的初衷，是希望收集大量中国古代文献，挖掘利用蕴藏其中的农业信息，在金陵大学的农业调查和推广工作中，体现出对研究实际问题的价值。农业图书研究部所做的一切就是为金陵大学农林科教学研究提供参考。从这个意义上来说，农业图书研究部的工作基本上是有实际意义的。

从农业图书研究部之前的合作部期间，就安排专人研究灾荒史，之后收集荒政书籍，选择重要的荒政书籍编制索引，所以在金陵大学农林科给对华赈济余款基金灾荒预防计划的五年工作报告（Five Years Report）里，有专门的农业图书研究部的总结，是10个子项里的第8项。

1927年克乃文离开南京之后，万国鼎负责与施永高之间的具体合作交流事务，其间芮思娄作为金陵大学农林科主管农业图书研究部的校方也给予关心和指导。1929年1月10日芮思娄写信给万国鼎，谈到他1928年12月1日在纽约召开的中国学研究会议上见到与会的施永高，告知他非常希望金陵大学农业图书研究部能代为购买所有未在美国国会图书馆收藏目录上的农书和方志。芮思娄向施永高解释金陵大学图书馆基金中预支款项时遇到的困难，施永高建议可以寄给金陵大学一笔款项作为定金用以购书。万国鼎5月8日给在美国的芮思娄寄发新出的《金陵大学图书馆中文地理书目》（万国鼎、刘纯甫编，1929年1月出版），请他转交施永高，并请其提供1923年11月之后美国国会图书馆收到的方志，以利采购缺书。1932年施永高还和芮思娄通信，寻求和农业图书研究部万国鼎联系继续采购方志和古农书。

万国鼎在主持农业图书研究部期间，还参与和美国哈佛大学、哈佛燕京学社的合作计划。根据金陵大学档案，① 金陵大学校方为了更好地发展农业图书研究部，争取哈佛燕京学社的经费资助，1930年9月19日，由时任中国基督教大学校董联合会（在纽约）干事葛思德（B. A. Garside）代表金陵大学托事部给哈佛燕京学社发函，请求对金陵大学农业图书研究部进一步发展中国古农书和相关书籍收集整理事务进行财务资助。

随信附件有万国鼎撰写的英文文件，对金陵大学农业图书研究部的古农书

---

① College of Agriculture and Forestry: Agricultural Research Library, UBCHEA, RG 11-199-3415.

和方志等相关收藏和整理进行了详细介绍。

文件提到1921年，在金陵大学农林科（金陵大学图书馆合作部）与美国农业部的合作下，开始尝试用现代科学的方法对中国古农书进行索引，因为很明显，这些文献的价值比之前人们想象的要广泛得多。汇集大量的文献，使金陵大学图书馆合作部得以编写书目《中国农书目录汇编》，该书目于1924年6月由金陵大学图书馆出版，包含了两千多部（篇）重要的农业参考文献书目。目录反映文献主要是农书、荒政类书籍以及和农业有关的方志和其他地理和历史著作、政书、类书和丛书。

文件介绍了截至1930年4月22日的农业图书研究部藏书的范围和数量。指出特别努力收集不同版本的古农书，以便于《先农集成》（在后面的一段中提到）汇编时有关的校阅。十几种不同版本的《齐民要术》已经被保存。农业图书研究部一直寻找明代另一个非常著名的农书的原版本，即明代的《农政全书》。1930年春天最终在北京市场上买到这个版本。此外，这本书的所有5种不同版本现在都有收藏。农业图书研究部的收藏中，所有可取得的版本都是必要的。稀有农书的许多其他珍稀版本和稿本都已被收集起来。还有许多其他版本，只能通过复制来获得。

接着介绍了大量中国方志，虽然有些方志的编辑不太称职，但也有许多方志是由著名学者编写。即使是水平不高的人编写的方志也保存着许多当地的资料和信息，而这些资料和信息在其他地方找不到。它们的性质和用途可以通过引用美国农业部施永高博士当时发表的一篇《中国书籍》的论文来了解。文件附录A列示已全部或部分编入索引的中文典籍。所使用的索引系统主要是由美国农业部的施永高博士制定的，它为已编入索引的书籍中所有相关资料的使用提供了方便。通过研究任何主题的索引卡，人们可以在一瞬间发现被索引书中包含的关于该主题的任何参考资料。

文件还介绍农业图书研究部当时进行的《先农集成》汇编和《农业索引》的编制情况。还对农业图书研究部的出版物做了介绍，包括《中国农书目录汇编》《金陵大学图书馆中文地理书目》，万国鼎是根据一种新的检字方法编排了《新桥字典》，在中华书局已经出版，此外，还与上海商务印书馆达成协议，重印一些最重要的中国农业古籍。将在重新研究最早版本的基础上，经过仔细的注释和校对后出版，以保持其原有的特色。《农业期刊索引》之后不久也将出版。《先农集成》将在适当的时候出版，但至少还要等四五年，把材料收集整理完成再行出版。

葛思德先生的信件中写到：金陵大学农业图书研究部收藏了大量的中国古代农业书籍和其他相关书籍，尤其方志的收藏数量在当时世界排名三到四位。金陵大学六七年来尽其所能投资购买了这些藏书，另外，美国国会图书馆的3万~3.5万美元用于编目、索引和其他一些事务。现在随着我们编制索引和汇编工作的增加，用于直接购买书籍的经费减少。

由于我们认为农业图书研究部的工作符合哈佛燕京学社的宗旨，我们想做以下的报告，以便为购买书籍提供资金，尽可能地完成我们的藏书工作。

申请的财务资助是：(1930—1931 学年)

$ 5 000，即时购买方志和农业及相关学科有关的书籍。

$ 5 000，用于收集重要的珍稀版本，购买或复制（采用复制是宋元明朝的珍稀版本，保存在不同的图书馆里)。

$ 2 000，每年用于购买方志和农业及相关学科有关的书籍。在今年之后的三年时间里。”

1930 年 9 月 20 日，金陵大学农学院芮思娄院长为此计划写信给时任燕京大学校长司徒雷登。他写道：“洪业和博晨光（Lucius C. Porter）1928—1929 年在美国时，我们几次非正式地讨论过这个问题。如果没有去年我生病的事情，这个请求就会提前让你知道。我相信，你们和哈佛燕京学社的其他成员一定会感受到农业图书研究部这个农业文献收藏巨大的历史和实用价值，它在南京金陵大学已经发展到如此重要的地位。如果我们的请求获得准许，我们将能够继续购买书籍，那么它的价值和重要性将大大增加。我希望哈佛燕京学社能对我的要求予以考虑。”

哈佛燕京学社 1928 年成立，经费来自美国铝业公司创办人查尔斯·马丁·霍尔（Charles Martin Hall）的遗产捐赠，致力于发展亚洲地区的高等教育，资助以文化为主的人文科学和社会科学的发展。由于哈佛燕京学社的经费资助，农业图书研究部添购了一些方志，1933 年 1 月万国鼎在《金陵大学图书馆方志目》序言中对哈佛燕京研究院之资助表示感谢。

万国鼎当时还申请哈佛燕京学者项目，赴哈佛大学进行访学研究。后由于转入地政界工作未能成行。

1933 年，美国洛克菲勒基金会启动中国农村建设的“中国计划”，资助金陵大学农学院与燕京大学农村行政研究所、河北定县中华平民教育会、南开大学经济研究所、华北工业研究所以及北平协和医学院预防医学系六个机构。[①]当时农业图书研究部已经划转为农业经济系农业历史组，芮思娄院长亲自拟订计划，在农业经济系的发展计划订立土地利用、乡村组织、农村人口和农业历史四个部分，为农业历史组诸项工作争取经费支持（表 2-4）。[②]

表 2-4　《先农集成》编校、购买方志计划

项目	1934—1935	1935—1936	1936—1937	1937—1938
《先农集成》编辑和校订	\$ 14000	\$ 16000	\$ 18000	\$
购买方志		5000（每年，计 10 年）		

二、金陵大学时期与英国学者的交流

1930—1933 年，伦敦经济学院唐奈（R. H. Tawney）博士在中国撰写《中国土地和劳动力》一书，在南京时，给金陵大学学生教授欧洲及英国农业史。[③] 其间万国鼎和他也有交流。

1931 年万国鼎为李秉华（Mabel Ping-hua Lee）博士论文撰写书评，李秉华女士是美国哥伦比亚大学博士，其论文是《特别注重农业的中国经济史》（*The Economic History of China: With Special Reference to Agriculture*），为此他和

---

① 徐勇：《洛克菲勒基金会与“中国项目”（1935—1944）》，《聊城大学学报(社会科学版)》2015 年第 4 期。

② Needs of the College of Agriculture and Forestry of the University of Nanking for a Ten Year Period of Future Development（Statement Prepared for the Rockefeller Foundation 1933）, Exhibit 6 Agricultural History.

③ 卜凯：《金陵大学农业经济系之发展　1920—1946》

唐奈（英国伦敦大学经济史教授）及卜凯（J. L. Buck）（金陵大学农业经济学教授）相互交流讨论。

1929 年储瑞棠在金陵大学半工半读，参与农业图书研究部工作，1931 年大学毕业后参与农业图书研究部研究工作，与万国鼎同编《金陵大学图书馆方志目》，并担任后续农业历史组讲师，从事教学科研，1938 年调任农本局。1930 年 12 月 16 日万国鼎为储瑞棠《清季全国田亩统计》(《农林汇刊（南京)》1930 年第 3 期）一文写了附记，说日前来金陵大学的唐奈博士向万国鼎询问“全国耕地亩数，并官田与民田之比例”，他翻阅了《大清会典户部则例》等书，请储瑞棠考证研究，撰写文章，凭借学术交流的机会为年轻的教师提供学术培养路径。

李约瑟（Joseph Needham，1900—1995）对科学技术史的兴趣始于 20 世纪 30 年代。1943 年，受英国文化委员会之命，来中国援助战时科学和教育机构，在重庆建立中英科学合作馆（Sino-British Science Cooperation Office）。他在中国进行广泛调查研究，不仅与中国科学家建立了广泛而深厚的友谊，也使他对中国悠久的历史文化有了深刻的认识。1943 年，他在四川乐山和石声汉有很愉快的交谈，他们建立的友谊为日后的中国农业史、生物学史和古农书交流打下了基础。1944 年 5 月初，李约瑟在迁至湖南的中山大学图书馆和梁家勉专门交流中国古代农书。在生物学家黄宗兴的陪同下跋涉 30 多里山路到中山大学农学院访问，与赵善欢、李沛文、梁家勉等人相识，因赵善欢英语很好，因此他既是专家，又为李约瑟充当翻译。梁家勉当时在图书馆工作，正专心致力于中国古农书的研究，与李约瑟有很多共同的兴趣和话题，第二天，李约瑟与梁家勉又专门交流了一次。

1943 年 6 月，李约瑟访问了迁至成都的金陵大学。金陵大学农学院院长章之汶教授接待了李约瑟先生。李约瑟在考察金陵大学农学院过程中，了解到金陵大学农史研究室正在编纂《先农集成》，因此，他写信给当时的农学院院长章之汶索取相关资料。章在回信中说：“谢谢你 5 月 10 日关于《先农集成》的来信。这项工作战前早已开始。…… 我已吩咐农业经济系为你收集相关资料，一旦收集到后，我会再写信给你。”不久，李约瑟得到了一份《先农集成》编纂计划大纲的手抄稿以及章之汶本人撰写的《我国战后农业建设计划大纲》一书。1948 年 10 月 17 日，李约瑟再次写信给章之汶，信中说："自 4 月离开巴黎联合国教科文组织自然科学处处长岗位后，我一直全力以赴着手《中国的科学与文明》的编写工作"。从中国带回的相关图书资料给了他很大的帮助。他再次提到金陵大学编纂的《先农集成》，听说已经出版两卷，希望能够给他各寄一册。[1]

---

① 王思明：《李约瑟与中国农史学家》，《中国农史》2010 年第 4 期。

第三章　第一个国家级农史专门研究机构（1955—1978）

民国时期的中国农史资料收集工作由于抗战爆发而中断。新中国成立后，1952年院系调整，金陵大学农学院和南京大学农学院合并成立南京农学院，相关农史资料全部移入南京农学院。中国农业遗产研究室（以下简称农遗室）成立于1955年7月。从学术史上看，抗战前万国鼎等前辈学者从中国历史文献中大规模收集农业史资料，这一学术活动及其成果，是农遗室成立的学术逻辑。从宏观政治社会进程看，新中国成立初期，百废待举，百业待兴，党和政府需要以优秀的民族文化成就激励大众，振奋民族精神，从而推进社会主义建设快速发展。在农遗室从无到有的进程中，南京农学院金善宝院长、原金陵大学负责收集农业史资料的万国鼎先生分别从行政与学术两方面积极推进与规划，共同促成了这一国家级农史研究机构的建立。

农遗室成立后，在万国鼎主任的领导下，开展了大规模的资料整理工作，即利用《先农集成》编辑《中国农学遗产选辑》，先后编成9种，出版8种。同时雇用临时工作人员，在全国开展方志、农史资料查抄工作，在收集资料的过程中开展专题研究，开辟中兽医学术方向。1957年年底，陈恒力先生任副主任，在他的带领下，开展一系列重要的农史研究工作，如编撰《中国农学史》、开展地区农业史、近百年农业技术史研究等。万、陈两位主任还先后组织编刊《中国农业遗产集刊》《农史研究集刊》，专门发表研究人员的研究成果。在古农书整理方面，农遗室先后完成8种重要古农书的整理校释，其中《齐民要术校释》《补农书研究》在方法上的各有千秋，开辟了古农书整理的新面貌。在推进研究工作的同时，农遗室在人才培养与学术交流合作方面，也颇有成就和特色。以下将对农遗室成立以后推进的各项学术工作分别展开叙述。

第一节　中国农业遗产研究室的成立

新中国成立之初，党和政府高度重视弘扬优秀民族文化，热切期望能从中国传统农业的经验中获取古代智慧，以振奋民族精神，服务农业生产。20世纪50年代，南京农学院、西北农学院、北京农业大学、华南农学院、浙江农学院等院校，都积极开展整理祖国农业遗产的工作。中国农业遗产研究室最终设立于南京农学院，由中国农业科学院和南京农学院双重领导，这是万国鼎等先生解放前长期的学术积累与金善宝院长积极推进部署的结果。

一、农遗室成立的历史契机：新中国成立初期党和政府号召整理祖国农业遗产

如上所说，农遗室的成立有坚实的学术基础，[①] 但更是时代召唤的结果。早在 1939 年，日本军国主义正凶恶地涂炭中华大地，毛泽东于救亡图存的危难之秋回望中华民族的历史："中华民族的发展（这里说的主要是汉族的发展）……已有了大约五千年之久。在中华民族主要是汉族的开化史上，有素称发达的农业和手工业，有许多伟大的思想家、科学家、发明家、政治家与军事家，有丰富的文化典籍……中国是世界文明发达最早的国家之一，中国已有了五千年的文明史。"[②] 言语之间，充满了对民族历史文化的眷恋与自信。新中国成立后，在和平年代，这种对中国历史文化的积极态度迅速转化为整理祖国文化遗产的实际行动。

整理祖国农业遗产首先由政府发起宣传和动员，农遗室 1955 年撰写的机构概况说："高教部杨部长早就指示要正确对待祖国农业遗产，第二次全国高等农业林教育会议也做出了决定。"[③] 这里所说的第二次全国高等农业林教育会议于 1954 年 10—11 月召开，高教部杨秀峰部长总结发言，其中特别用了相当大的篇幅阐述对整理祖国农业遗产的态度和工作思路，以下录其要点。

> 中国农业生产有几千年的历史，经验是丰富的，系统地加以整理，把它提高到科学理论水平，这正是我们高等农业教育工作者的责任。……但在对待祖国农业遗产的态度上……必须采取像毛主席所教导我们的"吸其精华，抛其

---

① 这段历史另有学者专门研究，兹不展开叙述。

② 毛泽东：《中国革命和中国共产党》第 1 章第 1 节，见欧阳军喜编著《中国革命和中国共产党导读》附录，中国民主法制出版社，2017 年，第 130 页。

③ 《中国农业遗产研究室概况》，农遗室复校前档案第二盒《整理祖国农业遗产工作计划、座谈会记录摘要等》，1955 年，长，案卷号 55-1，文书处理号 2，南京农业大学档案馆保存。再次引用本文件，只注文件名称和收藏地点。引用其他档案亦循此例处理。

糟粕”的实事求是的科学态度……

关于进行整理中国农业遗产的办法，有的同志认为首先要从总结今天的农民群众，特别是农业劳动模范的丰富经验着手，把它提高到理论水平上，并及时加以推广，这种做法是对的。……同时也要有计划有步骤地着手以先进的科学方法整理中国农业生产的历史资料，以发扬几千年来我国农民与自然作斗争的经验。

关于总结中国农业遗产的工作，高教部和各校都要即行着手，希望大家回去后不但要大力宣传，而且要结合着科学研究工作，实事求是地做出切实可行的计划。

希望我们能够在今后数年内，结合着学习苏联经验，在这方面获得成就，从而丰富我国高等农林教育的教学内容和有实际贡献于提高我国农业生产与科学技术水平。①

杨部长的讲话是目前所见对整理祖国农业遗产工作最为权威系统的表述，并且是对高教系统所做的正式动员。1959 年西北农学院辛树帜院长在政协发言说：“自 1954 年党号召我们农学界整理祖国农业遗产，各农业院校以及农业科学研究机关，才开始重视这一问题。”② 所以，正是 1954 年第二次全国高等农林教育会议后，新中国整理祖国农业遗产工作正式启动，并很快进入动员实施阶段。

1955 年 4 月 25—27 日，农业部宣传总局出面召集“整理祖国农业遗产座谈会”（以下简称“座谈会”）。中国科学院的参加者为竺可桢、顾颉刚、夏纬瑛，北京农业大学参加者为施平、薛培元、王毓瑚、韩德章；西北农学院参加者为辛树帜、石声汉；南京农学院参加者为万国鼎、金善宝、朱培仁；华北农业科学研究所：陈善铭、罗维勤、叶笃庄；财经出版社：吕平、于浚涛；中

① 《高等教育部杨秀峰部长在第二次全国高等农林教育会议上的总结报告》（1954 年 11 月 12 日），档案：院长办公室《全国高等农林教育会议专卷》，文书处理号（54）-4，暂，南京农业大学档案馆保存。

② 《辛树帜在政协上的发言》，农遗室复校前档案第 4 盒《本室 1959 年科研计划、远景规划、工作总结》，长，案卷号：59-2，南京农业大学档案馆保存。

央宣传部：黄钱根；中共中央农村工作部：刘瑞光；高教部：林礼铨；农业部：杨显东、朱则民、邢毅、杨均、陈恒力、齐念衡。

座谈会上，农业部宣传总局副局长朱则民简单介绍这次会议的筹备经过。农业部副部长杨显东[①]在座谈会上率先发言，阐述了重视中国传统农业的历史渊源与现实考量，其内容不出上引高教部杨秀峰部长所阐发，兹不赘引。杨显东副部长的发言，代表了农业部领导层对开展整理祖国农业遗产的积极态度和殷切期待，获得参会专家的一致赞同。中国科学院副院长竺可桢先生说："解放后，我们国家的国际地位显著提高了。但我们在科学研究上还拿不出什么东西来，在农业科学方面也是如此……人们要在农业方面多做些研究工作，总结我们祖国的农业遗产。"北京农业大学施平副校长在发言中表示，要防止对传统农业的消极态度："今天我们对古农书还没有进行正确的评价工作，但应肯定我国古代农业有丰富而宝贵的经验。如我们国家的土地生产能力直到今天还不减退……除总结劳动农民的经验外，也要总结古代知识分子脑力劳动的成果。苏联科学家的工作态度首先要总结过去，而我国科学家多搬运外国的东西，忽略了祖国的遗产。"[②]这次座谈会不仅统一了认识，并且各方领导和专家就学术方向和机构设置交换了意见。农业部随后发动系统内各高校和科研院所迅速开展整理祖国农业遗产工作。如农业部 1955 年 6 月向各省农业（林）厅、各大区农业科学研究所、各高等农业院校、中等农业技术学校发文：

为整理祖国农业遗产，总结劳动人民长期创造和累积起来的农业生产经验，以加强当前农业生产实践的指导，除已注意搜集古农书及相关地方碑志等文字记载外，对于流传在各地农民群众中的农谚，亦是体现祖国极为丰富的农业生产经验的重要资料，亟应有组织有系统地进行搜集整理。[③]

---

① 杨显东（1902—1998），金陵大学农科毕业，是新中国第一任农业部副部长，任职 40 余年。

② 《整理祖国农业遗产座谈会记录摘要（草稿）》，中国科学院竺可桢副院长、北京农业大学施平副校长发言，《中国农业科学院技术组、农业部宣传总局关于整理祖国农业遗产通知会议》，文书处理号 25，1955，长期，中国农业科学院档案室保存。

③ 农业部 1955 年农宣字第 226 号《为通知注意搜集各地农谚汇编报部由》（1955 年 6 月），《中国农业科学院技术组、农业部宣传总局关于整理祖国农业遗产通知会议》，文书处理号 25，1955，长期，中国农业科学院档案室保存。

可见农业部当年在整个系统内做了广泛动员。

20世纪50年代整个社会都感受到这种对民族文化的热烈情感。万国鼎先生1954年在工作计划中说："农林各方面需要认识祖国方面的有关历史。北京米邱林讲习班苏联专家在介绍苏联育种史后，要求听讲的中国同志们介绍中国的选种育种史。……在一般爱国主义教育上，也需要介绍祖国古代的辉煌成就。总之，随着全国解放，已产生并日益发展着对于整理祖国农业史料的客观要求，督促我们进行这一工作。"① 又如，1956年南京农学院谢成侠先生为重印《元亨疗马集（附牛驼经）》作序（1956年8月），也说："解放以来，中国共产党对祖国文化遗产颇为珍视。" 可见了解宣扬本民族优秀文化遗产，20世纪50年代在社会上颇成风气。正是党和政府对民族文化优秀遗产的热烈拥抱，给了众多专业人士以极大的鼓舞，他们看清自己获得了难得的事业发展机遇，他们的学术责任感和使命感油然而生。

如上所述，全国农业院校机构都积极响应党和政府的号召。在这次座谈会之前，中国科学院于1954年成立中国自然科学史研究委员会，希望南京农学院承担祖国农学史的研究。② 由此看来，万国鼎先生作为农史研究先行者及其所取得的成就有目共睹，中国科学院的"希望"当然不会凭空生长。同样，对于整理祖国农业遗产事业的承担者，农业部领导的看法与中国科学院是一致的。"农业部中国农业科学院筹备小组于1955年4月召开整理祖国农业遗产座谈会；指示我们进行步骤。叫我们编造计划和预算；并于1955年7月由中国农业科学院筹备小组和我院联合设立研究室。"③ 可见座谈会有力地推动了中国农业遗产研究室的成立。以下将具体叙述农遗室成立的历史过程。

---

① 南京农学院经济学系拟：《中国农业史料整理研究计划草案》（1954年7月19日），农遗室复校前档案第2盒，1954，长，案卷号54-1，这份文件为油印稿，是在万国鼎先生1954年6月22日手拟的同名文件基础上形成的。

② 《中国农业遗产研究室概况》，农遗室复校前档案第2盒《整理祖国农业遗产工作计划、座谈会记录摘要等》，1955，长，案卷号55-1。

③ 《中国农业遗产研究室概况》，农遗室复校前档案第2盒《整理祖国农业遗产工作计划、座谈会记录摘要等》，1955，长，案卷号55-1。

二、南京农学院金善宝院长的行政部署与万国鼎先生的学术规划

20 世纪 50 年代初，党和政府自上而下地推动整理祖国农业遗产工作，南京农学院此项工作是在金善宝院长的亲自运作下启动的，这个时间要明显早于 1954 年 11 月第二次全国高等农林教育会议。

1955 年，在一次专业会议上，万国鼎先生介绍南京农学院开展整理祖国农业遗产的几个步骤。

解放后在党政的指示与鼓励下，1953 年开始筹备研究室，1954 年 4 月着手整理（抗战前收集的资料），1955 年 4 月中国农业科学院筹备组召开整理祖国农业遗产座谈会，指出了方向和任务。合并南京农学院原有机构，成立农业遗产研究室①。

可见南京农学院整理祖国农业遗产工作于 1953 年开始筹备。农遗室的老先生们都知道 1953 年一次偶然的火情，令尘封多年的万国鼎等先生抗战前收集的农史资料重见天日。2010 年笔者采访李成斌先生时，问起这批农史资料，李先生回忆道：

抗战前资料在“大屋顶”，解放后院系调整前还在“大屋顶”那里保管，院系调整后，中大（即原中央大学）农学院跟金大（即原金陵大学）农学院合并，成立南京农学院，一起搬到丁家桥，这样农经系“大屋顶”资料也就搬到丁家桥去了，到那儿又没人管，就在木板房仓库里堆着，结果失火了，发现没烧掉。金善宝就说赶紧赶紧，打听万国鼎在哪里。因为金善宝知道，解放前万国鼎在“大屋顶”金大农经系农史资料室负责整理收集这批资料。金善宝知道万国鼎的情况，所以这样就通过农业部打听到万国鼎革大毕业后被分配到河南农学院。这样通过农业部下令把他调回来②。

---

① 万国鼎：《农业遗产研究室》，农遗室复校前档案第 2 盒《整理祖国农业遗产工作计划、座谈会记录摘要等》，1955，长，案卷号 55-1，文书处理号 2，南京农业大学档案馆保存。

② 《李成斌先生访谈录》2010 年 1 月 8 日，曾京京主访并整理，整理稿经李先生过目。“大屋顶”是对今南京大学鼓楼校区内两幢中式建筑的通俗叫法，该楼位于南京大学校园南园西南角，与小粉桥仅一墙之隔。

这次偶然的火情，使南京农学院整理祖国农业遗产工作驶上快车道。这个过程中南京农学院院长金善宝起了关键的作用。成文于1955年6月的校史说："本院自五四年四月，开始整理以前积存的中国农业史料，现已初步整理出三千余万字。"① 所以，1954年春南京农学院在原金陵大学搜集整理农业史资料的工作成绩上，展开新中国整理祖国农业遗产事业。

2009年11月，叶静渊先生接受采访时也谈到这件事：

中大丁家桥校园曾被日本人占用，全是平房，基建很差。日本人搞了一些木结构建筑，作为仓库。1953年失火，木房被毁。清理火场时，发现旧金大农经系整理的《先农集成》，毛边纸，一页页抄的。引起农学院院长金善宝重视，因此向农科院提出成立农遗室。②

金院长对中国历史文化有很深的觉解，在20世纪末，农遗室的会议室里长期挂着金老的题字："要重视历史的启示"；在党和政府高度重视和积极动员的火热时代氛围中，这次火情，使金院长下决心开启整理祖国农业遗产的事业。

金院长立即从人员配备、机构设置、工作内容方面做出一系列行政部署。1954年4月将在河南工作的万国鼎先生调回南京农学院，③ 随后又将陈祖槼先生调回南京农学院，陈先生说："党和政府重视农业遗产工作，1955年2月把我从奉化中学调回到南农重新搞这项工作。"④ 1955年3月将农经系毕业生李成斌先生留校，从事此工作。

此外，在农遗室正式成立前，金院长还陆续向农业部请求调动有学术积累的专业人员。1955年4月27日，在"整理祖国农业遗产座谈会"上，万国鼎先生提出关于南京农学院整理祖国农业遗产的扩展工作计划，增加配备研究人员：唐启宇、李长年（二人均在上海粮食干部学校），胡锡文（南京华东农业

---

① 院办《南京农学院校史》（1955年6月），文书处理号 院（55）-6，永久，南京农业大学档案馆保存。

② 叶静渊先生访谈记录，2009年11月20日，人文学院学生常会阔、谈弘等在场。

③ 万国鼎先生人事档案，南京农业大学档案馆保存。

④ 《业务考核调查登记表 陈祖槼》（1963）。农遗室复校前档案第16盒，1963，南京农业大学档案馆保存。

科学研究所），刘毓瑔（南京市立中等师范学校）5人，除刘先生可由南京农学院向高教局要求调动外，其他几位在调干上均有困难，希望农业部帮助解决。① 上述人员除唐启宇未来，其他3人都是农遗室早期重要的专业人员。在计划经济年代，人事调动审批严格、手续复杂，金院长往往亲自运作。如1955年5月10日他致信农业部朱局长。

朱局长：

……又胡锡文同志前在旧金大做过中国农业史资料的选辑工作五年，今在华东农业科学研究所工作，现既决定把此项资料加工整理出版，他是很适合于这一工作的熟手。如果你局同意，希望即日调胡锡文同志来我院工作。②

在农遗室成立前除万国鼎、陈祖椝、李成斌三位，1955年春，精通古典学问的吴君琇先生也加入这一团队。农遗室成立后，1955年到职的有：胡锡文（8月就职，1932年金陵大学农学院毕业）、刘毓瑔（9月就职，1941年中央大学农学院农艺系农业经济组毕业）、潘鸿声（9月就职，1930年金陵大学农经系毕业）、叶静渊（11月就职，1949年南京大学农学院园艺系毕业）。1955年5月南京农学院向农业部上报的人员配备是8人，③ 大概说的就是已到和未到的上述人员。除了胡锡文先生，叶静渊先生也是通过金院长调来农遗室工作。④

最初，沿袭原金陵大学的传统，整理农史资料工作是在农经系框架下开展的，万国鼎调回南京农学院任农业经济教授，"担任中国农业史资料的整理工作"⑤，并成立历代农业资料室。据李成斌先生回忆：

万国鼎从河南调回来的时候，遗产室还没成立，就在丁家桥南京农学院行

① 《中国农业科学院技术组、农业部宣传总局关于整理祖国农业遗产通知会议》，文书处理号25，1955年，长期，中国农业科学院档案室保存。

② 《中国农业科学院技术组、农业部宣传总局关于整理祖国农业遗产通知会议》，文书处理号25，1955年，长期，中国农业科学院档案室保存。

③ 《中国农业科学院技术组、农业部宣传总局关于整理祖国农业遗产通知会议》，文书处理号25，1955年，长期，中国农业科学院档案室保存。

④ 《干部鉴定表 叶静渊》1965年12月，叶静渊人事档案，南京农业大学档案馆保存。

⑤ 《南京农学院教职员履历书 万国鼎》，1955年9月4日，万国鼎人事档案，南京农业大学档案馆保存。

政楼，分给我们一大两小三间办公室，就在办公室贴个条子，叫农史资料室。当时就万国鼎和陈祖椝两个人在办公，然后我毕业就留在遗产室，这样一开始一共三个人。①

第二次全国高等农林教育会议后，也就是1954年11月以后，南京农学院成立研究部，由院长直接领导，整理历代农业资料就是研究部的重要项目之一：

由于历代农业资料集中于我院较多，应积极进行这一工作，工作方向似应以整理技术资料为主，结合生产关系的研究。当前工作则是将现有资料装订好，把历代农业文献编好目录，在目录的基础上再进行专题研究。为了进行这一工作，除历代农业资料室增设专职人员外，并组织各有关教研组教师成立一工作组进行工作，归科学研究部领导。②

总之，从1954年春到1955年春，在金善宝院长的亲自调度安排下，南京农学院初步汇集了可立即开展整理祖国农业遗产工作的专业人员，并搭建了工作班子。

万国鼎先生到职后，立即开始整理原金陵大学那批农业史资料。1955年3月农遗室的工作计划草案提到："我院自1954年4月起，开始整理以前积存的中国农业史料，并作进一步研究农业史的准备。……准备尽1955年4月装订成册，以便参考。"③ 1957年的机构简介更详细地介绍了这一工作：

在研究室成立之前，我院积存有抗日战争前从860多种古书上辑的三千万字以上的有关农业资料。这一辑集祖国农业遗产资料的工作，1924年开始于旧金大，至1937年抗战发生而停止，一直没有恢复进行，解放后调整院系，我院成立，1953年准备进行整理，1954年4月开始着手整理。至1955年夏，

① 《李成斌先生访谈录》，此处综合2010年1月8日、2019年11月26日两次访谈内容，曾京京主访并整理。

② 南京农学院组织学习第二次全国高等农林教育会议传达报告总结，档案：院长办公室《全国高等农林教育会议专卷》，文书处理号（54）-4，暂，南京农业大学档案馆保存。

③ 《南京农学院整理祖国农业遗产工作计划草案（1955年3月25日）》，《中国农业科学院技术组、农业部宣传总局关于整理祖国农业遗产通知会议》，文书处理号25，1955年，长期，中国农业科学院档案室保存。

已把原存资料整理装订成布面精装420册。①

当时仅有的四人都参加了这项工作，万先生说："（19）54年来南农，归队到整理祖国农业遗产的岗位。金院长指示即速把战前所搜集的资料整理装订，以便院内各系教师的应用。"陈祖椝先生说："从一到南农领导就叫我整理过去旧金大收录的三千万字的资料，万主任也一同参加，后来李成斌、吴君琇两位同志也加入了。我们大约花了四个月的时间把它整理分订为420册，这项工作可说是如期完成任务的。"②（图3-1，图3-2）

图3-1　装订成册的农史资料，又称"红本子"

① 南京农业大学档案《中国农业遗产研究室概况》。

② 南京农业大学档案《业务考核调查登记表 陈祖椝》，1963年填写。

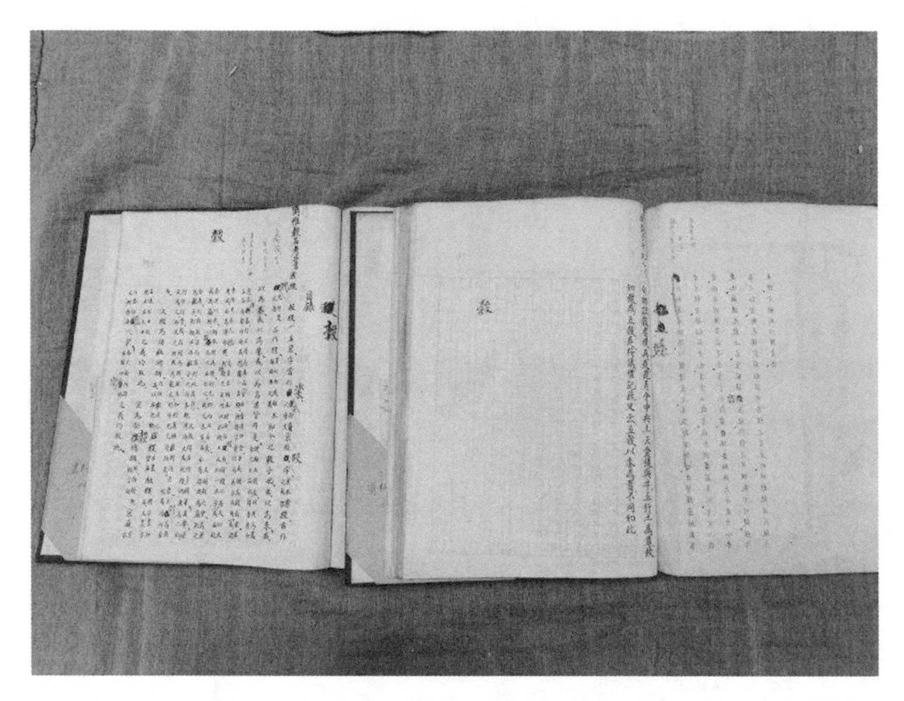

图 3-2　原金陵大学时期到各地抄录的农史资料

整理农史资料的同时，万国鼎先生抱着终老于祖国农业遗产事业的志愿，重拾十七年前在金陵大学开创的农史研究事业。到任不久，于 1954 年 6 月手拟《中国农业史料整理研究工作计划草案》，全方位地阐述整理祖国农业遗产的学术架构与具体内容。1954 年 7 月 19 日农经系将此草案上报南京农学院领导。

草案列出七项主要工作内容：

1. 加工整理战前已集录的农业资料，装订成册，以便查阅。希望能在一年内完成。

2. 为便于使用和丰富上述资料起见，编刊一部工具书性质的《中国农业科学史料便检》，希望能在一年内完成。

3. 为帮助了解并正确使用古代重要农业史料起见，编刊《齐民要术》校释与研究，希望能在一年半届满时完成。

4. 酌量配备有关的图书资料……

5. 重点编译苏联农业高等学校农业史参考资料。

6. 利用并发挥我院及有关单位教学与科学研究上的潜力建立联系制度，组织各专业方面有关人员，进行有关专题的历史研究……

7. 编刊《中国农业技术史》。

上述第五项是新中国与苏联特殊关系的时代烙印，与中国农业遗产的研究关系有限；第六项是从全局考虑协同推进农业遗产研究工作，强调横向联系。其他各项均涉及农史研究的核心内容，此后重要的成果也由此构想所引导而产生。

此草案还附有三份附录，对上述工作的重要内容做进一步的阐述。以下分别摘录其要点，即：

附件一　编刊《中国农业科学史料便检》说明

附件二　编刊《齐民要术校释与研究》说明

附件三　编刊《中国农业技术史》说明

这三个附件分别代表了农史研究的三个层次，由此建构起一个系统且稳固的农史研究方案（详细内容见下文）。许多内容并非凭空而降，而是长期学术探索和积累的自然表露。

除了工作内容和步骤方法，万先生还特别提出了组织领导问题。

1.（南京农学）院成立“中国农业史料整理研究委员会”（或小组），由教学行政领导及各系组室有关人员组织之，定期举行会议，研究并决议政策方针任务，动员力量，审核成绩，做好领导工作。

2. 农经系（或与其他重点有关系室），根据院委会（或小组）政策、方针、任务和力量，协助组织联系和整理加工、研究等具体工作，做好定期计划，总结并汇报工作，提出整理研究文件。

草案还提出专门的经费预算，包括工资、图书费、差旅费。同时提出调陈祖椝来院，配备一两位助教以及行政杂务和抄写员。①

① 南京农学院经济学系拟：《中国农业史料整理研究计划草案》（1954 年 7 月 19 日），这份文件已收录在王思明、陈少华所编《万国鼎文集》（中国农业科学技术出版社，2005 年）中。

有计划草案及三个附件，可见1954年六七月间，以万先生为首席学者，南京农学院对于整理与研究祖国农业遗产从资料收集与整理、编写检索工具书，到整理重要古农书，到提出技术史编写规划，再到机构组建都有了成体系的设想与安排，就全国来说是走在前列的。为后来成立国家级的研究机构打下了坚实的基础。

三、1955年春夏，金善宝院长与农业部之间的沟通与磋商

上述《中国农业史料整理研究计划草案》，以农经系名义上报南京农学院，不仅全面介绍了整理祖国农业遗产工作的推进过程，同时也奠定了南京农学院在新时期开展此项工作的基础架构。这份草案以及万国鼎先生到职后推进的整理原金陵大学农史资料工作，为南京农学院领导向农业部汇报工作增添了底气。

1955年4月18日，金善宝院长致信农业部刘瑞龙副部长。

刘副部长：

关于我院整理中国农业资料工作问题，今年春曾由我院冯泽芳教授前来报告工作进行情况及应解决的问题，承面予指示工作方向，无任感荷。现遵指示拟订了“整理祖国农业遗产工作计划”草案，除正式备文报请钧部核准指示外，谨检同该草案一份，送请核准并请大力支持以便工作顺利开展。①

从此信看，南京农学院开展整理祖国农业遗产工作不仅直接向农业部汇报进展情况，而且农业部还要求南京农学院拿出具体的工作计划。信中提到的“计划草案”标记时间为1955年3月25日，其内容比万先生1954年7月所拟的《中国农业史料整理研究工作计划草案》要简明扼要，核心内容即关于农史研究的具体内容和步骤是一致的。

紧接着，1955年4月25—27日农业部宣传总局出面召集“整理祖国农业遗产座谈会”。座谈题目为“关于整理祖国农业遗产的认识问题”。参会者前文已

① 《金善宝关于整理中国农业资料工作问题给部长的信》，《中国农业科学院技术组、农业部宣传总局关于整理祖国农业遗产通知会议》，文书处理号25，1955年，长期，中国农业科学院档案室保存。

述，兹从略。中国农业科学院收藏了这次会议的全部谈话记录，并编印了目录，其中第一项为《整理中国农业史工作纲要（初稿）》（以下简称《纲要》）。这份未注姓名与时间的文件，正是以南京农学院的两份“计划草案”[①] 为蓝本编写的。

《纲要》在目的与要求部分要求各地：

1. 在一定期间内编刊《中国农业史资料便检》，以便各方面的查考并利用。

2. 组织各地从事农业史研究的人员着手进行有关专题的研究工作。

3. 提供目前农业生产、科学研究、教学中所需要的有关资料。

在整理研究的项目与程序部分，提出：

要研究农业技术史，完成的期限也要短，技术包括：农具、耕作法、栽培制度、气候与农时、土壤与肥料、开垦、梯田、圩田、农田水利、作物源流、选种育种、蕃（繁）植方法、作物保护、园艺、森林、畜牧、蚕桑、水产、农产加工、救灾及其他（根据南京农学院计划草案）。

还提出要研究作物史、各种粮食作物史、工业原料作物史、油料作物史等。

提出整理重要的古农书，例如《齐民要术》《农政全书》之类，会议规定进行程序及分担人员。其他还包括收集资料的设想。

这份《纲要》放在案卷的首位，可见是为这次座谈会定基调，或者说有了这个《纲要》才有可能召集这样高层次的座谈会。在研究农业技术史部分，撰写者特别注明参考了南京农学院的计划草案。其他如编写便检、整理古农书、编写作物史也不无吸收南京农学院之前向农业部提出的计划草案的意见。

座谈会上各路专家畅谈对整理祖国农业遗产的想法，介绍各自的家底和已做的工作，农业部领导对这一事业在当时的整体状态和布局获得了清晰的印象。会上很多专家都提议设立专门组织，如西北农学院的辛树帜院长、南京农

① 指《中国农业史料整理研究计划草案》（1954 年 7 月 19 日，南京农学院档案）和《南京农学院整理祖国农业遗产工作计划草案（1955 年 3 月 25 日）》（中国农业科学院档案）。

学院的万国鼎先生、中国科学院的顾颉刚先生。1955 年 4 月 27 日专门讨论了关于南京农学院设立农史研究机构的问题。

万国鼎先生提出：

关于古农史研究工作组织机构，建议采用下列三个方式。

1. 学校内成立农业遗产研究室。

2. 华东农业科学研究所建立农业遗产研究室，机构放在南京农学院。

3. 农业部（中国）农业科学院筹备小组成立农业遗产研究室。①

会后南京农学院根据专家们的意见，进一步充实了会前上报农业部的计划草案，写了一份《对于原送〈整理祖国农业遗产工作计划草案（1955 年 3 月 25 日）〉的修正》。金院长 1955 年 5 月 10 日致信农业部宣传总局朱局长。

朱局长：

我们回院后详细讨论了整理祖国农业遗产计划及机构问题，现在把我们的意见随函另纸送上，希望早日批示，以便遵行。

信函所附的修正案提议：

由中国农业科学院筹备小组与南京农学院合设研究室，定名为中国农业科学院筹备小组南京农学院中国农业遗产研究室。研究室设在南京农学院内，利用农学院的房屋设备、图书资料及各系专业教师的研究潜力；人员编制，除万国鼎仍列入学校教师编制，其余专职人员列入将来（中国）农业科学院编制内，其工资归中国农业科学院筹备小组负担，公务费及图书购置费亦归中国农业科学院筹备小组负担。详细办法由双方商定之。②

1955 年 7 月 1 日农业部宣传总局收到南京农学院报告，事由为“拟即成立中国农业遗产研究室，请农经系教授万国鼎先生兼任室主任报请核示”，该文同时抄送高等教育部和上海高等教育管理局，成文时间是当年 6 月 28 日。

---

① 《整理祖国农业遗产座谈会记录摘要（草稿）万国鼎发言》，《中国农业科学院技术组、农业部宣传总局关于整理祖国农业遗产通知会议》文书处理号 25，1955，长期，中国农业科学院档案室保存。

② 《金善宝关于整理中国农业遗产计划及机构问题给局长的信及修正案》，《中国农业科学院技术组、农业部宣传总局关于整理祖国农业遗产通知会议》，文书处理号 25，1955 年，长期，中国农业科学院档案室保存。

1955 年 7 月 15 日，农业部批复如下（图 3-3，图 3-4）。

你院农教研（55）字第 932 号报告敬悉。我部同意由万国鼎先生兼任中国农业科学院筹备组·南京农学院 中国农业遗产研究室主任。特覆。

签发　副部长刘瑞龙　　　　撰稿　陈恒力

主送机关　南京农学院　　　　抄送机关　高等教育部

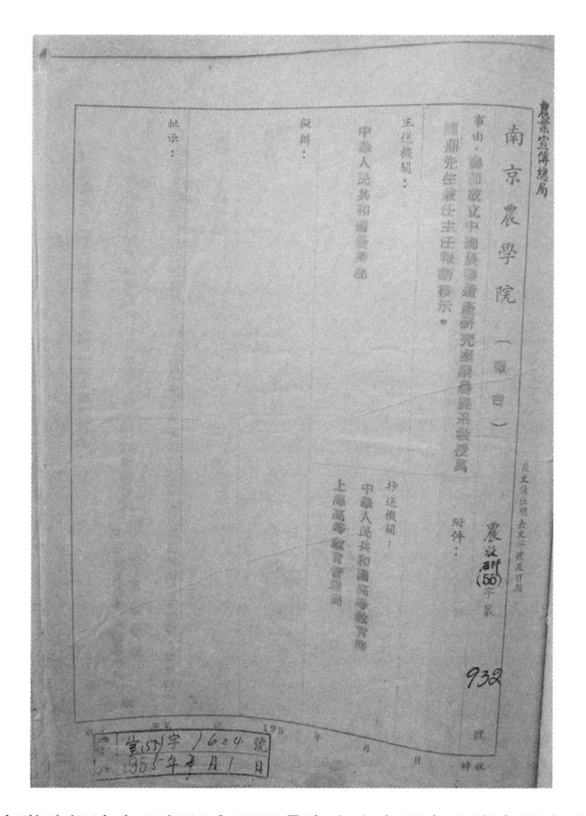
農業宣傳總局

南京農學院（報告）

農教研（55）字第932號

事由：爲本部成立中國農業遺產研究室請農業系教授萬國鼎先生兼任主任報請核示。

附件：

主送機關：中華人民共和國農業部

抄送機關：中華人民共和國高等教育部　上海高等教育管理局

擬辦：

批示：

宣（55）字1624號　1955年7月1日

图 3-3　南京农学院报请农业部任命万国鼎先生为中国农业遗产研究室主任的公函①

① 本节所附三张公函均出自：《中国农业科学院技术组、农业部宣传总局关于整理祖国农业遗产通知会议》，文书处理号 25，1955，长期，中国农业科学院档案室保存。

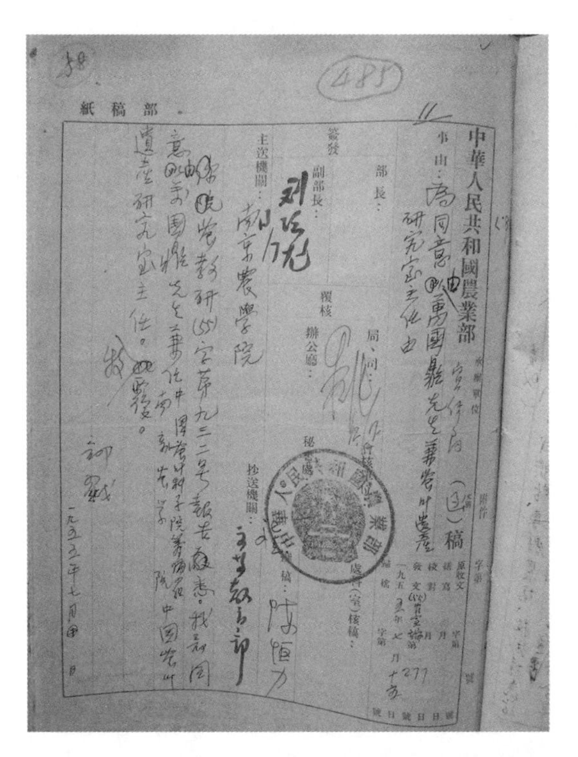
中華人民共和國農業部 （ ）稿

事由：

部長：

簽發 副部長：

主送機關：南京農學院

覆核 辦公廳：

局、司：

抄送機關：

部稿紙

图 3-4　1955 年 7 月农业部同意万国鼎出任中国农业遗产研究室主任的公函

农业部的回复标志着经过一年多的酝酿磋商，中国农业遗产研究室即将剪彩挂牌，农遗室的主管机关是中国农业科学院筹备组、南京农学院，单位负责人万国鼎。主要任务和发展方向：搜集整理和编印中国农学遗产资料及图书，并进行有关中国农学遗产的专题研究。[①] 农遗室的设立，为整理祖国农业遗产这一光荣的文化建设事业，提供了可靠的制度保障与组织领导（图 3-5）。

① 院办《农业遗产室总结报告与统计报表 科学研究机构调查表》（1956 年 11 月 30 日），文书处理号：院（56）-20，南京农业大学档案馆保存。

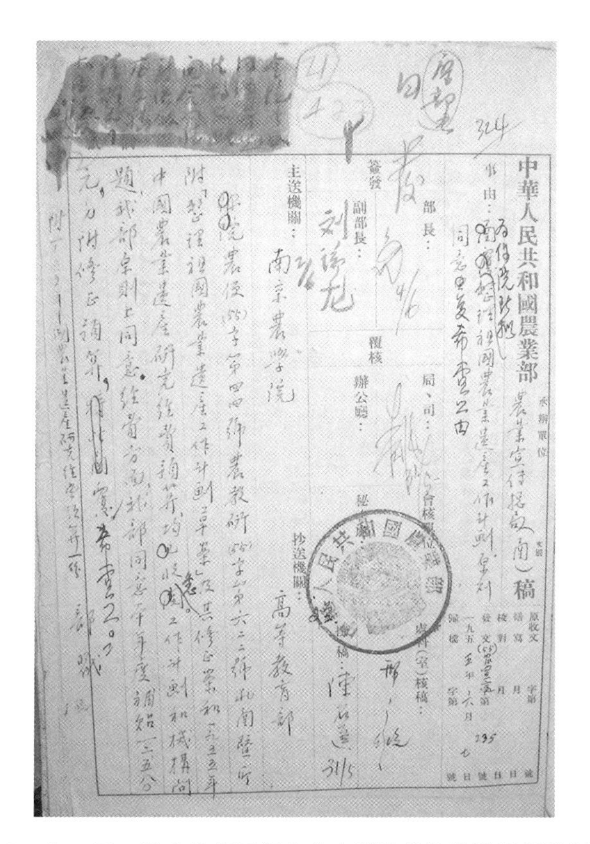

中華人民共和國農業部　稿

事由：

部長：

副部長：

簽發

局、司：

覆核

辦公廳：

秘

主送機關：南京農學院

抄送機關：高等教育部

图 3–5　1955 年 6 月 7 日农业部回复南京农学院机构设置及经费划拨的公函

关于农遗室的成立经过，李成斌先生回忆：

会后（1955 年 4 月那次座谈会）中国农业科学院筹备小组将座谈会的会议纪要附同中国农业科学院成立后各科研系科室机构设置方案一并上报给了农业部，农业部签署同意后即转报国务院审批。农遗室双重领导的体制随后也就这样定下来了。农遗室的“三权”即人事权、财权、科研业务领导权为中国农业科学院领导，研究室即设在南京农学院，日常党政行政领导委托南农代管。[①]

小　结

20世纪50年代中期，以发掘弘扬优秀民族文化，服务新时代的生产实践，激扬国人爱国情感为宗旨，党和政府号召整理祖国文化遗产，这是一次自上而下的民族文化建构事业，体现了国家的意志和决心，其中洋溢着民族文化的饱满热情，是近代以来中国社会所少见的。这种积极立场，不仅开辟了一片探索与弘扬民族文化优秀成果的崭新学术原野，还极大地激发了专家学者的工作热情和现实的责任感。

当时国内能够担此重任的机构及学者，数量虽不很多，但也绝非凤毛麟角。而最终决定在南京农学院内设立农史研究专业机构，是学术自身发展逻辑以及南京农学院金善宝院长与农业部领导积极沟通磋商的结果。万国鼎、陈祖椝等先生在原金陵大学从860多种古籍中搜集的累计3 000多万字的农业史资料以及他们具有开创意义的成果，如万先生的《农书考》（手稿，未刊）、陈先生的《中国茶叶史略》（30 000字，金陵大学农经系编《经济周讯》，1933年）等一批论著，奠定了这个国家级农史研究机构事业发展的基石。特别是原金陵大学整理农史资料的成绩，在国内是首屈一指的。

南京农学院金善宝院长不遗余力地支持与部署运作，是这一事业起步不可或缺的必要支撑。保证了南京农学院整理祖国农业遗产工作始终处于可靠有序的领导之下。正如章楷先生生前所说："农遗室的成立主要归功于金善宝院长，中国农业科学院要把农遗室放在南京农学院，当时遗产室经费都是农科院出的，但需要管理，管理是由农学院管理的，经费编制由农科院管，所以是双重领导。"[②]

第二节　组织全国范围内查抄地方志农史资料

从事农业史或中国古代史研究的人士大多知道，今南京农业大学中国农业

① 《李成斌先生访谈录》，2010年1月8日，曾京京主访并整理。

② 《章楷先生访谈录》，曾京京主访并整理，2010年1月14日于章先生家中。

遗产研究室收藏有一套地方志农业史资料辑集，该资料有洋洋八百余本[①]，系从全国各地省市图书馆及高校、科研院所图书馆等单位所收藏的地方志中摘抄而来。这套资料为农业史专业研究人员提供了极大的资料便利。在很长一段时间农遗室是全国农史研究和农业史资料收藏中心，与该室庋藏有这套资料有直接关系。这套资料全靠人工看书、抄写、校对、核对，从 1955 年下半年开始查抄，最后经分类整理并装订成册，至 1964 年才告编竣。20 世纪五六十年代，信息和交通条件与今天相比，差距之巨大，不啻有尘泥青云之叹，却能够编辑这样一套搜求完备、分类允当、编排精细、卷帙浩繁的方志农史资料，在今天看来仍不能不感佩当时组织者参加者的勇气与智慧。这套资料至今在国内外仍为独一无二的存在，也不失现实的学术价值。

一、查抄方志的缘起——为《先农集成》补充地方志资料

查抄方志中农史资料的构想，在农遗室成立前，万国鼎先生就已经在心中酝酿多时。万国鼎先生精通目录文献之学，深知建筑华屋必先打牢地基，他说自己：

学农而好治史，治史需要掌握资料，加上职务上本在收集整理古农书及其他有关图书，工作地点又长期放在图书馆里，因此走上非常广泛地搜集资料的道路……因此编辑《先农集成》，并同时编写《农书考》《方志考》等。[②]

在史学研究中强调资料之丰沛完备应该是没有上限的。《先农集成》从经史子集中搜集一切与农业有关的资料，使农史研究的资料基础一开始就布局在一个开阔的场面上，“先农集成”这个名字给了这套资料辑集一份深厚的人文情怀。在农遗室正式成立之前，在金善宝院长的推动下，万先生带领陈祖椝、李成斌两位先生，将从 860 种古籍中搜集的 3 000万字农史资料用精装布面装

---

① 本文虽以地方志资料为标题之关键词，但这次查抄还包括从笔记杂考、类书丛书中收集农史资料，这部分资料后来辑集为《农史资料续编》140 余册。这部分工作，本文将在第三部分予以介绍，不再专列标题。

② 万国鼎：《思想检查》（1958 年 8 月 20 日），南京农业大学档案馆存。

订成荦荦420册，因封面是暗红色的，大家称之为“红本子”。[①] 这套红本子正是《先农集成》的前半部。1955年4月底，农业部、中国农业科学院筹备组在北京召开整理祖国农业遗产座谈会，农业部有关领导如副部长杨显东，中国科学院竺可桢、顾颉刚，西北农学院辛树帜，南京农学院万国鼎、金善宝等出席会议，在座谈会上，各路专家和农业部方面都支持尽快出版这套资料，定名为《中国农业遗产资料选集》。[②]

但是，万国鼎先生并不满足于此，他想的是开创一项学术事业应该先奠基以及如何奠基。他要建立一个包罗所有四部图书中农史资料的文献库，并使《先农集成》不断完善。

我一向以为是有志气的，不愿“碌碌与草木同腐”。从小就想做一番大事业，不愿在乡间继承父亲的小商业。……而且不怕当前困难，不计较一时得失，常做五年十年的打算。常在学生手册上写“有为者高瞻远瞩，随时随地，择善坚持之，而不较一日之短长。”[③]

万先生很早就注意到方志对农史研究的重要性，解放前就写有《中国方志考》[④]。他以目录学家对中国历史文献的全面掌握，以对学术研究百年大计的执着追求，提出进一步搜集地方志中的农业史资料、各种笔记杂考以及类书、丛书中的农业史资料，以补充《先农集成》的不足。在座谈会后，万先生明确提出收集地方志中农史资料的设想：“为了使《中国农业遗产资料选集》更加完备合用起见，还需要加以补充，例如考古方面的资料中甲骨文上的记载等。而最重要的是各省府县志上所载有关资料，南京几个主要图书馆藏有三千部以上不同的方志，册数约近三万册，查阅抄录，相当费时，但是这是

① 《业务考核登记表 陈祖椝》（1963）。农遗室复校前档案第16盒，1963年，南京农业大学档案馆保存。

② 《对于原送〈整理祖国农业遗产工作计划草案〉的修正》，《中国农业科学院技术组、农业部宣传总局关于整理祖国农业遗产通知会议》，文书处理号25，1955，长期。中国农业科学院档案室保存。以下引用档案文献，第二次出现只列文件名及保管地，其他从略。

③ 河南省人民政府农林厅《干部鉴定书》（1952年7月），万国鼎人事档案，南京农业大学档案馆藏。

④ 《高等学校教师调查表摘要》（1954年5月4日），万国鼎人事档案，南京农业大学档案馆藏。

很值得做的。”[①] 除了万先生，北京农业大学王毓瑚教授也曾指出地方志对于农史研究的重要性：“地方志中包含有大量有关农业生产的重要资料。单就作物品种一项来说，各种志书里记载的一般极为详细。这种资料是别的书里面见不到的，因此也是珍贵的。”[②] 所以，收集方志资料是农史研究资料库建设重要的一维，万先生的想法一经提出，便得到南京农学院及农业部主管领导的积极支持。

农遗室成立后立即推动全国方志资料的查抄工作和农业遗产选集的辑集工作。“我室于1955年春成立后，开始第一步着手进行整理与农业遗产有关的历史资料。……第二个步骤是补充缺少的资料，计划在一二年内，将国内所有地方志上面的物产及全部有关农业方面的资料，全部摘录下来。”[③] 章楷先生（1956年3月来室，中央大学农学院毕业）说，那时他们只有两方面工作，“一方面是抄方志……另一方面是编八本书（笔者：即八个农学遗产专集）。”可见查抄方志，是当时非常重要的工作内容。以下试对这次查抄工作的总体进程、组织管理、学术思路等展开叙述。

二、查抄工作的总体框架和推进过程

在全国范围大规模地查抄方志中的农业史资料是一项前无古人的事业，没有旧章可循，需要事先有完备的学术预案，需要调动多重政府及社会组织关系，需要执行者始终保持一丝不苟的敬业态度。那是个“大跃进”的年代，万先生的学术设想迅即获得批准实施。早在1955年春，万先生已经考虑到了工作的具体步骤，在只有3名研究人员的情况下（还有陈祖椝先生和李成斌先生），他提出：“在《中国农业遗产资料选集》的工作中，三个研究人员的

① 《对于原送〈整理祖国农业遗产工作计划草案〉的修正》，中国农业科学院档案室保存。

② 王毓瑚：《关于整理祖国农业学术遗产问题的意见》，载《王毓瑚先生纪念文集》上编，农业出版社，2005年，第14页。

③ 《中国农业遗产研究室历年整理有关农业资料简述》（1964年8月），农遗室复校前档案《农业遗产研究工作会议专卷》第23盒，1964年4月25日至8月8日，保管期限长乙，案卷号64-3。南京农业大学档案馆保存。

分工办法如下，一人负责已有资料的加工编辑，配备两位抄写员……（作者：指编辑农学遗产选集）。其余二人负责查抄方志当中的有关资料，各带领二小组，每一小组五人，四人按照研究人员指定的资料抄写，一人协助研究人员管理并负责校对。”① 后来的查抄工作大体按这一设计推进，各种措施不断具体完善。

大规模方志查抄始于1955年秋冬，为此成立了“查抄方志统筹小组”。万国鼎先生是这一工作的总负责人。“查抄方志统筹小组定期交换意见和轮流互相抽阅，以求取舍和质量的统一。”② 整个查抄工作以朱士嘉先生的《中国地方志综录》（以下简称《综录》）为总指南。李成斌先生以《综录》为依据，专门负责全国方志目录的汇总、核对与协调。在确定书目之后，查抄的具体过程由农遗室研究人员与临时工共同完成。先看书，确定抄录内容，再将指定的内容抄录下来，经三次校对，其中看书确定查抄内容，在南京主要由农遗室研究人员和从民革招聘的先生来做，在外埠，由于专业人员不够，看书一项会从聘用的临时工中遴选文化水平较高者承担，校对也是如此，抄写则主要由临时工来完成。如陈祖槼先生说他于“1955年7—8月，收录地方志资料。先在南京图书馆，后在南京大学，我一个人看资料，大约有五六个人帮助我抄写，工作进行可说顺利，相互之间能够配合，没有脱节现象。”③ “全室在1956—1958年中，雇用临时工作人员最多时达百人以上。”④ 这是查抄工作的总体框架和流程。

1955年夏秋至1956年，先在南京各图书馆开展工作。“南京的即四千种以上，这些方志分散在南京图书馆（下称南图）、南京大学图书馆、地理研究所图书馆。我们通过联系，在这三处开辟了专室。在1956—1958两年中，由室内主要工作人员，并雇用了大批临时工作人员，收集摘抄方志所载物产及其

---

① 《对于原送〈整理祖国农业遗产工作计划草案〉的修正》，中国农业科学院档案室保存。

② 《中国农业遗产研究室1956年工作总结报告》，南京农学院档案：院办《农业遗产室总结报告与统计报表》1956年11月30日，暂，院（56）-20，南京农业大学档案馆保存。

③ 《业务考核登记表 陈祖槼》（1963），南京农业大学档案室保存。

④ 《中国农业遗产研究室历年整理有关农业资料简述》（1964年8月），南京农业大学档案馆保存。

他有关资料。”[①] 农遗室所有工作人员都参加了查抄工作。

对于南京的查抄情况，李成斌先生讲述了一些档案中没有的生动往事：

南京地区查抄的总负责人是陈祖椝先生。丁家桥校区设一个点，颐和路那里全部都是线装的类书、方志。我反正那时一方面就是到图书馆到颐和路借书，用包袱皮子扎好，骑车子送到丁家桥送到南农（南图允许把书拿回丁家桥校区查抄）。查抄完了再送回颐和路南图，南图抄好的方志资料也是这样送回丁家桥南农，如是者三年。还一个点在颐和路南图，万国鼎与图书馆馆长交涉联系，南图单独给我们辟了一个阅览室，跟其他的看古书的，像太平天国史研究的罗尔纲，他也在那设了一个点，我们就跟罗尔纲分开，因为我们还有五六个抄写工，要看要抄。根据南图方志目录，我调出来一批方志请老先生看，看完再由我归库。

查看是一批人，主要是民革成员。万先生是南京民革成员负责人之一，在南京民革招聘了一批人。临时抄写工小年轻都是家属工，都是家属的子女，中学水平，招他们的时候先看字写得如何，字体要端正，歪歪扭扭的字不行，因为最后要装订的。那时是五十年代，物价水平也低，抄写工不分档次，即便抄得还干净还好的一律一天一元。看书的民革成员一天一块五，管看，夹条子。那时炒货卖的炒熟的花生米奶油的或椒盐的五分钱一小包，就好像现在的吃饭的小饭碗大半碗。小年轻招工愿意来，不是本校的够条件也愿意来。[②]

南京的工作开展一年后，1956 年 11 月 16 日万国鼎致信朱局长（农业部），“查抄方志中有关农业资料的工作，因要抽出人力赶编《农业遗产选集》的影响，进行很慢。至今还只看过方志 1 300多部，尚有约 6 200部待看，且不全在南京”。[③] 这时开始酝酿到外埠查抄，“根据一年来的经验和现有队伍以及掌握中的有关记录，我们已有可能筹备同时展开北京、上海等处外埠所藏方志的查抄工作。……年内就有人前赴北京，下月初有人前赴上海分别筹备，迅即

---

① 《中国农业遗产研究室历年整理有关农业资料简述》（1964 年 8 月），南京农业大学档案馆保存。

② 《李成斌先生访谈录》，2019 年 11 月 26 日、29 日，曾京京访谈并文字整理。

③ 《本室劳动工资、计划报表等》，农遗室复校前档案第 10 盒，1957，长，案卷号 57-2。

开始查抄工作”。①

1957年年初，外埠的查抄工作全面展开，根据《中国农业遗产研究室1957年工作总结报告》，“1956年已在南京查抄了2 260部方志。1957年年初开始进行北京和上海两地各图书馆所藏方志的查抄工作。7月，开始分四路进行其他二十多省市的主要图书馆所藏方志的查抄工作”。② 1964年的档案提供了进一步的情况：“同时另外组织人员到北京、上海、浙江，他入东南、西南、东北、西北各省，远至云贵川广、辽沈吉黑，都曾由我室专职人员前往收集。在收集方志同时，还收集了大部笔记、杂考、杂说等项资料。”③ 其中，北京、天津及华北、东北、西北各省由恽宝润先生（1956年来室，中央大学农学院园艺系毕业）负责，查抄地点包括：北京、天津、山东、沈阳、大连、长春、西安、武功、兰州、开封、郑州、洛阳、新乡、太原、石家庄、保定。北方的查抄工作1957年1月开始，1958年3月结束。④ 上海方面由桑润生先生（1956年10月来室，浙江农学院毕业）负责⑤。刘毓瑔（1955年9月来室，中央大学农学院农艺系农业经济组毕业）先生与王从骅（1956年5月来室，1937年毕业于金大农经系）先生负责浙江的查抄工作⑥。西南（云贵川滇）及华南（广东、广西）华中（湖南、湖北）方面由王从骅先生负责。⑦

总之，整个查抄工作“自1955年冬开始，至1958年3月止，先后在二十一省市六十个图书馆查阅了8 000多部地方志和1 000多部其他地理类图书，摘

① 《中国农业遗产研究室1956年工作总结报告》1956年11月，南京农业大学档案馆保存。

② 《中国农业遗产研究室1957年工作总结报告》，农遗室复校前档案第3盒：《本室1957年科研计划、方志查抄情况、工作总结》，1957，长，案卷号57-3，南京农业大学档案馆保存。

③ 《中国农业遗产研究室历年整理有关农业资料简述》（1964年8月），南京农业大学档案馆保存。

④ 《本室临时工登记表、介绍信及在查抄方志工作中的信件》恽宝润致万国鼎信（1957—1958）。农遗室复校前档案第1盒，1957，短，案卷号57-6，南京农业大学档案馆保存。

⑤ 《业务考核调查登记表 桑润生》，1963年填写。农遗室复校前档案第18盒，南京农业大学档案馆保存。

⑥ 《李成斌先生访谈录》，2019年11月29日，曾京京访谈并文字整理。

⑦ 万国鼎致信中国农业科学院财务处说明王从骅乘飞机由重庆去昆明事。农遗室复校前档案第10盒，《本室劳动工资、计划报表等》，1957，长，案卷号57-2。

抄有关资料约 6 000万字。”[①] 至 1964 年经分类整理装订，这一历时八年的方志资料查抄工作彻底告竣。

三、搜求书目沿波寻源，力求资料完备实用

整个查抄工作首先建立在掌握完整的方志目录基础之上。最先依靠的就是朱士嘉先生所编《中国地方志综录》。该书于 1935 年由商务印书馆出版，最初收书 5 832种。解放后朱先生又对该书加以充实，形成修订稿。据李成斌先生相告[②]：农遗室潘鸿声先生与朱先生相识，因而获准翻印了朱先生的增订稿本。农遗室 1956 年的工作总结说：“现在已根据朱士嘉先生的《中国地方志综录》修正稿（尚未出版），编印了一个方志总目，正在核对补充。”[③] 可见，朱先生的《综录》是查抄工作的底本。朱先生的增订本于 1956 年出版，著录全国 41 个图书馆所藏方志 7 413种。[④]

查抄开始，由李成斌先生专门负责书目的汇总，并协调各地查抄工作。如，1955 年 12 月 12 日第二次业务会议就安排：关于南京大学图书馆和南京图书馆各项志书凡有重复，均需记明并由李成斌先生综合整理总目。[⑤] 北京方面负责人恽宝润先生总结 1957 年上半年查抄情况。

截至 1957 年 6 月 20 日已经划定由北京查抄的方志共计 2 040部，其情况如下：

1. 已查抄完毕并已送请李成斌先生过入全国总目录的计 1 674部（其中有胶卷 98 部）。

---

① 农遗室为中国农业科学院编写《十年农业科学》第 23 章《祖国农业遗产》，《中国农业科学院研究科南京农业遗产室十年来农业科学成就》，文书处理号 74，1959，长期，中国农业科学院档案室保存。

② 2019 年 10 月电话相告。

③ 《中国农业遗产研究室 1956 年工作总结报告》1956 年 11 月，南京农业大学档案馆保存。

④ 关于朱士嘉先生及所编《中国地方志综录》的情况，可参见《中国地方志辞典》，黄山书社，1997 年，第 335-336 页、第 503 页。

⑤ 1955 年 12 月 12 日第二次业务会议记录，农遗室复校前档案《1955—1958 的部分会议记录》，案卷号 61-4.

2. 已查抄完毕正在清理资料中，尚未送请过入全国总目录的约计100部。

3. 北京全部未查出卡片或调不出书的计88部（此项方志除在北京继续查寻外，并已通知了李成斌先生在全国各地查寻。）①

类似的情况经常发生。如，1957年11月12日恽宝润向万国鼎汇报“在兰州找到了临时抄写人员，同时在甘省图（甘肃省图书馆）、西北师范（即西北师范学院）、兰大（即兰州大学）查抄。其中兰大藏有250余部，没有要看的，师院藏书500部，有5部需要查抄。在甘省图，调不到的书，通知李成斌先生赶快通知其他各路补看，在该馆共查抄了41部。”再如，恽宝润1958年1月11日致万国鼎信，谈到北京大学红楼图书馆又发现了一批卡片，有部分是方志的，把所发现的待查抄的方志寄给李成斌先生核对，决定补行查抄，发现26部方志需要补抄，待李回复。② 可见查抄工作以南京为大本营，以《综录》为基本线索，但同时不断接收汇总外埠反馈的书目的实际情况，统筹协调各地查抄书目。

当时曾要求各路查抄人员每到一地仔细了解查看方志收藏、编目情况，并制定了工作细则，如各路负责人每到一地都负有调查书目的责任：“必须自己把方志目在我们《方志总目》上登记好，核对无误。然后自己据目计算出详细的统计数字。”③ 1957年11月27日恽宝润谈到西安的情况，西安大约有四十部书，但分散在陕西省图书馆、陕西省文管会、陕西省博物馆、西安市文史馆、陕西省文史馆、西北大学、陕西省师范学院、西安市师范学院八个单位，每单位全要去核对书目，因而十分费时间。又，1957年10月27日恽宝润先生致信万国鼎主任：“据李成斌先生划的书目，兰州有四十余部，西安有二十

---

① 《北京各单位图书馆的地方志、山水志查抄情况》，农遗室复校前档案第3盒，1957，长，案卷号57-3。南京农业大学档案馆保存。

② 《本室临时工登记表、介绍信及在查抄方志工作中的信件》，恽宝润1958年1月11致万国鼎信，南京农业大学档案馆保存。

③ 《探访方志收藏情况应注意事项（此供自己用，不给对方看）》，农遗室复校前档案第3盒，案卷号57-3，南京农业大学档案馆保存。

几部。”① 西安的情况说明实际查阅的要抄的书目多于《综录》，只有实际查目，才能获此数字。

由上可见在开始外埠查抄后，各地主持人与南京大本营就书目的确定或补充一直保持着频繁的沟通。从西安、兰州的查抄情况看，查到的种数与南京李成斌先生划的书目或有增益、或有出入，在甘肃省图书馆有调不到的方志，说明兰州的书目与南京方面掌握的情况有出入，需要随时调整各地查抄书目。新发现的书目也需与南京方面确认后再行补抄，如果调不出，就通知其他方面负责人查抄。李成斌先生回忆当时核对方志目录的具体情况：

整个查抄工作以朱士嘉方志目录为基本线索，抄之前用朱士嘉《综录》（下称朱录）和南图的方志总目录要对一对，有出入，我在南图抄，以南图方志为主，南图有的，朱录没有，那么我们就在朱录上做记号；或朱录原来说有的，南图说没有，那我就要到其他地方查抄，要在朱目上注明没有，以后在哪里补的，再做个记录。在外地也一样。没有出入，朱录就不动它了，认可他原来是正确的。每一个小组的负责人，如王从骅、刘毓瑔、恽宝润出差都带一本总目，带一本朱士嘉《综录》。有什么出入情况都要注明。②

这次查抄虽以朱著《综录》为依据，但发现了许多未被收录的方志书目。据恽宝润统计：北京地区《综录》漏列地方志补遗约250部，其中除去与南京上海重复的估计约50部，其尚待查抄的计200部。③ 恽宝润1957年8月23日在致万主任信中说：“前往辽宁省图（书馆）、沈阳市图（书馆），以及二馆在故宫的书库，之后又去长春市图书馆，长春有伪满时期日人编的地方志，数量丰富，但是日文的，仅有编目，这部分未抄。”又说：“我们在沈阳已查抄了112部书，即指定的书25部，《总目》空白点和待寻觅书共13部，其他全为补遗书。所有细目已另函章（楷）李（成斌）二先生登录备查并通知。以

---

① 《本室临时工登记表、介绍信及在查抄方志工作中的信件》，1957年11月27日恽宝润致万国鼎信，农遗室复校前档案第1盒，1957，短，案卷号57-6，南京农业大学档案馆保存。

② 《李成斌先生访谈录》，2019年11月29日，曾京京访谈并文字整理。

③ 《北京各单位图书馆的地方志、山水志查抄情况》，农遗室复校前档案第3盒，1957，长，案卷号57-3。南京农业大学档案馆保存。

上 112 部书，已经全部看抄完竣，四分之一也已三校完毕。”[①] 可见，查抄的书目明显超过《综录》。

上引文献中所说《方志总目》《总目》，就是在《综录》基础上形成的增订本，便于南京和外埠查抄人员自主决定查抄方向。此外，各地负责人还根据需要积极编写各种目录，以便工作方向更加明确。恽宝润先生在北京开展工作初，就对目录颇下了一番功夫，他说：“在目录工作方面，于（1957）四月中旬编了《方志总目索引》，六月上旬编了《地志总录》，八月上旬编了《方志总目补遗》和《待觅方志简编》。”[②] 此处所说《方志总目补遗》和《待觅方志简编》，应该是发现了新方志、新书目，有些方志还需要继续寻觅，这些待觅方志可能是依据《综录》未找到的书目。所以，在整个查抄过程中，方志书目一直在补充完善之中。

除了不断完善书目，对于新线索不轻言放弃。如恽宝润 1957 年 10 月 9 日致信万国鼎，说北京图书馆（下称北图）又整理出六万多部方志，“我已和北图联系好，可以把底稿借给咱们查对一下，希望能在这些方志里消灭一些总目空白点和待觅方志。”1957 年 10 月 27 日，恽宝润致万国鼎信，说济南山东文物保管处还有九部方志，若在北京没有发现，将在返宁时补查补抄。恽宝润 1958 年 1 月 7 日致万国鼎信，提到中国科学院新进了一批胶卷，中央民族学院新进了一批方志，准备补看补抄。恽宝润 1958 年 1 月 11 日致万国鼎信，谈到经与北图商议，对方同意借用胶卷阅览机，中国科学院某所又借给一台手提阅览机，有此两部机器，每天同时开工，查抄中国科学院新买的 100 部方志胶卷。预计 1958 年 3 月 9 日可以完成全部查抄任务。[③] 总之，只要有新书目信息，都会沿波寻源，补查补抄。

---

① 《本室临时工登记表、介绍信及在查抄方志工作中的信件》，恽宝润 1957 年 8 月 23 日致万国鼎信，南京农业大学档案馆保存。

② 《1957 年度北京小组工作报告》，农遗室复校前档案第 3 盒《本室 1957 年科研计划、方志查抄情况、工作总结》，1957 年，保管期限长，案卷号 57-3，南京农业大学档案馆保存。

③ 恽宝润 1957 年 10 月 9 日、1957 年 10 月 27 日、1958 年 1 月 7 日、1958 年 1 月 11 致万国鼎信。《本室临时工登记表、介绍信及在查抄方志工作中的信件》，农遗室复校前档案第 1 盒，1957，短，案卷号 57-6，南京农业大学档案馆保存。恽宝润所有致万国鼎信件都出自此档案，以下引用不再注释。

以上查抄情况以北京为多，因为只有北京这一路有比较详细的工作档案，其他各路情况也应相仿。这种对资料的完整性锲而不舍的追求，保证了这套资料即使在今天看来仍具极高的完备性。1956年，据万先生等估计，南京有方志4 100多种，北京和上海各大图书馆所藏方志而为南京所没有的，可能达2 500种左右，此外散在其他各地的可能还有近1 000种。总数可能在7 500种以上。[①] 但是查抄工作行将结束时，统计的书目已达8 424部。

截至1957年年底，除南京北京两地尚有尾数待查抄，安徽省图书馆及江苏的一些地方图书馆尚等前往查抄外，其他各地已经查抄完毕，已查抄的方志和山水志部数如下：

地区	方志及类似方志（部）	山水志等（部）
南京	3 756	97
北京	2 737	355
其他各地	1 329	
合计	8 424	458

还有300部以上待看。[②]

再据《1956年、1957年方志工作数量统计表》，总查阅方志种数为8 530部。[③] 可见，最后实际查抄的书目大大高于之前的估计，即超出了朱著《综录》（修订本）所收书目。

此外，为了弥补原金陵大学所收农史资料之不足，1956年1月28日第三次业务会议上，万先生提出收集笔记、杂考、类书中的农史资料。[④] 所以这次

① 《中国农业遗产研究室1956年工作总结报告》，院办《农业遗产室总结报告与统计报表 科学研究机构调查表》（1956年11月30日），文书处理号：院（56）-20，南京农业大学档案馆保存。

② 《中国农业遗产研究室1957年工作总结报告》，农遗室复校前档案第3盒，案卷号1957-3，南京农业大学档案馆藏。此部分数量据实抄录档案中数据，数量合计待核实。本表为引文中原表，不与书中其他表格一起排序。

③ 《1956、1957年方志工作数量统计表》，农遗室复校前档案，保管期限长，案卷号1957-3，南京农业大学档案馆藏。

④ 1956年1月28日第三次业务会议，农遗室档案复校前第6盒，1961，案卷号61-4。

方志查抄是包含大量笔记杂考、丛书、类书、地志在内的。如恽宝润在北京：

全年（1957 年）查抄的方志和笔记杂考总计为 5 082部，每月平均为 440部，其中：方志 3 092部，占 60%，笔记杂考 1 990部，占 40%。上半年看书共 2 164部，占全年总数 48%。每月平均为 361 部，其中：方志 1 774部（内有胶卷 98 部），地志 88 部，笔记杂考 302 部。下半年看书共 2 918部，占全年总数 58%，每月平均为 487 部，其中：方志 963 部（内有胶卷约 150 部），地志 267 部，笔记杂考 1 688部。

不仅查抄，按照万先生的一贯主张，还制作目录卡片、考订成书年代。

同时完成各馆所藏丛书查目工作。为了审定其中分部书是否要看，曾陆续调阅丛书 1 200部；并制成 1 960部待看书卡片。10 月中旬完成了单行本笔记杂考查目制卡工作。此外，随着地志、笔记杂考等查抄工作的开展，自 9 月初开始查考成书年代，至年底完成 860 部；同时写了类书简介 100 多部，查看目录类图书 135 部。①

这部分工作，其他地区也是这样做的。1964 年的业务简报对这项工作也做了总结。

在接收旧金大八百种笔记杂考之外，各地又陆续收集了近四千种笔记、杂考、杂说，补充原有资料之不足。这部分资料亦是按照方志分类资料同样予以分项编排。这样比较容易检索。但有些同样内容，来自不同版本，为了便于校对，我们也保留了部分重复的资料。在收集笔记杂考工作的同时，我们还建立了一套成书年代卡，这套卡片约有八千多种，每本书都通过内容的检索，查考出它的较为可靠的写作年代及作者姓名。如诗文集，我们即按著者生卒年代这一阶段计算，这套卡片开始，我们为了采用一条资料，即顺便将原书作者及成书年代记录下来，很多年代是经过细致的考订的，积累日久便成为一件很有用的工具，现在室内使用率最高，驾乎一切资料以上。②

---

① 《1957 年度北京小组工作报告》，南京农业大学档案馆保存。

② 《中国农业遗产研究室历年整理有关农业资料简述》（1964 年 8 月）。南京农业大学档案馆保存。

所以，这次全国范围的资料收集，方志是主要部分，同时还抄录了大量笔记杂考和类书中有关农业的内容。这部分资料后整理为《农史资料续编》140余册。

综上所述，在整个查抄工作中，对资料的完备性极为重视。对书目的求全责备，显示出以万主任为首的农遗室前辈对学术事业的高度责任感，这是这次查抄工作能否达到预期目标的重要主观因素。1957年年底，查抄工作接近尾声，大家认为“这样大规模地从方志及笔记杂考等辑集资料，在历史上是创举，为编印《中国农学遗产选集》提供了良好的基础”。①这次查抄工作总查阅方志种数为8 530部，大大突破了朱著《综录》收录的种数。30年后，也就是1985年，中国科学院、北京天文台主编的《中国地方志联合目录》问世，其编纂仍然以朱著《综录》1962年修订本为蓝本，并加以补充修改，朱先生也参加了编纂工作。共收录国内外现存方志8 264种。②

由此可见，1955—1958年，农遗室这次全国查抄方志工作，收录方志种数是非常完备的。笔者在采访叶静渊、李成斌先生时，他们都认为这次查抄几乎网罗了当时能够见到的各地收藏的方志，用李先生的话说，“基本上可以说除了西藏没去、青海没去，全国大的行政区都跑遍了，遗漏的不多了。”③ 王从骅先生在查抄工作行将结束时，担任《全国方志总目》的编订工作。他说：“由于我室收集方志资料系以朱士嘉先生《中国地方志综录》为底本，分赴全国各地进行查抄工作，到处搜集，逐部核对。因之所编《总目》卡片收集种类较多，著录比较翔实。”④ 所以，这份《全国方志总目》应该反映这次查抄所见的8 530种方志的著录收藏情况，是一份全面且实用的方志书目指南。但是，目前我们没有发现这份《总目》的下落，这不能不说是农遗室工作的一大损失。

---

① 《中国农业遗产研究室1957年工作总结报告》，南京农业大学档案馆藏。

② 《中国地方志辞典 中国地方志联合目录》，黄山书社，1997年，505页。

③ 《李成斌先生访谈录》，2019年11月29日，曾京京访谈并文字整理。叶静渊先生也说，在国内能见到的基本都收了。2010年4月14日，在叶先生家中，农遗室李安娜、李琴两位老师在场。

④ 《业务考核调查登记表 王从骅》，1963年填写，农遗室复校前档案第16盒，南京农业大学档案馆保存。

四、编写《方志收藏记》的努力

从上文可知，这次全国范围内的方志查抄工作曾形成《全国方志总目》。从档案资料中，我们了解到，当时万先生还有一个编写《方志收藏记》的设想。[①] 曹隆恭先生（1956 年 10 月来室）20 世纪 60 年代曾说："当时室内想出版一本叫《方志收藏记》的书，其目的是想介绍全国各大图书馆的方志收藏情况。"[②] 这个设想如果完全实现，那么，这浩大的资料收集工作，除了形成一套系统的地方志农史资料，还将留下一份 20 世纪 50 年代全国方志收藏情况的实录。上文王从骅先生所说的《全国方志总目》，应该是《方志收藏记》的主要内容。此外，按万先生的设想，《方志收藏记》还应包括查抄人员所写的所见流传情况、收藏情况、编目情况、查抄情况。1957 年 11 月 12 日恽宝润致万国鼎信，讲道：

现有一事请您考虑指出：关于《收藏方志访问记》，凡是我们有方志查抄的图书馆，我全送去了本室的信并且收得了资料。但是像兰州大学图书馆这一类型的（长春市图书馆也是这一类型）我们只去查对了目录，并且在馆里调过一些书，进行了原书查对工作。可是并未曾进行查抄资料。我主观的看法，既然在咱们的方志资料里没有引用过他们的书，那么收藏记里也不会提到他们，是否就可以不必去麻烦人家进行访问。因为这一工作实在不容易作。信送去以后，每个单位需要通过他们的最高领导，如果是进行谈话式的，必须和两三个人谈，跑两三次不见得全能找到谈话的人。如果是书面写给我们的，必须经过三请四催，还不一定可以拿到材料。譬如师大、中国科学院到现在还没有写给咱们，答应等我回到北京再去索取。兰州大学现在有旧校新校两处，距离很远（一在城内，一在东郊），我查对原书和卡片就费了一天半的时间，《收藏访问记》当更费时。我不是怕麻烦，倘有必要，一定全要访问的话，我当

---

① 《思想检查》（1958 年 8 月 20 日），万国鼎人事档案，南京农业大学档案馆保存。

② 《业务考核调查登记表 曹隆恭》，1963 年填写。农遗室复校前档案第 16 盒，南京农业大学档案馆保存。

即遵示前往，如果时间来不及，也可以请他们寄给我。①

从信的内容看，是要了解各图书馆的方志书目，这需要与各藏书单位接洽，或访谈或请对方填写材料，以获取收藏信息。此外，万先生还授意负责查抄的先生径自观察保存和编目情况。为此农遗室专门制订了访问策略。

探访方志收藏情况应注意事项（此供自己用，不给对方看）

1. 公函中所列四个问题，要尽量收得较详细的答案，答复不全，要补充询问，自己笔记，询问不到的，用自己的观查考证来补充。

2. 关于著名藏书家的历史及捐赠或让卖情况，务必特别注意，写出较详的报道。

3. 编目情况不能单靠询问，除问题所列者外，还要自己观查考核：编目的方法怎样？是否正确可靠？有无有目无书现象？编目的人力是否足够？现在是否积极准备积极编目？如果编印过书本目录，应自己查阅该目录，记录其编印时间、体例及载方志种数等。

4. 保存情况也要自己加以观查，书库是否干燥？阳光充足否？建筑怎样？对火警安全否？书架及架上排列情况怎样？书的整洁情况怎样？破损多不多？

5. 历年收购或入藏方志约数可以问，现藏方志种数不必问，问了反而使人为难或产生顾虑，必须自己把方志目在我们《方志总目》上登记好，核对无误。然后自己据目计算出详细的统计数字。

6. 有无善本或罕见本，也不要问人家，我们可以据目查看出来。至于得自著名收藏家的方志中有无善本，也可以自己观查，最好能看到捐赠或收买时的目录或草目，自己计算种数及查看有何善本。没有这种目录或草目的，著名藏书家的书上必有图章，只要查看善本书上有没有他们的图章就可以知道。②

---

① 恽宝润1957年11月12日致万国鼎信，南京农业大学档案馆保存。

② 《探访方志收藏情况应注意事项（此供自己用，不给对方看）》，农遗室复校前档案第3盒，案卷号57-3，南京农业大学档案馆保存。

如果各路查抄人员能够落实这个访问计划，这次查抄应该会有更大的收获。曹隆恭先生主要在江浙皖查抄，曾说“根据领导的布置，我在上述图书馆进行了方志收藏情况的调查，并把调查情况写成《方志收藏记》十一篇。”[①]可见这一工作曾经实施过。

提出编写《方志收藏记》，显示万国鼎先生对图书目录以及农史学科基础建设的高度重视，揆其初衷，就是想借这次全国性方志查抄工作，获得当时全国方志收藏的总体情况，不论从文献保存方面还是图书目录建设方面看，都具有较高价值，这一工作其实可以成为这次全国范围查抄方志农史资料的另一重要成果。这次查抄虽以朱著《综录》为依据，但其实很多地方超过了目录提供的线索，发现了许多未收录的方志。除了前文提到的在沈阳查到了数十部新发现的方志，如前文提到的恽宝润在长春发现数量丰富的伪满时期日人编的日文地方志，[②]即便没抄，如果写了《方志收藏记》，也还是会留下清晰的线索。农遗室1958年曾计划于当年“3月底以前结束收集并整理方志资料的工作”；在6月底以前完成“全国方志访问取材及所见总目”[③]，可见对此工作十分重视，万国鼎先生也是非常想做成此事。在室内各种场合强烈申述自己的主张，当时“不少同志认为应即停止，我还说要用业余时间来完成它”[④]。

但是，除了曹隆恭先生的11篇，其他各路都可能与恽宝润先生有相同的顾虑，或未完全领会万主任的良苦用心，最后编写《方志收藏记》的愿望和努力都未成现实。还有一个重要的原因，就是政治运动的冲击下，万先生成为“拔白旗”对象，李成斌先生不无感慨地相告：

本来万国鼎计划把方志资料整个分类装订完了后，要写一个《中国方志农史资料收藏记》。为什么没写？有的老师到外地记了一些情况，有的记的不完全。后来搞政治运动就停下来了。我们1958年“大跃进”搬到卫岗……万

① 《业务考核调查登记表 曹隆恭》，1963年填写。南京农业大学档案馆保存。

② 恽宝润1957年8月23日致万国鼎信，南京农业大学档案馆保存。

③ 《农遗室1958年农业科学研究计划》，中国农业科学院研究科：《北京、南京农机所、农业遗产室1958年研究计划》，1958，文书处理号3，长期，中国农业科学院档案室保存。

④ 《思想检查》（1958年8月20日），万国鼎人事档案，南京农业大学档案馆保存。

国鼎的总意见以朱士嘉《综录》作为一个基本的目录，通过我们整个全国查抄，以我们查抄方志形成的目录与朱录对照，再编一个方志总目，通过查抄等于有了个副产品方志总目出来。后来没有完成这个任务，遗憾！[①]

这个遗憾多半是由时代造成的。曹先生所写的11篇也不知去向，这不能不说是农遗室工作的损失。

五、制定以现代农学分类为参照的查抄原则

我国地方志卷帙浩繁，要从中抄出农业史资料，看起来目标很明确，但操作起来却颇费考量。查抄工作分看、校、抄三个层次，先由一些古汉语水平、历史文化素养较高的先生看书，确定抄录内容。陈祖椝先生说他“1955年7—8月，收录地方志资料。……我一个人看资料，大约有五六个人帮助我抄写，”[②] 章楷先生告知：“抄了许多资料，用钢笔抄的，最多的时候雇了几十个人抄写，文化水平高的老先生先看过夹好条子叫人去抄。”[③] 也就是说首先要看书，确定查抄的内容，什么该抄什么不该抄，要有统一的标准，看书的人必须准确掌握抄录原则。在确定查抄范围方面，李成斌先生告知：万国鼎与陈祖椝两人定具体内容[④]，并多次组织研究人员开会讨论。

摘抄资料的范围，曾作不断的讨论和修改。近来因为查阅的人数加多，而且分散在南京图书馆、南京大学和地理研究所三处，对于摘收的取舍不易一致，特意召开全体查阅和校对人员会议，讨论了一整天，并且成立一个查抄方志统筹小组，定期交换意见和轮流互相抽阅，以求取舍和质量的统一。……并且注意资料的取舍是否有问题，随时提请查阅人员加以改正。[⑤]

这里所说的讨论一事，可能是指1956年10月18日第四次业务会议，专门讨论方志收集范围，参会者：万国鼎、刘毓瑔、陈祖椝、胡锡文、恽宝润、

---

① 《李成斌先生访谈录》，2019年11月26日、29日，曾京京访谈并文字整理。

② 《业务考核调查登记表 陈祖椝》（1963），南京农业大学档案馆藏。

③ 《章楷先生访谈录》，2010年1月14日，章先生家中，主访者：曾京京，整理者：曾京京、马静。

④ 《李成斌先生访谈录》，2019年11月26日，曾京京访谈并文字整理。

⑤ 《中国农业遗产研究室1956年工作总结报告》，南京农业大学档案馆保存。

李长年、李成斌、叶静渊、潘鸿声、桑润生、曹隆恭、李国炎（后调走）、章楷、吴君琇、厉鼎薰、王从骅，几乎所有人员都参加了讨论。会上有人认为冻害、霜害、雹害的记载，以后很有应用价值，应该收录。虎狼兽害的记载也要收下来，可以知道它的分布①。另外，王从骅1957年2月到1958年10月，参加方志资料收集工作，他也说："其间曾和同志们反复研讨，拟具《方志资料查抄办法》，力求统一各地查抄标准。"②

从保存下来的档案看，当时制定了《关于查抄方志的几点说明》及《资料取舍实例》③。遗憾的是查阅农遗室所有"文革"前的业务档案，没有找到这两份重要的文件。但是从其他档案中可以窥知，当时是按广义的大农业部门分类来收录资料的。如1957年3月北京方面的工作小结说：

在看书方面，有些同志由于钻研不够，对资料的取舍界限理解得不深不透不全，因此对古迹、水利、艺文等方面的资料的取舍，往往把握不定，收了些空泛无用的材料，如写景、筑堤、救旱及颂扬德政等空洞的诗文，甚至不管所收材料有无用途，把山川中所载的矿产全部收下，如银、铁、矾、白垩、云母石、砚石等，造成人力物力的浪费。另一方面漏了应收的材料，是很严重的，如栽花□赋、竹枝词等描写当地各种花卉和土特产生长形态的《艺文》，以及生长花果种类很多的园亭古迹，产有漆树、茶、牡丹、海棠、芍药、金鱼、丙穴鱼、桑的《山川》，叙述各地荔枝品种、茶的品种及赛兰花形态的杂记，及教民结网、捕鱼、植枣、树桑、养蚕、造作农器、有具体事例的人物等记载。农书和本草书目资料的搜集，由于大家不很熟悉，收得很少。希望今后在"艺文志""人物志"里留意搜集。④

为此负责人恽宝润及时开展检查，开会反复交代收录标准，并返工补录相关内容：

① 《1955—1958的部分会议记录》，农遗室复校前档案第6盒，案卷号61-4，南京农业大学档案馆保存。

② 《业务考核调查登记表 王从骅》，1963年填写，南京农业大学档案馆保存。

③ 《北京3月份查抄方志资料工作小结》。农遗室复校前档案第3盒，案卷号57-3，南京农业大学档案馆保存。

④ 《北京3月份查抄方志资料工作小结》。南京农业大学档案馆保存。

工作检查是本月份中心任务。自月初开始，曾不断地将北图、北大、科学院三处过去搜集的资料，进行了检查，发现在看、校、抄三方面都存在不少问题，除个别交换意见及时纠正外，并召开了几次会议，列举实例，反复说明资料取舍界限及看、校、抄应注意事项。

资料返工是自中旬开始的，由于所查抄方志在山川、风俗、祥异、杂记四部门，漏收资料很多，由此有重点地进行了复看，补收了不少资料。特别强调关于看书方面，要求进一步深入钻研《关于查抄方志的几点说明》及《资料取舍实例》，弄清取舍界限，尤其是古迹、水利、艺文、人物四部分，希望从4月份开始，基本上消灭错漏现象，最重要的是不可漏收资料。①

又如，潘鸿声先生负责南图的查抄工作②，他在1963年的业务自传中特别写到：

最初负责组织和指导工作人员从全国各省府州县乡的近两千部的地方志和两千多种的笔记杂考古文献中搜集有关耕作制度、农业技术、农作物品种、土壤肥料、植物保护、劳动工具、园艺、畜牧兽医、农田水利、农家副业、农业仓储、农业经济（大部索引资料散失）、农业政策等方面的资料，为全室开展农业遗产研究工作打下了初步资料基础。在资料搜集工作过程中是认真负责地做到了资料的严格审核，资料的取舍也严格遵照标准所规定的。③

上述史料充分表明当时与农学所有专业相关的内容都可收录，范围定得很宽广。虽然说有浪费现象，但当时从无当抄未抄的质疑或说法。

六、制定《方志资料抄写格式说明》

这次查抄方志还专门制定了抄写格式，其内容如下：

一、书名篇名通志中的府名县名、府志中的县名：均写在第一行，书名顶格写，其余空一格依次抄写。

二、标题：写在第二行，低四格写，如有数行，也一律低四格。其中山川

① 《北京3月份查抄方志资料工作小结》。南京农业大学档案馆保存。

② 《1955—1958的部分会议记录》，南京农业大学档案馆保存。

③ 《业务考核调查登记表 潘鸿声》，农遗室复校前档案第18盒，南京农业大学档案馆保存。

古迹风俗等材料如字数不多，且不分段，标题可低两格，下空一格，接写正文。

三、正文：起首第一行低两格，次行顶格写。如有数段，另外起行，仍低两格，次行顶格。如遇有一整段以上删节者，全行打点。

四、序言小引按语结语：各行一律低一行抄写。

五、物产：原则上按照原书格式抄写，但动物植物必须分开。其中序言结语另纸单独抄写。并加括弧注明序言或结语。

六、方格括弧：原籍上有方格或括弧者，仍旧照抄。此外人物资料必须冠以朝代，并加括弧。

七、各项资料按其性质分纸抄写，以便归类。尽量避免将性质不同的资料抄在一起。

八、方志体例很多，如遇特殊情况可比照类似格式抄写。

这份抄写格式，规定了这套资料总的格式体例，除了版面上的规定，还特别强调分类另纸抄写不同性质的文献，并在实际工作中一再强调。如 1957 年 3 月北京的工作总结说："在抄写方面，由于过去对《抄写格式说明和举例》未加钻研，把物产部门按动、植、货三类分别抄在一张纸上的个别办法，代替了一般。因此把山川艺文等部分所有不同性质的材料都按动植货三类抄在一张纸上，造成今后整理材料上的困难。"① 如此强调分类抄写，是为了便于日后整理资料分别归类，为研究者快速找到所需资料提供了便利。人物资料冠以朝代，给了资料确定的时间线索，使查阅者不必再费时查证。这些细节无不体现组织者服务学术的良苦用心。

七、对资料作严格的校对与核对

查抄开始以后，万国鼎等研究人员很快就意识到校对的重要性。并制定"三校原则"。1956 年的工作总结说："在近几个月的工作中，越来越感到校对的必须重视。决定采取三校制度：抄写小组长初校，专职校对员二人分别复

① 《北京 3 月份查抄方志资料工作小结》，南京农业大学档案馆保存。

校、三校；三校时，不但要校字，并且注意资料的取舍是否有问题，随时提请查阅人员加以改正。”① 1964年在回顾这段工作时说：“在进行中强调抄得工整，校得细致。往往一篇资料通过摘、抄、校，一校、再校、三校等程序，浪费了若干人力。”② 两段史料表明，虽然有浪费的质疑，但“三校原则”不曾松懈过。李成斌先生详细讲述了当时的情形：

查看是一批人，主要是民革成员。看好后写好第几页第几行第几个字到第几页第几行第几字，夹条子，抄写工据此抄写，抄就是誊抄。临时工的姓名是哪一个，抄的是哪一个县志，他都登记，有差错也好，对照着找哪一个。不行叫他返工。抄得不能像一般文稿草稿在边页修改，因为要装订成册的，不允许有修改。抄好了以后，集中起来，然后老先生分工校对，看是否有漏抄、错字。即看书的人还负责校对，要校三次，我校一遍，第二遍他校，第三遍他校，有误差，老先生看出来以后，谁抄的要谁返工，然后签字表示校对完了，然后把抄好的资料运回南农。③

就文句方面来说，校对的意图在于保持文献的原貌，但对于原书的错误和抄写的错误都有处理规范。

关于校对方面，主要希望在保持原书精神的原则下，改正抄写错误，书上刻板错字，一般应照抄不改，只能用眉批注明“疑作某字”或“应作某字”，但抄错的字，要在错字之旁改正，不要写得与眉批混淆不清。抄写的字，必须完全照书，但习惯写法如：“爲”写作“為”等，在校对时无须改正。可用蓝水笔改正的错误，尽量用蓝笔。如漏了笔画或篇名等，希望自（1957年）4月份起，完全消灭错改漏改现象。

除了校对本文，对查抄内容一再进行检查核对，1957年3月北京方面的工作小结讲道：“更重要的是进一步检查资料错收漏收问题，提出纠正，充分发挥保证资料质量的作用。”为此负责人恽宝润先生发现问题后及时开会，统

① 《中国农业遗产研究室1956年工作总结报告》，南京农业大学档案馆保存。

② 《中国农业遗产研究室历年整理有关农业资料简述》（1964年8月），南京农业大学档案馆保存。

③ 《李成斌先生访谈录》，2019年11月26日、29日，曾京京访谈并文字整理。

一认识：

在资料搜集方面，漏收和错收问题，大家开始加以重视。在校对方面不仅能改正抄写上的错误，更能进一步发现取舍不当的问题。及时纠正了很多当收未收、不当收乱收的资料以及漏了时间、地点与来源等现象。这是工作上一个显著的提高。

并且及时返工：

资料返工是自中旬开始的，由于所查抄方志在山川、风俗、祥异、杂记四部门，漏收资料很多，因此有重点地进行了复看，补收了不少资料。

针对存在的主要问题，恽提出几点要求：

关于看书方面，要求进一步深入钻研《关于查抄方志的几点说明》及《资料取舍实例》，弄清取舍界限，尤其是古迹、水利、艺文、人物四部分，希望从4月份开始，基本上消灭错漏现象，最重要的是不可漏收资料。看书先生要负责检查所看方志成书年代、纂修人及卷数，核对是否与方志总目符合。如有不同，除应照原书记于簿子上以外，并须查阅所调志书有无调错。此外，遇有卷末、卷首的志书，须用数字表示出来；如有缺卷、缺页、烂板或无物产等情况，也要记下。……农书和本草书目资料的搜集，由于大家不很熟悉，收得很少。希望今后在《艺文志》《人物志》里留意搜集。宋代以前的艺文及长篇艺文的资料、摘录办法，希望切实按《关于查抄方志几点说明》处理。短诗或其他字数不多的短篇记载一般可不删节。

还书时再一次核对书目和抄录内容：

清理借书，核对资料，是最后一步全面清查工作。自（1957年3月）下旬开始，曾集中人力、整理借书，将其中已校过的，做一次全面检查。检查的重点是：（1）查抄的书，是否调错。（2）原书所载成书年代和纂人是否与《方志总目》所载的相符。（3）资料有无抄漏或抄重现象。（4）资料有无漏收或错收现象。完成这一阶段检查改正工作以后，才归还借书。①

综上史料，可见当时一再强调核对原文与书目，对内容、书目做综合评

---

① 以上引文均出自《北京3月份查抄方志资料工作小结》，南京农业大学档案馆保存。

估和核对，不厌其烦地强调不可漏收资料。这些措施首先力求避免当收未收或收录与农业无关的内容；其次，保证内容与书目相符，还要与《综录》相印证。即便没有抄到内容，仍要加以记录，这有利于全面掌握书目。王从骅先生说："由于我室收集方志资料系以朱士嘉先生《中国地方志综录》为底本，分赴全国各地进行查抄工作，到处搜集，逐部核对。"[①] 在查阅时再一次核对所见方志与目录是否对应，这一具体措施为资料的准确性提供了另一重保障。

在查抄结束后，因发现有年代等误差，农遗室安排研究人员赴各地再次核对。"在考订方志年代中，差误较多。因之，1962—1963 年，又由工作人员花了较多时间，往返北京、上海、杭州等地区，做了比较详细的核对工作。凡此种种，在今后资料工作中均应视为经验教训。"[②] 1961 年的工作总结称：第一季度完成全国 8 000部方志中摘抄的 4 000万字资料的整理。为了要编写《中国农学遗产选集》各专辑下册，必须对已整理的方志资料核对确实。故于 4 月份开始在南京图书馆试行核对。当时要求核对纂修人的（作者：原文如此，此处应为"和"字较妥）成书年代，方志名称及方志物产次序，每人每天约可核对四部，至 5 月份责成一人核对。由于核对方法上有问题及功效低，自 5—9 月共核对 100 部。平均每天只核对 1～2 部。……采取措施，增加人力，预计在年内南京地区 4 000部方志可核对完成。[③]可见，这是一次大规模甚至是整体的核对工作，这次核对特注重对书目本身及内容、编纂顺序的复核。除了南京地区，其他地区都派人前往复核。

陈祖槼先生、朱自振先生（1959 年 9 月从南京大学历史系毕业后来室）在核对资料方面付出了大量精力。朱先生在业务自述中说：

我在室工作较久的一项是核对方志，这一工作前后相加有两年左右。其中

① 《业务考核调查登记表 王从骅》，1963 年填写，南京农业大学档案馆保存。

② 《中国农业遗产研究室历年整理有关农业资料简述》（1964 年 8 月），南京农业大学档案馆保存。

③ 《农业遗产研究室 1961 年全年工作总结》，农遗室复校前档案第 13 盒，1961，永久，案 61-3，南京农业大学档案馆保存。

一年半是在南京本地南图、地理所、南大三大图书馆进行的。近半年时间是在北京、天津、上海、杭州、宁波等外埠图书馆核对的。在这两年中核对了上述地区须要核对而能够核对的方志。基本上完成了我室方志的核对工作。在这过程，我是作为陈祖槼先生的助手进行工作的。背运方志等体力劳动做了多些，这也是我所能而应该担任的工作。①

2010年，朱先生接受访谈时说："我来的时候参加核对，有怀疑的地方找出来，叫我和陈祖槼去核对，到外面去核对主要是我与陈两人。"② 朱先生还谦虚地说："要论我方志核对的成绩，唯在方志搬家上能够一提。"章楷先生也参加了这一工作："在这段时期中（1960—1961），有两三个月我专门在南京图书馆做方志的核对工作，后来陈祖槼、朱自振核对方志时，我又做了些辅助工作。"③

总之，从查抄时的三校，到后来再次大规模的核对，校对文字、核对书目、核对成书年代，这些措施都是为了保证日后这套资料能为研究人员提供确定可靠的资料来源，陈祖槼先生后来说："（1960年9月至1963年7月）《农业史续编资料》和《方志分类资料》的整理和校对……就方法上来说存在着缺点，浪费了一些时间，但是改正了不少错误，对提高专辑下编质量起了作用。"④ 坚持大规模地核对资料，表现了领导者对筑牢农史研究基础的高度责任感和严谨扎实的治学精神，这在今天仍可树为学界的模范。

八、临时工的招聘与管理

在各地招聘临时工，是这次查抄工作中一个非常重要的环节，"全室在1956—1958两年中，雇用临时工作人员最多时达百人以上。"⑤ 这在当时有一系列处置与管理措施。首先要与各地政府劳动部门接洽，如恽宝润先生负责北

---

① 《业务考核调查登记表 朱自振》，1963年填写，南京农业大学档案馆保存。

② 《朱自振先生访谈录》，2010年9月9日，曾京京主访并整理。南京农业大学档案馆保存。

③ 《业务考核调查登记表 章楷》，1963年填写，农遗室复校前档案第16盒，

④ 《业务考核调查登记表 陈祖槼》，1963年填写，南京农业大学档案馆保存。

⑤ 《中国农业遗产研究室历年整理有关农业资料简述》（1964年8月），南京农业大学档案馆保存。

京的查抄工作，就曾与西四区劳动科、北京市招聘工作人员委员会、北京民革等政府和社会团体接洽相关事宜。[①] 通过这些部门招聘有一定文化水平、书写工整的社会人士从事这一工作。为此专门拟定雇用合同，一月一签，规定工作内容、标准和报酬。[②] 对这一百多名临时工，录用时都填有简历表。内容包括家庭背景、受教育情况及水平、家庭经济状况、经历、现工作性质（看书还是抄校，或看书校对）、薪酬等项。[③] 制定了旨在提高准确率保证质量的管理措施（详见下文），这一系列措施，对于查抄工作能够顺利推进并完成提供了有力的保障。

临时人员的文化素养以及他们的工作态度，直接影响着工作效率和这套资料的学术价值。招募对象是通古汉语且书写端正流畅的社会人员，文化水平高者可像研究人员一样负责看书确定资料，2010 年章先生在接受访谈时说“最多的时候雇了几十个人抄写，文化水平高的老先生先看过夹好条子叫人去抄。”[④] 次者可校对，表现上佳者则委以抄写小组长之责。如负责北京方面的恽宝润将收方志工作分为三层：甲，看书收集资料，乙，校对（共三校），丙，抄写。招募人员分为三类，第一类人员，有以下三点灵活录用：（1）有能看、校、抄三种俱全者，（2）有能看、校二种兼备者，（3）有只能校对一种者。第二类人员以抄胶卷及突击任务为主（以下字迹不好辨认）。[⑤] 如桑润生负责上海方志查抄工作，“抄写人员经考试合格才录用的。”[⑥]又如章楷先生 1957 年 2 月初到京，随即开辟北京大学图书馆的工作，章先生负责看书和校

---

① 《本室临时工登记表、介绍信及在查抄方志工作中的信件》之民革介绍成员前往北京图书馆找恽宝润接洽的函，1957 年 1 月 17 日。北京市西四区劳动力介绍所介绍失业人员刘士元赴往你处接洽临时抄写工作的公函，1957 年 10 月 24 日。查抄结束介绍查抄人员与西四区劳动科、北京市招聘工作人员委员会接洽的函，1958 年 3 月 23 日。农遗室复校前档案第 1 盒，1957，短，案卷号 57-6，南京农业大学档案馆藏。

② 《中国农业科学院南京农学院中国农业遗产研究室临时劳动合同》，农遗室复校前档案第 1 盒，1957，案卷号 57-5，南京农业大学档案馆保存。

③ 《本室临时工登记表、介绍信及在查抄方志工作中的信件》之中国农业遗产研究室临时工作人员简历表，农遗室复校前档案第 1 盒，1957，案卷号 57-5，南京农业大学档案馆保存。

④ 《章楷先生访谈录》，2010 年 1 月 14 日，曾京京主访并整理。

⑤ 《本室临时工登记表、介绍信及在查抄方志工作中的信件》。农遗室复校前档案，案卷号 57-6，南京农业大学档案馆藏。

⑥ 《业务考核调查登记表 桑润生》，1963 年填写。

对，另从北京图书馆分出一人，共同工作，另拨一人为抄写小组长，至于抄写人员则通过北京大学工会发动职工家属担任。①

总结上引史料，招募人员的工作由高到低分三个层次：看书—校对—抄写，薪酬也是有一定差别，一身多能者按高层次发放薪酬，有确定成书年代能力者所获薪酬最高。以下摘录北京临时工简历、工作性质及给付薪酬，以见当时录用和管理情况。

祝　亨　54岁，中学毕业，调书归库兼总务，工资，1.5元/日

王中一　47岁，私塾、中学学历，抄写，工资，1.3元/日

徐延年　62岁，北京大学法律系毕业，看书、收集资料兼校对，工资，1.5元/日

路河澜　49岁，初中，陆军军需学校附设教育班第二期毕业，抄写小组长、校对，工资，1.45转1.5元/日

孙弼忠　45岁，中学，黄埔六期、南京陆军炮兵学校，抄写、校对、编目、制卡，工资，1.45元/日

邱　霖　61岁，保定陆军军官学校，校对、看书，工资，1.5元/日

石晓晖（女）　45岁，国立北平大学女子文理学院，收农业目录资料，工资，1.5元/日

康伯藩　59岁，北京大学毕业，看书，校对成书年代，工资，1.6元/日

陈仲益　53岁，北京大学研究所国学门研究生，查证成书年代，工资，1.5元/日②

查抄中及时进行业务总结与指导，如上文所述，恽宝润先生主持北京工作，发现问题立即召开业务会议，大家交换意见，统一认识及步骤。在工作中注意发挥小组长的作用，如抄写方面，恽宝润先生在工作总结中“希望大家进一步熟悉《抄写格式说明和实例》，切实按照规定格式抄写，消灭将不同性质的材料抄在一张纸上的现象。希望小组长进一步发挥掌握格式、改正错漏的

① 1957年2月9日恽宝润致万国鼎信，南京农业大学档案馆保存。

② 《本室临时工登记表、介绍信及在查抄方志工作中的信件》之中国农业遗产研究室临时工作人员简历表，南京农业大学档案馆藏。

作用。今后如有抄写不符规定者，必须退回重抄"①。这说明当时不仅及时检查，发现问题立即开会讨论，指出问题，统一认识，并及时纠正或返工。这中间抄写小组长发挥了组织和监督的作用。

在"大跃进"热火朝天的年代，对他们的工作效率有较高要求。恽宝润1957年6月19日致万国鼎信，讲到在天津查抄的情况，"从北京去了四名临时工作人员，17日开始工作，到6月12日，工作27天，完成方志101部，收集资料281 753字，平均每天完成3.74部，未达到四部的计划"②。可见当时对工作进度的要求是很高的。这一年全年的工作情况也有全面的统计：

一年来在北京七个图书馆查抄农业资料工作是逐步开展的。……工作人员来自北京市的。平均第一季度为27人，第二季度为36人，第三季度为35人，第四季度为45人，每月平均为37人。全年查抄的地方志和笔记杂考总计为5 082部，每月平均为440部。③

以上统计，如果按各月平均人数37人与每月平均查抄方志笔记杂考440部来算，每人每月要查抄11.9部方志，可以想见当时工作是很紧张的。

不仅如此，北京方面对临时工作人员的出勤、抄写量、校对量、看书量、误差量都有检查与统计。抄、校、看每日的标准，如恽宝润先生提出每日抄写达到2 500字以上，校的标准应在16 000字以上。实际情况是每日校对从未达到18 000字，但抄写数量却有明显上升，从5月的2 704字，达到11月的3 171字。④

以下移录1957年北京方面几份统计表（表3-1，表3-2）。

表3-1　北京临时工作人员1月抄写工作汇总及误差统计（1957年1月30日）

姓　名	实际工作天数	抄　写总字数	每　日平均数	差　错总字数	差　错千分率	备考
高序东	16	43 973	2 748	79	1.8	

① 以上俱见《北京3月份查抄方志资料工作小结》，南京农业大学档案馆保存。

② 1957年6月19日恽宝润致万国鼎信，南京农业大学档案馆保存。

③ 《1957年度北京小组工作报告》，南京农业大学档案馆保存。

④ 《本室临时工登记表、介绍信及在查抄方志工作中的信件》之《关于八九月间几项工作问题的检查》，此文是当时一小组长写的，未署名。南京农业大学档案馆藏。

（续表）

姓　名	实际工作天数	抄　写总字数	每　日平均数	差　错总字数	差　错千分率	备考
陈　耀	18	41 515	2 306	75	1.8	
李葆英	17	46 702	2 748	28	0.59	
张采荪	8.5	17 667	2 078	46	2.6	
何庸盦	9	23 336	2 593	48	2	
徐墨林	9	19 036	2 115	27	1.4	
吴英杰	9	15 911	1 768			缮写之件尚未完成，因而未记差错
田沛霖	8	17 071	2 134	58	3.3	
合　计	94.5	225 211	2 383	361	1.6	以上计第一组三人，组长晁仲瀛，第二组五人，组长韩熙林，晁仲瀛抄写 6 600字，未统计在内

资料来源：《本室临时工登记表、介绍信及在查抄方志工作中的信件》。农遗室复校前档案，案卷号 57-6，南京农业大学档案馆藏。

表 3-2　北京各馆抄写人员工作数量表（1957 年 12 月）

馆　别	姓　名	抄写字数	实际工作日数	每日平均字数	附　记
北　图	李　宏	56 136	15	3 740	差错 0.05%
	刘　姝	77 308	24	3 221	差错 0.03%
	吴石君	76 155	24	3 173	差错 0.1%
	薛耐寒	63 891	21.5	3 033	差错 0.1%
	张文阁	61 996	20.5	3 024	差错 0.06%
	张桓武	37 909	16.5	2 352	差错 0.1%
科　学	刘德成	65 331	17	3 843	差错 0.1%
	巴书林	58 603	17.5	3 348	差错 0.12%
	王芝芬	77 351	24	3 264	差错 0.09%
	徐洁民	47 074	17	2 769	差错 0.1%
	张武堂	50 469	20	2 523	差错 0.1%
北　大	马洗尘	62 376	22.5	2 770	抄写善本

（续表）

馆　别	姓　名	抄写字数	实际工作日数	每日平均字数	附　记
清　华	徐墨林	60 637	19	3 191	抄写善本
合　计		795 236	258.5	3 076	

资料来源：《本室临时工登记表、介绍信及在查抄方志工作中的信件》。农遗室复校前档案，案卷号57-6，南京农业大学档案馆藏。

由这些表格可以感受当年对查抄工作的细致管理以及紧张有序的工作状态。就差错率来看，经过不断总结提高，12月显然比年初降低幅度较大，说明管理督促颇有效果。在查抄时往往一次调五六百部书出库，但从未丢失一本，也可见大多数临时人员工作态度都是非常认真的①。

九、方志资料的整理、装订

方志查抄工作到1958年春结束，在此之前整理工作已经启动。章楷先生说："1957年9月开始把方志的资料和笔记杂考的资料分类整理装订，这个工作由我和陈祖槼同志始终其事。大致资料的取舍和分类等问题由陈祖槼同志解决，事务方面的工作由我负担。为了排定各部方志的次序，对于古今地名的变动，不能不做仔细的考订，在这方面费了我不少时间。这项工作一直到1958年秋季仍然没有能完全结束。"②陈祖槼先生也说："1957年下半年领导派我和章楷同志一同整理方志资料。在工作过程中遇到有问题而不能当时解决的，终是把它记录下来，不马虎随便解决。"③

1959年全室人员全力编撰《中国农学史》，方志及笔记杂考资料的整理暂时搁置。1960年秋继续推进这一工作。章楷先生说，1960年9月以后，按陈恒力（1957年12月来室）副主任的要求，重拾整理方志、笔记杂考资料的工

① 《本室临时工登记表、介绍信及在查抄方志工作中的信件》之《关于八九月间几项工作问题的检查》，此文是当时一位小组长写的，南京农业大学档案馆保存。

② 南京农学院复校前档案，《业务考核调查登记表 章楷》，南京农业大学档案馆藏。

③ 南京农学院复校前档案，《业务考核调查登记表 陈祖槼》，南京农业大学档案馆藏。

作[①]。1961 年的工作计划说：“去年九月份开始把过去未整理的 2 500万字的方志和笔记杂考的资料继续整理，预计今年六月份以前，可全部整理完成。”[②]章先生等把资料分综合、物产和分类三个部分，章先生说：“这项工作前后共做了一年半的时间。起初这项工作由我和吴君琇同志外，还有杨超伯和茆诗发（俱系临时人员）两位同志。1961 年 2 月，杨、茆二位解雇后，便由我和吴君琇同志继续进行下去。中间陈祖椝和潘鸿声两位同志也帮助整理了一部分资料。最后把笔记杂考的资料包括旧金大时代搜集的和解放以后搜集的都整理装订起来。方志分类资料因要拿出去核对，没有装订。1963 年 9 月开始，我和吴君琇先生把遗留下来没有装订的方志分类资料整理装订。至此，过去搜集的资料基本上都装订起来了。”[③] 吴先生也谈了自己的部分工作情况：“1963 年上半年将打散的方志资料还原，装订方志 120 本，编写页码。补充校对方志 400 本中的公元年代。”[④] 朱自振先生 2010 年相告：“我来的时候大规模的收集资料已经结束了，当时主要是在做整理工作，整理就是分类、编码，这工作主要是已故的吴君琇搞的，吴君琇国学根底很深，做此工作绰绰有余，把抄来的资料整理装订成册。当时还有胡锡文的夫人厉鼎薰也参加了，还有章楷，主要是他俩人（指吴和章）做的。”[⑤]

总之，到 1963 年年末，随着方志资料及笔记杂考、类书资料悉数整理完毕，历时 8 年之久的资料查抄工程才彻底结束。将资料分类并考订古今地名、补充公元年代，这项工作仍然需要严谨精细的专业态度，与统筹全局的专业素养，更需要甘为他人作嫁衣裳的奉献精神。这里提到的吴君琇先生，当时在农遗室管理行政及图书事务。她出身文化世家，祖父吴汝纶曾任京师大学堂总教习，清代桐城学派后期的代表人物。吴先生自己雅擅诗词，有诗集传世。她在

---

① 南京农学院复校前档案，《业务考核调查登记表 章楷》，南京农业大学档案馆藏。

② 《中国农业遗产研究室 1961 年工作计划初步意见》，农遗室复校前档案第 13 盒，1961，永久，案 61-3，南京农业大学档案馆保存。

③ 《业务考核调查登记表 章楷》，南京农业大学档案馆藏。

④ 《业务考核调查登记表 吴君琇》，农遗室复校前档案第 16 盒，1963，南京农业大学档案馆保存。

⑤ 《朱自振先生访谈录》，主访及整理曾京京，地点南京农业大学逸夫楼，2010 年 9 月 9 日。

文史方面造诣深厚。经上述诸先生对这批文献做最后的整理、装订，这批凝结几千年祖先智慧的珍贵文献终得安立庋架之上，荦荦有序如萧何馈饷，只待韩信建功立业。

十、方志农史资料的成功收录是集体分工协作的硕果

从全国各地有关机构和个人处搜集地方志中的农史资料以及笔记杂考和类书中的农史资料，这项浩大的学术奠基工程，是在统一领导、分工协作的运行机制下顺利推进的。其中，万国鼎先生是这项工作的核心，所有的收集步骤都是他亲自筹划的。同时这也是一项集体分工协作取得的优质学术成果。当时农遗室所有工作人员都参加了这一工作，只是有些人在写业务自述时没有提及。2009 年 11 月 20 日叶静渊先生在访谈时说："《先农集成》收笔记杂考、经史子集，而方志只收了很小一部分，于是组织人从各地收集地方志，全室人都参与这一工作。"[①]除了上面提到的诸位先生，其他如胡锡文（1955 年 8 月来室）、叶静渊（1955 年 11 月来本室任实习研究员）、李长年（1956 年 8 月来室）、邹介正（1956 年 12 月来室）、宋湛庆（1957 年 9 月来室）等先生都不同程度参加了这项工作。

特别要说的是章楷先生不仅参加了查抄、核对，并为这些资料的后期整理加工付出了大量的心血，章先生事后说：

从 1956 到 1963 年大部分时间都在搜集资料和整理资料。所以说在八年中，除了写成上述几篇稿子之外，整理装订资料也应该说是我们的成绩。我先后整理装订的资料计：《方志物产》431 本，《方志综合资料》120 本，《方志分类资料》120 册，《中国农业史资料》农事农政两部分 30 余本，《农史资料续编》140 余册，《古农书著录资料》20 册。这近千册的资料是很多人集体力量装订起来的，我是这许多资料整理装订过程中自始至终参加的一个人。[②]

---

① 《叶静渊先生访谈录》，2009 年 11 月 20 日，曾京京记录并整理，访谈在叶先生家中进行，南京农业大学人文学院学生常会阔等主访。

② 《业务考核调查登记表 章楷》，南京农业大学档案馆藏。

叶静渊先生说：

地方志抄写的事情章楷比较清楚。他参加搜集整理。……资料收回来，你得把它整理出来，不然一堆一堆无法利用。整理出来要装订成册，就跟把《先农集成》装订起来是一样的。室里面装订的方志有几百本，这项工作是章楷老师做的。①

在这次查抄工作中，负责北京方面的恽宝润，还赴天津、山东、辽宁、沈阳、陕西、甘肃、河南、山西、河北等地查抄，即华北、东北、西北都由他负责。不仅工作范围最大，而且只有他留下了比较详细的工作档案和数十封向万国鼎先生汇报工作的信函。但是在“三反”运动中他受到了严厉的批判，说他铺张浪费，用人唯亲，等等，最后受到被清退的处理，“文革”后才恢复名誉。他的遭遇是时代的产物，我们今天阅读使用这批资料，还是应该肯定他当年的工作。

还要指出的是，虽然“大跃进”激发了人们的工作热情，有助于提高工作效率，各地图书馆尽量给予便利，各地劳动部门和民革对于介绍临时工作人员给予协助。但是政治运动接踵而至，很多单位都要搞运动，往往不接待读者，使查抄工作受到许多不必要的干扰。恽宝润 1958 年 1 月 7 日致信万国鼎先生，提到北京看书地点各单位频繁开会，十分影响进度，如故宫天天开会研究下放工作，书调不出来，只好临时分散工作人员到其他方面，十分浪费时间。又当地临时工多民革成员，也要时时参加反右等一系列会议，请假不容易。此外，赴外地的人员包括临时工每到一地，需要解决住宿取暖等一系列生活问题，这些他们都想办法克服解决。

小　结

20 世纪五六十年代，农遗室老中青三代工作人员以对整理祖国农业遗产事业的高度责任感，八年求索，纵横万里，从那些分散在全国各地的方志及笔

① 《叶静渊先生访谈录》，2009 年 11 月 20 日。访谈在叶先生家中进行，南京农业大学人文学院学生常会阔等主访。

记杂考、丛书类书中摘录出6 000万字840余册农史资料[①]，整个过程牵涉之广、披阅抄录方志之完备、学术思路之宽阔、监督检查之严格，即使是在信息化、数字化的21世纪，仍然令人深为感佩。2010年秋，也就是在50年后，朱自振先生仍然坚定自信地说："我要说的是这份资料真正是遗产室被国内外所称道的，是农遗室的骄傲，从万国鼎开始到陈恒力结束，室内人员倾巢而出，老老少少。"[②] 此外，除了付出巨大的人力精力，还有国家财政的巨大支持，据核算成本，总花费达20余万元（作者：不包括后来的整理装订）[③]。这在当时绝对是一笔巨款。

附：中国农业遗产研究室20世纪五六十年代查抄方志资料的成果

（一）《方志物产资料》共有430本，物产（补遗9本），物产及综合资料总目一本，上至宋元明清迄民国解放前夕，包括全国各省范围，除国内失传少数版本外，基本全部抄存所载物产部分。可以看出各地物产及农产品分布发展情形，包括各种名称推广及引进等大略情况。

（二）《方志分类资料》共120本，采自方志内各部分，如风俗杂记水利山川等项，凡涉及农业问题均收入之，按照资料性质，予以分类。内记载各地区历代耕作制度及耕作方法，产量习俗。如蚕桑、畜牧、果树、花卉、蔬菜、

---

① 关于总字数有几种说法，《1958年农遗室工作总结》："1955年下半年起到1957年年底本室共收集资料3 000万（字）"。1959年农遗室为中国农业科学院编写《十年农业科学》第23章《祖国农业遗产》："1955年冬开始，至1958年3月止，先后在21省市60个图书馆查阅了8 000多部地方志和1 000多部其他地理类图书，摘抄有关资料约6 000万字。1958年将此项资料的大部分整理装订为《方志物产》431册，《方志综合资料》120册（布面精装），另有分项归类的一部分没有装订。"《农遗室1961年全年工作总结》："第一季度完成全国8 000部方志中摘抄的4 000万字资料的整理"。1963年农遗室上报中国农业科学院的《农业遗产研究工作十年规划简要说明（草案）》，"到1958年为止，查抄了方志8 000多部，笔记杂考等2 000多部，补充辑录资料约6 000万字。"因尚未见到单独说明查抄笔记杂考资料的总字数，综合这些档案文献，大体可以说，些次查抄方志、笔记杂考类书，共摘抄资料约6 000万字，其中方志约4 000万字，笔记杂考类书约2 000万字。

② 《朱自振先生访谈录》，主访及整理：曾京京，地点：南京农业大学逸夫楼，2010年9月9日。

③ 《中国农业遗产研究室工作总结》（1958年12月），农遗室复校前档案第7盒，1958，长，案58-2。

土壤肥料、农具等，共分为60余项目。每一分项先按地区分类，后按年代编排。

（三）《方志综合资料》共120本。包括各地区不同年代的农业技术及耕作情况的综合论述。举凡农民生活、习俗、饮食、服用及气候、季节、商业、贸易、农谚、方言等，包罗万象，普遍收入。可以对每一地区之概貌，有较全面之了解①。

（四）《农史资料续编》157余册，分植物、动物、农事、农政四部分编排。

第三节　以《先农集成》为资料库，编纂《中国农学遗产选集》

农史资料从广义上说是所有古籍中涉及农业的内容，万先生以一位目录学家的眼光，希望能够从四库浩繁的文献中，网罗所有关涉古代农学农业的内容，从而为研究中国农业史打下一个坚实的基础。这个工作1924年起步于原金陵大学图书部，后转到农经系农业历史组继续进行，1937年因抗战全面爆发而中止。据万先生说当时前后参加这一工作的人员有十多位，我们今天仅知道有万国鼎、陈祖槼、胡锡文几位先生。这十几年的工作取得的成果就是“从860多种古书上辑录的有关农业的资料约有3 000万字以上”。抗战以后，万先生在地政学院任教授，陈先生、胡先生等也从事其他工作。抗战期间，这批资料曾随原金陵大学西迁巴蜀，抗战后虽重归故地，但长期无人问津，状态甚为清冷。

解放后，南京农学院立校于南京城内丁家桥，一次偶然的失火，这批资料才得以重见天日，并引起金善宝院长的高度关注。彼时国家正大力提倡整理祖国文化遗产，金院长迅即行动，先于1954年春将万国鼎先生从河南省农林厅

① 《中国农业遗产研究室历年整理有关农业资料简述》（1964年8月），南京农业大学档案馆保存。

调回南京农学院，次年2月又调陈祖槼先生归队，陈先生说："党和政府重视农业遗产工作，1955年2月把我从奉化中学调回到南农重新搞这项工作。"①同年3月又将农经系毕业生李成斌先生留校，并立即部署对这批资料的整理加工。

整理这批资料是当时南农开展整理祖国遗产的重点工作，并且多次向农业部领导汇报进展情况。南京农学院1955年3月25日写给农业部的《整理祖国农业遗产工作计划草案》首先就介绍这一工作的进展及计划，"我院自1954年4月起开始整理以前辑存的中国农业史料，并作进一步研究农业史的准备，现有专职工作人员万国鼎（1954年4月到职）、陈祖槼（1955年2月到职）、李成斌（1955年3月到职）三人。根据现有人力和物质基础，乃拟在本年内完成下列三项整理资料的工作。"其中第一项就是"现有资料的整理装订。"万先生后来谈到当时的情况，说"调来南农的第一年……主要任务是整理积存的资料，装订成册"。陈先生在1964年也说：1955年2—5月整理和装订《中国农业史资料初编》，"从一到南农，领导就叫我整理过去金陵大学收录的3 000万字的资料，万主任也一同参加，后来李成斌、吴君琇两位同志也加入了。我们大约花了4个月的时间把它整理分订为420册，这项工作可说是如期完成任务的。"② 所以，在农遗室正式成立前，万、陈、李、吴几位先生已先行将这批资料整理出来，并装订成册。这套资料定名《农史资料初编》，也称"红本子"，共556册。

1954年春夏间万国鼎先生详细阐述了对这批资料的工作的旨趣：

为进一步深入研究中国数千年来积累的农业生产技术和经验，更好地服务于社会主义建设，而做资料的准备。这一工作始于19世纪20年代，《先农集成》是也，该集成辑自860种古书，字数在3 000万以上，包括：（1）植物（栽培及野生植物），约占总字数52%；（2）动物（家畜、家禽、蚕、昆虫及

---

① 《业务考核调查登记表 陈祖槼》（1963）。农遗室复校前档案第16盒，1963，南京农业大学档案馆保存。

② 《业务考核调查登记表 陈祖槼》（1963）。农遗室复校前档案第16盒，1963，南京农业大学档案馆保存。

其他动物），约占28%；（3）农业技术，约占4%；（4）农业经济，约占16%。这些资料都有待补充。以上已辑录的资料现经初步检查，发现有一些散佚，但散佚不多；次序混乱的，已重新依序编排；惟农经系统较乱，须做一番详细核对工作。①

在上述先生整理这批资料的同时，1955年4月25—27日农业部中国农业科学院筹备小组在北京召开整理祖国农业遗产座谈会，与会专家都赞成把南京农学院所存《中国农业史资料》分题整理陆续出版，万先生说："1955年4月，（中国）农业科学院筹备小组召开整理祖国农业遗产座谈会，会上主张我们把这些资料补充整理出版，并提出一些具体办法，化整为零，先出在农业生产上比较重要的十个专辑。"即稻、麦、杂粮、棉、油料作物、柑橘类、蔬菜、茶、牛、治蝗十专辑②。会后南京农学院对座谈会前的草案作了补充说明，给这套资料拟名为《中国农业遗产资料选集》③。

农遗室成立前后所制订的科研计划始终将编写专辑放在工作的首位，如1955年的计划第一位就是"整理出版《中国农业遗产资料选辑》"，其工作思路是：

以1937年以前从860多种古书上辑录的有关农业的资料为基础，再补充收集笔记杂考及各省府县志上的有关资料，分类汇总整理，编为各个专辑出版。要求在1956年内编竣付印稻、麦、杂粮、棉、油料作物、柑橘、蔬菜、茶、牛、蝗灾及其防治、土壤肥料等十一个专辑的上编。1957年6月以前完成补充收集资料的工作。1958年年底以前，陆续编印所有其他各专辑及上述十一个专辑的下编（下编全属府县志上的有关资料）④。

---

① 《中国农业史料整理研究计划草案》（写于1954年6—7月），农遗室复校前档案第2盒，1954，长，案卷号：54-1。

② 《1955—1967年中国农业遗产研究计划初步意见》，农遗室复校前档案第2盒：《整理祖国农业遗产工作计划、座谈会记录摘要等》1955，长，案卷号55-1，南京农业大学档案馆藏。

③ 《对于原送整理祖国农业遗产工作计划草案（1955年3月25日）的修正》，《中国农业科学院技术组、农业部宣传总局关于整理祖国农业遗产会议通知》，文书处理号25，1955，长期。

④ 《南京农学院的科学研究工作》（1956），农遗室复校前档案第2盒，《南农1956—1957科学研究计划》，案卷号：57-4，南京农业大学档案馆藏。

从1955年下半年到1958年，在组织全国方志查抄的同时，编印专辑也是农遗室的重要任务，为补充《先农集成》之不足，万先生提出进一步收集笔记、杂考、丛书，类书中的农史资料，查抄了“近4 000种笔记、杂考、杂说”。[①] 这套由笔记杂考中摘抄的农史资料编为《农史资料续编》150余册。《农史资料初编》《农史资料续编》就是编纂《中国农学遗产选集（上编）》的资料库。

最初制订了颇为庞大的工作计划，为此农遗室投入了大量的人力和物力，如1958年4月写给中国农业科学院的工作报告说：

两三年来，我们已经在编辑《中国农学遗产选集》的工作上，投下巨量人力物力。

我们准备今年（指1957年）年内，从原计划在1964年内编完的118个专辑中，重点选出11个专辑，即稻、麦、棉、杂粮、豆杂、柑橘等六个专辑的下编和茶（原计划订为蝗专辑，现拟改为茶专辑）、麻类、油料作物、果树、牛、羊、猪等五个专辑的上下编，于1958年内完成。除此以外，我们还准备争取编完甘蔗、烟叶、马驴骡骆驼、家禽、蝗虫、土壤肥料、农田水利、农具、耕作技术等九个专辑的全部或一部分。这样原来计划在1964年年底才能完成的专辑工作。我们用突击精神今年年内可以完成其主要部分[②]。

从上引文献看，农遗室成立之前就有编辑118个专辑的庞大计划，但是“从1955年下半年到1957年年底，交印的《中国农学遗产选集》，只有稻、麦、棉、杂粮、豆类、柑橘等六个专辑的上编”[③]。所以，到1957年时调整计划为：1958年完成已经编出的6个专辑的下编（专门收录地方志农史资料）以及其他5个专辑的上下编，并要以突击的精神完成原定1964年完成的其他9个专题。比起原先118个显然大大压缩了。

---

① 《中国农业遗产研究室历年整理有关农业资料简述》（1964年8月），南京农业大学档案馆保存。

② 中国农业科学院研究科《1957年部分室所工作总结》之《中国农业遗产研究室工作报告（1958年4月）》文书处理号19，1957，长期，中国农业科学院档案室保存。

③ 中国农业科学院研究科《1957年部分室所工作总结》之《中国农业遗产研究室工作报告（1958年4月）》文书处理号19，1957，长期，中国农业科学院档案室保存。

但是一直到“文革”前，一共只出了8个专辑。这套资料以《中国农学遗产选集》结集出版，《常绿果树》部分也已经写好，但未及出版，由于“文革”影响，遂搁置一旁。

《中国农学遗产选集》甲类上编出版情况（表3-3）：

表3-3 《中国农学遗产选集》甲类上编出版情况

作者	书名及出版年份	作者	书名及出版年份
陈祖椝	稻（1958）、棉（1957）	胡锡文	麦类（1958）、粮食作物（1958）
李长年	豆类（1957）、麻类作物（1960）、油料作物（1961）	叶静渊	柑橘（1958）

万国鼎先生为这8个专辑写了一篇总序言，全面说明了编写原委、编写主旨与史料判定原则。兹逐录于下：

《中国农学遗产选集》总序 （1956年10月）

《中国农学遗产选集》是尽可能地辑录我国古书上有关农业的资料，分类集中，选编为各个专门问题的资料专辑而成。这些专辑分为下列四类：

甲类 植物各论（例如稻、麦、棉、茶、柑橘、菌类等专辑）

乙类 动物各论（例如牛、马、羊、猪、养鱼、养蚕等专辑）

丙类 农事技术（例如土壤肥料、耕作技术等专辑）

丁类 农业经济（例如灾荒问题、土地制度等专辑）

前面所说的古书，除《氾胜之书》《齐民要术》等综合性的农书和《竹谱》《茶经》《橘录》《蚕书》等专题性的农书以外，包括经史子集中载有有关资料的各种书，特别是史籍、方志、笔记、杂考、类书、字书等；从先秦直到1949年中华人民共和国成立这个期间的书籍，除掉现代科学性的写作以外，都包括在内。在这些选取资料的书籍中，方志最为大宗，国内现存的约有7 500种（南京约有4 000种），到最近还只查抄了南京的四分之一。方志以外的书籍，在南京所能看到的，已基本上查检抄录完毕，约计2 000多种。

这套选集的各个资料专辑，顾名思义，完全是古书上有关资料的原文的汇编，保存原样而不加改动。但是由于古书版本不同及辗转引用，字句之间，往往有错字、脱文或删改、混淆等，我们尽可能做了校勘工作。同时为了便于查阅，我们又尽可能做了一些整理和加工的工作，其中主要的是：1. 每一资料都附注作者姓名及写作年代，必要时还略述书的真伪问题；2. 对于资料的点句；3. 遇有疑问或需要指出重要问题时，间附编者按语；4. 遇有古今名实发生异同发生问题时，做了必要的考证与说明（并于动植物种类附注学名），然后按实归类；5. 对于内容比较复杂的专辑（例如土壤肥料专辑），在页边附注指示资料内容的小标题；6. 附加索引。此外并为每一专题写一篇导言，扼要地说明各该专辑的对象在祖国历史上的发展过程以及资料的性质、要点等，希望能对一般读者利用这些资料时起一些导向作用。

我国历史悠久，地大人多，劳动人民在无数世代的农业生产斗争中，积累了丰富的宝贵经验与辉煌成就。我们今日自然不应满足于已有的成就，应当尽速赶上世界最先进的水平。但是一切科学总是在已有基础上继续前进的，在富有地域性的农业中，前人的经验，更加重要。这些专辑的编印，主要就是为着使各地的专家们，可以方便地利用古书中的有关资料，结合实地调查，对祖国农学遗产加以适当的整理、利用和发扬，为增加农业生产和促进科学研究服务。

我在 1924 年 1 月开始在金陵大学从事祖国农学遗产的搜集与整理工作，打算辑录古书中有关农业的资料，汇编为《先农集成》。先后共事的有十多人。到 1937 年抗日战争发生中途停顿。在国民党反动政府下得不到支持。直到全国解放后，党和政府重视祖国遗产，南京农学院遵照中央意志，调我归队。1954 年春开始打开封存多年的战前所积集的 3 000 万字资料，整理编排，至 1955 年春夏之间，装订成布面精装 420 册。同年 4 月，农业部中国农业科学院筹备小组召开整理祖国农业遗产座谈会于北京，指示我们把这些资料加紧补充整理出版，并于 7 月成立中国农业遗产研究室于南京农学院，要求争取于 1959 年以前基本上完成这套选集的编印工作，以便在全国范围内利用这些资料，展开对祖国农业遗产的研究。

现在研究室中，连30位左右临时抄校人员在内，共有40多人。十分之九以上的人力，集中于这套选集的资料的补充搜集和考订编辑。每一专辑均由一人或二人负责主编，以专责成，但是资料是先后经过多人的查阅抄校，然后分类汇总的；在编辑过程中，查对原书，是有若干人协助的；每一资料的查注作者姓名及写作年代，是另有专人负责的。所以实际上，即使就每一专辑说，仍是一种集体工作。

从这篇总序看，虽然是一项资料辑录工作，但事先一再强调要核定作者及成书年代，万先生在自己的自传中特别指出“专辑的编辑体例，基本上还是沿袭《先农集成》的原计划，查对原书，记注每一资料的作者和写作年代，按照年代先后编次。”即万先生的出发点是为读者或研究人员使用此套资料提供可靠的历史文献的鉴别结论，为后续的研究扫清障碍，节省时间。这也是这套资料具有学术价值的前提。对这部分工作万先生始终坚定不移，尽管有个别先生甚为不解。参加专辑编纂的先生们大多认真遵循这一编写原则。

虽然是一份资料汇编，但是主持者还是觉得没有先例可循，进展并不很顺利。如1956年1月临时决定当年完成十一个专辑上编的编辑工作，“结果只完成了四个专辑——八月编竣《稻》《麦》两专辑，九月编竣《柑橘》专辑，十二月编竣《棉》专辑，共约60万字。其余各专辑尚在进行中。没有能如期完成计划的主要原因是：这一计划原是在加人力的基础上拟定的，但是人员没有得到及时的补充。同时这些专辑还是第一次试编，缺少经验，但心中又希望尽可能把质量提高，可靠而适用，因此在编辑过程中，不断出现意外的困难，工作量远远超过我们的预计。虽各主编人及有关人员等努力赶做，在暑期中不但没有休假，连星期日和晚间都紧张地工作，预定在6月底交稿的《稻》《麦》两专辑，还是延期到8月底才交稿……在初次试编这些专辑的过程中，不但因为没有成规可循，发凡起例，往往需要一再考虑，甚至一再更改，才作最后决定，因而带来了不少麻烦。”①

这8个专辑各有凡例，但主要内容基本相同，对于资料的时间判断均在第

① 《中国农业遗产研究室1956年工作总结报告》，南京农业大学档案馆保存。

4 项中详细说明，如《稻》专辑凡例第 4 项：凡古书的写作年代不能确定为哪一年的，尽可能注明接近的较短时期，时期名称及其包括年份和排列方法如下：6 世纪初包括年份为 501—510，排列次序在 509—510 之间，以下类推，前期对应 501—530 年，排在 529—530 之间，以下类推。更多内容，原书具载，兹不一一罗列①。也就是想尽办法，保证史料的学术价值。以下 5、6、7 三条仍然是对时间处理的进一步说明。

时间是历史学成立的主要的学术逻辑，年鉴学派创立者马克·布洛赫说："历史是人在时间中的科学。"在农遗室成立之初及之后的十年，万先生在编这样一套资料汇编时，对资料的时间判断是如此无所不用其极地坚持与实施，即便在今天仍令人深感敬佩。

万先生提到的名实问题，是农史研究也是编写专辑的棘手问题，专辑以"按实归类"的原则处理古今动植物的名实问题，这意味着编辑专集本身是以历史学的名实考证为前提的。对此主编者都做了不同程度的探究，有些专辑涉及品种的分类鉴别，其成果本身不仅是资料的辑集，且有研究的性质。如叶静渊先生在《中国农学遗产选集甲编第十四种柑橘》导言中指出"柑橘类果树包括的种类很多。为了便于读者阅读参考起见，本专辑尽可能地依照日本田中长三郎氏的分类系统，把资料作了初步鉴定，分别纳入黄皮属、枳、金柑属、枸橼、檸檬、柚、酸橙、甜橙、香橙、香圆和宽皮柑橘十一部分。至于泛谈柑橘类果树而没有指明哪一种的和兼论数种而又不便按种类分开的资料，则编为柑橘类，排在本专辑的最前面。"

各专辑的主持人遵万先生指示，为每专辑写有导言，这份导言其实也无前例可循，就是某农作物或某果树的栽培简史。所以这 8 个专辑，名为资料集辑之作，类似于古代的类书，其实是在新的历史条件下，结合现代农学理论与技术，对古代农作物和园艺作物做了一次系统的资料整理，其中运用现代植物分类知识对资料作归类排比，同时运用史学手段，对资料作为证据的可靠程度作了一番初步的鉴定。这些工作在当时虽一直有异议，但今天看来，仍有指引学

① 《中国农学遗产选集》甲类第一种《稻》凡例。中华书局（上海），1958 年 2 月出版。

术门路，减轻搜集资料的工作强度的优长之处，网络信息数据从系统性可靠性来讲，还不能完全取代这样一种在整体的目录学思想指导下，以现代农学分类原则建立总体框架，经分门别类地归纳排比而得到的农史资料。

对于当年编辑专辑的情形，叶静渊先生多年后仍记忆犹新：

万主任十分重视农史史料的收集整理工作，他认为，史料是从事农史研究的基础，是重中之重。只有先占有翔实可靠的第一手史料，然后具体进行研究，才能使所研究的成果符合或接近史实。……

在编《专辑》的过程中，万主任一再叮嘱工作人员：必须将所有的史料一一核对原书；并按实归类，加注动植物的学名；还要在编辑的同时进行一些初步的研究，写成"导言"，扼要介绍该《专辑》中史料的主要内容，附于该《专辑》中。他曾经说，这套《中国农学遗产选集》将是一项可以传之久远的最有价值的工作。故此，当时中国农业遗产研究室的大部分人力都被安排在这项工作中。①

可见，编辑专辑在万先生心目当中几乎是头等要务，整理编辑过程都是在落实万先生的学术理念，即不仅要将资料网罗殆尽，且要准确可靠，为以后的研究工作节省时间和精力。他是从整个学术研究的大局来着眼的。

第四节　重要古农书的校勘和整理

古农书是祖国农业遗产最直接、最集中的载体，是古代人民农业生产生活智慧的结晶，体现了中华民族精神生活和物质生活的独特风貌和演进轨迹。就整理祖国农业农学遗产这一体现国家意志的弘扬民族文化工程而言，古农书是最显而易见的着眼点，也是农史学科开拓学术领域的发力点。

如果从《夏小正》算起，中国农书的写作可上推到夏商周三代时期。战国时代《吕氏春秋》"上农"等四篇专门阐述农业生产，虽非单独成书，仍可

---

① 叶静渊：《忆万国鼎主任》，载《万国鼎文集》，王思明、陈少华主编，中国农业科学技术出版社，2005 年。

算是专门农书。其后历代都有农书编撰活动，可惜很多文献已经散失，现存的也是传本很少，除少数几种外，一般人很难看到。几种较常见的古农书，又往往颇有错字和脱文。而且古书有的很难读，资料的真伪与时代可能有问题，错字脱文容易引起误会，古字古语及方言不容易懂，古书没有标点，文字有通假，古今名物有变化，以致后人读古书往往发生不同的解释；即使文字比较浅显的，也未必就能了解其真意及其有关问题，特别是古书文字简略缺少理论性的解释。

从现实考虑，整理古农书可以更好地贯彻“古为今用”，让古代智慧在新时代焕发生机。正如王毓瑚先生所说：

所谓整理遗产，自然是抛弃糟粕，保留精华的意思。……现在进行这种整理工作，必须具有现实意义，换言之就是要同农业生产实际联系起来。通过整理，我们不但要确定我国劳动人民在农业生产理论和技术上的各种成就以及各种发现和发明的时代，而且更重要的是要尽量发掘出现在仍然具有现实价值的思想和工作方法，加以研究与发挥，借助现代的科学理论和技术条件予以提高。这也就是说，不应当是为整理而整理，一意钻到故纸堆中，忘却实际。整理农业文献必须是同到农民中间进行采访配合起来进行，光在文献上下功夫是绝对不够的。①

正因为古农书集中记载了中国古代劳动人民丰富的生产智慧，是祖国农业遗产内容最为丰富直接的载体，整理古农书在整个五六十年代都受到政府和学界的高度重视。当时一般认为整理古农书“需要做下列几种工作：（1）编印古农书总目，（2）重刊古农书，（3）标点注释古农书（及若干重要古农书的辑佚）。”② 这三项工作农遗室都有展开，以第一和第二项最为重要。

古农书是中国古代典籍的一个特殊组成部分，对其进行整理，工作原则与整理其他文史典籍大体相类。首先要别择版本，择善而从；既有版本，流传各

---

① 王毓瑚：《关于整理祖国农业学术遗产问题的初步意见》，载《王毓瑚论文集》上编，中国农业出版社，2005 年，第 14 页。

② 农遗室为中国农业科学院编写《十年农业科学》第 23 章《祖国农业遗产》，《蚕业作物植保所南京农业遗产室十年来农业科学成就》，文书处理号 74，1959，长期，中国农业科学院档案室存。

异，聚而校勘，需正讹谬、复原貌、补缺漏，或有目无书，需从旁书中将一书内容一一抄出，成一辑本。总之，正本清源，给世人以完整正确的读本。但时移世异，古人意思后人不能准确领会，还需要以时文加以解释疏通，为后人阅读理解扫清障碍。此外，整理古籍还需要按类编制目录，以便学者即类求书，因书究学，使一学科纲举目张，有条不紊。也就是说版本、校勘、辑佚、注释、辨伪、考证，编制目录，是整理古籍的基本要求，也是整理古农书的基本要求。①

古农书的汇校注释要求学者综合运用历史文献版本学、目录学、文字训诂学、现代农学知识，并结合个人对中国历史文化进程的总体把握，和对民众生活习俗的准确理解，为今人阅读古农书扫清道路，是学者治学水平的综合体现，在这方面万国鼎、缪启愉、陈恒力、邹介正等先生都有开创之功。以下分别从编纂古农书总目与校勘整理古农书两方面，叙述农遗室所做的工作。

一、编纂古农书总目

我们究竟有哪些古农书，这是清理祖国农业遗产时首先要问到的。万国鼎先生精通目录学，在解放前已开始对古农书做全面的摸底，著有《农书考》，收书90余种（手稿，未出版）。抗战前金陵大学曾编印《中国农书目录汇编》，收书千余种，但是有目无录（每书附加解题或提要的叫作录），编制也比较粗糙。王毓瑚先生的《中国农学书录》收农书500余种，对每种农书的作者版本内容都有考辨，但此项工作仍有进一步完善的空间。万先生等学者认为“我们需要来一次比较彻底的盘查。”②

万先生不仅追求书目齐全，而且力求内容充实，不仅方便检索，还要方便学术研究。他多次强调编写古农书目录“不但举出作者姓名，并且扼要地叙述作者事迹，为什么写这本书，或有何条件写这本书，对于书的内容的介绍，

① 可参见张舜徽《中国文献学》相关内容，上海古籍出版社，2005年。

② 农遗室为中国农业科学院编写《十年农业科学》第23章《祖国农业遗产》，《蚕业作物植保所南京农业遗产室十年来农业科学成就》，文书处理号74，1959，长期。

也不限制于少数比较重要的书，而且尽可能普及一般农书。”①

为了方便研究人员和其他人士查找资料，1954 年 7 月，万国鼎先生在规划南农整理祖国农业遗产事业时，列出 7 项工作内容，第二条：为便于使用并补充和丰富抗战前收集的资料辑集《先农集成》，编刊一部工具书性质的《中国农业科学史料便检》（以下简称《便检》）。并且以附件的形式全面阐述从事此工作的思路及方法：

编刊《中国农业科学史料便检》说明

一、理　由

研究中国农业科学各方面的历史，首先必须掌握有关资料。在我国历史文献中，这一类的资料是很丰富的。但是找起来相当麻烦。我们已经从古书中集辑 3 000万字以上，有关农业及动植物的资料，但是对于不很熟悉古书的人，利用这种资料作史的研究时，仍会感到不少困难。因为资料中只注明出自何书，没有说明各该书出于何时，其可靠性怎样，同时已辑集的资料并不很全，怎样去继续辑集，也是问题。因此，有必要对于我国有关农业科学的文献，作一全面的考察，扼要地写成一种工具书性质的便检，来配合已辑集的资料，帮助研究农业史的人可以较便利地利用并充分掌握有关资料。对于不能近便利用已辑集资料的研究者，这种《便检》尤其需要。

二、内　容

《便检》暂定分为下列各章：1. 绪论，2. 总论农业的书附月令，3. 农具、水利、栽培方法及占候，4. 粮食作物及技术作物，5. 园艺作物，6. 竹木，

① 《南京农学院整理祖国农业遗产工作计划草案（1955 年 3 月 25 日）》，《中国农业科学院技术组、农业部宣传总局关于整理祖国农业遗产通知会议》，文书处理号 25，1955 年，长期，中国农业科学院档案室保存。

7. 茶，8. 蚕桑，9. 畜牧，10. 鱼蟹水产，11. 其他动物，12. 总论动物的书，13. 总论植物的书，14. 本草，15. 博物，16. 方物，17. 诗书离骚名物疏，18. 饮食及农产制造，19. 荒政，20. 类书，21. 史籍、方志及政书，22. 杂考、杂记及其他。末附书名、著者及标题索引。除绪论为概论我国古农书及有关资料，附带说明本书的体例及范围外，对于总论农业的书，每种给予较详的介绍，其余各章则分类列举各该类的所有书名、著者、作于何时，目前存佚，有哪些版本，其稀见的则指出现藏何处，并于每类附加简单的总说与少量解释。惟二十一二两章，只能概括地介绍，择要举出一些书。

三、行进方法与工作条件

战前曾写过《农书考》90多篇，并从各种书目上收集有关资料。在这样的基础上进行，已较有头绪。仍须至各图书馆广泛查阅图书，在南京各图书馆广泛写作后，再到北京或更至其他地点查阅补充，以求尽量写得完备。①

万国鼎先生提出编写《便检》，首先是为了研究者或一般读者可以更好地利用《先农集成》——抗战前从860多种古书中收集的农史资料辑集，对内容加以分类，可以方便快速找到自己需要的史料；如果没有条件使用这套资料，也可以凭此《便检》找到原书，从中获取所需资料。其性质类似于引得，专为查找规定文献内具体内容指引快速路径。同时也兼有书目解题与提要的性质，稀见的注明收藏地点，可便于不能使用这套资料的人士寻得资料。《便检》将文史工具书引得的编写思路与介绍书目大旨的解题、提要相结合，非精通目录之学虑不及此。这是一项从农史研究全局考虑的基础性学术工程，谋篇布局切中肯綮，其学术胸襟和气魄令人敬佩。

1955年4月整理祖国农业遗产座谈会上，26日上午专门讨论整理古农书，关于编印古农书目录，与会专家谈了各自的工作情况：

王毓瑚先生：我已写过《中国农学书录》，计六七万字，包括500多种农

---

① 南京农学院经济学系拟：《中国农业史料整理研究计划草案》（1954年7月19日），农遗室复校前档案第2盒，1954，长，案卷号54-1。

业有关的书籍，按年代排列，注有书名、作者、版本及成书年代。

吕平先生：财经出版社已编了《中国古农书目录长编》，包括1 000多本，范围较广，除农业技术外还有其他书籍。

万国鼎先生：我处也在编写《中国农业史料书目提要》，内容以分类列举各书，每书指出作者姓名，成书年代，目前存佚，流传版本，并对其中罕见的指出其现藏何处，比较重要的略述其内容，以便研究利用。

座谈后一致意见认为：三书各有所长，均需出版，《中国农学书录》由财经出版社1955年出版；财经出版社版《中国古农书目录长编》先油印出来，向有关单位征求意见后出版；万国鼎的《中国农业史料书目提要》继续编写，完稿后出版。①

农遗室成立后，万先生编写书目提要的设想也放在工作计划中加以实施。1956年整理编纂古农书目录的工作分三部分进行：

1. 收集有关于书目的资料

在战前积存的关于古农书目资料基础上，继续收集。我们已经把南京能看到的目录类书籍查抄过，此次新查抄的目录书共769种，连前共计889种，所抄的资料绝大部分已经初步整理归类，为编写书目提要提供了便利条件。

2. 为《中国农学遗产选集》记注每一资料的作者姓名及写作年代

已经查考了792种古农书及有关图书的作者和成书年代以及282种有关农业的文章、诗歌等的作者及其时代，这一工作仍在继续进行中。

3. 编写《中国古农书及有关图书总目提要》

由于这一年绝大部分时间用在上述两个部分，只写成了关于《农政全书》的提要一篇，这部书的时代较近，也是很著名的。关于它的写作过程和版本曾发生了一些混乱的说法，不得不进行广泛的考证，并且还到杭州、上海两地进行调查。此外，对于《齐民要术》的作者贾思勰的生平事迹，我们也曾对山东济南、孟都、寿光等地访问调查。目前这一工作只有一个人在做，需要增加

---

① 《中国农业科学院技术组、农业部宣传总局关于整理祖国农业遗产会议通知》，文书处理号25，1955年，长期，中国农业科学院档案室保存。

二人或三人，才可以希望于1958年年底完成总目提要的编写工作。①

1956年主要由刘毓瑔先生负责《中国古农书及有关图书总目提要》，而且他的大部分时间还在协助编辑《中国农学遗产选集》，担负其中查考每一资料的作者及写作年代，当时认为如果不加人，需4~5年才能完成。② 此项工作短期内难以完成，但一直在推进之中，1958年制定的研究课题中列有此课题：

普查有关祖国农业遗产文献的出处和性质，编辑《中国古农书及有关图书总目提要》

研究内容：陈述古农书的作者、年代、存佚及版本及内容概要等，并简单介绍其他有关图书及其中有关农业的资料

研究期限：1956—1960

主持人及参加工作人员：万国鼎、刘毓瑔、孙家山

1959年的情形是，"南农存有抗战前从100多种书目中辑录的有关古农书的资料。研究室成立后，先后在南京、北京两地翻检了1 000多种目录类的书籍，摘抄于卡片，为编写古农书总目准备了有利条件。因为忙于别的工作，这个总目还没有编写，只写了《茶书总目提要》（《农业遗产研究集刊》第2册，1958年10月），收书约100种。此外，还有对个别古农书作较详介绍的，散见各刊物。"③

1962年，农遗室应中国科学院自然科学史研究所的要求，介绍自建室以来所做的工作，当时的情况是"和整理古农书相结合的还有《古农书总目提要》，已经从1 000多种目录类书籍中查抄关于农业的记载，并写有200多部农书的提要。"④

---

① 《中国农业遗产研究室1956年工作总结报告》，院办《农业遗产室总结报告与统计报表》1956年11月30日，暂，院（56）-20，南京农业大学档案馆保存。

② 1956年11月16日万国鼎致朱局长（农业部）信。农遗室复校前档案《本室1960年科学研究项目及执行情况》，1960，长，案卷号：60-3。

③ 农遗室为中国农业科学院编写《十年农业科学》第23章《祖国农业遗产》，《蚕业作物植保所南京农业遗产室十年来农业科学成就》，文书处理号74，1959，长期，中国农业科学院档案室保存。

④ 农遗室为中国农业科学院编写《十年农业科学》第23章《祖国农业遗产》，《蚕业作物植保所南京农业遗产室十年来农业科学成就》。

由于极左政治风气影响，“文革”前此项工作时续时停，到1964年8月，对原金陵大学有关农史资料以及20世纪50年代中期补充的相关农史资料进行书目整理著录，“除书名外，附有书的内容和作者写书的简单介绍。共装订20本，其中一大部分是接收的旧资料，以后历年续有补充，虽非完备无缺，但可供对农书考证者作一般的参考。”① 这套资料名为《农书著录资料》，共20册。万先生编写《便检》的思路，是一个关于古农书目录在精心分类基础上全面而详备的设想，这20册《农书著录资料》，应该是“文革”前近十年持续工作取得的成果，这中间还要顶着极大的政治压力，比如1957年，当时认为编写《农书书目提要》属于单干性质②，颇受批评。所以，到“文革”前，1955年4月整理祖国农业遗产座谈会上商议出版的事情，仍没有实现。

二、20世纪五六十年代农遗室整理古农书工作的推进过程

整个五六十年代，农遗室的工作重心是资料的搜集和整理，古农书整理在万国鼎先生心中排在资料工作的后面，但是这项工作一直在细水长流地聚集着。下面先叙述农遗室此工作的推进过程。

1954年，万先生在工作计划草案中专门谈了整理《齐民要术》，1955年，在给农业部领导的草案中也专门谈到古农书整理，但范围有所扩大：

积极而有计划地择要整理、校勘、标点、重印古农书。除《齐民要术》需要汇校、注释外，如通行的《王祯农书》二十卷本已不是本来面目（原系36集）；鲁明善的《农桑撮要》也脱误多到原书的五分之一，甚至书名也误改为《农桑衣食撮要》。有些农书传本极少，例如《致富奇书广集》只有抄本；又如唐武则天的《兆人本业》仅日本尚有一孤本，国内早已失传。古文字有时比较难懂，古书没有标点，也增加阅读的困难，因此亟须择要整理

---

① 《中国农业遗产研究室历年整理有关农业资料简述》（1964年8月），南京农业大学档案馆保存。

② 《中国农业遗产研究室工作报告》（1958年4月），《中国农业科学院研究科1957年部分室所工作总结》，文书处理号19，长期，中国农业科学院档案室保存。

重印。①

农遗室成立后，1955 年秋到 1958 年，工作的重心放在全国范围的方志查抄和编辑 8 个专辑上，古农书整理一时未有明确计划。即便如此，成立后一年依然有数种成果问世。

据《中国农业遗产研究室 1956 年工作总结报告》，当年重要古农书的整理重印，已付印的有下列 3 种：

《氾胜之书辑释》，八月交稿，年内出版，约九万字，其中氾书原文只有 3 600多字，主要为注释和讨论。

《农政全书》作了汇校和点句，年内出版，全书接近 100 万字。

《司牧安骥集》，原书五卷，完全无缺的只存南京图书馆收藏的一部明弘治重刊本，但其中颇有一些墨钉和错字，特请畜牧兽医系谢成侠教授加以考证校补。十月交稿，今在印刷中。

在进行中而没有完成的有下列两部：

《齐民要术校释》已完成汇校初稿，注释还做得很少。

《四民月令辑释》已做了初步汇校，其余还进行得很少。

大约 1958 年以后，开始不断提出具体的整理古农书计划。1960 年年初的《农遗室研究项目设计书》（1960-2-29）计划整理 15 部古农书：

《诗经农事诗校注》《吕氏春秋》《管子》《氾胜之书》《四民月令》《齐民要术》《陈旉农书》《王祯农书》《农桑辑要》《农桑衣食撮要》《农政全书》《补农书》《农圃六书》《农桑经》《区田试种实验图说》等，预计 1960 年内完成。②

工作内容：1. 用新式标点断句，段落分明；2. 校正脱字和错讹，但注意保存原文；3. 对农业技术上关键性的词汇，加以恰切的注释；4. 对古奥艰涩的文字，必要时酌情释译。

---

① 《南京农学院整理祖国农业遗产工作计划草案》（1955 年 3 月 25 日），中国农业科学院档案室保存。

② 《中国农业遗产研究室研究项目设计书》（1960-2-29），农遗室复校前档案第 9 盒《本室 1960 年科学研究项目及执行情况》，1960，保管期限长，案卷号：60-3，南京农业大学档案馆存。

工作方法：1. 集体协作和个体分工适当结合；2. 工作中适当结合调查访问。

1960 年，就古农书整理校注来说，4 月份开始对《诗经》（农事部分）、《陈旉农书》《农桑经》《区田试种实验图说》《沈氏农书》进行校勘、注释，至 5 月份中旬完成后三部农书，紧接着对《齐民要术》进行分工校注。由于《齐民要术》与《陈旉农书》这两部农书有技术的现实意义与参考价值，但文字较一般农书深奥难懂，所以全部进行语体文翻译。[①]

1961 年又制定内容更加丰富的整理古农书规划，计划分期整理古农书 36 部（表 3-4）。

表 3-4　整理古农书规划（36 部）

时间	数量（部）	古农书书名
1961 年	6	《猪经大全》《四民月令》《齐民要术》《四时纂要》《陈旉农书》《农桑经》
1962 年	6	《诗经》农事诗（西周至春秋）、《吕氏春秋》中的农学（战国）、《氾胜之书》（西汉）、《王祯农书》《农桑撮要》《农桑辑要》
1963 年	7	《种树书》《便民图纂》《农说》《群芳谱》《农政全书》《天工开物》《国脉民天》（均为明代书）
1964 年	17	《沈氏农书》《补农书》《农圃六书》《致富奇书广集》《花镜》《梭山农谱》《知本提纲》《农圃便览》《三农纪》《农言著实》《马首农言》《齐民四术》《耕心农话》《山居琐言》《致富纪实》《救荒简易书》（除沈氏书，其他均为清代农书）、《山西农家俚言浅解》（民国）

1961 年全年工作分三部分，主要力量整理古农书，曾以万国鼎先生为主要负责人，组织全室人员参加整理《齐民要术》：

对重点古农书《齐民要术》整理已取得初步成果。为了贯彻党的“八字方针”，把古农书整理列为本年度主要任务。选择古农书中重要而又具有实际意义的《齐民要术》首先进行整理，要求达到全部语译，简明地分析讨论。4 月份调整组织，以全室的主要力量加强这一工作。经过讨论，明确读者对象相

① 《1960 年上半年工作总结》，农遗室复校前档案第 9 盒，保管期限长，案卷号：60-2，南京农业大学档案馆存。

当于初中以上文化水平的农村基层干部的前提下，统一了整理的目的要求，并通过万国鼎同志担任“种谷篇”典型示范的讨论，进一步明确了原文的取舍标准，译文的通俗简练及能表达原意，分析讨论要求深入浅出，并贯彻“古为今用”的方针，这样较有效地推动了工作全面的展开，使每人分工整理研究的初稿如期于7月份完成。经过讨论修改后的初稿于8月份，先行划分作物、果树、蔬菜、畜牧兽医三个小组进行修改，以熟悉专业人士为各小组修改的核心力量，经修改后的各篇在全组中传阅，提出意见，根据各人意见，再进行修改。[①]“为了保证质量，在修改后的全面整理工作，由室主任亲自担任。”[②]

到1962年，关于古农书整理，已出版的有：《氾胜之书辑释》《齐民要术研究》《司牧安骥集》《农政全书》《补农书研究》等；初稿已成尚等修订后付印的有：《四民月令辑释》《齐民要术校释》《陈旉农书校释》《猪经大全研究》，蒲松龄《农桑经》、冯绣《区田试种实验图说》等。正在编写中的有《齐民要术读本》。

从农遗室建立，古农书整理由点到面逐步展开，到“文革”之前，整理古农书工作在万国鼎、陈恒力正副主任的领导下，一直是向前推进的。但是从实际完成的情况看，与计划有较大差距。到“文革”之前一共完成或大体完成8种古农书（此处不包括中兽医古籍）的整理工作。

三、整理古农书的成绩

古农书整理作为整理祖国农业遗产的重要内容，得到农业部各科研院所的高度重视，到1964年为止，已经整理出版和正在整理出版过程中的古农书，约有25部（共36种）（表3-5）。

---

① 《农业遗产研究室1961年全年工作总结》（打印稿），农遗室复校前档案第13盒：《本室1961年工作计划工作总结》，保管期限长，案卷号：61-3，南京农业大学档案馆存。

② 《农业遗产研究室1961年全年工作总结》（油印稿），农遗室复校前档案第13盒：《本室1961年工作计划，工作总结》，1961，永久，案卷号：61-3，南京农业大学档案馆存。

表 3-5　已经整理出版和正在出版中的古农书①

书名	书名
吕氏春秋上农等四篇	管子地员篇
氾胜之书	四民月令
齐民要术	四时纂要
陈旉农书	农桑辑要
农桑衣食撮要	种艺必用和补遗
王祯农书	种树书
农政全书	便民图纂
沈氏农书和补农书	区种十种（包括《国脉民天》等 10 种）
梭山农谱	秦晋农言（包括《知本提纲》《农言著言》《马首农言》）
农圃便览	豳风广义
农言著实	花镜
农桑经	郡县农政
授时通考	

其中有 8 种是农遗室研究人员完成的成果，即万国鼎《氾胜之书辑释》、万国鼎《陈旉农书校释》、缪启愉《齐民要术校释》、缪启愉《四民月令校释》、缪启愉《四时纂要校释》、陈恒力《补农书校释》、陈恒力《补农书研究》、邹树文、章楷、王从骅等《农政全书》、李长年《农桑经校注》。以下按综合考虑整理者与古农书时代的原则分别介绍。

（一）万国鼎《氾胜之书辑释》（中华书局，1957 年 2 月第 1 版，农业出版社 1980 年重印。）

《氾胜之书》是西汉时期一部著名农书，《汉书·艺文志》农家类注录《氾胜之十八篇》，班固注：氾胜之在汉成帝（公元前 32—前 7 年）时“为议郎”，唐代颜师古注引西汉刘向《别录》“云使教田三辅，有好田者师之，徙

① 《农业遗产研究工作会议专卷》之《整理古农书方案》（1964 年 7 月），保管期限长乙，案卷号 64-3，南京农业大学档案馆保存。

为御使。”《氾胜之书》是后世对《氾胜之十八篇》的通称，总结了我国古代黄河中游劳动人民的农业生产经验，所记载的耕作原则和作物栽培技术，对我国农业生产的发展影响深远，是农业技术史的重要内容。万国鼎先生对《氾胜之书》的评价是：《氾胜之书》（引文中一般简称《氾书》）可以说是一部总结2 000年前祖国农业的伟大著作。在《氾胜之书》之后，再要过五百多年，我们才又能看到又一部总结性的伟大农业著作——贾思勰的《齐民要术》（引文中一般简称《要术》）。但是这部伟大的农业著作并没有流传下来，万先生认为这部书在南、北宋之间失传。所幸北宋以前的古书颇有引用，保存了一部分原文。万先生提出总体整理思路：

我们必须珍视《氾胜之书》，把散见在各种古书上的《氾书》原文辑集起来，加以汇校、注释和讨论，进行较深入的考证与研究。

首先，就辑佚和汇校来说，万国鼎先生对当时已有的3种辑本作了细致的评点：

第一种是洪颐煊辑集的《氾胜之书》二卷，编为《经典集林》中的一种，1811年收在《问经堂丛书》里……1926年陈乃乾据问经堂本《经典集林》影印。洪氏辑佚本是三种辑本中比较精审的一种。

第二种是宋葆淳在1819年辑集的《汉氾胜之遗书》，不分卷。有四种版本：(1)《昭代丛书》本，(2)《鄦斋从书》本，(3)《区种五种》原刊本，(4) 1917年浙江农校石印《区种五种》本。这是3种辑本中最不好的一种。

第三种是马国翰辑集的《氾胜之书》二卷，编刊在他的《玉函山房辑佚书》里……这一马氏辑本在当时也是比较好的；但是它勉强凑成十八篇，实非《氾胜之书》的本来面目。

特别指出这3个辑本共同的缺点：

这些辑佚资料的来源，主要出自《齐民要术》。19世纪前半叶的《齐民要术》通行本，颇有错字脱文，因此，这些辑佚本也跟着错了。①

因此，辑佚与汇校以《齐民要术》为主：

---

① 以上引文出于序。

《齐民要术》，主要根据下列4种版本：(1) 北宋崇文院刻本（院刻），据杨守敬旧藏影抄本和罗振玉影印本吉石盦丛书本。(2) 日本影印《金泽文库》旧抄北宋崇文本（金抄）。(3) 商务印书馆《四部丛刊》影印明抄南宋本（明抄）。(4) 校宋本，据陆心源《群书校补》本及传抄黄荛圃校宋本。

兼采元代以前四部文献：

《礼记·月令》郑玄注，商务印书馆《四部丛刊》影印宋刊本。

《周礼·地官》郑玄注，商务印书馆《四部丛刊》影印明翻宋岳氏相台本。

《国语·周语》韦昭注，商务印书馆《四部丛刊》影印明嘉靖戊子（1528）金李校刊本。

《北堂书钞》，光绪戊子（1888）孔广陶校刊本。

《艺文类聚》，明嘉靖戊子（1528）复宋刊本。

《文选李善注》(658)，清嘉庆十四年（1809）胡克家复宋淳熙刊本。

《后汉书》注，唐李贤等注，商务百衲本二十四史影印南宋绍兴刻本。

《初学记》，唐徐坚撰（725），明万历丁亥（1587）徐守铭校刊本。

《太平御览》，宋李昉等撰（983），商务《四部丛刊》影印宋庆元五年（1199）蜀刻本，参校清嘉庆十七年（1812）鲍崇城刻本。

《事类赋》，宋吴淑撰（淳化中991-1006），明嘉靖壬辰（1532）无锡县学崇正书院刻本。

《证类本草》，宋唐慎微撰（11世纪后期），商务《四部丛刊》影印金泰和甲子（1204）刊本。

《路史》，宋罗泌撰（1170），明季吴弘基刊本。

《尔雅翼》，宋罗愿撰（1174），明正德刊本。

辑佚与校勘的具体步骤：

汇校以《要术》为主，用其他各书参校。因为《要术》的引文比较完整，错字脱文也较少。凡《要术》引文有错误或遗漏，根据其他各书改正或补充的，都在校勘记中说明。凡其他各书的有关引文，全部列举在校勘记中，但因《太平御览》等书错字很多，且多改动，所以不再一一指出其错误，只列出以供参考。我们曾努力把可能找到的有关资料尽量列举无遗。

《要术》根据上述四种善本。校勘记中所说各本，一般指这四种版本。如果其中某一种版本有错字，都在校勘记中说明。其他版本的错误，概不列出，只在这些善本中遇有讲不通的字，而其他版本的修改似乎较好的，据改后，始在校勘记中说明。

关于注释和讨论：

注释注重农业上的问题和不容易查考的字句。特别注意说明我们为什么在这里做这样解释。凡普通字书上容易查到的单字音义则从略。

讨论的内容包括阐发、说明、考证和批判。详言之，就是辨明《氾书》的原意，较清楚地了解其内容，指出其中要点及其科学根据，考核氾氏所提目标或所作解释的正确性。提出应加或尚须考虑或试验的问题，批判其中不合理的说法。目的在试图比较全面地、深入地、正确地了解《氾书》，以便同志们的利用、参考和进一步研究。

在讨论中我们编制了一些图表，目的在帮助说明问题。

关于全书的体例，万先生作了以下说明：

一是，本书大体上按照《齐民要术》所载的段落和次序分节，只做了一些小的调整。“区田法”和“溲种法”是氾书中最突出的两点，所以特别提出作为专节。作物都每种各自成节……加上杂项，共分十八节。分节的目的在使眉目比较清楚，而且容易查阅。

二是，每节都包含五个部分：1.《氾胜之书》原文，2. 校勘记，3. 注释，4. 译文，5. 讨论，都用个别的字体和❶❷❸等校勘或㊀㊁㊂等注释标记，依次分开排列，以清眉目。

三是《氾书》原文是经过仔细的汇校、考订或核算后改正了的。改正前的误字和所有要改正的理由，都详叙在校勘记里，以便阅者可以追根和复核。有时虽然认为有错误，但是不能证明应当怎样改正，就让原文仍旧不改，只在校勘中提出怀疑的意见。①

① 以上引文出于凡例。

万国鼎先生的《氾胜之书辑释》（下称《辑释》）1956 年 8 月完稿。万先生说这“是我们从事较广泛而深入地整理祖国古典农业著作的第一次尝试。”[1] 当时西北农学院石声汉先生《氾胜之书今释》（下称《今释》）已在印刷之中，万先生称赞石先生的《今释》“无论在作为依据的《要术》版本上、文字考订上和内容的分析上，都远远超过上述三种辑本。这是第一次利用现代科学知识来整理《氾胜之书》，写出不少前人所未有的创见。”[2] 但是在注释内容和体例编排方面，万先生的《辑释》和石声汉先生的《今释》颇有出入，或者说绝不相同，学者可相互参证，独立判断，择善而从。

（二）万国鼎《陈旉农书校注》（农业出版社，1965 年 7 月第 1 版，45 千字。）

《陈旉农书》是现存第一部以宋代江南水田耕作栽培技术和蚕桑生产为内容的地区性农书。从 1959 年、1960 年的工作总结或计划来看，到 1959 年上半年，是书已整理得差不多了。但未及出版，万先生病逝。此书是万先生的遗作。万先生 1963 年为书作序，充分肯定该书的农学价值，并提出整理思路：

> 《陈旉农书》历来没有受到足够的重视，流传较少，《四库全书总目提要》甚至批评它“虚论多而实事省”。其实这书篇幅虽小，倒还很有些内容，在我国古代农学上表现出不少新的发展，应当列为我国第一流的综合性农书之一。作者长于文字，写得相当简练，还往往喜欢用典，但是现在读起来不免有点古奥难懂。通行本也间有错字，因此，对这书进行校勘、标点、注释，以便关心祖国农业遗产者阅读。此外，又另写《评介》一篇，希望能说明这书的内容特点，引起对这书的广泛注意，并借此和同志们共同讨论。

按万先生的序，没有提到其他版本，应该是以四库全书本为底本加以点句、注释的。每篇后的注释，主要是文句、名物训诂以及对农作物、农田水利技术措施、农业事象的解释和讨论。

出版者在正文前置万先生所撰《陈旉农书评介》，除了介绍陈旉的履历，

---

① 万国鼎：《氾胜之书辑释》序。
② 万国鼎：《氾胜之书辑释》序。

对此书的内容特点、农学特点做了详细的阐述，这篇评介本身就是一篇贯通古代农学发展史的重要农史研究成果。以下略摘录其要点，以见是书主要内容及万先生治学思路。

首先，指出内容特点：书中所载耕作方法针对“长江下游较广泛的地区”，特别指出是书出于作者亲身实践。

他在自序中说“旉躬耕西山，心知其故，撰为《农书》三卷……是书也，非苟知之，盖尝允蹈之，确乎能其事，乃敢著其说以示人。……”他明白指出，他著这书，不是单凭耳闻目睹，而是自己做过，具有实践经验，“确乎能其事”，才把它写下来的。

……《陈旉农书》不抄书，着重在写他自己的心得体会，即使引用古书，也是融会贯通在他自己的文章内，体例和《齐民要术》不同。……实践性可以说是《陈旉农书》的一个显著特色。

其次，指出此书在我国农学史上表现出不少新的发展，其中比较突出的可以归纳为下列 5 点：

一是，第一次用专篇来系统地讨论土地利用，书中《地势之宜篇》可以说是一篇讨论土地利用规划的专论。一开始说明土地的自然面貌和性质是多种多样的，有高山、丘陵、高原、平原、低地、江河、湖泊等区别。地势的高下既然不同，寒暖肥瘠也就跟着各不相同。……所说地形和温度、肥瘠、水旱之间的关系，也是基本上合理的。

接着提出高田、下地、坡地、葑田、湖田五种土地的具体利用规划。其中对于高田的利用规划说得比较详细，要勘察地势，在高处来水会归的地点，凿为陂塘，贮蓄春夏之交的雨水，塘要有足够的深阔，大小依据灌溉所需要的水量，大约十亩田划出二三亩来凿塘蓄水。堤岸要高大。堤上种桑柘，可以系牛。这样可以一举数得：牛得凉阴而遂性，堤得牛践而坚实，桑得肥水（牛粪尿）而沃美，旱得决水以灌溉，潦即不致于瀰漫而害稼。高田早稻，自种至收，不过五六月，其间干旱不过灌溉四五次，此可力致其常稔（可以用人力保证经常丰收）。不但如此，而且还可以看出：这里是利用水面较高的陂塘放水自流灌溉的，不必提水上升；大雨时有陂塘拦蓄雨水，可以避免水土流失，冲坏良田。确实是一种合理巧妙的小型土地利用规划。

……上面他所说到的几种土地利用规划，只限于南方水稻区域的部分地区，没有涉及较大规模的农田水利，显然有其局限性，但是创始这种统筹的观察与讨论，在我国农学史上应当说是一种可贵的进步。

二是，两个杰出的对土壤看法的基本原则，《陈旉农书》对于土壤的看法，提出两个杰出的基本原则。

一是土壤虽有多种，好坏不一，只要治得其宜，都能适合于栽培作物。他在《粪田之宜篇》说“黑壤确实是好的，但是过于肥沃时，也许会使庄稼徒长而结子不坚实，应当用生土混合进去，就疏爽得宜了。瘠薄的土壤诚然不好，但是施肥培养，就能使禾苗茂盛而籽粒坚实。虽然土壤不一样，要看怎么治理，治理得宜，都可以长出好庄稼。”……这种基本原则，是建筑在我国农民已经积累了丰富的土壤治理和改良的经验与知识的基础上的。它包含坚强的可以用人力改变自然的精神。

……另一个是土壤可以经常保持新壮的原则。他在《粪田之宜篇》的结尾说“有人说，土壤敝坏了就草木不长，土壤气衰了就生物长不好，凡是田土种了三五年，地力就疲乏了。这话是不对的，没有深入考虑过。如果能够时常加入新而肥沃的土壤，施用肥料，可使土壤更加精熟肥美，地力将会经常是新壮的。哪里有什么敝坏衰弱呢？”

三是，肥料和施肥的新发展，《齐民要术》中，若把引自古书的（主要是《氾胜之书》除外，只有对于绿肥的强调很突出，除此以外，只零星地偶尔提到施肥问题。但是在《陈旉农书》中，不但写了《粪田之宜篇》专论肥料，其他各篇也颇有谈到肥料的，而且不是零星地提到，往往是具体而细致的叙述。把这些叙述合并起来，不论在字数上或内容上，都超过《粪田之宜篇》。它给人以一种深刻印象，到处显示出对于肥料的重视，对它有不少新的创始和发展。这种发展，自然不是陈旉个人的创造，而是从《齐民要术》到《陈旉农书》六百年间农民在生产实践中得来的进步。六百年是一个相当长的时期，其间农书散失，我们现在无从逐步追踪这些发展的过程，只能就《陈旉农书》观察这些发展所获得的结果。但是，我们也不能抹杀陈氏在这方面所作的总结和提高工作的贡献，个别地方还可以看出是出于他自己切身的经验。

四是，南方水稻区域栽培技术的进步，《陈旉农书》是我们所能看到的谈论南方水稻区域栽培技术的第一部农书。《耕耨之宜篇》谈论整地技术，《耕耘之宜篇》谈论中耕除草技术以及烤田和对水的控制，指出即使没有草也要耘田，要把稻根旁的泥土耙松，耙成近似液体的泥浆。《善其根苗篇》专门谈论水稻的秧田育苗技术。虽则东汉崔寔《四民月令》中已提到栽秧，但是陈旉是第一个谈论秧田育苗技术的，而且在农书中写成了个专篇，已具有颇高的水平。

五是，农学体系和思想，《齐民要术》具有农业全书的性质，但它主要只是分别叙述各项生产技术，而没有对其中所包含的问题与原理做系统的概括。这种系统性的讨论，在现存古农书中，开始出现于《陈旉农书》。

全书分上中下三卷。上卷可以说是土地经营与栽培总论的结合，这是全书的主体（不但性质上是主体，在篇幅上也约占全书的三分之二），中卷的《牛说》，在经营性质上仍是上卷农耕的一部分，因为牛是当作耕种用的役畜饲养的。下卷的蚕桑，在当时农业经营中是农耕的重要配角。

……在《农书》中要求掌握自然规律的思想还是比较突出的。例如《天时之宜篇》说“故农事必知天地时宜，则生之、蓄之、长之、育之、成之、熟之，无不遂矣”……

农业技术的进步，本是劳动人民在生产实践中，向自然做斗争而逐渐积累起来的先进经验。向自然做斗争不能违反自然规律。陈氏参加农业生产，总结农业生产经验，能在他的《农书》中表现出较高的农业技术与理论水平，这就必须在思想根源上具有力求掌握自然规律、向自然做斗争的精神。

总之，《陈旉农书》篇幅虽小，实具有不少突出的特点，可以和《氾胜之书》《齐民要术》《王祯农书》《农政全书》等并列为我国第一流古农书之一。

（三）缪启愉《四民月令辑释》（万国鼎审订，农业出版社，1981年）

《四民月令》是东汉时代的一部以农家月令为体裁的农书，反映了东汉晚期世族地主庄园一年12个月的家庭事务的计划安排，对后世进行农事活动有着重要的指导意义。著者崔寔（约103—170）出身于名门望族涿郡安平（今河北安平）崔氏，曾为议郎、东观著作、五原和辽东两郡太守。崔寔在任五原太守时，曾教当地群众种大麻，并从河东（今山西）招聘有经验的老农教五原群众纺纱、织布。崔寔还撰写《政论》系统阐述自己的政治主张。

缪先生1957年6月开始校释《四民月令》，年底完成。[①] 1979年出版时，缪先生在序中说“本书初稿于十年浩劫前写成，当时万国鼎先生尚在世，对本书校释部分做了认真的审阅和某些釐订。”

书前的《四民月令序说》，考证作者崔寔家世、政治经历、政治见解，介绍东汉晚期国家治理情况，详述以世族为中心的社会生活面貌以及世族庄园经济结构、经营活动的具体内容，作者揭示出东汉晚期政治与社会生活的整体面貌，对读者理解书中内容极有裨益。

首先，是考证崔寔的世家及政治经历，除了《后汉书·崔寔传》，还参考了《后汉书·段颎传》《东观汉记》，张华《博物志》、袁宏《后汉纪》、刘知几《史通》、元郝经《续后汉书》。

其次，以《政论》为依据，阐述崔寔的“务本”政治思想：

东汉到汉桓帝时（147—167）时，封建统治日益黑暗，崔寔已感觉到的所谓“雠”满天下，可不惧哉！(《政论》)

……崔强调“国以民为根，民以谷为命”，而当时的情况已是“命尽则根拔，根拔则本颠”。所以至此的原因，他认为一方面是由于大小官吏的穷凶极恶，大官对老百姓如“饿犬护肉”，小官又继之以“割胫以肥头”，头重脚轻，终至颠仆。另方面是由于富贵人的穷奢极欲，社会上淫侈成风，农业生产勤劳利小，农民放弃耕织去做奢侈品买卖，所以生产凋敝，民穷财尽。从这一论点出发，在崔寔的言行中，表现出明显的务本思想。

再次，扼要叙述《四民月令》所反映的东汉时期世家豪强庄园组织生产、武装自卫、联络各种社会关系、振赡九族、实践儒家伦理的政治社会活动，指

① 《业务考核调查登记表 缪启愉》（1963年填写），农遗室复校前档案第16盒，南京农业大学档案馆存。

出“这一种血缘与地缘关系扭在一起，并配以武装力量的庄园地主经济结构，在《四民月令》中颇为完整地反映出来。”并指出“崔寔《四民月令》就反映了这一庄园经济组织的特色，是研究汉代社会经济结构的典型性文献。”高度肯定该书对于研究中国古代社会史的重要史料价值。

最后，全面介绍《四民月令》的内容，指出：

《四民月令》有耕作技术、改良土壤、适时播种和果树整枝压条等技术性记载，但主要在安排各种经营活动：

以大田作物为主，其栽培种类有谷子、大小䅟麦、黍、稻、大小豆、大麻、芝麻等十多种，与《齐民要术》相同。《氾胜之书》有春麦，《四民月令》也有提到，《齐民要术》提到春种䅟麦。又三书都没有种荞麦的记载。反映古代黄河下游的作物布局，自东汉至后魏时基本相同。

兼及蔬菜、果树及染料作物。蔬菜种类略多于大田作物，包括葵、芥、芜菁、瓜、瓠、芋艿、韭、薤、生姜、大小蒜、大小葱等十余种。到《齐民要术》时有发展，芸苔（薹）、茄子、胡荽、芹、莴苣类等，《四民月令》没有。苜蓿当蔬菜、饲料，没有作为绿肥，和《要术》一样。果树只提了一下移栽，其技术有整条和压条，没有记载嫁接。染料作物只有蓝和地黄，比《要术》少得多。说明在这些方面，《要术》有显著发展。

以上两条浓缩了《四民月令》中的农业史内容，并特别注意与《齐民要术》等农书相比较，使人未读正文已获得对《月令》时代农业生产技术及大田作物、蔬菜、经济作物品种的初步认识。此外，还介绍了《四民月令》中经济林木如竹、桐、梓、松、柏、漆等的种植，蚕桑丝织活动，中草药采集与制备；酒、醋、酱、饴糖、脯腊、果脯、腌菜、酱瓜等的加工酿造。此外有牧养禽畜，有纺织手工业，有修造农具和各种兵器的工匠和作坊，有贱买贵卖的周期性商业活动，有配制药剂的卫生医疗准备，有培养子弟的文化教育设施，还有卫护庄园的武装配备等。在介绍这些内容时仍然注意与相关史料相比较，如讲到采集作为药品的野生植物的花、果实、根、茎叶时，指出这些内容在《齐民要术》中本身“绝无仅有。这大概是它的写作目的不同之故。唐韩鄂《四时纂要》在这方面的记载仍然不少，并且有多种已发展为栽培，如薏苡、山药、苍术等。”

缪先生的《序说》从政治局势、社会生活、庄园经营、农业生产等几方面为了读者读懂《四民月令》，指示了非常清晰的思路和富有历史纵深感的农业史认识，是《四民月令》的综合研究成果，本身具有相当高的学术价值。

《四民月令》的整理方法为：辑佚、标点、校勘、注释，这些方法在凡例中一一说明：

凡　例

一、本书的辑佚和汇校，以隋杜台卿《玉烛宝典》（6世纪末）为底本，因该书是月令式的书，每月一卷，其引录《四民月令》还保存着原书按月叙述的形式，是现存最完整的资料。《玉烛宝典》未引录的资料，据他书所引辑补。

二、所用《玉烛宝典》是《古逸丛书》影印日本14世纪中叶抄本。该书原缺九月一卷，因亦缺《四民月令》一篇，则以《齐民要术》等书所引辑补。

三、本书尽可能利用一切可以利用的资料辑佚无遗。除《玉烛宝典》外，所用各本，主要如下：

1.《宋书·历志》，南朝齐沈约撰（488）。商务印书馆《百衲本二十四史》影印宋蜀刻本。

2.《齐民要术》，后魏贾思勰撰（6世纪30年代）。用北宋崇文院刻本的日本小岛尚质1841年影抄本暨罗振玉《吉石盦丛书》影印本、日本影印金泽文库抄北宋本、南宋张辚刻本的清嘉庆以后的各种校宋本、商务印书馆《四部丛刊》影印南宋本的明抄本、明马直卿刻湖湘本及其抄写本、明毛晋复印胡震亨的《津逮秘书》本、清张海鹏刻《学津讨原》本以及袁昶刻渐西村舍本等参校。

3.《荆楚岁时记》，南朝梁宗懔撰（550年前后）。用元末陶宗仪原编、清陶珽重辑120卷《说郛》本及涵芬楼排印100卷《说郛》本参校。

4.《北堂书钞》，隋虞世南撰（6世纪末到7世纪初）。1888年孔广陶校刊本。

5.《艺文类聚》，唐欧阳询撰（624），1528年复宋刊本。

6.《文选》，李善注（658）。1809年胡克家复宋淳熙刊本。

7.《初学记》，唐徐坚等撰（725），1587年徐守铭校刊本。

8.《一切经音义》，唐释玄应撰（737—790），商务印书馆《丛书集成》排印《海山仙馆丛书》本。

9.《白六帖》，唐白居易撰（9世纪上）。

10.《四时纂要》，唐韩鄂撰（9世纪末10世纪初）。日本山本书店1961年影印明代朝鲜刻本。

11.《岁华纪丽》，唐韩鄂撰（9世纪末10世纪初）。商务印书馆《丛书集成》影印《秘册汇函》本及清陶珽重辑120卷《说郛》本。

12.《太平御览》，北宋李昉等撰（983）。用《四部丛刊》影印南宋蜀刻本及1812年鲍崇城刻本参校。

13.《事类赋》，北宋吴淑撰（992，或说947—1002），1532年无锡县学崇正书院刊本。

14. 黄庭坚《山谷内集诗注》，南宋任渊注（12世纪下）《丛书集成》排印《聚珍版丛书》本。

15. 黄庭坚《山谷外集诗注》，南宋史容注（1218年前后）。用《四部丛刊》影印本及《丛书集成》排印《聚珍版丛书》本参校。

16.《岁时广记》，南宋陈元靓撰（13世纪上），《丛书集成》排印《十万卷楼丛书》本。

17.《唐类函》，明俞安期撰（1603年或稍前）。1618年后刻本。此书是隋唐类书的汇录，用以参校《北堂书钞》《初学记》等隋唐类书。

四、宋以后书如元瞿祐《四时宜忌》，及撰人不详的《居家必备》、明冯性讷《古诗纪》、王志坚《表异录》、杨慎《古今谚》、清瞿颢《通俗编》，以至吴其濬《植物名实图考长编》等均引《四民月令》文，但无新资料，或有问题，不能作为辑佚的依据，只必要时在校记内说明。

五、采用清代乾嘉以后的四种《四民月令》辑佚本进行参互校勘：

1. 任兆麟辑佚本（1788），《心斋十种》之一。乾隆震泽任氏刊本。

2. 王谟辑佚本（1798年或稍前），《汉魏遗书钞》之一。1798年刊本。

3. 严可均辑佚本（1814），在所辑《全上古三代秦汉三国六朝文》的《全后汉文》卷47，1894年黄冈王毓藻初刊本。

4. 唐鸿学辑佚本（1921），《怡兰堂丛书》九种之一，大关唐氏成都刊本。

以上四种辑佚本，优劣互见，唐鸿学本比较好，但都有取材、分割、合并不当及程度不同的错误，非必要时，不一一指出。

六、校记努力做到消灭错字。宋以前所引异文，引录其全文于校记中，以保存较早的资料，便于比对。注释重在解说问题和反映历史情况，因此有时略涉进一步探索，备供研讨，不仅限于解答文义。其仍有不能肯定的问题，则提出粗浅意见，请求指数。

七、本书正文下小字是原有注文，但不一定全是崔寔自注，故一律加括号（ ）。

……

九、崔寔强调重农，在其所著《政论》中颇多有关农业与农政的论述。《政论》原书已佚，兹从有关资料中予以汇录，辑为附录一，提供进一步了解崔寔和《四民月令》的参考。

十、《齐民要术》引录《四民月令》的资料不少，而且是最早的，但分散在各篇中，本书汇集在附录二中，便于查对。

十一、明杨慎《古今谚》引录有《四民月令》的农谚，虽非出《四民月令》，但系古农谚，且假托为《四民月令》，则附列为附录三。

《凡例》的第一至第四条专讲辑佚的思路和步骤，即以同为月令体的隋《玉烛宝典》为底本，从中首先辑出全部《四民月令》文句。《宝典》缺九月一卷，以《齐民要术》为主加以补葺；而《齐民要术》又是采用宋明善本汇校过的。在此基础上搜集南北朝以来到清代20余种史部、子部、集部、类书、丛书、小学文献，搜寻佚文可谓无所不用其极，甚至对重要的类书还要汇校后才确认，如用明俞安期《唐类函》，参校《北堂书钞》《初学记》等隋唐类书。

经过上述一番彻底的辑佚工作后，将取得的《四民月令》辑佚本与已有4个清人辑佚本进行参互校勘，并指出其优劣互见及在校注时的处置。这就是

《凡例》第五条所述。特别注重保存较早资料，宋以前的佚文在校记中完整引述，从中可见服务读者和学者的一番善意。

《辑释》校、注分开，先列校记，再列注释条文，分别用不同的符号标示。《凡例》第六条可见务求透彻的注释宗旨。本书的注释旁征博引古代四部文献，对历史文化事象、农事活动、动植物名称训诂，力求作透彻通达的解释，读者捧卷自可感知。

几乎与缪启愉先生校释《四民月令》同时，西北农学院石声汉先生撰《四民月令今释》，（中华书局 1965 年 3 月第 1 版，2013 年 5 月第 2 次印刷）亦颇可供读者阅读参考。

（四）缪启愉《四时纂要校释》农业出版社 1981 年，200 千字

《四时纂要》是《齐民要术》到《王祯农书》之间五百年中仅存的一部农书，其对于农史研究的重要性不言而喻。缪先生 1963 年 4 月开始校释《四时纂要》，8 月完成。[①] 后来又陆续有修订，所以出版时缪先生说“1965 年 12 月完稿”。

《四时纂要》是唐末产生的一部综合性农书，在我国已失传，1960 年日本人山本敬太郎发现了明代万历十八年（1590）的朝鲜刻本。此刻本是以宋太宗至道二年（996）杭州刻本为祖本的重刊本，1961 年由日本山本书店影印出版。《四时纂要》整理方法为：校勘、标点、研究、注释。缪先生首先在序中考证作者、成书年代、地区，全面介绍纂要内容，并时时与相关农书相比较。

1. 考证作者时代和书中内容的地域性

虽然日本发现的影印本首卷有作者自序，但并没有韩鄂的署名；卷末有北宋至道二年（996）早期刻本的题记和朝鲜重刻本的跋，也都没有提到韩鄂的名字，所以考证作者及其时代是整理《四时纂要》的首要任务。缪先生根据五代、宋代目录学著作，如《旧唐书 · 经籍志》《新唐书 · 艺文志》《宋人书

---

① 《业务考核调查登记表 缪启愉》（1963 年填写），农遗室复校前档案第 16 盒，南京农业大学档案馆存。

目》、陈振孙《直斋书录解题》以及《新唐书·宰相世系表》《岁华纪丽》等，“推断《纂要》是9世纪末至10世纪初的作品。”①

此外，缪先生根据《纂要》中“十月”篇“四五条”“买驴马京中”，指出“韩鄂的地区离京都不太远。”又根据它采录的书主要是《氾胜之书》《四民月令》《齐民要术》等，认为“韩鄂的地区当在渭河及黄河下游一带”。

2. 考证资料的来源和真伪

《四时纂要》既以“纂要”为名，表明它是纂集各书分四时按月记载各项事宜的书。其资料来源，农业和牧畜主要采自《齐民要术》；加工利用方面，采《要术》的也不少；药用植物部分，大概主要来自唐王旻《山居要术》；人医、兽医方剂方面杂采自各种医疗验方，主要来自东汉张机、唐孙思邈、王焘等人的方书，此外，占验禳镇方面采用了大量迷信书中的荒唐资料。韩鄂自己的东西似乎不多，主要是酿造酱醋和家传验方方面有一些经验实录，即自序所称“手试必成之醯醢，家传立效之方书。”

3. 通过同书及与他书之间内容的比对考证内容的真伪

《纂要》自序最后一段对资料来源作了一个总的交代。这个交代，和书中内容完全一致，说明书序是同出一手的原著。各家书目所引韩鄂自序，正和本书自序相符，说明本书和宋时目录家所见《纂要》相同。《岁华纪丽》最早引用了《纂要》内容，所引和这个朝鲜刻本所载一字不差。元代吴懔（亦作吴欑）《种艺必用》有大量内容抄袭《纂要》，文句几乎全同，证明吴懔所见《纂要》，也和这个北宋至道刻本是同一系统的本子。同时也说明这个本子至元时还存在。

同时指出《纂要》中有后人掺杂的内容，正注文皆有：

注文如“正月”篇“七四条”解释兔“膍”为“兽百叶”，但兔没有百叶胃，这很可能是后人照字书孤立作解释的误解。……三月篇的“种木绵法”，《农桑辑要》引录了不少《四时纂要》（题作《四时类要》）的资料，它的取舍标准是只采选《纂要》中有而不见于《纂要》以前古农书的资料。“种木绵法”不见于任何前此的古农书，可是《农桑辑要》恰恰没有采录。同时

① 缪启愉：《四时纂要校释》前言，农业出版社，1981年，第2页。

《种艺必用》也没有采录。这样，元时所见《纂要》似乎还没有这一条。

对“种木绵法”提出要慎重对待，既提出疑问，但又不轻易否定，持存疑态度。

4. 总结内容并作评价

《纂要》是按月列举应做事项的月令式农家杂录。全书共698条，其中占候、择吉、禳镇等348条，几占一半。所余350条如果将每月的杂事也按各事的性质分类，大致又可析为481条。这481条，可分为六大类如下：

1. 农业生产245条，包括粮食、油料、纤维作物59条，蔬菜70条，染料作物和采制染料5条，蚕桑9条，果树16条，竹木30条，茶3条，牧养18条，兽医方剂28条，养鱼5条，养蜂2条。

2. 农副产品、加工和制造91条，包括沤麻2条，动植物纤维织造和染色15条，酿造34条，制餳2条，乳制品3条，油脂加工6条，淀粉加工6条，动物胶3条，食物腌藏和贮藏20条。

3. 医药卫生70条，包括药用植物栽培和收集31条，药剂25条，药物保藏2条，润肤和装饰12条。

4. 器物修造和保管37条，包括生产工具5条，武器3条，油衣及漆器7条，皮毛衣物、书画、笔墨及日用杂器14条，又修葺墙屋6条。

5. 商业经营和高利贷33条，包括农副产品买卖29条，高利贷4条。

6. 文化教育等5条，包括学文化1条，学方术1条，学武术2条，又赈济1条。

对于以上6类，都从农业史或农业技术史的角度加以总结。对于新出现的内容，一定明确指出。而且进一步确定《纂要》资料的性质，既分清继承与发展，并指出《纂要》成书后的流传情况：

以上六类，大致说明《纂要》内容的概貌。其中多数采自以前农书，也有不少记载始见于《纂要》。它保存了不少现已散佚的资料。文字简约，便于农家采用流传。它广泛集中了农家农副业生产和日常生活所需的各方面应有尽有的知识，是第一部内容广泛叙述颇详的“农家实用大全”，同时也是继《四民月令》后的农家历一类的书。它是条条式的杂录，古农学理论和农业技术方面，不能和早于它的《齐民要术》与晚于它的《陈旉农书》的创著相比，但经过韩鄂综录成书之后，仍有它一定的简明便用的价值。

后周时窦俨向周世宗（954—959）建议选刻前代农书，《纂要》与《齐民要术》并举，宋代天禧四年（1020）将《纂要》与《齐民要术》二书一并开始校刻，随后颁给各地的劝农官，至于私人刻本，这个至道二年（996）刻本还早于天禧四年（1020）开始校勘的官刻本24年；南宋绍兴年间（1131—1162）张运又在桂阳监（今湖南桂阳县）重刻流播民间。此外，《农桑辑要》中差不多全部选录了《纂要》本身特有的资料；《种艺必用》中更给它做大量的传播。这些都说明过去留心农事的人对于本书的重视。另外，对于研究唐和五代的历史和社会经济情况，本书也有参考价值。它填补了自6世纪初期《齐民要术》至12世纪初期陈旉《农书》之间相隔六个世纪的空档，对农业技术和社会经济的发展，起了纽带作用。

5. 校释步骤

校勘《纂要》只有这个硕果仅存的版本，无别本可资参校，本书尽可能利用各书引录《纂要》文及有关文献，并追查所引原出处进行校勘，改正错脱。

没有标明来源的资料，查明它的根源。内容和来源相同时，只指出其来源；内容和来源不同，或者欠明确，甚至有问题时，摘录其原文以资比对与探讨，并借以表明其发展线索。

校勘除明显错误外，以不改字为原则；有些很像、形近的错字，只要有通假或俗用之例，或是古字僻用，或者义可两存，仍予保留。但在校记内说明，或者提出问题。

注释着重难懂、晦涩和疑似的地方，希望做到消除疑难。说明和举证，必要时略引原文。个别实在无法理解的，以“未详”存疑。但仍提出问题和不成熟意见，以供参考。

动植矿物名称，着重比较生僻的和同名异物或同物异名（或异写）的作注解；书中不加注释的都是比较熟知的和容易查到的名物。注解针对原文所载需要加以解释的方面做解释，不采取泛述一般形态、生态等办法。学名有不同时，采用最近一般采用的。

各家引录《纂要》文不见于本书的，辑录附于书末。[1]

（五）整理重要古农书《齐民要术》

《齐民要术》是现存的我国农学遗产最完整的、最早的一部总结传统农业科学技术的专著，并且已成为世界农学名著之一，已译成日文本，英国皇家科学院也在着手翻译英文本。由于原著是6世纪写的一部古典农书，用的是当时的古汉语，在农业技术上又是使用当时的术语，加上1 000多年来的抄刻递传，版本众多，文字上存在大量的谬误衍脱的问题，因此校释本书是一项高难度的“破译”工作。[2]

1. 万国鼎先生为整理《齐民要术》所做的前期学术准备

缪启愉先生在所著《齐民要术校释》（下称《校释》）初版《校释说明》中说“本书是在许多人长期积累的成果和保存的资料上进行校释工作的。”其中万国鼎先生就是为《校释》奠基的最关键的学者。整理《齐民要术》——这部中国古代农书的扛鼎之作，是万国鼎先生数十年的心愿，“清代乾嘉以来曾有许多学者对《要术》进行校勘整理，但成果秘藏未露。经万先生设法收集到这些抄本、校本（刻本）、校勘本，均为世所未经见，十分珍贵。”[3] 1979年准备出版时，缪先生特注“本书从贾氏自序至第三卷，曾经原农业遗产研究室主任万国鼎教授审阅，其余各卷，因万师不幸病逝，未及看完，殊深惋悼。”可见《校释》部分篇幅经由万先生过目。1954年4月，万先生一回到南农，在工作计划草案中将整理此书作为七项工作中之一项，并以附件详细阐述工作内容和整理原则。

编刊《齐民要术校释与研究说明》

一、理　由

后魏贾思勰《齐民要术》是我国现存完整农书中最早的一部，距今

① 以上内容均出自《四时纂要校释》前言，小标题为作者所加。
② 科学研究成果评审意见书　胡道静评审意见。
③ 缪启愉：《齐民要术校释》编写小结。

约1420年。在这样早的书里，轮栽已受到多方面的重视；多种作物已举出不少有名品种及其特点。种子用穗选，种在专门的种子田，加意照顾分别收获贮藏，以供次年大田播种；梨的嫁接，若用近根小枝，树形好而五年方结果子，用鸠脚老枝则三年即结子而树丑（按这一点正合乎米邱林的实验结论）……这些表示公元6世纪初我国农业技术水平已经相当高。而且《齐民要术》还引用了将近200种古书，这些古书大半已经散失了。特别如《氾胜之书》（西汉最有名的农书，公元前1世纪的作品）及其他一些农书，都赖《齐民要术》的引用而部分地保存下来。所以《齐民要术》实是研究祖国农业史的一部极宝贵的书。可惜现在通行的版本中错字脱文很多。而且书中有很多古字和古代方言（有不少字或字义在一般字典甚至《康熙字典》《中华大字典》上查不到），普通学农的人往往不容易看得懂。因此，必须加以校勘、注释，并作一些介绍和比较性质的研究分析。

二、内　容

1. 校勘　尽可能恢复原书的本来面目，有可疑处也附注说明之。

2. 注释　解释古字、古义、古语。

3. 版本考　扼要地考证比较《齐民要术》的各种版本及其传递源流。

4. 引用书目考　考证所引各书的作者及存佚等，特别注重其写作年代，以便农业史研究者容易查得有关资料的年代，不必再费时去自己做这一考证工作，而且这种考证工作不是一般学农的人所能做的。

5.《齐民要术》中的农业技术水平及其源流与影响　用现代科学知识来探讨《齐民要术》中的农业技术，在可能范围内和世界各国农业先进技术的产生时期作比较，并考证这些技术在我国的起源及其以后的流传与影响。

上列前二项是书的本身，后三项作为探讨。

三、进行方法与工作条件

现在可作校勘依据的善本书，有四种版本：1. 北宋残本五、八两卷，日本高山寺旧藏，今归京都博物馆，已由罗振玉影印在吉石庵丛书中；2. 金泽文库旧钞卷子本，源出北宋刊本，缺第三卷，日本尾张真福寺藏；3. 校宋残本前六卷，系据南宋刊本校勘，通行本所应校补处，已编印在《群书校补》中；4. 明抄本，原出南宋刊本，商务印书馆影印。

我们在战前曾取各种版本校对过，不同的地方很多，可惜缺少上述旧钞卷子本，实是很大的缺憾。拟请科学院把上述旧钞卷子本照一份照片来，以供校勘。除这四种本子外，还可以和引用书的原书及后人引用《齐民要术》的较早的书，如《农桑辑要》之类，互相校对，不过这个只可能作为旁助，因为可以这样校对的部分并不多，而且引书时不一定全照原文。

注释有一部分需要从古书中辗转推求，其中也有须结合古今农事实践与科学原理才可以推求到准确意义的。注释将是这一工作中的最难部分。

版本和引用书目考我们在战前曾做过，前齐鲁大学也做过，现在修正补充已不困难。

最后一部分关于《齐民要术》所记农业技术水平的研究，写后可与有关专家讨论，这些技术在我国的源流与影响，则可与中国农业技术史结合着做，应当都没有大困难。比较困难的是和世界农业技术史作比较。我们对于世界农业技术史的知识有限，所以只可以说在可能范围内作比较。

万先生在此全面阐述整理《要术》的工作内容与方法程序，并对流传版本已经有了实质性的掌握和判断。后来对《要术》的研究都可以从这份说明中看到最初的学术思考。万先生阐述的整理古农书的方法路径，至今仍有现实的学术指导意义。

在 1954 年 9 月所写的《工作计划》中，万先生仍然特别强调要整理《齐民要术》：

我以前对该书做过一些研究，现在所有重要版本已经收罗齐全。因此拟即进行该书的校勘与注释，并附加版本考、引用书目考，及书中所说农业技术的讨论。讨论内容主要是用现代科学知识，并结合现在农民的实践加以阐发或批判。注释和讨论将是这一工作的困难部分，但是可以借此造成其他专题研究的良好基础。并且可以使该书便于一般人的阅读和利用。①

他尤其坚持整理《齐民要术》一定要有讨论，并指出注释和讨论是整理这部书最为困难的部分，但是如果克服此困难，则不仅为整理古农书，甚至可以为整理其他古典文献树立一个优秀的典范。

2. 缪启愉先生《齐民要术校释》——古农书整理的集大成之作

缪启愉：《齐民要术校释》，1982 年 7 月首版，657 千字，农业出版社出版；1998 年第二版，791 千字，中国农业出版社出版。

整理《齐民要术》是国家任务。农遗室成立后由于主要力量用于资料的收集和整理，更由于对整理这部重要古农书怀抱极为审慎的态度，万先生一再表示注释工作需要深厚的积累和宽广的学识，所以并不急于完成此工作。1957 年，缪启愉先生来农遗室工作，凭着对探索新知识的盎然兴趣，秉持严谨求实的治学态度，加之锲而不舍的钻研精神，最终完成了校勘、注释《齐民要术》，这一艰巨而又光荣的古典文献整理工作。

缪先生从 1958 年 1 月开始试校《齐民要术》，从校释古农书过程中，开始接触一些农业理论知识。1960 年缪先生正式承担整理要术的国家任务，先做准备工作一年，1961 年开始撰写，经过 3 年，至 1963 年完成初稿，初稿将近一百万字，经 3 次修改，汰简为 84 万字，于 1965 年年底定稿，先后历时 6 年。翌年春寄农业出版社，因“文革”影响未出版。②

《齐民要术》的整理方法是：校勘、标点、研究、注释。全书共参考版本 23 种，征引文献古籍 289 种（二版引用文献增至 400 余种）。

首先就校勘来说，《校释》搜罗版本之全面，迄今无出其右者。两版的序内容颇有异同，前序介绍校勘过程较详，后序用了较多篇幅介绍贾氏写作要旨及所反映的农业技术成就。缪先生在一版《校释说明》中对采用版本作了详细说明：

本书的校勘以两宋本为基础，以明清刻本为副本，以我室所藏清以后的各种校勘稿本为辅助，以近年中外学者整理《要术》的成果作为参考，并以唐

---

① 万国鼎：《工作计划》（手稿，1954 年 9 月 30 日），农遗室复校前档案第 2 盒，1954，长，案卷号 54-1。

② 缪启愉：《齐民要术校释编写小结》。

以前引用《要术》的文献作参考。……在工作中我们利用了所有重要的版本、仅有的抄本和稿本，这也是本书的特色。

两版《校释》序言都列有参考的版本，兹转录第二版列表，以见版本具体情况（表3-6）。

表3-6　各版本、抄本、稿本情况

不同刻本	版本、抄本、稿本	简称	出版抄校年份	备注
北宋本	崇文院刻本 1. 日本小岛尚质影写本 2. 罗振玉《吉石盦》影印本	院刻	1023—1031年刊印 1841年前影写 1914年影印	仅存卷五、卷八两卷，原书在日本。小岛影写本多卷一和卷前杂说的残叶二叶
	日本金泽文库旧抄卷子本 日本农林综合研究所影印本	金抄	1274年抄 1948年影印	据院刻系统本抄写，缺第三卷，原书在日本。本人所用是它的日本农林综合研究所影印本
南宋本	黄荛圃校宋本 1. 黄校原本 2. 刘寿曾转录 3. 陆心源转录本刊 4. 张步瀛转录本	 黄校 黄校刘录 黄校陆录 张校	 1820前购得 1876年转录 光绪年间刊为《群书校补》的一种 1848年转录	据校原本是南宋张辚刻本，仅校至卷七的中卷止，张校仅校至卷六止。张辚刻本已佚
	劳季言校宋本	明抄	1854年转录	据校原本也是张辚刻本，仅校至卷五的第五叶止。据日译本引录。
	南宋本的明代抄本 四部丛刊影印本		抄年未详 1922年影印	明抄为两宋本中唯一完帙不缺之本，原抄本未见
	《农桑辑要》的引录 1. 元刻本《农桑辑要》 2. 《武英殿聚珍版》系统本《农桑辑要》	《辑要》 元刻《辑要》 殿本《辑要》	成书于1273年	《农桑辑要》引录了《要术》的大量资料，多与两宋本符合，故列两宋本项下
明刻本	马直卿湖湘刻本 洪汝奎影写本	湖湘本	1524年刊印 光绪初年影写	湖湘原刻本今已成孤本，我室有一部。所用还有它的洪汝奎影写本
	胡震亨《秘册汇函》刻本 毛晋《津逮秘书》刻本	册本 津逮本	1603年前刊印 1630年前刊印	

（续表）

不同刻本	版本、抄本、稿本	简称	出版抄校年份	备注
清刻本	张海鹏《学津讨原》刻本	学津本	1804 年刊印	
	袁昶《渐西村舍丛刊》刻本	渐西本	1896 年刊印	
清代各种校勘稿本	吾点校的稿本		道光初年	各种校勘稿本均未出版，藏于我室
	刘寿曾、刘富曾校的稿本		1896 年前	
	丁国钧校的稿本		1901 年	
	丁国钧《校勘记》稿本		1901 年	
	黄麓森《仿北宋本齐民要术》稿本		1911 年	
	黄廷鉴校的稿本		1825 年后	
	张定均校的稿本		1848 年前	
	张步瀛校的稿本		1848 年	
近年整理本	石声汉《齐民要术今释》	今释	1957—1958 年出版（科学出版社）	
	日人西山武一、熊代幸雄合译《校订译注齐民要术》	日译本	1957—1959 年出版	第十卷删去未校译

对于以上宋明清历代版本（图 3-6，图 3-7，图 3-8），缪先生在二版《前言》中说：校勘方法违反“常规”，不以一本为底本，择善而从；用“对校”“本校”“他校”法，“理校”偶尔用之。这种方法在书中随处可见，读者极易感知。正是这种不拘一格的校勘方法，才可以更好地应对

图 3-6《校释》所采用的北宋本

《要术》流传善本多有缺佚的情况。

图 3-7 《校释》所采用的南宋本

图 3-8 《校释》所采用的明马直卿湖湘刻本

缪先生还撰《齐民要术主要版本的流传》，详细剖辨表中版本的优劣及流传，作为附录二收在两版《校释》中。在首版《校释》附录二，缪先生还撰有《宋以来齐民要术校勘始末及述评》，全面评述宋以来历代学者对《齐民要术》的校勘整理工作。缪先生在首版序中介绍了这两个附录的大旨：

《要术》一书由于年代久远，在流传过程中经过辗转传抄和翻印，中间衍生了不少错字和脱文，至明代达到严重的错乱程度。清代刻本纠正了明代刻本的若干错乱，质量稍好，但离开原书还很远。乾嘉以后有不少人努力于《要术》的勘谬工作，取得较好成绩，但其书只是以稿本被保存，并未出版。弄清楚脱伪的根源和它们递变的痕迹，对于《要术》的校勘工作有帮助。因将历代刻本、稿本的校勘经过，各人的校勘态度及其质量，略为分析，并予评述，写成《宋以来齐民要术校勘始末及述评》一文；同时为了明了中外各种版本的优劣及其流传情况，另写《齐民要术主要版本的流传》一文，均附于书末，以供参考。

两个附录对于读者了解自宋代以来《要术》版本优劣及流传情况极有裨益，是缪先生校勘《要术》的心得，也是整理古典文献的优质成果。胡道静先生对此尤其大加赞誉："《校勘始末评述》《主要版本流传》两尊著，做出专书校勘之总结，创校理古籍的新局面，其重要意义更超出一本书的整理工作，具有整理古籍之普遍意义，必为学术界所公认者也。"①

此外，引用其他4部文献的版本如下：

本书在校释中引用古籍各书的版本，所谓"经传"，主要用《十三经注疏》本；二十四史主要用百衲本；其他文集及杂记等，主要用《四部丛刊》本及《丛书集成》本，间亦采及各种丛书本及单刊本。至于类书，主要如隋虞世南《北堂书钞》为1888年孔广陶校刊本，唐欧阳询《艺文类聚》为1528年覆宋刻本，唐徐坚《初学记》为1587年徐守铭校刊本；惟《太平御览》有1199年蜀刻本的影印本和1812年鲍崇城刻本二种，各有优劣，本书除必要时用二种作参校外，通常用后一种。又本草类书在《本草纲目》以前的，主要依据《重修政和证类本草》所转载。

第二版撤去附录一《宋以来齐民要术校勘始末及述评》，代以《齐民要术的科学成就》。该篇从以保墒防旱为中心的精细技术、种子处理和选种育种、

① 胡道静致缪启愉信。1983年5月4日（复印件），农遗室档案《齐民要术》申请奖励材料。南京农业大学档案馆保存。

播种技术、轮作和间混套种、关于动植物的保护和饲养、对生物的鉴别和对遗传变异的认识、关于微生物的利用6个方面，对《要术》中的农业生产技术、兽禽养殖技术、食品加工酿造技术等，做了系统深入的研究，不仅叙述内容，更讲清原理，读者借此可以更为准确地理解《要术》本文及所反映的中古时代的生产生活图景。这篇附录也是整理《齐民要术》的高水平农学史、食品加工工艺史文献。

以上内容全面落实了当初万国鼎先生整理《齐民要术》的设想，在具体的校勘注释过程中更是出色地回应了万先生的期望，即“注释有一部分需要从古书中辗转推求，其中也有须结合古今农事实践与科学原理才可以推求到准确意义的。”万先生说“注释将是这一工作中的最难部分”，不仅注释是整理《要术》最难的工作，也是整理所有古典文献的攻坚战。缪先生以自己渊深广博的文史、科学知识、精严审慎的学术态度、锲而不舍的治学精神最终圆满完成了任务。

《要术》出版后获中外学界高度赞誉，胡道静（上海人民出版社编审，兼国务院古籍整理规划小组组员，当选国际科学史研究院（ISHA）通信院士）先生从古籍整理全局全面肯定《校释》（图3-9）的成就和所达到学术水平：

图3-9 《校释》的两个版本（图中左侧的为初版）

缪启愉同志的《齐民要术校释》一书，在祖国农学遗产的研究工作上以及重点古籍的整理工作上做出了双重的瞩目的贡献，应当列为近年来国家文化遗产（特别是农学遗产）清理工程的重大科研成果之一。

……校释本书是一项高难度的“破译”工作。工作者必须具有：(1) 广泛的农业技术和生物学的知识，并对传统农技操作程序有深刻的理解，(2) 对于校理古籍的专业技能，如版本学、目录学、校勘学、字义学、声韵学、名物学，等等，能够熟练运用，并且有穷年矻矻、锲而不舍的精神，方能达成任务。校释者学力深湛，功夫到家，遂使这部十分难读的古代农学名著廓清谬误，文顺义从，清晰可解，返璞归真，从而使得它包蕴的丰富的传统农业优良技术起到古为今用，乃至中为外用（提供西方农业界的借镜，而他们正日益加强着这种盼望）的作用。所以，《校释》一书，功绩非同一般。

农业出版社朱洪涛先生（曾任农业出版社综合编辑室副主任，长期主持古农书的编辑出版工作）进一步指出《校释》在整理古籍具体步骤上取得的成就：

《齐民要术校释》精严有法，多所发明，标志农史科研所取得的丰硕成果。分述如下：

一、广征博引，正本清源

首先在查清版本源流上，他以两宋本为底本，参校历代包括近年各种重要版本达23种之多。循流溯源，分析各种得失，对多种多样的脱讹，查清了出处和递变的痕迹及来龙去脉，正本清源，为恢复《要术》本来面目的工作确凿有据，令人信服。

二、校勘精审，考订翔实

校讹勘误尊重清儒家法，又不为清儒所囿，除校雠法以两宋本为准外，还征引唐以前引用《要术》的古文献及《要术》引用的所有古文献多达289种。比较异同，考证真伪，复以《要术》校《要术》，前后引证，互相订补，折衷诸家，务求至当。举凡纠正讹误之处，一一写出根据和引文出处，使人信而不疑。

三、兼采众长，后来居上

《齐民要术校释》有批判有选择地汲取清代以来好校本，如吾点校本系统所取得的成就，在改错上甚至超过两宋本。(20世纪) 50年代出版的石声汉《齐民要术今释》，和日本学者西山武一、熊代幸雄合译《齐民要术》两书，瑕不掩瑜，均以现代农业科学知识作校勘和注释，校改严正，远非清儒仅以文字校勘、音义训诂所可比拟。缪启愉兼采名家之长，拔取殊尤，博识雅裁。其所造诣，固可与前诸书互相阐发，而精审且有超过。加之将旧刻中诸多杂乱的异体字予以统一，便利阅读，也是古籍整理中可喜进展之一。

四、考镜源流，辨章学术

《齐民要术校释》深入的名物训诂兼及文义之难通者所取得的成就，对农史研究及古籍整理也将起到一定的积极作用。《农桑辑要》《王祯农书》《农政全书》等著名古农书都大量引用了《要术》的资料，其中有的全段引而略有增删，有的为叙述方便而分割倒置融合于本文中，有的则根据劣本以讹传讹。现在都可据以澄清。明代多种劣本，对《要术》涂改、错补误写造成的错字，竟被后人收入《字汇》，《康熙字典》也收有这种错字，今因《校释》的追本溯源，当可使人一目了然。

游修龄先生立足农史研究，列举《校释》的剖疑祛惑的精彩工作：

《要术》是校释难度极大的一部古农书，自北宋崇文院初刻以还，惜全貌未能遗传后世，而历代辗转抄刻中又增加许多谬误，加以清代考据训诂者多不谙农事，而常多隔靴搔痒之失。新中国成立初期，故石声汉先生搜求多种版本，将全书校勘一过，出版《齐民要术今释》，全部附语译，成为《要术》校释史上一个辉煌里程碑，既推动学术研究之深入，又有助于《要术》知识之普及，弥足珍贵。只是石先生以一人之力，短期内完成此项巨业，难免有匆遽漏误之处。缪启愉《齐民要术校释》进一步在全面回顾《要术》主要版本流传过程和分析历代校勘始末、利弊得失的基础上对《要术》全书重新作了校释，由于基础厚实，方法谨严，在“校”和“注释”两方面下了很大功夫，一字一句反复推敲，常发前人所未发，使长期疑难一旦澄清。举例而言，有以下数点：

一、考证深入

《要术》校释之难在于一些疑难字句，欲求彻底理解，既要能旁征博引，又须一定农业科学知识，如《种谷第三》有粟品种名“租火谷”者……《校释》对“租火谷”做了深入详细的分析，并提出是“单秆大谷”之误的推论，十分有力。同时仍保存金钞、湖湘本原文不改。这是很科学认真的态度。

二、增加注释

《要术》中的疑难字句是否注释，取决于注释者的注意力和知难而进的精神，《校释》在这点上也较突出，如粟品种名“今堕车”者……《校释》对此引“下马看”等命名原理，断为“令堕车”之误。

三、标点正确

《要术》原无点逗，如何断句，常成为正确理解原文的关键。……《校释》本点为“今人专以稷为谷，望俗名之耳。”并有分析，完全正确。

四、注意吸收诸家新见解

《校释》本注意吸收近年来诸家新见解，虽不相同也予收入，以供比较，此法甚为科学。

总之，《校释》的质量是高的，态度是科学的谨严的，所附两篇论文，《宋以来齐民要术校勘始末及述评》及《齐民要术主要版本的流传》有很高的学术水平。

以上三位先生分别从古籍整理、农史研究方面高度肯定《校释》所取得的卓越成就，由于诸先生的专业背景，评语本身亦可视为珍贵的学术史资料。1985 年《齐民要术校释》获农牧渔业部科技进步二等奖。

（六）陈恒力整理《补农书》及点校《沈氏农书》

陈恒力编著、王达参校《补农书研究》，1958年中华书局第一版，1961年农业出版社第二版，1962年农业出版社第三版。陈恒力校释，王达参校、增订《补农书校释》（成稿于1957年），农业出版社，1983年出版。陈恒力点校《沈氏农书》，农业出版社，1956年10月出版，1959年5月第2次印刷。

《补农书》的作者是明末清初浙江桐乡士人张履祥，为补明末浙江湖州沈氏所作《农书》，故名《补农书》。记载明末清初浙江嘉湖地区农业生产，反映了明清之际该地区农业技术和经营管理的发展水平。

《补农书研究》的作者是陈恒力，1912年他生于一个农民家庭，辽宁省法库县人。1926年至1938年曾在原东北军先后任助理文书、上士、少尉处员、中尉军需学兵团团长等职。1938年参加共产党。抗战时期在延安工作。曾历任伊克昭盟地委宣传部干事、科长、中央财经部科员、中央哲学研究院研究员、吉黑省科长、东北遣返日人办事处秘书、松江省糖业总公司经理、松哈水利工程处处长、松江省水利局副局长、中央农业部处长、主任秘书等职。[1]1957年12月被任命为中国农业遗产研究室副主任。

虽然长期从事军事及行政工作，但他对农史研究有浓郁的兴趣，甚至到了痴迷的程度。在来农遗室之前，他在农业部任主任秘书，农业部与南京农业大学磋商开展整理祖国农业遗产工作，许多文书经他撰稿，他也全程参加了1955年4月的整理祖国农业遗产座谈会，并且来农遗室前已经就整理《补农书》赴浙江嘉兴农村实地调查研究并着手撰写（表3-7）。所以他是一位精通业务的有着革命阅历的专家领导者。他注重实际、强调实践的治学风格，给农遗室的研究工作带来了新气象，注入了新的动力。

《补农书研究》第一、第二版包括上下编，上编撰有《沈张事略》，包括（1）《补农书》及其有关文献的价值，（2）沈氏事略，（3）张履祥事略，这部分放在正文的前面。

---

① 《关于中国农业科学院南京农学院 农业遗产研究室副主任陈恒力同志的错误的处分决定》，中国农业科学院干部处：《对陈恒力等人的处分决定有关奖惩卷》，1960年，长期，文书处理号：7，中国农业科学院档案室保存。

表 3-7　《补农书》整理情况

上编	内容	下编	内容
	社会经济背景与自然资源条件		上卷　沈书校释
	农桑产量水平推测		下卷　张书校释
	农业生产力与生产关系		张书卷五十后附录：（1）策邬氏生业，（2）策溇上生业，（3）率先田地定额，从《杨园先生全集》中增加（4）论水利书
	再生产的规模与劳动生产率		
补农书整理研究	分区治水与改造自然	补农书校释	附件六篇 沈氏“奇荒纪事”摘录 《补农书》所记亩积度量衡与今市制之比较 租佃契约条例（附授田额） 明代苏松嘉湖地区农业经济的若干变化 桐乡灾异记 提高农民耕作效率
	农业技术思想的基本原则		
	农业生产技术（上）		
	农业生产技术（下）		
			参考书目与附图目录

1962年，农业出版社约陈先生修改原稿，准备印第三版，陈先生决定把原稿上下编分为两册单独付印。原稿上编经略加增补，仍用《补农书研究》原书名印了第三版。增写了《浙西水利史提要》和《嘉湖平原农作制度的今昔》两篇（该版附录五、六）。①

下编经过修改采用原编名《补农书校释》作为书名（表3-8）。经增订的下编附录部分去掉原附录中与农业无关的材料，又选出有关农业史资料若干篇，并按文中内容性质归纳分类，新增大量原始文献。

表 3-8　《补农书校释》内容

目次	内容	具体内容
目录		

① 陈恒力：《修改版序》（成稿于1963年），见陈恒力校释，王达参校、增订《补农书校释》（1957年成稿）农业出版社，1983年出版。

（续表）

目次	内容	具体内容
沈张事略	沈氏事略	
	张履祥事略	
然藜阁校印序		
《补农书》引		
上卷	沈氏农书	1 逐月事宜，2 运田地法，3 蚕务六畜附：家常日用、张履祥跋
下卷	补《农书》后总论	
附录	一、农事	1 治田，2 农业之地区性，3 荐新蔬果，4 酿酒对水稻配置的影响，5 壅田地定额
	二、水利	1 论水利书，2 治水施功，3 水利失修年岁，4 荒政与工役
	三、灾荒	1 沈氏《奇荒纪事》，2 祷雨疏，3 桐乡灾异记
	四、生计	1 策邬氏生业，2 策溇上生业，3 种树 ，4 卜居，5 种芋
	五、天下大势及其他	1 天下大势，2 书改田碑后，3 游食与游民
	六、鲁桑嫁接技术的南传和湖桑形成问题	

从几个版本的内容看，陈先生对《补农书》的整理，对事实的认识不断加深，增加的附录为读者了解彼时彼地的农业生产和社会生活提供了更多的信息。而注释部分，第三版做了大量的补充与修订，陈先生说“原编的校释工作做得很不够。……第一版出书后，我们又到嘉兴农村进行了调查研究，并阅读了苏、松、嘉、湖地区的历史文献，对《补农书》的内容要旨比以前有了较深刻的体会。因此，经修改的校释稿在许多方面补足了原编的缺陷。”① 所以 1983 年出版的《补农书校释》注释部分比初版《补农书研究》下编内容有较大幅度增加，更体现了研究的力度。比如《校释》上卷《沈氏农书 · 逐月事宜》“正月倒地”一项，《补农书研究》下编的注释：

① 陈恒力：《修改版序》（成稿于 1963 年）。

第一次翻耕为垦，第二次、第三次翻耕为倒。所谓倒，是按初耕的相反方向再耕。比如初耕是从东往西行，畦稜已起；第二、第三次从西往东行，把已翻起的畦稜倒平，并碎土块。

《补农书校释》的内容是

种植前的第一次翻土为“垦”，此后的翻土为“倒”。所谓倒，是按初耕的相反方向进行。比如初垦是从东往西行，畦稜已起；第二、第三次就从西往东行，把已翻起的畦稜倒平，并碎土块。这与《王祯农书》的垦耕原理相似。《王祯农书·农桑通诀》谓“耕地之法……再耕曰转。”倒与转都是再耕的意思。

又“地”，即指种桑、豆的旱地，有时专指桑地。“治地”就是培植桑树。

又“田”，即指能种水稻的水田。有时专指水稻田。“种田”就是种水稻，或者插秧。

像“倒地”这类极具地方色彩的农业生产词汇，经如此解释，外行也一目了然。又增加对“地”与“田”的解释，读者可对“倒地”之前的“垦田”“种桑秧”两项获得明确的认识。这些有地域色彩的生产知识，只能通过深入地实地调查才能获得，这是《校释》最为成功的地方。

陈恒力先生的治学风格离不开他多年受共产党的教育以及在革命工作中长期实践的锻炼培养。1957年7月3日，他在《补农书》的产生地嘉兴为《补农书研究》作序：

1956年6月，在一个农业科学的同志们的座谈会上，谈到整理与出版农史书籍的事，认为《补农书》（亦称《沈氏农书》）有整理与出版的价值，并指定由我负责这书的整理工作。会后我抽暇把这书加以标点，先交中华书局印行。从1956年下半年起，我就详读这书，并到北京大学图书馆借阅有关参考资料（顾炎武《天下郡国利病书》《嘉兴府志》《湖州府志》《桐乡县志》等书），曾拟就整理这书的提纲，并于1957年2月着手编写。在编写过程中发觉在整理的方法上还有问题，如果不到产生这书的当地农村去从事实地的调查，不与今天的农业生产的实际情况相对照，那么整理这书究竟为了说明与解决什么问题呢？于是同王达同志到浙江嘉兴、桐乡一带（产生这书的地点）从事农村调查，并就在嘉兴市图书馆借阅有关的地方文献，然后再研究这书所谈的各种问题（经济的、技术的），也研究今天当地农村所存在的实际问题，把两下加以对照，才摸到如何整理这书的一些门径。

先是，1957年4月，我曾跟中央农村工作部王观澜同志到嘉兴做过农村的典型调查，王达同志也曾于同年9月来过嘉兴的农村，因而我们对嘉兴一带的农业生产情况有了一般的印象。这次我们又来嘉兴，承嘉兴专区农业局，嘉兴与桐乡人民委员会给我们极大的方便，指导我们如何了解农业生产，供给我们农业经济与农业技术各方面的现实资料；嘉兴市图书馆及管理图书的同志们指导我们如何参阅地方文献（府、县、镇志及有关地方上的历史文献），嘉兴农校、蚕农场帮助我们研究这书所记载的农业技术常识。我们敢于着手整理与批判《补农书》，实在是得力于上列各机关、各位同志的指导与帮助。①

从序文可知，在来农遗室之前，陈先生已为整理此书开始了实地调查研究。陈恒力是延安时期的干部，他对党的理论联系实际的工作方法不仅认识深刻，而且身体力行，他实践共产党人雷厉风行、敢想敢干的工作作风，几次赴嘉兴实地调查。写成《补农书研究》，将古代农业生产及经营知识与20世纪50年代当地农业生产实际情况作详细的对照观察与阐说，以古观今，以今论古。他的治学风格不仅在当时，即使在今天，仍可圈可点，可树为模范。

在来农遗室之前，他曾致信当时农村工作部副部长王观澜同志的助理沈雁，谈了他对农史研究的看法：

我想把我的意见提供王部长参考，请你转述。

我如果到华东农业科学研究所工作，可以经管农经与农史两部分工作。因为华东农村我去过不少地方，但都是走马观花式的，都没有研究透彻，脑子中经常回旋那些地方，但又得不到彻底的解答，所以脑子里非常累赘（我脑子有毛病，对一件事得不到水落石出式的了解，心中老忘不掉）。如果把浙、苏、皖、闽的若干典型村的调查，弄个从根到梢的透彻研究，这种材料对党当有参考价值，对个人也是快活的。去年与农村工作部同志下乡，也似乎感觉到

① 陈恒力编著、王达参校《补农书研究》自序，1958年，中华书局，第1版。

农村部同志下乡也不一定是用彻底追究问题的方法来对待问题的。我愿意承担这一重任，但人员不必多，有三五个人……关于农史，也不必要人多，有三四个人即可。南京农学院有一部分人来整理农业遗产资料，但还不是研究性质的，我们可与他们分工合作，来完成农史研究的任务。①

这封信透露出，作为共产党员，陈恒力先生是以高度的政治责任感来对待古农书整理的，他急于通过更多、更深入的实地调查研究，彻底说清有关当地农业生产、农业经济古今发展变化的情况，在哪些方面可以为党的决策提供参考。

他在《自序》中明确提出整理《补农书》的目的：

根据《补农书》本身所固有的特点，除了经济、技术的一般状况的叙述外，要从整理与批判中着重说明与解决下列两个问题：

明末清初的农业生产方式的性质到底是什么

针对今天的实际需要，研究当地在历史上有哪些农业遗产可以继承，在长期的农业发展过程中历史给今天遗留下了什么问题，今天的农业成就在哪些方面已经超过了历史。②

他的实地调查和写作，很好地回答了上述问题。

我们深入地研究了《补农书》所列举的经营方式，参考明末清初以及以后的历史文献，并与当地在抗战前后的地主经营方式相对照，证明在明末（以及抗战前后）的当地农村中，并无所谓“资本主义经营”的存在。

经过各方面的核对，证明《补农书》所记载的资料是可信的。……

它的价值在于：第一，记载了当时各种农作物的单位面积产量，使我们得以根据记载推知当时农业产量已经达到什么样的水平。第二，记载了当时农业经济的特点，使我们得以研究当时农业生产力与生产关系的社会性质。第三，详细叙述了当时农业技术的现状，使我们得以了解先民在长期与自然做斗争的过程中有了哪些技术成就，还给今天留下什么样的技术问题，并可进而研究改

---

① 陈恒力给沈雁同志信谈关于工作问题，中国农业科学院干部处：《陈恒力等同志关于要求调动工作及评级的意见》，1956 年，定期，文书处理号：20。

② 陈恒力编著、王达参校《补农书研究 自序》，1958 年，中华书局，第 1 版。

进技术的对策。

他提出的很多观点经过深思熟虑，极富启发意义：

农业现实与农业历史是有联系的。我们要脚踏现实，目瞩将来，但也不能割断历史。……今天要想发展农业生产力，必须参考历史上的有关农业方面的记载；要想参考有关历史上的农业方面的记载，也就必须把这些农业历史及专门农业著作加以总结。

在耕作技术方面，如果第一步先要求做到深耕细作的普遍化，然后再在深耕细作的基础上逐渐就应用现代科学技术，对农业生产量的提高将得莫大的益处。如果不能很好地深耕细作，那么应用现代科学技术也就是没有基础的。

他是站在现实的立场提出问题，并从这部300多年前的农书中寻找问题的答案的。强烈的问题意识，加上实地调查的工作方法，使这本古农书整理之作别开生面，引人关注。从《补农书研究》首版后迅速加印二、三版，可见此书颇为学界和一般读者所喜闻乐见。

来农遗室工作后，他在《农史研究集刊》第一册写的前言中指出：

我们认为调查方法是农史研究方法上的新方向，也是农史研究结合生产实践的好方法，这样才能考核在古农书中所含有的科学性和它们对生产上的作用。我们将继续采用。但这并不等于一概就抹杀了训诂的价值，譬如有些生产技术上的关键性问题，必要时仍需作一番细致的考据工作，而不是如过去的“为训诂而训诂”，以罗列资料来炫耀渊博，因为那样是不符合“古为今用”原则的。

在此，我们仍然可以强烈地感受陈先生理论联系实际的方法论，他强调实地调查，但也不排斥文字训诂，在方法论上有了更全面的认识。

1959年南京农学院在主要研究成果简介中，特别指出《补农书研究》的两个特点：

1. 从占有实际材料进行分析研究，来阐明明末清初农业生产方式的性质，证明某些学者所断定明末已有资本主义生产关系是不正确的。

2. 贯彻“古为今用”的方针，并结合当前农业生产，阐明那些传统经验与技术成就尚具有一定的现实意义，那些是历史陈迹。能跳出考证注释校订的旧圈子，而试图以历史唯物主义观点为古代农书研究方法上创造一个新的范例。[1]

王达先生（北京农机学院农经系毕业，1958年秋来室），全程跟随并参加了调查与写作，1963年，他在个人业务自述中首先讲道：

1956年秋，随从农业遗产研究室副主任陈恒力先生研究《补农书》（一称《沈氏农书》），陈在北京借阅一些资料外，大部分时间是在原书作者的家乡和书中记述的地区——浙江嘉兴、湖州一带蹲点、学习，调查研究当地农业现实情况、传统习惯和文献资料，并在1959年春夏间就地编写成《补农书研究》一书。先后由中华书局、农业出版社印了一二三版。[2]

陈先生则在序中说：

这本小册子是经过很多人的努力才写成的。查对地方志及有关历史文献上的材料，王达同志始终参与这一工作。王达同志到桐乡、嘉兴农村去做调查，同老农及农业社干部开过几次调查会，嘉兴专区农业局供给我们各种农业经济与农业技术的现实资料，使我们能够把补农书与现实农业对照起来进行研究。

关于这本小册子的编写工作：第七章水稻技术部分及下编原书校释部分，先经王达同志起草，又由我改写。附件《明末清初亩积度量衡制度推证》是完全由王达同志编写的。其余各部分由我执笔，并与王达同志反复讨论，写过两遍，才定初稿。（以上摘自陈恒力自序，1957年7月3日于嘉兴）

2010年，王达先生为我们讲述了当年跟随陈先生赴嘉兴实地调查的情形，兹摘其要点，以存陈先生著此书的历史场景和投入工作的忘我精神风貌：

这个时候他在嘉兴叫陈家圩的地方设点，圩就是北方村、庄的意思。嘉兴地区这个圩那个圩，好多。那个地方也并没有圩，基本是平原，浙西平原，可能圩也不怎么圩，水也并不多，并不是沼泽地。

---

① 《南京农学院主要研究成果简介》（1959），农遗室复校前档案第4盒：《本室1959年科研计划、远景规划、工作总结》，保管期限长，案卷号59-2，南京农业大学档案馆存。

② 《业务考核调查登记表 王达》（1963年填写），农遗室复校前档案第16盒，南京农业大学档案馆存。

他在那里建一个点，一个陈家圩大队后来就变成合作社，后来就变成公社了，那还是在人民公社化之前呢，他研究这个《补农书》的时候，就经常跟他们通信，问他们一些情况，请他们提供一些资料。

我第一次去是1956年的10月到春节前，可能春节过后又去了（第二次），反右高潮过了。后来陈恒力讲我们在北京写还是不行，虽然不是闭门造车，有些也是望文生义的，我们两个都到嘉兴去，都到桐乡去，后来我就先到嘉兴，联系到一个地方住，后来我们就跟嘉兴市图书馆有个馆长叫张大铁，好像是，他是学历史的，对这个农业历史不太有研究，但是他有兴趣，我把陈主任的情况一介绍，准备在他们这里做一些研究，写一本书或者写两本书，看情况。他非常欢迎，我说我们住的时间比较长，住旅馆价格太贵，看书又不方便，他说你们到我们这边来，我们图书馆给你腾出一间房，虽然设备并不好，但是我们愿意给你们提供方便，以后给我们找了间小房子，大概只有这个（宾馆）房间的三分之一大，我们俩的床就对面放着，一张桌子放在中间，就这样在图书馆里看了不少资料，水利、农具跟农业历史跟《补农书》有关系的。各种都有，地方志、农书、花（画）谱，收集当地的材料，以地方志为主。当地有一些念（教?）私塾的地方绅士，他们对古农书虽然没有研究，但对当地的农业有些了解，有些老先生，我们就跟他们有些接触，问问他们。我们在那边写书，先起草稿，把它先打印出来，我们在一段时间内陈先生写一部分就要打一部分出来，打印出来之后才好油印，油印出来后分给有关人员看，提意见，[给当地的人看，] 所以一面写，一面就打字，一面就复印，给当地人看，也不是老农民，老农民看不懂，但是给纯粹的读书人看他们也没兴趣。地方上既念过古书的，又从事劳动生产的，这部分人我们联系了好几个，有十来个，他们帮我们看，帮我们提意见，另外帮我们找古农具，什么叫铁搭，什么叫筐之类的东西，后来写完了以后呢，我们就在当地定稿，正式把它写出来，回来后就送到出版社，我们把清稿交到出版社后，出版社就认可的，很快就出来了。

……

那时陈离开农业部办公厅，就等于是脱产了，搞这本书，在嘉兴住了几个月呢，1957年的夏天，在那里工作，很小的一个房间，我们的房间在西边，门对南开，夏天太阳把整个墙晒得发热，像个蒸笼样的，我们那时连席子都没有，草席、竹席都没有，陈恒力拿个雨衣，胶皮雨衣，就睡在那上面，午睡睡下来后，汗出的把雨衣一抖一滩水。当时没想到要住那么长时间，那时我也年轻，陈先生身体也很好，稀里糊涂就过来了，一天到晚就是找资料，爬起来就看书写东西，晚上也是。一天到晚不是出去访问就是闷头在写，写好了之后我们就回来了。回来后陈恒力就跟农业部、跟农科院讲，农业部和农科院就希望他转到农史研究室来。①

（七）邹树文等校点《农政全书》（1956年出版，全书接近1 000千字）

工作内容及方法：对《农政全书》，作了汇校和点句。

邹树文先生（1884—1980，江苏吴县人，1907年京师大学堂毕业，美国康奈尔大学学士，伊利诺大学硕士，中国近代昆虫学奠基人之一，曾任中央大学农学院院长，当时为中国农业遗产研究室顾问）写了《校勘附记》：

中国农业遗产研究室承中华书局的委托，于出版前作此校勘。参与校勘的有王从骅、章楷、潘文富、钱希晋、魏树东、罗化千、张举政诸位同志。分别取万有文库本与平露堂本、贵州本、曙海楼本及山东本，逐字逐句详细核对，作成校记的初稿。凡一字之校，必须经过三次的核对，由王、章二同志分卷总其成。我承万国鼎主任之嘱，与王、章诸君酌定其去取；并在校勘前担任点句工作。此次校勘，时间匆促，为时不足两月，校后未能看到清样，发生错误的机会较多。而且古籍深奥，我们水平所限，错误之处必多，我应负其责任，请读者予以指正。

对于整理《农政全书》，参加者章楷先生说“1956年8月花了两个月时间校勘《农政全书》……校勘了几遍，也可说读了几遍。”② 王从骅先生说“1956年5月到9月，主要工作是收集资料和校勘《农政全书》。”又说“和

① 《王达先生访谈录》，访谈日期：2010年4月30日，曾京京主访并整理。

② 《业务考核调查登记表 章楷》，南京农业大学前引档案。

章楷同志等在邹树文先生指导下所校的《农政全书》，其中存在的问题很多，仅较当时其他 6 种版本稍善（校勘时曾写《校勘凡例》）。”[①]

（八）李长年《农桑经校注》

中国农书丛刊综合之部《农桑经校注》，清代蒲松龄撰，李长年校注，农业出版社 1982 年出版，94 千字。整理方法为校勘与注释。

1960 年春，李长年先生（1938 年毕业于金陵大学）负责古农书整理小组，和孙家山先生（1941 年毕业于中央大学）共同整理《农桑经》[②]。《农桑经》的作者蒲松龄（1640—1715）是山东淄川人，他不仅是中国 17、18 世纪一位擅长于小说和诗词歌赋的文学家，还是一位地道的农学家。根据李先生的校注说明，“文革”前已收集了通行的也是主要的 7 种抄本，并重点做了语译，但未及出版。1977 年获得广东农林学院图书馆农业历史文献室寄来的《农桑经残稿本》。1979 年出版时，李先生写了详细的校注说明，不仅介绍作者蒲松龄及写作的社会背景，重点叙述该书取材及流传情况：

事实上，《农桑经》在农村里，一直在流传着，因而辗转传抄，出现不少抄本。原农业遗产研究室征集到的大同小异的抄本，就有几种。这一点，至少说明了：《农桑经》在这一带地区的农业生产上，具有一定的实践价值，才会博得人民群众的喜爱。

《农桑经》的编写，主要依据前人的农学著述资料，其中的《农经》依据的是韩氏《农训》，《蚕经》《补蚕经》《种桑法》等部分，则系采自前人蚕书及其他资料。蒲松龄对于这些，做了一番削繁就简、去粗存精的增删处理；使这一部《农桑经》表现得很得体，而又切乎当地生产实际。《序》里交代：由于有些技术“或行于彼，不能行于此”，他才作增删，说明他在编写的过程中，考虑到“彼”“此”之间的农业地区性的问题，而不是率尔操觚的。

……

《农桑经》之所以博得人们喜爱，之所以被誉为一部好的古农书，之所以

---

① 《业务考核调查登记表 王从骅》，南京农业大学前引档案。

② 《业务考核调查登记表 李长年》（1963 年填写），农遗室复校前档案第 16 盒，南京农业大学档案馆存。

广泛流传于山东淄博及其附近地区，也正是这个原因。

《农桑经》的保存，是通过若干人的辗转传抄。可是一再辗转，从中难免产生一些出入，容或有些过路人再掺加一些个人意见，以致它的内容和编排，也出现了一些差异。因此，对它的校订工作，就有需要。

详述所依据的版本：

目前，我们掌握了如下几件资料，据此，拟为它作初步的订正：

（1）1955 年 10 月，抄自《山东文物管理处的存本》的抄本（所见抄本之中，仅此存本作《农桑经》。以下简称“文管处存本”）。

（2）1956 年冬，原农业遗产研究室刘毓瑔同志赴山东，以“文管处存本”的抄本同《山东博物院陈列本》作了校对，写了《校对记录》（有关《山东博物院陈列本》的资料部分，以下简称“博院陈列本”）。

（3）1959 年春，原农业遗产研究室又委托山东省文物管理委员会代抄了另一种抄本（以下简称“文管会代抄本”）。

（4）1962 年，路大荒同志整理出版了《蒲松龄集》；集中，附有《农桑经》（以下简称“路本”）。

（5）1964 年 8 月，原农业遗产研究室从北京农业大学王毓瑚同志处过录到王修同志所藏钞本转录的《农桑经残稿》（以下简称“北农残稿”）。

（6）1965 年 5 月，中华书局胡道静同志寄来《蒲松龄〈农桑经〉农经之部校文》，这是日本天野元之助先生用平川雅尾先生所藏的天山阁抄本和韩少白抄本（内尚有一处用《文物参考资料》中的资料）所作的校文。在其《清蒲松龄〈农桑经〉考》中，即以它们和“路本”作了对照，以示文字上出入之处（以下简称“天野校本（天）”“天野校本（韩）”“天野校文（文）”，（）之内的字，表示其依据）。

（7）1977 年，广东农林学院图书馆农业历史文献室寄来《农桑经（残稿本）》（以下简称”广东残稿”）。

（8）1979 年 8 月，北京农业大学王毓瑚同志又寄来天野元之助先生的《清蒲松龄〈农桑经〉考》原文。

介绍工作思路与方法：

《农桑经》及其《残稿》，二者之间有什么关系，在目前，还难以了解，因此，也不便作出任何处理。在“尽量保存原书面貌”的前提下，决定以根据常见的抄本加以整理的《农桑经》，作为第一部分，而以罕见的《残稿》中“农圃”资料作为第二部分。

第一部分：

以“文管处存本”为基础，结合其他抄本和资料，进行初步校订；尽量保存原书面貌，尽量如实反映其技术内容和农学思想。并且，为使读者阅读方便，适当地作了分段和必要的注释，对于书中夹杂的一些封建迷信的资料，则不作任何解述了。

这一部分包括农经七十一则，从一至九月分月叙述农事安排，杂占十六则，蚕经二十一则，补蚕经十二则（附《腌茧法》），蚕祟书十二则，种桑法十则。

第二部分对《农桑经》残稿加以校订。包括按月编排的蔬菜、瓜果、药材栽培诸法，救荒养生诸方，畜禽鱼饲养诸法，诸花栽培四部分。

第三部分包括2个附记，是前人整理注录残稿本的文献以及残稿经目者王修所撰《钞藏者跋》。李先生对此特加说明：

《农桑经》在目前，已见有好几种抄本；而《残稿》，虽分别来自北京农业大学与广东农林学院，却同出于一源——王修同志的钞藏本；它们的内容，基本上是没有什么差异的。所不同者北京农业大学王毓瑚同志对《残稿》曾做了许多很确切的校订工作(《残稿》的校订便以此为基础)。在稿末，并附有《农桑经序》和目录、批语，等等。广东农林学院图书馆农业历史文献室则作了《附记》，并转录了《钞藏者跋》。所有这些，对我们了解《残稿》是有一定帮助的。因此，也一并附录于书后。

这3个附件基本解释了残稿的内容及流传情况。

综上，在农遗室成立后到“文革”前，以万国鼎、陈恒力、缪启愉为代表，农遗室在整理古农书方面取得的成绩有目共睹。万国鼎先生对整理古农书作了全面的方法论准备，并身体力行；在此基础上，缪启愉以对中国历史文化广泛而又深入的理解与追索，参考现代农学及相关学科的知识，综合运用中国古代文献整理方法，开辟了整理中国古代典籍的新局面，取得的成就获中外学界高度评价。《补农书校释》的作者作为党的领导干部，善于钻研马列理论，强调实践，强调理论联系实际，强调古为今用。《补农书研究》《补农书校释》将深入实地调查访谈甚至亲身参加劳动与地方文献搜集考证紧密结合起来，还原明末清初江南农业生产农村生活的真实面貌，指出古代农业遗产之所在及其真正意义；以溯古鉴今，以今论古，疏通古今，创造了古代农书整理的新范式，其成果不仅在古文献整理方面独树一帜，同时留下了20世纪50年代的调查数据，本身又具有史料价值，广受学界好评。

第五节　20世纪五六十年代农遗室的专题学术活动

中国的农业遗产研究事业在新中国成立前，万国鼎、陈祖椝等前辈学者筚路蓝缕、拓荒草创，他们除了收集整理资料，也开始研究历史上农业生产的若干问题，如万先生撰有《蚕种考》等多篇农史论文，陈先生撰有《中国作物源流史考》，这一工作由于抗战爆发而中断十多年。1954年春，当万国鼎先生重新回到南京农学院，立即勾画整理祖国农业遗产工作的蓝图，1954年6月，万先生手拟《中国农业史料整理研究计划草案》[1]，全面阐述整理祖国农业遗产的进行方法与步骤，除了编纂古农书目录、为《先农集成》补充地方志及笔记类书资料、整理或重印重要的古农书，对于开展研究工作也提出了系统的构想。他在工作计划草案中提出编刊《中国农业技术史》。因当时农遗室尚未成立，没有农史专职研究人员，农史研究仍有待继续拓荒，而形势要求立即开展此项工作，所以万先生想借助各专业人员开展专题农史研究。编刊《中国农业技术史》是整理祖国农业遗产中最为核心的内容，万先生特以附件对此作详细说明：

---

① 南京农学院经济学系拟：《中国农业史料整理研究计划草案》（1954年7月19日），农遗室复校前档案第2盒，1954，长，案卷号54-1。

编刊《中国农业技术史》说明

理　由

我国是世界上少数历史悠久的古国之一，地大人众，在农业技术上很早就有许多光辉的成就。为着结合爱国主义教育，并帮助现代科学研究，为农业增产服务，实有讲求农业生产史的必要。国际友人也希望我们总结我国几千年来农业生产上的经验与成就。现在农林各专业已开始注意这问题。不过一般学农的人不熟悉古书，不免感到困难。……因此，我们计划先就我们能力所及，在最短时期内，写出一部中国农业技术史，以应急需，使各有关专业可以在这一初步基础上，比较容易作进一步的探讨；同时也可以提供开设中国农业史课程的一部分教材。

内　容

中国农业技术大体上拟包括下列各项：农具与耕作，耕种制度，栽培方法，气候与农时，土壤肥料，开垦，梯田，圩田，农田水利，作物源流，选种育种，繁殖方法，作物保护，园艺，森林，畜牧，蚕桑，水产，农产制造以及灾荒问题等。……多数项目将尽可能地作比较彻底的考证与论述，少数项目则不得不加以限制。……

进行方法与工作条件

战前教农业史时曾陆续做过一些研究，但是很不够。现在要从头阅读有关资料，并在可能范围内尽量搜集及补充资料，辅以少量的实物观察（例如出土的古代农具）与实地调查；分类详细考证比较研究，写成各项目的初稿；然后分别和有关专家讨论，或先行分篇发表征求各方面的意见与批评，再（予）以修正。就全书整个来说，还只能算是初稿，以后仍需继续补充修正，因为这个还是一种草创工作，我们的业务与思想理论水平有限，有关资料的掌握也不可能充分，方志、笔记、文集、碑传等中所有的有关资料是不可能在三几年内收集齐全的。①

从这份工作计划草案看，万先生所设想的技术史是现代农学所有领域的历史总结，是一个完整庞大的农业技术史研究体系。同年 9 月他手拟的另一份工作计划，内容与此大体相同。②

1955 年 4 月下旬农业部中国农业科学院筹备小组在北京召开的整理祖国农业遗产座谈会，来自全国农业院校及科研所的专家介绍了各自的学术兴趣和积累，万国鼎先生对自己和陈祖椝先生的介绍是，“研究领域为，辑录八百六十多种古书上有关农业资料的三千万字，《齐民要术》校译工作；陈祖椝，中国作物源流史考。”当然万先生自己解放前还写有《农书考》以及《中国田制考》，但是农业技术史在当时可以说还是一片亟待开垦的学术原野。此后所有的工作或多或少都具有开创意义。

在农遗室成立后的三四年中，工作的重心是编辑《中国农学遗产选集》及查抄方志农业史资料，万先生也没有完全将研究工作放在一边，他积极开辟了中兽医方向，并组织编刊《中国农业遗产研究集刊》，集中登载研究人员的专题研究。但是万先生并未大张旗鼓地落实他之前编刊中国农业科技史的规划，因为他觉得资料工作还未到位，再加上当时政治气候特殊，像万先生这样的专家学者常有动辄得咎之虑，所以尚未从整体上开展部署科研工作。一直到 1957 年 12 月底陈恒力先生履职农遗室。

1958 年 6 月 6 日陈恒力先生致信南农领导，全面阐述对于农史研究的总体设想：

我室将进入如何改进工作计划阶段。如何改进工作，我们几个党员同志及少数研究工作人员曾酝酿过几次，大家意见如下：

---

① 南京农学院经济学系拟：《中国农业史料整理研究计划草案》（1954 年 7 月 19 日），农遗室复校前档案第 2 盒，1954，长，案卷号 54-1。

② 万国鼎：《工作计划》（手稿，1954 年 9 月 30 日），农遗室复校前档案第 2 盒，1954，长，案卷号 54-1。

一、本“大跃进”精神，争取在短期内完成下列工作

第一，中国农学史的研究。以已有的古农书为主，研究各该农书产生的社会经济背景，它在历史上起过什么作用，有哪些技术方法可做今天的参考之用，并从而找出古代农业与现代农业的技术上的异同之点。从今冬开始准备，明年正式开始研究，预计1959年年底或1960年上半年完成。又把好的农书分别译成白话文，编成通俗丛书。时间不限，抽出二个至三个人，专门从事这一工作。

第二，中国农业史的研究。先由浙西试点工作开始。农业有地区性的差异，必须分区进行。今年研究浙西区农业史（作为江南的典型），明年研究山东农业史（作为北方典型）。俟做出样子，即组织各省的文史馆员及有关人员分头进行各该省的农史研究工作（通过省委）。预计三四年内完成。我室也从明年开始进行整理历史文献上的记载，准备在各省分区农史材料完备之后着手进行中国农业史的整编工作。这一工作需要很多人力，另行计划人力的具体安排。

第三，各种作物栽培史的研究。现在即着手准备材料，俟各地区农业史整编完了之后即分别进行。因各作物史必须在整个农业史完了之后才分别进行，否则孤零零地单独研究某一种作物史，不知它的来踪去迹，也不知它在历史上怎样起作用，那是过去的形而上学方法。这种作物栽培史的研究，必须分别结合该业的专家一同工作。完成时间另定。

二、在工作方法上要明确几个问题

所谓结合现实，不是叫农史研究工作者去解决现实需要的一切技术问题，而是针对今天需要，今天在农业上存在什么问题（分区）。

第一，从历史上找出各该问题所由产生的历史原因，先民解决办法，如先民未能解决，是什么原因，今天可以解决的又是什么原因？严防两种偏向，一是认为我们祖先什么也没有，一是认为我们祖先什么都有。

第二，在浙西、山东先挑两个典型农村进行经济和技术上的调查研究工

作，这样才能了解现实存在着什么样的问题，着手研究农史工作时才有现实依据。

第三，通行历史唯物主义与中国通史外国农业史的学习，可补助史的常识的不足。①

……

从1958年到1960年，这三年中农遗室的研究工作是在陈恒力副主任的主导下按照上述思路展开的，他到任后，根据项目需要开始建立研究小组，如农学史组、农业史组，等等。在他的组织带领下，农遗室完成了《中国农学史》初稿上下册的撰写工作，先后开展太湖地区（或称三吴地区）农业史研究、中国近百年农业技术发展史研究、《诗经》农事诗研究。陈先生还组织编刊《农史研究集刊》，集中登载室内外研究人员的成果。

由于受到反右倾政治运动的冲击，1960年秋冬，陈恒力先生调离农遗室。虽然任职不到三年，但是他开辟的研究领域，在他离任后不仅全面落实，并且日益向纵深推进。1963年万国鼎先生主持编写了《农史研究十年规划》，这个规划在之前七年多资料收集和各种专题研究的基础上，进一步明确了学术发展方向。以下分别叙述农遗室“文革”前的研究工作。

一、组织全室人员撰写《中国农学史》

编写《中国农学史》应该说是农史学界及有关领导共同的愿景，在农遗室成立前，学界、政界都有意向，“高教部杨部长早就指示要正确对待祖国农业遗产，第二次全国高等农林教育会议也作出了决定。中国科学院于1954年成立，中国自然科学史研究委员会，希望我院担任中国农学史的研究。”② 但是编写中国农学史在20世纪50年代基本上还处于拓荒阶段，如1955年4月25日在整理祖国农业遗产座谈会上，西北农学院辛树帜院长对开展农业遗产

---

① 陈恒力写给张、陈院长、邓副书记的信札（1958年6月6日），农遗室复校前档案第4盒《本室1959年科研计划、远景规划、工作总结》，长，案卷号：59-2，南京农业大学档案馆保存。

② 《中国农业遗产研究室概况》，农遗室复校前档案第2盒《整理祖国农业遗产工作计划、座谈会记录摘要等》，1955，长，案卷号55-1。

工作提出建议，第二条是“要搞出农学史的纲要”；万国鼎先生对此事的意见是：一要发挥集体力量，与各专业结合来做农业史的深入研究，我们目前只能做些准备的工作。二要整理祖国农业遗产会涉及考古学、文学等各方面，一定要靠各方面的集体研究。三恐先要从农业史方面入手。我们今天应先搜集些初步的资料。[①] 可见一切都在草创之中。

但是在那个火热的“大跃进”年代，随着陈主任（农遗室的老先生们都是这样称呼的）的到来，这项工作迅速驶上了快车道。他认为农业遗产的整理不能仅仅停留在收集整理资料的阶段，必须积极开展专题研究，以获得关于中国古代农业生产发生发展的规律认识。当时全国正在“大跃进”运动中，他向全室人员宣传撰写《中国农学史》的整体构思和现实意义：

我们要在党的领导下，调动全室及一切有关力量的积极因素，鼓足干劲，力争上游，根据多快好省的原则，学习运用历史唯物主义的观点和方法，争取以最短时间，把我国先民数千年来在农业生产斗争中取得的包括古代文献上所记载的古代文物所反映的和农民群众世代相传积累下来的经验和成就，由粗而精，由浅而深，由重点而普遍，进行整理研究；一方面说明它们在历史上的地位、作用和发展规律，另一方面说明它们的现实意义和参考价值；以达到为生产、为教育、为社会主义建设服务的目的。我们认为，这就是我们的工作方针，也是我们应该走的一条道路。这条道路是我们通过一年来一系列的斗争，逐渐明确起来的。[②]

虽然 1958 年 1—9 月农遗室全体人员参加整风运动，“但我们也没有放松业务，而是积极组织力量进行研究工作。写农学史是中心工作，以前认为没有十年八年不能完成，现在计划 1959 年完成上册和三吴农业史，最近领导指示希望年内完成上下册，全部脱稿。”[③]

---

① 《整理祖国农业遗产座谈会记录摘要（草稿）》《中国农业科学院技术组、农业部宣传总局关于整理祖国农业遗产通知会议》文书处理号 25，1955，长期，中国农业科学院档案室保存。

② 《祖国农业遗产研究工作两条道路的斗争》（1958 年 9 月 1 日），农遗室复校前档案第 7 盒：本室组织机构、人员编制、干部统计报表等，1958，长，案卷号 58-2，南京农业大学档案馆保存。

③ 《中国农业遗产室研究室工作总结》（1958 年 12 月），农遗室复校前档案第 7 盒：本室组织机构、人员编制、干部统计报表等，1958，长，案卷号 58-2，南京农业大学档案馆保存。

2010年王达先生告诉我们，陈恒力先生把农史方面的书都翻了一遍，大致的资料都翻了一遍，然后就提出来怎么搞怎么搞，具体方案都是陈恒力一个人提出来的。①

就工作方法而言，陈恒力提出：

要用集体讨论的方法提高工作效率和研究质量。我们最近研究《诗经》《吕氏春秋》《氾胜之书》《齐民要术》《商君书》和《管子》等即采用分工合作的方法。研究具体问题时也不像过去那样花很多时间去考据文字和训诂了。而是根据史料结合现实进行研究，说明它在历史上的地位，指出它的现实意义。我们最近写的《氾胜之书的丰产方法》和《管子度地篇探索》就是其中之例。

是年，研究了有关农学史上册的重点书籍（《氾胜之书》《吕氏春秋》《管子》《齐民要术》），这些书中有关问题的研究和整理已接近完成（共20多万字，还有少数部分尚待继续完成）。② 在没有任何借鉴的情况下，陈主任带领大家分别钻研各时期的农书，通过农书认识不同时代农业生产农业知识的情况：

农学史的任务是说明我国农业技术发生和发展的规律及来源。我们的编写方法是组织力量，把秦汉前后有关农业的几部重要书籍和农书，像《诗经》《吕氏春秋》《管子》《氾胜之书》和《齐民要术》等作为编写的主要材料，并参考其他史籍。编写步骤，首先把它们分别写成小册子。其中，《齐民要术》这本小册子已经出版。然后再把这些小册子材料进一步系统化，再写成《中国农学史》上册。

从工作过程中，我们体会到，这种方法有优点也有缺点。优点是对每一社会发展阶段的农业技术，能有较深入细致的研究与探讨，这对我们了解祖国农业技术的发生和发展及其来源都有很大的启发和帮助。……

半年来我们把主要力量投入农学史上册的编写工作。工作完成的情况，现

① 《王达先生访谈录》，访谈日期：2010年4月30日，曾京京主访并整理。

② 《中国农业遗产研究室工作总结》（1958年12月），农遗室复校前档案第7盒。

在几本小册子已全部脱稿，而已进一步把它们统一联贯起来，编成《中国农学史》。

为了更好地解决史料中碰到的疑难问题和技术上的问题，因此我们组织了人力，前往山东济南、临沂、临淄、兖州、菏泽、聊城，河南的郑州、洛阳、新乡、辉县、禹县、朝歌，陕西的西安、武功、大荔、乾县、盩厔以及河北的邯郸，山西的太原等地，去进行调查研究。①

1959年的工作总结，详细说明了编撰《中国农学史》所采取的方法与步骤：

首先组织讨论使参与工作者都明确编写的目的要求与编写的方法步骤，研究所根据的材料以古农书为主，方法是组织力量把秦汉前有关农业生产的几部重要农书、古籍文献，如《诗经》《吕氏春秋》《商君书》《管子》《氾胜之书》《齐民要术》，进行分工编写，同时进行对每本书进行讨论，学习以历史唯物主义立场观点来分析作者的阶级性、社会性质、生产力与生产关系，如何抓重点，如何对资料进行分析与编写，以六本古农书为主要编写的材料，先分工编写成小册子，再在这基础上按小册子材料进一步进行前后连贯和系统化，并补充与参考其他有关的《盐铁论》《四民月令》《山海经》等史料，编写而成现在的农学史上册初稿，又在编写过程中发生的疑难与技术上的问题，即组织了一定的人力至陕西、河南、山西、山东等地的农林厅、文史馆及当地老农进行调查核对研究，待上册与7月中旬，即对工作进行检查与总结，吸取经验教训，为进一步编写下册创造了有利的条件。②

选择各时期重要的农书再结合其他历史文献阐述中国农学的内容和发展过程，通过实地调查疏通各种技术措施，这是编写《中国农学史》的方法论，体现了实事求是、理论联系实际的务实学风，这也是陈主任的学风，万主任之前在编刊《中国农业技术史》说明中也专门谈到要开展实地调查，他们的想

---

① 《中国农业遗产研究室上半年度工作简况》（1959年6月16日），农遗室复校前档案第4盒《本室1959年科研计划、远景规划、工作总结》，长，案卷号：59-2，南京农业大学档案馆保存。

② 《1959年研究计划执行情况初步总结》，农遗室复校前档案第4盒《本室1959年科研计划、远景规划、工作总结》，长，案卷号：59-2，南京农业大学档案馆保存。

法不谋而合。农遗室很多研究人员为此分赴各地展开调查，如曹隆恭先生“1958 年 8 月出差至北京、陕西、河南等省市去调查农学史上的技术问题。”桑润生先生“1958 年底出差山东、河南、陕西、山西等地，调查《管子地员篇》和《齐民要术》时，向群众机关干部研究人员学习了一些实际知识，与曹合写调查文章。”王达先生也谈到“1959 年 1 月至 3 月农业兴盛区——鲁、冀、豫、晋、陕地区调查。黄河中下游是我国古代开发最早生产最好的地区，然农业生产也有一定的历史渊源，实地考察，可借以对农史研究提供例证。（与桑润生同去）”①

胡锡文先生 1963 年在个人业务自述中谈到编写《中国农学史》的情况：

1958 至 1960 年夏，我室在陈主任领导下转变了以研究为主，提出对我国农业的发生发展进行研究并写出史来的计划。随着以农书为骨干从无到有地写出一部《中国农学史》初稿供各方面参考，在陈主任的鼓励和具体指导下分工协作，先后完成了它的上下编。我也参加了此项工作。在初步校注《吕氏春秋》“任地”“辩土”“审时”三篇和《氾胜之书》，写出了战国和前汉的农学部分。通过阅读明末以前的几部主要农书，如《农政全书》《群芳谱》《农说》《便民图纂》等提供了明代的农学部分（这一部分增加有韩世杰同志协助）都完成了任务。②

陈祖椝先生谈 1958 年 11 月至 1960 年 4 月编写《中国农学史》工作。

编写上册的第一阶段。我对《管子》理解有困难，不能完成任务，由陈主任自己编写了。第二阶段配合万主任搞《四民月令》，我提供资料，万主任执笔。我辑了《广志》，又看了《后汉书》《晋书》《南方草木状》等有关的文献，编写下册我和万主任、邹老为一组，负责唐宋元三代，我担任宋代部分。万主任完成了唐元部分以后，看到我写的不合要求，由他代写了。我只写了附录《中国茶叶简史》一章万数千字。

---

① 《业务考核调查登记表 曹隆恭、桑润生、王达》，农遗室复校前档案第 16 盒，1963，南京农业大学档案馆保存。

② 《业务考核调查登记表 胡锡文》（1963 年填写），农遗室复校前档案第 16 盒，南京农业大学档案馆保存。

缪启愉先生谈编撰《中国农学史》上册初稿：

1959年1月至4月，配合陈主任《前汉前期的重农学说》一书写附件五篇，约7万余字。此书以《管子》为基础，是《中国农学史》的一部分，时间很逼促。《管子》各篇的时代有争论，因此必须同时考定各篇的时代，以为论证的依据，领导将此项工作交给我。我没有读过《管子》，在陈主任指示下，勉力完成。

1959年5月5日临时突击任务，赶写《中国农学史》上册第三章。当时农学史的各章都已完成或基本完成，因此时间很紧，限月底完成。我没有看过《商君书》，连看文献到写作，在陈主任的指示下，努力在月底前一日提早一天完成，约三万字，工作很紧张。

以上《管子》和《农学史》第三章的工作，都保留自己不同的意见。当时只有一个意图，即为集体完成《农学史》，所以完全照陈主任的意图写，以完成领导上交给我的任务来完成。通过这次写作，颇有收获，主要对战国秦汉的农业发展概况，有初步的认识。①

李长年先生也谈了自己参加编撰《中国农学史》的情况：

1958年冬，转入《中国农学史》初稿上册工作，负责整理《齐民要术》部分。

1959年春完成《齐民要术研究》一稿，遵陈主任嘱交农业出版社出版(1959年5月出版)，嗣以该稿修正，改写为《齐民要术在作物栽培原理上的发展》，列为《中国农学史》初稿上册第九章。除此，又整理了《山海经》《禹贡》《周礼》、赵过的技术改革等部分，写了《赵过和农业技术改革》，列为该书第五章第八节。《山海经、禹贡、周礼等有关农学的调查研究》(由章楷同志协助收集资料)，列为该书第七章，最后全书汇总工作由本人和刘毓泉同志共同负责，本人担任的主要为技术部分，包括《吕氏春秋》《氾胜之书》

① 《业务考核调查登记表 缪启愉》(1963年填写)，农遗室复校前档案第16盒，南京农业大学档案馆保存。

《山海经》《禹贡》《周礼》《齐民要术》等章（其余由刘负责）。[1]

其他如刘毓瑔先生谈自己参编的情况："1958—1959 年，参加《中国农学史》上册初稿的编写，在陈恒力副主任指导下，完成该书第一章《绪论》的一三两节及第二章《诗经时代的农业生产》。"[2] 章楷先生 1959 年 8 月《中国农学史》上册初稿写成后，接着立即开始编写下册。"当时分配我写的是明末的《天工开物》《沈氏农书》《国脉民天》三本古农书为基本材料的第十五章。因为要写这一章，使我对这三本书不能不细细阅读研究一番。《农学史》下册附录中有蚕桑简编一篇，共 5 000字左右，这是我把《中国蚕业发展概述》一文压缩写成的。"

在《中国农学史》上册付梓以后，陈恒力等编撰者对此工作作了一番总结：

《中国农学史》的编写，可以说是这一时期在史的研究方面的首要工作。农学史是谈论农业技术与理论知识的发生发展过程和规律的。要探索发生发展的规律，必须涉及社会性质与生产关系，一些有关农业生产的基本问题，还待研究。社会性质又是目前历史学界正在争论的问题。现在要编写《中国农学史》，实有不少困难。但是困难压不住反右后人们的冲天干劲。因此，这一工作也提到日程上来，并且争取在一年多一点的时间内写成上册。不久又进一步争取在一年多一点的时间内一并完成上下两册。现在上册已经付印（科学出版社，印刷中）；下册正在进行，争取在 1960 年 2 月底完成。这次付印的只是一种初稿，是在缺乏经验和缺乏前人研究基础的条件下草创的，当然不免有许多缺点，甚至有错误。而且这样一种集体工作，对某些问题的看法也不一致，加上时间匆促，以致前后不能一贯。虽然如此，这是第一次学习运用历史唯物主义编写《中国农学史》，发现了一些前所未知的发展趋势与内在联系，提出了一些新的创造性的见解，而且在较短时间内

---

① 《业务考核调查登记表 李长年》（1963 年填写），农遗室复校前档案第 16 盒，南京农业大学档案馆保存。

② 《业务考核调查登记表 刘毓瑔》（1963 年填写），农遗室复校前档案第 16 盒，南京农业大学档案馆保存。

写成，至少已经写出可以提供讨论和修改补充的初步基础，还是值得鼓励的。①

《中国农学史》上册按计划于1959年7月完成编撰，随即开展下册的编写②。“编写下册先成立一编委会，推选三人负责，便于更好地加强工作的领导，按断代分工隋唐、宋元、明清三个小组，每个小组为三人，仍以每一断代的古农书为研究对象，边编写边连贯，争取于明年2月编写完成。”③

1960年农遗室的首要工作仍然是编写农学史的下册：

下册的编写工作是在1959年基础上进行，于2月底完成分工编写工作，3月份在全室进行逐章讨论修改，讨论时贯彻百家争鸣的精神，并学习马列主义观点立场方法，于4月初旬完成下册的编写任务。在完成下册的同时，并完成中国蚕桑、中国畜牧、中国兽医、中国蔬菜栽培、中国果树栽培、中国茶叶等六个简史的编写任务，作为中国农学史初稿的附录，来说明茶丝等为我国历史上特有的优良传统，以弥补农学史的不足。下册及六个简史已送科学出版社付印。④

就在上册刚刚出版，下册刚刚编就，农遗室立即组织大家对初稿进行修订，当时的想法是：

（1）初稿以农书为主进行编写，修订稿按照历史时期（分前封建时期，封建前期，封建中期，封建后期）进行改写，较能扼要清晰、深刻地分析和论述，较能突出地阐明我国农业技术的优良传统及其发展规律。

（2）初稿直接引用古书原文，往往深奥难懂，修订稿一律口语化，通俗化，必要的引文放在附注内。

（3）修订稿力求避免初稿的错误与缺点，并初步做到把典型史料和对于

---

① 农遗室为中国农业科学院编写《十年农业科学》第23章《祖国农业遗产》，《蚕业作物植保所南京农业遗产室十年来农业科学成就》，文书处理号74，1959，长期，中国农业科学院档案室存。

② 《1959年研究计划执行情况初步总结》，农遗室复校前档案第4盒《本室1959年科研计划、远景规划、工作总结》，长，案卷号：59-2，南京农业大学档案馆保存。

③ 《1959年研究计划执行情况初步总结》，农遗室复校前档案第4盒。

④ 《1960年上半年工作总结》，农遗室复校前档案第9盒，保管期限长，案卷号：60-2，南京农业大学档案馆存。

这些史料的分析紧密结合，求得史料和观点统一。

（4）初稿上、下册分十七章72万字，修订稿吸收初稿的全部重要内容，全书分七章论述，文字力求简洁压缩至25万字，由于编写过程中能展开边编写边讨论的群众路线工作方法，按原订计划6月份完成的上册的修订工作已提前至5月份完成，紧接着就进行下册修订工作。

所以上册出版之后，围绕着下册编撰和上下册的修改，“文革”前一直断续地进行着。如王达先生1960年2月至1961年4月“参加修改《中国农学史》初稿，先是担任后汉魏晋部分。后在6至7月间停止工作，学习历史唯物主义后，又制订新的修改计划，我则担任果树、蔬菜、畜牧、兽医、蚕桑、茶叶等部分。先后共写有七八万字。”[①] 刘毓瑔先生“1960年2月至1964年初，兼任《中国农学史》修订组组长及室务委员会委员。……修订稿共分五编，现已完成第一二三编及第四编的一部分，约30万字。……但这一工作由于计划一再变更，拖延时间较长，至今未能完成任务。”主要原因是改以农书分析为历史分期，说是修订，实为改写，工作量大增。[②] 王达、刘毓瑔两位先生的经历反映编写农学史受到明显的政治冲击。

1958年冬，开始编写《中国农学史》，1959年7月写成初稿上册，交由科学出版社出版。初稿上册出版后，受到好评，同时也指出其中缺点，甚至有严重的观点错误处。本来初稿上下册由于赶任务，发稿匆忙，室内没有经过仔细的审查和讨论，自己也知道有许多缺点。因此曾于1960年夏，全体研究人员停止其他工作两个月，集中学习历史唯物主义，结合审查《农学史》初稿上下两册的观点，以便修改《农学史》初稿。起初尚拟把初稿下册取回修正后出版，后来因为如此仍受已出版的上册的限制，决定初稿下册不再出版，把上下册一并修改重写。在修改过程中又走了一些弯路，估计要到1963年年底

---

① 《业务考核调查登记表 王达》（1963年填写），农遗室复校前档案第16盒，南京农业大学档案馆保存。

② 《业务考核调查登记表 刘毓瑔》（1963年填写），农遗室复校前档案第16盒，南京农业大学档案馆保存。

才能修改完毕。①

所以虽然下册1960年4月编撰完成，因担心观点立场有误，长期处于修订状态，“文革”发生后业务工作停顿，直到1984年才获出版，同时上册一并再版。但作为附录的六个简史因篇幅问题没有一同出版。但这六个简史仍可视为农遗室有代表性的研究成果。虽然历经挫折，最终迎来光明的转机，《中国农学史》初稿出版后，作为整理祖国农业遗产的突出成果，1987年获得农牧渔业部科学技术进步一等奖（表3-9，图3-10）。可惜陈恒力先生在“文革”中横遭迫害，已于1978年含冤去世。

表3-9 《中国农学史》编纂情况

目次		执笔者
第一章	绪论	万国鼎 刘毓瑔
第二章	《诗经》时代的农业生产	邹树文 刘毓瑔 吴君琇
第三章	《商君书》时代的社会变革与农业变革	缪启愉 潘鸿声 杨超伯
第四章	《吕氏春秋》中的耕作原理	万国鼎 古月 李成斌
第五章	《管子》的重农学说和水利土壤知识	友于 李长年
第六章	《氾胜之书》的作物栽培原理和丰产方法	古月 李成斌
第七章	《山海经》《周礼》《禹贡》等有关农学的调查研究	李长年 章楷
第八章	《四民月令》及有关资料反映的后汉魏晋的农业和农学	万国鼎 陈祖槼 邹介正
第九章	《齐民要术》在作物栽培原理上的发展	李长年
第十章	隋唐五代的农业和农业技术	孙家山
第十一章	宋代农业和《陈旉农书》中的农学	万国鼎 缪启愉
第十二章	《农桑辑要》《王祯农书》《农桑撮要》三书中的农学	万国鼎
第十三章	明清的农业和农书	孙家山
第十四章	《农政全书》等反映的明代的农学特点及其有关知识	古月 韩世杰
第十五章	《沈氏农书》等反映的作物栽培管理技术和农场经营方法	章楷

① 《农业遗产研究工作十年规划简要说明（草案）》，中国农业科学院研究科：《南京农业机械化所、农业遗产室1963年研究计划》，文书处理号，1963，保管期限长，中国农业科学院档案室保存。

（续表）

目 次		执笔者
第十六章	《知本提纲》《课稻编》等反映的农业技术及问题	李长年 潘鸿声 叶静渊 曹隆恭
第十七章	提要和结论	万国鼎

说明：友于是陈恒力笔名，古月为胡锡文笔名，杨超伯为临时工，韩世杰后调离农遗室。

奖状

为表扬在农牧渔业科学技术工作中作出显著成绩者，特授予部级科学技术进步奖一等奖，以资鼓励。

受奖单位：

中国农业遗产研究室

受奖项目：

中国农学史研究

中华人民共和国农牧渔业部

编号：87 0001

图 3-10 1987 年《中国农学史》获农牧渔业部科技进步奖一等奖奖状

二、开展地区农业史研究

陈恒力先生到任后，除了紧锣密鼓地组织研究人员编撰《中国农学史》，同时按自己的设想，积极推动开展地区农业史研究，他将全国分为华北、华东、华南、东北、西北几个自然区，想分区研究，待积累一定成果编写《中国农业史》。这项工作首先从太湖地区或者说三吴地区开始。这项工作始于

1959 年 8 月。[①] 桑润生先生说："在参加三吴农业史工作时，我对陈主任所介绍的提纲都做了详细的笔记。" 因此这项工作主要是在陈恒力先生领导下进行的。最初的计划非常宽广："我们决心在今年（1958）最后四个月内，把太湖地区农业史的资料汇编完毕，并在明年和后年，陆续写太湖、浙东、山东、四川等地区的分区农业史。到 1961 年或 1962 年完成全国农业史初稿。"[②] 也就是说，陈恒力先生设想通过研究太湖地区农业史"为今后开展其他地区农业史创造典型，亦为今后编写全国农业史奠定基础。"

不过，在"文革"之前，真正开展的只有太湖地区农业史的资料收集与汇编工作。编写《太湖地区农业史》的整体思路是"从先秦到明清有关太湖地区的史籍、方志、笔记、杂考、类书等，由于资料多，包括范围广，工作较艰巨。方法基本上分搜集资料、汇编资料，编写三个阶段进行。大概在领导抓紧大家积极努力下，可于年内（1959）完成资料汇编工作。" 当时计划 1959 年内完成太湖地区农业史资料汇编工作，1960 年 4 月完成编写工作。[③]

当年整个政治氛围十分热烈而严峻，学习八届八中会议文件，反右，高举总路线，开展增产节约的运动。各种政治运动和学习纷至沓来。但业务工作仍积极有序地开展部署。是年下半年"准备农学史下册，同时分出五人开始太湖地区农业史的编写，9 月份去杭州搜集资料。"[④] 完全采用陈恒力先生撰写《补农书研究》时的工作方法：

在浙江嘉县、杭州等地区尽量组织当地人力，如文史馆、国书馆中熟习本地历史掌故的老先生们，来为我们进行收集和整理农史资料的工作。再把从文献资料中所得到的知识，结合当地生产上主要问题进行研究我们认为这样做可

---

① 《1959 年重要科学技术研究项目》，农遗室复校前档案第 4 盒《本室 1959 年科研计划、远景规划、工作总结》，长，案卷号：59-2，南京农业大学档案馆保存。

② 《祖国农业遗产研究工作两条道路的斗争》（1958 年 9 月 1 日），农遗室复校前档案第 7 盒《本室组织机构、人员编制、干部统计报表等》，1958，长，案卷号：58-2。

③ 《1959 年研究计划执行情况初步总结》，农遗室复校前档案第 4 盒。

④ 《农业遗产室 1959 年第三季度工作综合报告》（1959 年 9 月 30 日），农遗室复校前档案第 4 盒《本室 1959 年科研计划、远景规划、工作总结》，长，案卷号：59-2，南京农业大学档案馆保存。

以符合少花钱多办事的原则的。……我们认为农业史料也是有地区性的。因此必须组织不同地区的有关人力，来分别担任整理农业史料的工作。①

关于此项工作，参加者在个人业务自述中都有述及：

王达先生：1957年夏开始进行《太湖地区农业史》工作，先后在嘉兴、杭州、南京等地收集资料，并着手先编订《太湖地区农业史资料汇编》，1959年12月末，初稿编成。但因诸客观原因，时断时续。直到1960年12月末，才和刘毓泉先生等编成汇编初稿20册。后来室里计划有了改变，这一工作便先中断。②

缪启愉先生：1958年4月转入农田水利资料和太湖农业史的资料收集工作，至年底止。看水利书和有关文集及方志97部。得到水利方面的一些知识。

刘毓瑔先生：1959年夏至1960年初兼任太湖地区农业史资料收集组组长。

王从骅先生：1959年6月到1960年2月，参加《太湖地区农业史》资料的收集和汇编工作。对江南一带的赋役情况和明代“粮长制度”有初步了解。

曹隆恭先生：1959年9月至12月参加太湖地区农业史资料的收集和汇编工作，和宋湛庆同志负责农业技术史料的汇编。

宋湛庆先生：1959年9月到12月，与曹隆恭合作，参加太湖地区农业史资料的收集和汇编工作，大致上对这一地区古代在水稻、小麦棉花等栽培技术方面有一个轮廓的了解。

《太湖地区农业史》的编写，在“文革”前止于资料收集，现存有资料汇编20册。

三、开展近百年农业技术史研究

开展中国近百年农业技术史研究，这是中国农业科学院布置的科研任务。

---

① 《中国农业遗产室研究工作报告》（1958年4月），农遗室复校前档案第7盒《本室组织机构、人员编制、干部统计报表等》，1958，长，案卷号：58-2。

② 《业务考核调查登记表 王达》（1963年填写），农遗室复校前档案第16盒，南京农业大学档案馆保存。

此项工作似先于《太湖地区农业史》而进行。1959年的5、6月份已开始推进，最初想通过访问老专家老农民获取第一手资料，所以首先派人外出调查，但由于准备仓促，调查中碰到许多具体困难无法解决，使工作走了许多弯路。①因是一项政治任务，陈主任等对此工作高度重视，1960年4月再次布置此项工作，提出新的思路：

首先查看资料，编写出提纲，在全室对《矛盾论》《实践论》学深学透的前提下，运用辩证唯物主义的理论武器来讨论分析近百年农业技术的特殊性及反映半封建半殖民地农业技术的特点与规律，更要求以批判性的来阐述近百年中农业技术所存在的问题，这样在小组、大组会上反复讨论得深透，这样讨论得愈深愈透，也就是为今后调查、编写打下了良好的基础。因编写《近百年农业技术史》，它具备极重要意义，这使过去与现在之间筑起一座桥梁，提供农业科技人员对今后农业技术飞跃的发展更有展望。提纲讨论结束，即准备下农村（访问老农调查）。②

到1960年年底，开展近百年农业技术史终于有一明确的工作思路：

决定以作“卡片”的方式作为搜集资料过程中的有效措施及为今后编写提供资料的主要依据；并为下乡调查找出一定线索。在近年内完成资料搜集工作，即分工有重点的搜集近百年有关的农业期刊。经统计共113种，3122期，按时期按地区及“八字宪法”做成分类卡3 763张。③

关于此项工作的推进，曹隆恭先生“1960年5月参加《近百年农业技术史》资料的收集工作，6月间出差到北京收集有关资料。后因室内组织全室研究人员学习历史唯物主义两个月奉令回室参加学习。之后又继续这一工作，直到1961年5月份。”桑润生先生说自己1960年4月转入近百年农业技术史组，收集耕作技术资料，和拟订提纲工作。并和胡锡文、曹隆恭同志往京（原文

---

① 《第三季度工作总结》（1959年），农遗室复校前档案第4盒：《本室1959年科研计划、远景规划、工作总结》，保管期限长，案卷号：59-2，南京农业大学档案馆存。

② 《1960年上半年工作总结》，农遗室复校前档案第9盒，保管期限长，案卷号：60-2，南京农业大学档案馆存。

③ 《农业遗产研究室1960年度工作总结》（1960-12-31），农遗室复校前档案第9盒，保管期限长，案卷号：60-2，南京农业大学档案馆存。

如此）调查访问，回南京后在南京图书馆继续收集资料，1961 年在收集资料的基础上，整理卡片，提出问题，为开展专题研究做了一些准备工作。邹介正先生 1961 年参加“近百年农业史组，作资料收集工作，将院内存的近百年畜牧兽医方面的杂志资料看完，并作成索引性的卡片，后被调作《齐民要术》而中止此项工作”。

叶静渊先生则没有掩饰自己对此工作的困惑，1960 年 9 月历史唯物主义学习结束后，全室工作重新作了布置，决定停止古农书的整理，把工作重点放在近百年农业技术史上，叶静渊先生“被分配参加了近百年农业技术史资料的收集，并负责资料卡片分类归档工作。至 1961 年春告一段落。该次资料系采取协作的方式，主要从解放前的旧杂志中收集的。总的来说，资料卡片是作了不少，但是园艺方面的却很少，单凭那点资料要写出我国近百年的园艺技术史，我感到是困难的。当时近百年农业技术史虽然是作为全室的一个重点，但是究竟近百年农业技术史需要怎样进行研究，领导上也一直未作明确指示，收了半年多的资料，对进一步怎样进行研究，我完全没有底，因此当时我思想上很苦闷。”

总体来看，开展此项工作，因为正视资料的作用，为此专门成立了资料小组，并且成为农遗室固定的工作部门。但是由于一直存在着抢救资料与开展史的研究的学术分歧（当然这是政治运动在学术上的表现），“文革”前此项工作一直停留在资料收集阶段，甚至陷于停顿。而所收集的数千张卡片也零落不知所终，殊为可惜。

四、开展《诗经》农事诗的资料整理与研究

开展此项工作是与编写《中国农学史》相伴而行的。按编写《中国农学史》的思路，“首先组织讨论使参与工作者都明确编写的目的要求与编写的方法步骤，研究所根据的材料以古农书为主，方法是组织力量把秦汉前有关农业生产的几部重要农书，古籍文献，如《诗经》《吕氏春秋》《商君书》《管子》《氾胜之书》《齐民要术》，进行分工编写……以六本古农书为主要编写的材料，先分工编写成小册子，再在这基础上按小册子材料进一步进行前后连贯和

系统化。”①

到1959年上半年“《诗经》农事部分整理研究亦将接近完成②。”为了加强《中国农学史》的编撰力量，曾把“太湖地区农业史的编写工作暂缓进行，以抽出主要力量来协助编写《诗经》③。”此后几年对《诗经》农事诗的校注一直列在工作计划中，并部分得到落实。如1960年对《诗经》（农事部分）进行校勘注释。④

这项工作也是在陈主任的组织下进行的，缪启愉先生说自己“1960年5月至9月转入陈主任主持的《诗经》农事诗的研究，先从资料的收集和分析入手。由于不少看法和陈主任不同，常常辩论。这和集体完成《农学史》的任务不同，必须慎重探讨，因此常常不能一致。在没有足够论据以前，我还是不能同意。所以此时工作无甚收获。对《诗经》部分与陈主任意见不一致，有时争得相当僵。”⑤ 刘毓瑔先生“从1958年年初到1959年年底，主要工作是收集并汇编《太湖地区农业史》资料及参加《中国农学史》上册初稿的编写。……在这段工作过程中的主要收获是，对太湖地区农业的发展有了轮廓的了解，对《诗经》中的农业资料特别是农事方进行了初步整理探索和研究，写成《中国农学史》初稿第二章《诗经时代的农业生产》及第一章一、三两节。另外，写成《诗经时代稷粟辨》一文，在本室集刊上发表。”⑥ 潘鸿声先生“1961年春参加了《诗经》农事诗部分的研究，为时短促”。汪家伦先生“1961年3月参加《诗经》农事诗的整理。这项工作是在陈恒力副主任的直接指导下进行的，为时很短，一共整理了三四首农事诗。起初工作毫无头绪，不

① 《1959年研究计划执行情况初步总结》，农遗室复校前档案第4盒。

② 《第3季度工作总结》（1959年），农遗室复校前档案第4盒《本室1959年科研计划、远景规划、工作总结》，长，案卷号：59-2，南京农业大学档案馆保存。

③ 《1959年研究计划执行情况初步总结》，农遗室复校前档案第4盒。

④ 《1960年上半年工作总结》，农遗室复校前档案第9盒，保管期限长，案卷号：60-2，南京农业大学档案馆存。

⑤ 《业务考核调查登记表 缪启愉》（1963年填写），农遗室复校前档案第16盒，南京农业大学档案馆保存。

⑥ 《业务考核调查登记表 刘毓瑔》（1963年填写），农遗室复校前档案第16盒，南京农业大学档案馆保存。

会做。后来在杨超伯先生（临时工）的指引下，初步学会动用工具书查考有关文献和整理资料的方法，从而提高钻研问题的奥趣和能力。”吴君琇先生“1961 年，搞《诗经》分类剪贴资料”。

对《诗经》农事诗的整理研究除了刘毓瑔、邹树文等人发表的论文，以及《中国农学史》中的相关章节，到“文革”前，尚未产生系统的成果，但留下 19 册剪贴资料。

以上编撰《中国农学史》，开展太湖地区农业史、中国近百年农业技术史、《诗经》农事诗的资料整理与研究，都是在陈恒力副主任的组织下推进的。除此之外，陈副主任还积极组织开展肥料史的研究，留下《中国肥料简史》手稿一部。陈先生虽然来农遗室不到 3 年时间，但正是在他的带领下，农遗室研究方向日益明确与细化，这在 1963 年制定的《农史研究十年规划》中有充分体现。

五、开辟畜牧兽医研究方向及所取得的成果

20 世纪 50 年代整理祖国农业遗产，其内容除了狭义的大田耕作，还包括治疗家畜家禽疾病的中兽医学。“党和政府非常重视中兽医这类遗产，号召大家来学习中兽医，要求全面接受，系统钻研，显其精华，弃其糟粕，中西合流，创造我国新颖的兽医科学。”① 农遗室开展中兽医研究是在万国鼎先生的部署下起步的。邹介正先生是农遗室第一位中兽医方面的专门人才。2010 年李成斌先生介绍了当年的情况：

万国鼎是民革成员，经常开会，后来通过民革了解了邹介正，过去是中央大学搞畜牧兽医的，就联系上他了，邹介正也想归队搞本行，所以调过来的。调过来后就一直搞畜牧兽医方面的古籍整理。②

虽然 1956 年 12 月邹介正先生来农遗室从事此工作，但万先生还想进一步扩大研究人员力量，1957 年仍在物色合适的人选。1958 年春，万先生在给上

---

① 邹介正、马孝劬校注：《司牧安骥集》前言，农业出版社，1959 年，第 3 页。

② 《李成斌先生访谈录》，此处综合 2010 年 1 月 8 日、2019 年 11 月 26 日两次访谈内容，曾京京主访并整理。

级的信中说：

中兽医是祖国农业遗产的一个重要部门，我室拟为此项研究逐渐准备条件，目前已有兽医专业的邹介正先生，他对中兽医颇感兴趣，并曾作研究，又有季位东先生是学中医的，中兽医的医理颇多和中医相通。我们已收集了相当多的关于中兽医的资料。另外，南农有畜牧兽医系和兽医院，系中有几位教授也对此有兴趣。这些是我们已有的基础。只要求在已核准的编制名额内，为我室在今年高等学校毕业生的统一分配中，要求分配兽医专业毕业生二人，畜牧专业毕业生一人，只要给我们名额，人选让我们向有关方面预先接洽挑选比较适当的。①

但是万先生并没有调到更多的专业人员，“文革”前真正开展中兽医研究工作的就是邹介正和马孝劬两先生。农遗室在中兽医领域的工作主要是在邹先生的努力下逐步获得成果的。

邹介正先生毕业于中央大学农学院畜牧兽医系（1940—1944），1956年12月到职。邹先生“解放后在矿产地质勘探总局和中国科学院古生物所任会计负责人（课长）。1956年响应党的号召，西医学习中医，调至中国农业遗产研究室任助理研究员，从事中兽医和兽医史的研究。”

与农业技术史相比，中兽医专业对专业知识和实践经验有极高要求，而邹先生之前学的是西兽医，从事中兽医学的研究，需要建立两套知识系统的连接端口，为此邹先生做了长期辛勤的探索。2010年在采访时邹先生谈了自己治学的经历和体会：

我一直在农业遗产室，没有到兽医系去，因为兽医系它是搞现代的，古代怎么样它不管。遗产嘛，我就要把古代的和现代的结合起来，我是在中间，所以我从学术系统下来说我和南农兽医系没得关系，但是学术交流总是相互交叉的，我们要利用他们这些年的学术成果，把古代的一些问题和现在民间还在用的一些方法联系起来，所以这叫遗产。中西医结合过去没有，我是第一代人，

① 万国鼎致吴觉信，农遗室复校前档案第3盒《农业部介绍桑曹李来室函》，保管期限短，案卷号：57-1，南京农业大学档案馆保存。

蒋次昇也是第一代人。我们当时大概有六个人（提到蒋次昇、于船），这几个人都坚持下来了，都是自己在探索。每天都在探索，事实上我们搞这个研究，这些方法现在怎么样，古代怎么样，民间怎么样，我们怎样改善，使它们结合起来，就是研究这个东西。我们这个专业更要联系实际，不会看病就别干这行。①

邹先生来室后，1957—1958 年主要做猪喘气病的发病观察、病情演化和中药试治试验，这一工作和当时全国养猪事业有很大关系。② 1958 年在向中国农业科学院报送的计划草案中列有《中兽医治疗方法和兽医理论的研究》一项：

课题名称　猪喘气病的中药治疗试验

研究目的　寻找对猪喘气病的有效疗法

研究内容　按照不同病状使用不同中药方剂观察疗效

研究期限　1958—1962

本年预期结果　初步划分病期类型，完成部分中药方剂疗效试验

主持人及参加工作人员　邹介正　马孝驹

备　注　与南京军区后勤部兽医处约定前往各部队养猪场做治疗试验③

这项课题在当时获得积极落实，对于猪喘气病的中药治疗试验，1958 年“与南京军区后勤部兽医处约定前往各部队养猪场做治疗试验。和江苏省农业厅亦已联系。但我室兽医方面仅有邹介正同志一人且须兼顾畜牧。”④ 邹先生后撰《猪喘气病的病理和中药试治》(《农业遗产研究集刊》第 1 集)，介绍试验步骤、过程，治疗思路：“即采用陈皮汤和小青龙加石膏方，前者见于孙思

---

① 《邹介正先生访谈录》，2020 年 1 月 19 日，在邹先生家中，主访者曾京京，整理者曾京京、马静。

② 《中国农业遗产研究室工作报告》（1958 年 4 月），中国农业科学院研究科 1957 年部分室所工作总结，文书处理号 19，长期。

③ 《农业遗产研究室 1958 年农业科学研究计划》（草案，1958 年 1 月 15 日），中国农业科学院研究科，文书处理号 3，长期。

④ 《农业遗产研究室 1958 年农业科学研究计划》（草案，1958 年 1 月 15 日），中国农业科学院研究科，文书处理号 3，长期。

邈《备急千金方》，后者见于汉张仲景《金匮要略》，两方均有一千余年的历史。……治疗效果是确切的，而且比用西药便宜很多，非常有实用价值。”

这段时间邹先生还从抗战前收集的古代文献中辑成《古兽医方集锦》（5万字）。同时开始中国古代重要的兽医学著作《司牧安骥集》的校勘工作，提出注校1 000余条，[①] 该书1959年由农业出版社出版。邹先生还在校勘《司牧安骥集》的基础上对该书卷一部分内容进行分析探索，分别写成《我国相马外形学发展史》和《唐代的针烙术》，明确了我国相马外形学的发展过程和针烙术在古代的成就。2005年，邹先生在回忆万先生的文章中谈到当年的工作经历：

我是现代畜牧学、兽医学的人，对传统中医、中药和中兽医基本不了解，谨服从组织安排，在党号召西医向中医学习，实现中西结合的号召下来到农遗室工作，万老教导我从工作中进行学习和研究。1958年兰州中兽医研究所成立并召开全国中兽医学术研讨会第一次会议，决定兽医古籍中未载而散佚在古农书和笔记杂考中的兽医方由农遗室尽快编成《古兽医方集锦》一书，以应基层兽医站和研究中兽医学者的迫切需要。决定将南京图书馆藏的善本书明刊八卷本《司牧安骥集》佚失的后三卷补齐全。会后我利用“红本本”和室内藏书很快完成收集、编写、注释《古兽医方集锦》书稿的工作；会上承传统著名中兽医田炳煊老先生将家藏的一部完整的八卷本《司牧安骥集》借给我，使我得以顺利完成任务，并于1959年出版。[②]

邹先生1963年上半年完成《猪经大全》一书的研究，以该书的方剂为主，探讨这些方剂的来源和适应证。1962年下半年完成丁序本《元亨疗马集》的校刊任务。1963年1—2年月完成丁序本《元亨疗马集》卷一第一篇《脉色论》的注释和语释，以此为基础在1963年上半年完成中兽医的色脉诊研究，初步写成《中兽医的色脉辨证》一稿，约12万字，并送请别的单位请提意

① 《业务考核调查登记表 邹介正》。

② 邹介正：《学者楷模——缅怀万国鼎同志》，王思明、陈少华主编《万国鼎文集》，中国农业科学技术出版社，2005年，第404、405页。

见，以便进行修改。[①]

农遗室的中兽医研究从1956年年底邹先生到职开始，对这一全新的学术领域邹先生付出了毕生的心血，他说："要从事兽医遗产的研究，首先要掌握我国历史兽医遗留下来的文献资料，知道其内容和重点问题所在，要有一定的现代兽医学知识和科学研究方法，来整理分析这些资料。要具有正确的毛主席思想来进行分析研究和处理问题的方法，要掌握进行研究的工具、古文阅读能力、历史知识和外文水平。"[②] 邹先生幼年得猩红热发高烧，致左眼失明，左耳失聪，就是在这样的身体条件下，他长期坚持不懈地在中兽医领域探索耕耘，不辞辛苦多次前往牧区请教民间兽医。邹先生说："我是哪个地方都访问，我一个人主要是去向人家学习讨教去的。比方说马有一种病是肚子痛，痛得在地下打滚，也可能疼死，中兽医对这个病比西医高明，中兽医一服中药灌下去马上就好，那我就跟这些老中兽医学这些东西，所以我是向他们学习搞这个东西的"。[③]

中兽医学事业从无到有，邹先生以及他提到的那六位先行者，他们的辛勤探索，为这个学科打下了坚实的基础。这个工作在"文革"前是不断向前推进的。

六、古为今用的试验研究

农遗室成立后，在"古为今用"服务农业生产的指导思想下，用现代农学检测手段，对古农书中与农业生产关系较密切的内容进行实验研究。除了前文提到的用中兽医治疗猪喘气病，还对古农书中的溲种法和快速检测韭菜种子发芽力开展实验研究。

1956年，农遗室与南京农学院植物生理教研组合作，由朱健人、朱培仁两位先生领导，进行关于《氾胜之书》所说溲种法的试验研究。试验方式包括田间、木框和玻璃碟三种。试验项目包括抗虫能力、产量比较、苗期生理、种子

---

① 《业务考核调查登记表 邹介正》。

② 《业务考核调查登记表 邹介正》。

③ 《邹介正先生访谈录》，2010年1月19日，在邹先生家中，主访者曾京京，整理者曾京京、马静。

生理、种子化学性质（与化学教研组合作化验）、种子呼吸测定（借用华东药学院瓦式呼吸器测定）、微生物测定（在土壤农化系微生物试验室进行）等。研究目的包括：测定溲种法实用价值的大小，决定溲种法增产的生理原因，并从中提取今后增产的学理与技术；进一步发现附子溲种法是国际上现行溲种法中的最古方法，而且是唯一的有机浸种法，进一步丰富国际溲种法的科学内容。①

实验结果以朱健人《溲种法的试验和初步结论简报》刊于《农业遗产研究集刊》第一册，正式的报告发表于该集刊第二册，1958年10月中华书局出版，名为《二千年前的有机物溲种法的试验报告》，署名南京农学院植物生理教研组。

测试韭菜发芽力的实验亦由朱健人主持，结果以《韭菜种子萌芽快速测定法的试验和初步结论简报》发表。万先生在文前写一小叙："此法见《齐民要术》（6世纪30年代），现在农民实践中也采用类似这种方法的。今年6月，承华北农业科学研究所寄给我《农业科学通讯》1957年第6期，因为其中载有裕载勋、于怀善两先生写的《一份宝贵的农业遗产——速测韭菜种子发芽率的方法》。当即走告朱培仁先生，请植物生理教研组加以试验。这里简单报告我们初步试验的情形。万国鼎附识。1957-11-9。"

试验结果基本能够证明《齐民要术》所载以加热快速鉴别种子新陈及发芽率的有效性，但各类种子表现不尽一致，可进一步研究。②

七、编刊农史研究专业论文集

虽然万先生早已酝酿筹划开展农业科技史研究，但在农遗室成立后的三年中，工作的重心是编辑《中国农学遗产选集》及查抄方志农业史资料。但是即便是在收集整理资料的时间缝隙中，农遗室的研究人员仍然开展了一系列专题研究，并出版《农业遗产研究集刊》专门刊载研究成果，万先生为这份论

---

① 《中国农业遗产研究室1956年工作总结报告》，院办《农业遗产室总结报告与统计报表》1956年11月30日，暂，院（56）-20，南京农业大学档案馆保存。

② 农遗室《1958年农业科学研究计划（草案）》（1958年1月15日），中国农业科学院研究科《北京、南京农机所、农业遗产室1958年研究计划》，文书处理号3，长期，中国农业科学院档案室保存。

文集写了发刊词：

中国农业遗产研究室的工作，目前基本上还处在整理资料的阶段。它的首要任务是编印《中国农学遗产选集》：广泛辑录古书（除农书外，包括方志约8 000部，其他图书5 000~6 000部）中有关农业的资料，分类集中，编写选集的100多个专辑出版。这些专辑，分为甲（植物各论）、乙（动物各论）、丙（农事技术）、丁（农业经济）四类，另加附编三种。现在已经付印甲类中的《稻》《麦》《杂粮》《豆类》《棉》《柑橘》六个专辑的上编（下编是辑自方志的资料，上编收辑其他各书中的资料）。我们打算争取在1965年以前完成这套选集的全部编辑工作。同时还附带配合着进行另外两种整理资料的工作：编辑《中国古农书及其他有关图书总目提要》和整理重印重要古农书(《氾胜之书辑释》已出版，《四民月令辑释》将于1957年年底编峻付印，《齐民要术校释》在进行中)。

研究总结祖国劳动人民多少世代以来在农业生产斗争中的宝贵经验与认识，以便适当地利用和提高，为农业增产服务，并帮助充实和促进现代农业科学，是研究室的长远的中心任务。我们已在这方面开始进行，只是现在忙于整理资料的工作，能分出的人力很少，进行得还很有限。

但是以祖国农业遗产问题来向研究室询问的，已在逐渐加多。我们深感心有余而力不足，研究还仅在点滴地开始，不能及时而圆满地答复向我们提出的多种多样的问题。而且农业的范围很广，问题复杂，各地情况不一，对祖国农业遗产的研究，必须依靠各地各专业的农业工作者从各种不同的角度来进行，也不是研究室中有限的人力办得了的。

因此，我们决定编印这个《农业遗产研究集刊》，借以促进对祖国农业遗产的研究，以应有关方面的要求。内容着重有关农业生产的问题，兼及农业经济及农业史和古农书的介绍与评论；还打算兼收与农业遗产研究有关的问题，例如本册所载的《西汉以前几种动物分类的疏证》及《礼记月令辨伪》两篇，下一册还拟登载《秦汉度量衡亩考》。

我们提出编印集刊这个任务来鞭策自己，把点滴进行的研究，抓紧时间写出论文来；在试验研究课题的进行中，分期分项写出初步研究报告来；特别是在目前整理资料的过程中，抓住机会，随时留意作初步汇总与分析，写出有关的论文来。

我们打算一年编印两册《集刊》，每册15万~30万字。为了及时编印集刊，研究室同人预备尽其力之所及，编写论文或研究报告。这些写作未必是很成熟的，可能有缺点或错误，也可能其中论点不为别人所同意，但是发表出来，至少可以作为研究讨论的基础，并且可以吸收多方面的意见来继续改进或修正。

同时我们也希望这个集刊能够刊登室外同志写作的这一类的论文或研究报告，这不仅是给我们的支持，更重要的是共同推动对祖国农业遗产的研究。

这个集刊并不要求对问题或论点的见解一致。我们本着百家争鸣的精神，让每一作者提出自己的意见。同时我们欢迎对集刊中发表的论文提出批评、补充或不同意见，作为讨论或独立单篇论文，在集刊中刊登出来。

这个集刊是论文集的性质。但有些资料或意见，虽然还没有经过较深入的研究或试验，有时为了提供有关方面的参考或引起注意，值得提前发表，就写成短篇，作为参考资料，收入集刊作补白或附录。

希望同志们随时给我们指教和支持。

万国鼎　1957.11.9①

这份论文集一共出版了两册，以下抄录完整目录，以见当时专题研究的具体内容（表3-10，表3-11）。

表3-10　《农业遗产研究集刊》第一册（1958年4月出版）

作者	内容	作者	内容
万国鼎	前言	叶静渊	中国文献上的柑橘栽培 1 引言 2 我国柑橘栽培的起源和发展 3 柑橘的种类和品种 4 柑橘的生物学特征特性 5 柑橘的繁殖 6 柑橘的栽培管理 7 柑橘的病虫害防治 8 柑橘的包装运输与贮藏 9 柑橘的加工利用 10 关于卢橘的问题
万国鼎	区田法的研究 1 提纲 2《氾胜之书》所说区田法的布置方式 3 氾氏区田法的耕作技术与丰产目标 4 氾氏区田法的产生 5 自汉以来推行和试种的结果 6 后世区田法形式上的变更和误解 7 区田法的现实意义 8 附记区田文献		

① 万国鼎：《农业遗产研究集刊》第一册前言（1957年11月9日）。

（续表）

作者	内容	作者	内容
胡锡文	中国小麦栽培技术简史 1 起源与分布 2 栽培技术总说 3 选种和留种 4 麦田的整地 5 播种 6 麦田管理 7 防虫、防霜和防止年前拔节 8 收获与藏种 9 其他 10 结言	邹树文	西汉以前几种动物分类法的疏证 1《尔雅》的讨论 2 五虫分类法各家注释的分歧 3 用《淮南子》和语言解释《淮南子》 4《地官》五物、《考工记梓人》及《吕氏春秋观表》的动物分类法的讨论 5 几种动物分类法对于其后古籍的影响 6 结尾语 礼记月令辨伪 1 绪言 2《月令》不是出于《逸周书》 3《礼记·月令》不是出于《管子》 4《礼记·月令》与《吕氏春秋十二纪》月令及辑佚《月令》的异同 5《月令》在《礼记》及《吕氏春秋》和《时则训》在《淮南子》的地位 6 证明《月令》是《时则训》的改头换面 7 由汉朝历史证明《月令》的伪托古人 8 由《吕氏春秋》本书证明《月令》是后人套上的帽子 9《时则训》不得不改成《月令》的原因 10 尾语
李长年	中国文献上的大豆栽培和利用 1 绪言 2 古人对大豆的利用 3 大豆的地区分布和大豆的种类 4 古代所认识的大豆特性 5 大豆在轮作中的地位 6 大豆的栽培技术 7 结言	刘毓瑔	《农桑辑要》的作者、版本和内容 1《农桑辑要》的作者 2《农桑辑要》的版本 3《农桑辑要》的内容 4 它所反映的自《齐民要术》以后七百多年间我国农业的发展 5《农桑辑要》的价值
参考资料：朱健人《溲种法的试验和初步结论简报》，朱健人《韭菜种子萌芽快速测定法的试验和初步结论简报》，邹介正《猪喘气病的初步临床观察和中药治疗的尝试》，李长年《滨海棉区风灾的防治方法》，李长年《有关陨霜杀麦复生的碑文记载》			

表 3-11　《农业遗产研究集刊》第二册（1958 年 10 月出版）

作者	内容	作者	内容
陈恒力	从《补农书》看明末清初时代农业经济与技术的社会性质	黄盛璋 吴汝祚	关中农田水利的历史发展及其成就 1 绪论 2 关中农田水利发展的社会因素和自然因素 3 关中农田水利的历史发展 4 关中农田水利发展过程中的经验和成就 5 对发展今后关中农田水利的几点建议
胡锡文	甘薯来源和我们劳动祖先和栽培技术 1 甘薯名称的由来 2 甘薯的来源与分布 3 甘薯的特殊贡献 4 古人的甘薯整理和繁殖技术 5 古人的甘薯大田整理和收获藏种技术		

（续表）

作者	内容	作者	内容
宋湛庆	我国古老的作物——薏苡 1 引言 2 最早的记载和分布 3 薏苡的种类、栽培和利用 4 结言	李长年	祖国的农场经营管理知识的整理分析 1 几部农场经营管理性质的古籍 2 农场经营的原则和方式 3 农场土地配置和基本 建设 4 农业生产计划问题 5 农业生产计划的贯彻执行 6 分析和批判
李长年	祖国的苧麻栽培技术 1 “紵” 就是 “苧” 2 苧麻的地区分布 3 苧麻的繁殖方法 4 苧麻的田间管理 5 苧麻的收获和剥制 6 结言	万国鼎	秦汉度量衡亩考 1 引言 2 秦汉尺的长度 3 吴大澂《权衡度量实验考》所定周尺有问题 4 吴承洛《中国度量衡史》所定周秦汉尺是错误的 5 秦汉升的容积 6 秦汉两和斤的重量 7 律度量衡之间的相互关系及其实数的复核 8 秦汉度量衡单位名称中和后世不同处 9 秦汉亩的面积 10 秦汉度量衡亩折合今制一览表
叶静渊	中国文献上的柿果 1 引言 2 柿的起源与分布 3 柿的品种及其近缘植物 4 古人对柿的特征、特性的认识 5 柿的繁殖与栽培 6 柿果的脱涩 7 柿果的加工利用 8 柿漆		
南京农学院植物生理教研组	二千年前的有机物溲种法的试验报告 1 试验方法 2 试验与讨论 3 结论	王毓瑚 杨直民	学习夏纬英先生《吕氏春秋上农等四篇校释》笔记 1 关于误文和错简 2 关于各篇的分段 3 一些个别辞句的解释 4 补充几句话
张履鹏 蒿树德	溲种法试验报告	邹介正	补校《司牧安骥集》 1 内容校正商榷 2 尾语
张履鹏 蒿树德 谢明玉等	冬谷试验及调查报告 1 前言 2 试验进行情况 3 农民中“冬谷”生产应用情况 4 结语	万国鼎	茶书总目提要
参考资料：邹介正《仔猪去势术》，叶静渊《我国古代对几种锦葵科植物的经济利用——沤麻》			

陈恒力副主任在任时继续编刊农史研究专业期刊，改名为《农史研究集刊》，《农史研究集刊》第一册前言未署名，但都在阐述陈恒力先生的治学理念，兹抄录如下：

以前我们曾出版过两期《农业遗产研究集刊》，现在将此刊改名为《农史研究集刊》。过去我们主要的工作是整理资料，编辑《中国农学遗产选集》；虽曾在《农业遗产研究集刊》上发表过一些研究性质的文章，也只是就编辑选集过程中，在研究工作上作了点滴的开始。

祖国农业遗产的整理工作要为生产服务，是我们工作的总方针，也是我们的愿望。但我们由于受资产阶级残余思想的影响和资产阶级的一套工作方法的约束，以致在工作中思想很不开展，一不经心留意，常局限于音义校释等考据之类的工作，冲淡了对主要的方针任务的注意力量，不免捡芝麻而丢了西瓜。

去年党号召思想改造运动，确实深深地教育了我们，使我们初步明确了“今是昨非”，初步认识到农史研究应该符合“古为今用”的方针。在研究工作态度上要“厚今薄古”。但在具体工作中，如何在多快好省的原则下提供力量，达到古为今用的目的，认识还是不够的。现在我们学习如何面向实际，改正过去偏重文字的弊病，于是开始学习使用调查的方法，研究了《管子地员篇》《氾胜之书》《齐民要术》，等等，结果证明，用调查方法研究既快而又确切，符合多快好省的精神。

因此，我们认为调查方法是农史研究方法上的新方向，也是农史研究结合生产实践的好方法，这样才能考核在古农书中所含有的科学性和它们对生产技术上的作用。我们将继续采用。但这并不等于一概就抹杀了训诂的价值，譬如有些生产技术上的关键性问题，必要时仍需作一番细致的考据工作，而不是如过去的为了训诂而训诂，以罗列资料来炫耀渊博，因为那样是不符合“古为今用”原则的。

用调查方法整理研究古农书在我们也只是开始，还没什么经验。本期发表了一篇关于《齐民要术》方面的调查研究，作为个尝试；此外，还用调查方法证明《管子·地员篇》的地区性问题。今后打算继续发表这类文字。

这本集刊仍然只出了两期，现抄录其目录，以见内容（表3-12，表3-13）。

表 3-12　《农史研究集刊》第一册（1959 年 9 月出版）

<table>
<tr><th>作者</th><th>内容</th><th>作者</th><th>内容</th></tr>
<tr><td></td><td>目录、前言</td><td rowspan="2">邹树文</td><td rowspan="2">虫白蜡利用的起源
1 纠正李时珍关于中国开始培育白蜡虫的时期的错误
2《本草纲目》以前关于白蜡的文献及历来白蜡产地的记载
3 古人对白蜡虫生活习性研究上的成就
4 白蜡虫副业今后之展望</td></tr>
<tr><td>友　于</td><td>管子度地篇探微
1 判断本篇著作年代的主要根据
2 本篇的阶级性与思想渊源
3 标志我国水利科学进展的历史阶段
4 本篇的学术价值及其托伪管子的原因</td></tr>
<tr><td>友　于</td><td>管子地员篇研究
1 问题的提起
2《地员篇》的产生及其任务
3 关中地区的土宜
4 泛论九州的土宜</td><td>万国鼎</td><td>唐尺考
1 引言
2 唐朝定制及其大小二尺的来历
3 唐尺标准长度的推算数
4 现存唐尺的长度
5 开元钱尺的长度
6 日本今尺即唐大尺
7 孙次舟先生对于唐尺的论断是错误的
8 结论</td></tr>
<tr><td>邹介正</td><td>我国相马外形学发展史略
1 先秦时期的相马学
2 汉代的相马学
3 南北朝时期的相马法
4 唐代的相马法
5 宋以后的相马学
6 结语</td><td>孙家山</td><td>本草学的起源及其发展
1 前言
2 本草学的萌芽时期
3 本草学的形成时期
4 本草学的初步发展时期
5 本草学的进一步发展时期
6 本草学的极盛时期
7 本草学的普及时期
8 后记</td></tr>
<tr><td>李长年</td><td>农业生产上的时宜问题
1 什么叫作时宜
2“时宜”在农业生产上的重要性
3 自古以来农业生产上就重视时宜
4 影响“时宜”的几个因素
5“时宜”确定的具体方法
6 适当提早不违反“时宜”原则
7 结语</td><td>丛　林</td><td>《齐民要术》调查研究的尝试
1 引言
2 自然条件
3 生产工具
4 土壤耕作
5 作物与轮栽
6 播种与收获
7 结束语</td></tr>
</table>

（续表）

作者	内容	作者	内容
万国鼎	耦耕考 1 引言 2 耒耜的形制和操作方法 3 二人二耜合力刺土说不合理 4 古人有相耦习惯说不能成为理由 5 一人扶犁一人拉犁说不符合先秦耒耜操作法 6 两人面对面共发一耜说违反力学原理 7 耦耕也许是一人耕一人耰配合进行的耕作法 8 附识	王　达	试评《中国度量衡史》中周秦汉度量衡亩制之考证 1 问题的提起 2 汉代度量衡亩与市制的折合率及其根据 3 吴承洛考定的错误及其原因 4 秦汉度量衡之制未变 5 从人的食量上验证所定度量的正确性 6 结语

表 3-13　《农史研究集刊》第二册（1960 年 2 月出版）

作者	内容	作者	内容
友　于	目录 由西周到前汉的耕作制度沿革 1 问题的提起 2 西周的田莱制 3 战国时代耕作制度的演变 4 前汉北方耕作制度的定型 5 结束语	曹隆恭	中国农史文献上粟的栽培 1 引言 2 粟忌连作 3 土壤耕作 4 施肥 5 播种 6 粟田管理 7 防虫、防霜、防风 8 收获、贮藏和选种 9 结语
邹树文	诗经黍稷辨 1 本文的缘起及其大意 2 阐述先秦、西汉、东汉及晋人对黍稷的解释 3 辟陶弘景稷恐与黍相似之谬 4 辟《唐本草》“稷即穄也”之谬 5 辟李时珍“稷是黍之不黏者”之谬 6 用作物的穗形阐述《诗经》证明黍是黍子，稷是小米 7 尾语	章　楷	我国蚕业发展概述 1 人类栽桑育蚕的起始 2 春秋战国以前蚕桑生产已在我国许多地方流行 3 东汉以后南方桑蚕业的逐渐发展 4 唐代南方桑蚕缫丝技术的迅速提高 5 丝蚕业在四川盆地的发展 6 南方桑蚕生产超过北方 7 元代北方和南方蚕桑技术水平的比较 8 蚕桑生产和棉花栽培的消长 9 外销所引起的蚕桑生产的发展 10 鸦片战争以后提倡蚕桑的热潮 11 民国时期蚕桑业遭受多方面的摧残和破坏 12 柞蚕在我国的发展和传播 13 简短的结语

（续表）

作者	内容	作者	内容
段熙仲	据三礼说黍非稷	缪启愉	吴越钱氏在太湖地区的圩田制度和水利系统 1 围田的起源和发展 2 吴越的围田结构和渠网规划 3 吴越的治水方针和技术规划 4 水利系统与农业生产
刘毓瑔	诗经时代稷粟辨 1 问题的提起 2 为什么要辨稷粟 3《诗经》时代稷和粟并未混为一物 4 稷粟相混原因的推测	邹介正	唐代的针烙术 1 引言 2 针烙术的起源 3 伯乐《鍼经》的写作年代及其发展 4 针烙的治疗理论 5 针术和烙术 6 血针和放血 7 结束语
潘鸿声 杨超伯	战国时代的六国农业生产 1 社会大变革的战国时代 2 孟轲、荀卿的阶级性 3 生产资料所有制转变的趋向 4 农业生产劳动组织的分化 5 农业生产经营的方向 6 处理自然资源和开辟土地的不同方式 7 农业生产工具的改进 8 农业生产技术水平的提高 9 农田水利灌溉工程进步的缓慢 10 饲养家畜家禽和家蚕技术的进步 11 农业劳动生产率的提高 12 结语	万国鼎	《吕氏春秋》的性质及其在农学史上的价值 1《吕氏春秋》的作者 2《吕氏春秋》的时代 3《吕氏春秋》的思想体系 4《吕氏春秋》的写作目的 5《吕氏春秋》的结构和《十二纪》的真伪问题 6 先秦农书与《吕氏春秋》中的农学 7《吕氏春秋》所说农事的地区性 8《吕氏春秋》在农学史上的价值
陈祖椝	中国文献上的水稻栽培 1 前言 2 中国稻种起源于中国南方 3 中国稻种事业的发展 4 稻在粮食供应上的地位 5 中国栽培的稻种和它的分类 6 栽培制度 7 秧田育苗 8 移栽 9 耘田 10 施肥 11 灌溉和烤田 12 病虫害的防治 13 收获和选种 14 古人对稻特性的认识 15 结束语	潘鸿声	解放前长江黄河两流域十二省区使用的农具 1 总论 2 农户作业大小和耕作制度 3 整地农具 4 栽种农具 5 灌溉农具 6 其他田间管理上所用的农具 7 收获农具 8 对改革现用农具提供初步意见
		王　达	《管子·地员篇》的地区性探讨

这两本专业论文集，都由李长年先生负责编辑[①]。选题主要来自当时编辑《中国农学遗产选集》《中国农学史》以及整理古农书的心得，万先生经常说只是“点滴”地做一些研究，而他原先构想的编刊《中国农业技术史》那样一个囊括现代农学所有分支的农业技术史巨著，在他的意识中显然时机还不成熟。虽然是“点滴”的研究，从目录看基本覆盖了现代农学的大多数部门，在没有更多的前辙可循的情况下，这些成果的开创意义不言而喻。许多课题至今仍有一定的学术指引意义。这两份农史研究论文集在当时获得学界的好评，据马万明先生回忆，他1957年考入复旦大学历史系，“在大学三年级的专业课上，中外史学研究专家周谷城教授和中国思想史专家、历史系主任蔡尚思教授在介绍中外史学研究动态时谈到：‘最近中华书局出版的《农业遗产研究集刊》和《农史研究集刊》是学术界颇具影响的好刊物，值得一读！’”[②]

八、1963年制定十年农史研究科研规划

1963年2月8日到3月底，中共中央和国务院召开“全国农业科学技术工作会议”，制订1963—1972十年科研工作规划，中华人民共和国国防委员会副主席聂荣臻、国务院副总理谭震林、农业部部长廖鲁言在会上作报告。

三位领导在报告中对总结祖国农业科学遗产都做了重要指示，廖部长在报告中指出，中国古代的农业科学遗产是现代化的农业科学技术组成部分，就是要把中国的、外国的、现代的农业科学技术和中国古代的祖国农业科学遗产，以及成亿农民群众成年累月、祖祖辈辈劳动积累的经验结合起来，这也叫“三结合”，才算是中国现代的农业科学技术。“只有外国的现代的东西，不总结祖国农业科学遗产和农民群众的经验，还不能算作中国现代化的农业科学技术。[③] 根据以上领导人的讲话精神，结合农遗室成立以来的工作经验，农遗室

---

① 《业务考核调查登记表 李长年》。

② 马万明：《谆谆教诲 令人感怀——回忆万主任与我面对面的谈心》，王思明，陈少华主编《万国鼎文集》，中国农业科学技术出版社，2005年，第406页。

③ 《关于全国农业科学技术工作会议上农业遗产部分规划、课题落实和补充意见》，农遗室复校前档案第16盒《本室1963—1972年农业科学技术发展规划》，1963，保管期限长甲，案卷号：63-6。南京农业大学档案馆保存。

进一步明确了工作方向：

我室的方针任务是研究我国农业生产方面的传统经验，通过古代农业史、近代农业史、农业技术史、地区农业史等方面的研究，来发掘祖国宝贵的农业遗产，和总结历史上农业生产技术的成就，古为今用。①

在万国鼎先生带领下，农遗室制订了《农业科学遗产研究工作十年规划草案》，于1963年4月15日上报中国农业科学院。② 其具体内容如下：

一、研究总结我国精耕细作历史经验

1. 研究我国耕作技术和防旱保墒的历史经验
2. 研究我国南北几种主要作物栽培技术及其轮作倒茬经验
3. 研究我国选种播种及病虫害防治经验

祖国农业科学遗产经验主要反映在这方面的问题较多，经验丰富、资料广。而且还可以和农民群众祖祖辈辈的经验结合起来，上升为系统的科学理论。

二、编写中国近代农业史料及农业史

1. 编写中国近代农业史料
2. 编写中国近代农业史　研究近百年我国农业生产发展变化、农业经济变化、农业科学技术发展变化、农业政策及其影响等十几个项目，1963年开始收集资料，预计1967年完成。

三、总结我国土地利用历史经验

1. 农田水利史研究　包括围湖、滨湖地区河网化、围垦海涂、历代重要

---

① 《十年规划机构设置人员编制等方案的说明》（1963年上半年），农遗室复校前档案第16盒《本室1963—1972年农业科学技术发展规划》，1963，保管期限长甲，案卷号：63-6。南京农业大学档案馆保存。

② 农遗室向中国农业科学院汇报十年规划草案（63）农遗字第012号（1963年4月15日），农遗室复校前档案第16盒《本室1963—1972年农业科学技术发展规划》，1963，保管期限长甲，案卷号：63-6。南京农业大学档案馆保存。

渠系的兴废及地下水利用，1967 年完成。

2. 移民垦荒的历史经验研究　1964 年、1965 年、1967 年分别写出专题地区性的报告。

四、一般专题调整

1. 古农书专题研究校辑中再增加马一龙《农书》和《知本提纲》二本古农书。

2. 中国农业史专题中的中国农业技术史一项已升为精耕细作专题（该项目 1967 年后量力进行），少数民族地区农业史目前无力进行，待有人时再进行研究；中兽医史、土壤肥料史、古农书辑要，1967 年后陆续进行综合农业史，从 1964 年进行地区农业史。

3. 1963 年继续编写中国农业发展趋势，并修改农学史。

为了配合研究任务向更广阔的领域推进，设置如下机构：①近代农业史组，②古代农业史组，③农业技术史组，④资料组，⑤农史陈列馆，⑥图书馆。①

在制订这份科研工作规划草案时，陈恒力先生已调离，万国鼎先生于 1963 年 11 月 15 日去世，所以这份草案是在万先生的主持下设计的。从以上课题内容看，不仅继承了前期所有的研究领域，并且在这次会议精神的指引下，将总结我国精耕细作历史经验列为重要内容，开展土地利用、农田水利研究也是如此，这些课题都是以总结劳动人民长期积极的宝贵生产经验，古为今用，为农业科技进步贡献古代智慧为出发点，反映了服务现实的急切情绪。虽然由于“文革”发生，这些计划中断了十余年，但是框架已经搭好，良机来临，必然形成新的学术成果。

---

① 《十年规划机构设置人员编制等方案的说明》（1963 年上半年），南京农业大学档案馆保存。

第六节　人才培养

在“文革”前，农遗室是一个纯粹的研究机构，没有开展研究生教育，更没有相应的制度安排。但是培养农史研究后备力量在20世纪60年代已是非常迫切的现实问题，1964年的全国农史研究工作会议上就专门对培养农史研究人才展开讨论。万国鼎先生不断向上级申请分配新毕业的大学生来农遗室工作，在他们加入农史研究队伍后，通过言传身教、放手工作、安排课程进修，帮助并督促年轻人尽快成长。

一、万国鼎先生的言传身教

叶静渊、马万明、闵宗殿先生在2005年撰文，回忆了当年面承万先生教导的情形。以下择要摘录：

万先生教我学农史，写文章（闵宗殿）

万先生知道我以前没有学过农史，他就指导我看书，把我空闲的时间利用起来，他先叫我看《中国农学史》，让我系统地了解中国古代农学的发展，由于《中国农学史》是以中国主要的农书为线索编起来的，所以看了中国农学史以后使我初步了解到中国古代的主要农书及其内容，接着万先生又叫我看《稻》《麦》《棉》等几个资料专辑，让我先看前言，再看内容，这样我对几种主要作物的历史也有了初步的了解。但是我缺的不只是农业历史知识，同时还缺乏现代农业科学知识，万先生又要我去看《作物栽培学》《土壤学》等现代农业科学，让我用现代农业科学知识去理解古代的农学。

……万先生在教我读书的同时，也教我如何写文章，他说，我们搞农史的就是研究过去的事实，历史资料就是历史事实的记录，所以研究农史一定要注意搜集资料，让事实说话。①

忆万国鼎主任（叶静渊）

万主任十分重视农史史料的收集整理工作，他认为，史料是从事农史研究的基础，是重中之重。只有先占有翔实可靠的第一手史料，然后具体进行研究，才能使所研究的成果符合或接近史实……

在编《专辑》的过程中，万主任一再叮嘱工作人员：必须将所有的史料一一核对原书；并按实归类，加注动植物的学名；还要在编辑的同时进行一些初步的研究，写成“导言”，扼要介绍该《专辑》中史料的主要内容，附于该《专辑》中。他曾经说，这套《中国农学遗产选集》将是一项可以传之久远的最有价值的工作。故此，当时中国农业遗产研究室的大部分人力都被安排在这项工作中。

谆谆教诲 令人感怀——回忆万主任与我面对面的谈心（马万明）

万先生对我说：“我室近期的主要工作是收集整理与农史研究的有关资料，在此基础上已经编写出《中国农学史》和《稻》《麦》《棉》等八个《中国农学遗产选集》专辑，为党和国家制定方针政策提供了历史依据，为科研人员提供了参考资料。我们的工作可以说是面广量大，需要增加人力。

《稻》《麦》《棉》等这套《中国农学遗产选集》将是一项可以传之久远最有价值的工作，所以我们要把大部分人放在此。”

三位前辈的回忆有一个共同的内容，就是万先生极为重视掌握第一手史料，尽全力搜集第一手资料，并以此要求年轻人对此有一个坚定明确的认识，这是万先生对年轻人的方法论教导。半个多世纪后，叶静渊先生回忆当时万先

① 闵宗殿：《万先生教我学农史写文章》，王思明、陈少华主编《万国鼎文集》，中国农业科学技术出版社，2005 年，第 397、398 页。叶静渊、马万明的回忆文章分别见该书第 399 页、406 页、407 页。

生对年轻人的指导仍然强调这一点，“万先生一贯强调核对原书，用第一手资料，找不到原书也要说明。从古书中收集农业资料，这是一个基础工作，资料要按原貌抄录，对散佚的书要尽量找到原文，一定要第一手资料。”① 此外，万先生指点后学看《中国农学史》、看8个《专辑》，仍然是引导他们首先建立完整系统的古农书古农学知识，这也是当时最新鲜的整理祖国农业遗产的成果，就是在今天，万先生所重申的这些农史研究著作，仍然是指引后学登堂入室的钥匙。

二、鼓励年轻人边学边干，在干中学，在学中干

农史学科在20世纪五六十年代是一个全新的交叉学科，既然没有设置专业招生，那就只有自我学习，通过参加各种研究课题增长知识，提高学术素养。对此，农遗室刚成立时，已有充分的认识。1956年的工作总结就说，“对于这种新的工作……缺少经验，还需要努力钻研，边学边做，互相帮助、提高，才能做好我们的工作。”②

这方面有许多实例。如邹介正先生说：“我是现代畜牧学、兽医学的人，对传统中医、中药和中兽医基本不了解，谨服从组织安排，在党号召西医向中医学习，实现中西结合的号召下来到农遗室工作，万老教导我从工作中进行学习和研究。”③

新来农遗室的学者几乎没有单纯培训的经历，都是马上安排参加课题或项目。如王从骅1956年5月来室，立即参加收集资料和校勘《农政全书》。王达先生则是跟随陈恒力先生整理《补农书》时获得对农史学科的感性认识和理性认识：

科学研究工作对刚毕业的我来讲，虽具有很大的吸引力，但却是完全陌生的事情，最初当陈主任提出要我和他研究《补农书》，尤其说要把仅有三万字

① 采访叶静渊先生谈话记录，2009年11月12日，人文学院学生常会阔等主访。

② 《中国农业遗产研究室1956年工作总结报告》，南京农业大学档案馆保存。

③ 邹介正：《学者楷模——缅怀万国鼎同志》，王思明、陈少华主编《万国鼎文集》，中国农业科学技术出版社，2005年，第404页。

的薄本，整理编成三四十万字的著作时，我只是以惊喜的眼光、敬佩的心情和试试看的态度参加的，真一筹莫展。在他的严格要求和具体指导下，对原书及有关资料进行反复阅读后，对这一工作才初步摸到一点头绪。后来经过长期蹲点，了解当地现实情况，研读地方历史文献，并把古今作了对比后，才对该书的历史价值和在当前农业生产中的作用有了一些认识。直到经过反复的调查、访问、阅读、讨论、试写等一系列的过程，最后定稿，并得到当地的党政与群众的好评后，我对这一工作的意义，才有较全面的理解。

"太湖地区农业史"是在前一工作的基础上，陈主任领导进行的。

由于自始至终参加前两项有机联系的工作，由于领导亲自动手并多方指导，因而无论在对太湖地区农史情况的了解上，或对具体地区资料的收集运用的步骤上，还是对某些复杂问题的研究分析方法上，或多或少有些体会。并初步认识到科研工作是细致复杂艰巨的工作，必须具有严格的作风，严肃的态度和严密的方法，深深感到作为科研人员身负责任重大……

类似上面的事例还有很多。这些事例说明让年轻人尽快投入具体的课题或项目中，在实际研究中培养能力，扩展知识，这是培养农史专门人才的有效途径。

三、要求年轻人搭建多维知识结构

农史研究具有明显的学科交叉特征，起码要具备历史学与农学双重知识背景，万国鼎、陈祖椝等先生在这方面就可以成为榜样，因此，万先生对年轻学者明确提出扩充知识领域的要求。他对刚入室的马万明先生说：

"……我室研究人员基本是来自综合性大学历史系和农学系。从事农史研究，专业性强，必须具备农学和史学两方面的知识，因此，学历史的同时还要学习农学，学农学的还要增加历史知识，两者缺一不可！你们要补修作物栽培学、土壤耕作学和农业经营管理学。"

并且做了具体安排：

补课的时间我已和农学系、农经系有关老师讲妥，等三人来齐了，由室科研秘书曹隆恭同志带你们去，同时你们还得照常参加室里的科研工作和政治学习，每周三、周五两个半天去和大学生一齐学习、一齐考试，要合格才行，考试不及格再重学，直到通过为止！①

如果新来者原来学的是农学，则要求或安排学习历史课程，如桑润生1961年经领导之意去南大旁听历史课（共三学期，听完了古代史部分）。1957年请精通古典学问的吴君琇先生为曹隆恭、桑润生、李国炎串讲《资治通鉴》约2个月。

虽然没有成文的规定，受万主任的影响，许多工作人员会自觉弥补自己知识结构的缺陷。比如王从骅先生1956年"在南京农学院选读普通昆虫学和农业昆虫学等课，在一切从头学起的思想指导下，对自己要求比较严格，工作学习均较认真。""1958年10月到1959年6月，随南京农学院下放，在下放期间，曾选读作物栽培学和畜牧兽医学等课，由于边劳动边学习，且学且用，初步具有一点实践知识。"王达先生也说，"为了工作需要，在'做什么、为什么、缺什么、补什么'的精神下，对农学、史学……等有关知识得到一些补充，从而使知识领域稍有扩大。"②

总之，虽然"文革"前农遗室没有专门招生培养农史研究专门人才，但通过万国鼎、陈恒力等领导的言传身教，通过让年轻人尽早投入实际研究工作，通过要求年轻人完善知识结构，农遗室在20世纪五六十年代培养了一批可以胜任农史研究的后备人才，并且为整理祖国农业遗产事业发挥了积极作用。

第七节　学术交流与合作

由于南京农学院继承了原金陵大学收集保存的农史资料以及万国鼎等先生在中国农业史方面有深厚的学术积累，在20世纪五六十年代往往是整理祖国农业遗产这一事业的众望所归，如中国科学院于1954年成立，"中国自然科学

① 马万明：《谆谆教诲 令人感怀——回忆万主任与我面对面的谈心》，王思明，陈少华主编《万国鼎文集》，中国农业科学技术出版社，2005年，第404页。

② 《个人业务考核调查登记表 王从骅》。

史研究委员会，希望我院担任中国农学史的研究。”① 农遗室成立后继续在重要的学术活动中发挥组织牵头的作用。

一、联系组织农史学界同行共同商讨学科发展

1964 年 4 月根据中国农业科学院的指示，召开全国农业遗产研究工作会议，农遗室承担了起草会议文件、筹划会议议题、联系各地学者的任务。这次会议本计划在当年第三季度举行，8 月 11—15 日在北京召开筹备会，参加的人员有：西北农学院辛树帜（院长）、石声汉，华南农学院梁家勉，北京农业大学王毓瑚，南京文史馆邹树文，农业出版社吕平、朱宏陶②，黑龙江省农业厅郭文韬，农业遗产研究室李永福、李长年、缪启愉等 11 位。同时还邀请了北京农业大学的孙渠、杨直民。

这次会议形成的共识是：今后的工作应抓紧完成古农书的校注工作，积极开展古农书的通俗化和普及工作，并加强农业遗产的研究工作。并特别提出要重视农史研究后备人才的培养，吸收更多有为青年加入队伍。这次筹备会之后没有召集更大规模的会议，但是通过几天讨论，大家对今后农史研究的方向都有了明确的认识，所以尽管规模不大，但很好地起到了沟通信息统一认识的作用。③

二、积极开展学术交流

1956 年 7 月 9—12 日，中国科学院召开中国自然科学史第一次科学讨论会。大会仅将两篇论文选为宣读论文，即万国鼎先生的《〈齐民要术〉所记农业技术及其在中国农业技术史上的地位》，王吉民先生的《祖国医学文化流传

---

① 《中国农业遗产研究室概况》，农遗室复校前档案第 2 盒，1955，南京农业大学档案馆保存。

② 疑为朱洪涛，此处遵原文照录。

③ 《农业遗产研究工作筹备会 纪要》1964 年 10 月 10 日，农遗室复校前档案第 23 盒：农业遗产研究工作会议专卷，保管期限长乙，案卷号 64-3，南京农业大学档案馆存。

海外考》。万国鼎先生还被选为农学及生物学史组长。①

1961年学术交流活动十分活跃，“在学术上加强对外界的联系，全室同志都参加了历史学会，因而与江苏省史学会密切了联系，凡是史学会所举办的各种活动，我室都参加。……万国鼎同志亦应历史学会的邀请去做《精耕细作优良传统的发生发展及其影响》，深受学界欢迎。并要求我室多做些从农业历史生产方面的探索和研究工作。大家一致要求今后对外必须更要加强各方面的联系，广泛开展学术活动，交流学术上的成熟成果，是更有利我们学术水平的提高及任务的完成。”②

三、与英国科技史家李约瑟的学术交流

英国李约瑟博士长期致力于中国科学技术史的研究，并与中国学者建立广泛的联系。1950年，经中国科学院竺可桢副院长引荐，与万国鼎先生建立联系。1954年，李约瑟《中国的科学与文明》第一卷出版后引起了巨大的反响，他也将全部身心都投入到了这一项目的研究工作。为了收集农业卷相关资料，1956年，他再给万国鼎先生写信，寻求帮助。万国鼎在收到李约瑟的信后，回信如下。

李约瑟先生：

您的1956年7月31日来信早已收到了。您所说的那篇关于《齐民要术》的论文，最近始由南京农学院学报刊出，给我抽印本。现在把该抽印本另函寄上，此外还附寄了最近发表的关于中国农业技术史的拙作两篇。

您的大作第一册已拜读，第二册还没有看到。您以个人的力量，写作这样的巨著，确实令人钦佩。其中农业技术史部分，不知内容如何？很想早读为快。

1950年，中国科学院竺可桢副院长曾把您的信转给我，要我把有关中国农业史的参考资料告诉您。其时我对此项研究已中断了十六七年，手边无书，

---

① 杨直民：《新中国第一次农业科技史及生物学史组学术报告会纪实》，《古今农业》2007年第2期。

② 《农业遗产研究室1961年全年工作总结》，农遗室复校前档案第13盒，1961，永久，案61-3，南京农业大学档案馆保存。

而且农业史的头绪繁多，不知从何说起。因此抱歉得很，没有能给您写信。

1954年春，由于我国政府的重视和大力支持，我们开始积极整理祖国农学遗产，先从整理出版有关图书资料入手。专题研究在目前还只是点滴做一些。寄上的三篇拙作，就是这些点滴的一部分。此外，今年夏天我曾写了《氾胜之书辑释》。对这部两千多年前的《氾胜之书》加以注释考证，有一些新的发现。已于8月底付印。如果您对这部书有兴趣，我将一待出版，就寄一本给您。

我们在研究中国农业技术史的时候，很想得着有关国际农业技术史的资料，以便比较。

我很想能看到西方的古农书。古罗马 Columella① 的著作有英译本。不知能否买到？或者向图书馆接洽影印或照相片。如果有可能，拟请您帮助我们接洽。其他古农书我们也希望能得到。

Amano Motonosuke② 先生的关于《齐民要术》的论文，已承他寄给我了。

此致

敬礼！

万国鼎

10月30日

1958年农遗室接待了来访的英国科技史学者李约瑟。6月25日，李约瑟专程造访中国农业科学院南京农学院中国农业遗产研究室。与李约瑟座谈的除万国鼎先生外，还有陈恒力、邹树文、胡锡文、宋湛庆、李长年等。李约瑟日记对座谈情况作了详细的描述，甚至画了一张草图，标示每个人所坐的位置、担任职务及特征。在陈恒力字名后注明“副主任，农业社会和经济史”，邹树文后面注明“留胡须，昆虫学”，李长年后面注明“论及大豆史”，宋湛庆后

---

① 科路美拉：古罗马著名农学家，他的《论农业》与加图《农业志》及瓦罗《论农业》被誉为古代欧洲三大农书。其中又以科路美拉《论农业》最具史料价值。书中总结了希腊、迦太基和罗马共和国时代许多农学家的学问，包括农业生产、家畜饲养、鱼类养殖、养蜂制蜡以及花园的布局等多方面内容，在西方农学史上占有重要地位。

② 天野元之助（1901—1980），日本著名农史学家。早年曾就职于“南满铁道株式会社”，从事中国农村经济调查，晚年专注于农史研究，著有《中国古农书考》等多种著作。

面则注明“秘书”。

他们就中国农业历史及古代农书广泛交流了意见：探讨了大豆的起源与传播及豆油的利用；讨论了中国古代的政治和经济制度以及它与欧洲国家的区别；探讨了中国古代在应用科学方面为什么比西方更为成功的原因。万国鼎、陈恒力等认为，农业对生产力和生产关系发展都有重要影响，是理解社会和经济的基本因素。正因为如此，中国农业遗产研究室正在着手编写《中国农学史》，包括各种作物的发展史。万国鼎还表示了愿意与西方农史学家在资料和研究方面进行合作，希望李约瑟博士寄送一些科路美拉、瓦罗以及其他西方农业史的著作。李约瑟称赞农遗室已出版的专辑，“给他编写中国科学技术史以很大的方便，别种科学方面还没有像我们这样把所有文献资料收集梳理过。”①

1964 年，李约瑟应邀再次来中国访问。万国鼎因病已于年前去世，接待他的主要是胡锡文。② 在日记中，李约瑟记载：“8 月 27 日晚，与南京农学院胡锡文（Hu His-wen）等农史专家在宾馆聚餐。”胡锡文向他介绍了新近出版的油料和粮食作物(《专辑》）及由遗产室编辑出版的《农史集刊》（应为《农史研究集刊》）。他们谈到中国古代的绿肥，探讨了为什么中国的农田经过如此长时期耕种没有出现地力减退的问题。胡锡文介绍了遗产室正致力于收集整理方志中的农业资料。

在李约瑟研究所东亚科学史图书馆，保存有许多万国鼎及遗产室寄赠的农史论文和著作。可以看出，李约瑟对遗产室的研究成果非常重视。遗产室出版的著作或论文他尽可能收集。1966 年，他写信给胡道静，说他缺遗产室编辑出版的《农业遗产研究集刊》第二辑和《农史研究集刊》第一辑，希望胡帮助他购买。胡在回信中说：“《农业遗产研究集刊》和《农史研究集刊》是两

---

① 《思想检查》（1958 年 8 月 20 日），南京农业大学人事档案。

② 胡锡文（1906—1982），著名农史学家。1932 年，金陵大学农艺系毕业后即留校从事农史研究工作。20 世纪 40 年代中期，至美国威斯康星大学农业研究院进修，回国后任南通农学院教授、教务主任兼农艺系主任。1956 年，参加中国农业遗产研究室的筹建工作并任研究员。主编有《中国农学遗产选集》《粮食作物》和《麦类》等两个专辑，著有《中国小麦栽培技术简史》《甘薯的来源和我们劳动祖先的栽培技术》等多篇论作。

种刊物，您估计得不错。但是，《农史研究集刊》是继续《农业遗产研究集刊》的。……我正在旧书店中寻找，找到就寄送给您。”在1966年3月的信中提到《农史研究集刊》第一册已从旧书店得到并寄出，同时寄出的还有李长年《齐民要术研究》（农业出版社，1959年）等。①

四、学术合作

由于农史研究专业性极强，农遗室又是国内唯一的专业研究机构，因此，成立后承接了很多协作合作任务。

1958年接受农业部分配的任务编写《中国农业资源》第18章（4万多字）。②

1959年，协助北京历史博物馆有关农史方面设计出农田水利、肥料、蚕桑等14件图表模型，于7月12日送北京布展。③

1950年承接了多部现代农学著作中历史部分的编写任务。1960年的工作总结专门列有“协作的任务”：

1. 协作编写审查中兽医诊断学（为时一月以上）。

2. 协作编写《中国芝麻栽培学》（现正参加《中国芝麻栽培学》的编写会议）。

3. 协作编写《中国油菜栽培学》《中国烟草栽培学》《中国养猪学》的历史部分。

4. 协助编写《中国玉米栽培学》《中国甘蔗栽培学》《中国甜菜栽培学》，提供历史有关资料。④

---

① 关于万国鼎及农遗室与李约瑟的学术交流主要来自王思明：《李约瑟与中国农史学家》，《中国农史》2010年第4期。

② 《中国农业遗产研究室工作总结》（1958年12月），农遗室复校前档案第7盒，1958，长，案58-2.

③ 《农业遗产室1959年第三季度工作综合报告》（1959年9月30日），农遗室复校前档案第4盒《本室1959年科研计划、远景规划、工作总结》，长，案卷号：59-2，南京农业大学档案馆保存。

④ 《1960年上半年工作总结》，农遗室复校前档案第9盒，保管期限长，案卷号：60-2，南京农业大学档案馆存。

对上述工作，参加者也都进行记录：

胡锡文先生协助作物所编写《中国小麦栽培学》第 2 章（1959 年 7 月）[①]，这项工作从 1958 年开始，到 1960 年夏才完成。[②] 他也参加了农经所主稿的第十八章中国农业经济的写作。

李长年先生 1960 年秋去河南参加《中国芝麻栽培学》集体编写，在河南省农业科学院领导下，担任小组长，除了编写历史部分，另写了《我国的芝麻产区》和《我国芝麻的栽培制度》等部分。1963 为《中国芝麻栽培学》的历史部分定稿[③]。

陈祖椝先生 1960 年 10—12 月撰写《中国引种花生考》和《中国引种烟草的起源及其发展》，为花生栽培学和烟草栽培学提供资料，每篇各 4 000字，二书出版后分别将上述文章列为参考文献。

叶静渊先生 1957 年秋参加农业经济研究所主编的《中国农业经济》的第 18 章中的园艺部分的编写。1959 年为《中国油菜栽培学》编写我国油菜栽培的历史情况一节。1960 年 8 月，为完成参加南京农学院科学讨论会的任务而整理了《我国历史上的蔬菜栽培技术》。

邹介正先生 1960 年参加兰州中兽医研究所主编的《中兽医诊断学》编写任务，除完成该书第一、第二两章(《祖国兽医学的发展沿革及其展望》以及《阴阳五行学说》二章)，尚参加该书的统写工作。

1959—1960 年，农遗室多位研究人员还参加了辞典类图书的编纂：缪启愉先生受江苏人民出版社《大众农业辞典》约稿，撰写关于水利部分；邹介正承担《大众农业辞典》《辞海》中的畜牧兽医遗产部分的编写任务；叶静渊参加《大众农业辞典》农业遗产部分的编写；章楷先生为《大众农业辞典》和《辞海》撰写有关农史的条目。

---

① 《农业遗产室 1959 年第三季度工作综合报告》（1959 年 9 月 30 日），农遗室复校前档案第 4 盒《本室 1959 年科研计划、远景规划、工作总结》，长，案卷号：59-2，南京农业大学档案馆保存。

② 《个人业务考核登记表 胡锡文》（1963 年填写）。

③ 《个人业务考核登记表 李长年》（1963 年填写）。

结　语

农遗室1955年7月成立，之后十年在中国农业科学院和南京农学院的领导下，在举国“大跃进”的年代，以整理祖国农业遗产为使命，在万国鼎、陈恒力的领导下，取得了一系列开创性的成果，赴全国各地查抄方志中农史资料、编辑《中国农学遗产选辑》、编写《中国农学史》、整理《齐民要术》就是其中的突出代表。

就资料整理来说，在农遗室成立前完成对金陵大学时期收集的860余种3 000余万字的《先农集成》的装订整理，成立后立即开展全国范围的方志农业史资料的查抄工作，从8 500余种方志中抄得6 000余万字有关农史资料；同时从笔记杂考、杂记、类书中进一步收集农史资料，以补《先农集成》之不足，为进一步的农史研究打下了坚实基础。这两项工作始于1954年，到1964年才彻底结束，前后逾十年。在这期间1956年到1960年相继整理出版了以《先农集成》为资料取材的《中国农学遗产选集》稻、麦、棉、麻、大豆、柑橘、粮食作物、油料作物等8种选集的上编，并规划编辑出版取材于地方志的《中国农学遗产选集》下编。

与大规模的资料收集相并行的科研工作，以陈恒力为主导。在学术方向上，陈主任与万主任有若干分歧，他主张古为今用，快速拿出研究成果，说明古代农业技术的成就、农业生产发展规律，以为当时社会主义建设服务，他的《补农书研究》就是这样的思路。陈在1957年末来农遗室，不仅提出了一系列研究课题，还迅速组织室内研究人员编写《中国农学史》，制定工作方法、撰写内容。在“文革”前上册出版，下册成稿。“文革”后这部书获农牧渔业部奖励，陈主任已不在人世，但他力推农史研究发展的勇气和魄力，令人感佩。他不仅力促编写《中国农学史》，同时力推地区农业史（重点放在三吴农业史也称太湖地区农业史）、近百年农业技术史等多项课题的论证和实施，为“文革”后的相关科研做了一定的前期准备。在推进科研工作的过程中，农遗室形成了农业技术、地区农业史、农业经济、农田水利、畜牧兽医几个学术方向，并都取得了相应成果。

在推进《中国农学遗产选集》编辑以及编写《中国农学史》的过程中，各位先生都有自己的研究心得，这些专题成果主要体现在《农业遗产研究集刊》《农史研究集刊》上。

这十年另一项重要工作是整理古农书。到“文革”前农遗室和其他兄弟单位共整理农书25种（其中有两种内含分册的，或可称为36种），农遗室完成了其中的8种，尤以缪启愉先生的《齐民要术校释》，版本精良，注释通达透彻，融古代农业生产、社会生活与现代农学知识为一炉，为研究与阅读这部洋溢着古代人民生活智慧、生产经验的经典作品扫清了障碍，在中外学术界享有广泛的赞誉。这部巨著能够取得如此成功，固然与缪先生深厚扎实的学术功力、严谨求实的治学态度、锲而不舍的治学精神密不可分，但万先生之前广搜版本，规划整理方案，规定了总体的整理方向与基调。1985年《齐民要术校释》荣获农牧渔业部科技进部二等奖，当然是对缪先生的隆重表彰，同时也是农遗室的一份莫大荣誉。陈恒力先生的《补农书研究》也以扎实、深入的实地调查，而树立了整理古农书的新范式。

以上所有工作，在农史学术领域可以说具有开创意义，不论是查抄方志、编辑农学遗产选集，还是编写《中国农学史》、整理《齐民要术》等古农书，都没有成规可搬，没有旧路可循，也许有些论著的观点今天看来需要修正，但是正是这十年的草创工作，不仅奠定了农遗室未来学术发展的基础，明确了进一步的发展方向（如精耕细作、耕作制度、太湖地区农业史、近代农业史等），就农史研究全局来看，都有某种样板借鉴和方向引领的意义（表3-14，表3-15）。

表3-14　1954—1966年农遗室收集资料汇录

资料名称	数量（册）	资料名称	数量（册）
农史资料初编（红本子）	456	太湖流域地区农业史料	20
农史资料续编	150多	先秦典籍及二十五史剪贴资料	56
方志物产资料（物产，补遗9本）	439	剪报资料	49
方志分类资料共	120	农书著录资料	20
方志综合资料	120	诗经农事诗及诗经剪贴资料	18

表 3-15　成果清单

作者	书名/文章名	出版时间	出版社/发表刊物
一、著作			
万国鼎	氾胜之书辑释	1957 年 2 月第 1 版 1980 年重印	中华书局 农业出版社
万国鼎	王祯与《农书》	1962 年	中华书局
万国鼎	陈旉农书校注	1965 年	农业出版社
缪启愉	四民月令辑释（万国鼎审订，1957 年完成辑佚校注工作）	1981 年	农业出版社
缪启愉	四时纂要校释（1963 年完成校注工作）	1981 年	农业出版社
缪启愉	齐民要术校释（第 1 版 697 千字，第 2 版 791 千字）	1982 年 7 月第 1 版 1998 年第 2 版	农业出版社 中国农业出版社
陈恒力编著、王达参校	补农书研究	1958 年第 1 版 1961 年第 2 版 1962 年第 3 版	中华书局 农业出版社 农业出版社
陈恒力校释，王达参校、增订	补农书校释（成稿于 1957 年）	1983 年	农业出版社
陈恒力点校	沈氏农书	1956 年 10 月出版 1959 年 5 月第 2 次印刷	农业出版社
邹树文等校点	农政全书	1959 年出版	中华书局
李长年	农桑经校注（“文革”前完成基本校注工作）	1982 年	农业出版社
李长年	《齐民要术》研究	1959 年	农业出版社
邹介正	古兽医方集锦	1959 年	农业出版社
邹介正	司牧安骥集校注	1959 年	农业出版社
邹介正	中兽医诊断学	1962 年	农业出版社
中国农业遗产研究室	《中国农学史》上册	1959 年初版 1984 年再版	科学出版社
中国农业遗产研究室	《中国农学史》下册（撰写工作完成于 1960 年）	1984 年初版	科学出版社
二、《中国农学遗产选集》甲类上编			
陈祖椝	棉	1957 年	中华书局
	稻	1958 年	中华书局

（续表）

作者	书名/文章名	出版时间	出版社/发表刊物
李长年	豆类	1957年	中华书局
	麻类作物	1962年	农业出版社
	油料作物	1960年	农业出版社
胡锡文	麦类	1958年	中华书局
	粮食作物	1959年	农业出版社
叶静渊	柑橘	1958年	中华书局
三、公开发表论文			
总论			
邹树文	《礼记·月令》辨伪	1958年	《农业遗产研究集刊》第1册
万国鼎	秦汉度量衡亩考	1958年	《农业遗产研究集刊》第2册
友　于	《管子·度地篇》探微	1959年	《农史研究集刊》第1册
友　于	《管子·地员篇》研究	1959年	《农史研究集刊》第1册
万国鼎	唐尺考	1959年	《农史研究集刊》第1册
王　达	试评“中国度量衡史”中周秦汉度量衡亩制之考证	1959年	《农史研究集刊》第1册
潘鸿声、杨超伯	战国时代的六国农业生产	1960年	《农史研究集刊》第2册
王　达	《管子·地员篇》的地区性探讨	1960年	《农史研究集刊》第2册
刘毓瑔	农业与工业关系的历史变化	1960年第8期	《江海学刊》
农具与耕作			
万国鼎	区田法的研究	1958年	《农业遗产研究集刊》第1册
万国鼎	耦耕考	1959年	《农史研究集刊》第1册
友　于	由西周到前汉的耕作制度沿革	1960年	《农史研究集刊》第2册
潘鸿声	解放前长江黄河两流域十二省区使用的农具	1960年	《农史研究集刊》第2册

（续表）

作者	书名/文章名	出版时间	出版社/发表刊物
汪家伦	水车推广工作的经验介绍	第3卷第12期	《中国农报》
耕种制度			
李长年	清代江南地区的农业改制问题	1963年	《中国农业科学》
栽培方法			
胡锡文	中国小麦栽培技术简史	1958年	《农业遗产研究集刊》第1册
李长年	中国文献上的大豆栽培和利用	1958年	《农业遗产研究集刊》第1册
作物源流及栽培技术			
邹树文	《诗经》黍稷辨	1960年	《农史研究集刊》第2册
刘毓瑔	《诗经》时代稷粟辨	1960年	《农史研究集刊》第2册
陈祖椝	中国文献上的水稻栽培	1960年	《农史研究集刊》第2册
曹隆恭	中国农史文献上粟的栽培	1960年	《农史研究集刊》第2册
胡锡文	甘薯来源和我们劳动祖先和栽培技术	1958年	《农业遗产研究集刊》第2册
宋湛庆	我国古老的作物——薏苡	1958年	《农业遗产研究集刊》第2册
李长年	祖国的苎麻栽培技术	1958年	《农业遗产研究集刊》第2册
气候与农时			
李长年	农业生产上的时宜问题	1959年	《农史研究集刊》第1册
农田水利			
缪启愉	吴越钱氏在太湖地区的圩田制度和水利系统	1960年	《农史研究集刊》第2册
缪启愉	苏松地区河网的形成及其发展	1963年第3期	《中国农报》
选种育种，繁殖方法			
朱健人	溲种法的试验和初步结论简报	1958年	《农业遗产研究集刊》第1册

（续表）

作者	书名/文章名	出版时间	出版社/发表刊物
朱健人	韭菜种子萌芽快速测定法的试验和初步结论简报	1958年	《农业遗产研究集刊》第1册
南京农学院植物生理教研组	二千年前的有机物溲种法的试验报告	1958年	《农业遗产研究集刊》第2册
张履鹏、蒿树德	溲种法试验报告	1958年	《农业遗产研究集刊》第2册
张履鹏、蒿树德、谢明玉等	冬谷试验及调查报告	1958年	《农业遗产研究集刊》第2册
植物保护			
邹树文	西汉以前几种动物分类法的疏证	1958年	《农业遗产研究集刊》第1册
邹树文	古书上的蚜虫方（即今黏虫）及其为害情况与防治经验		《江苏省昆虫学会论文选集》
园艺			
叶静渊	中国文献上的柑橘栽培	1958年	《农业遗产研究集刊》第1册
叶静渊	中国文献上的柿果	1958年	《农业遗产研究集刊》第2册
森林			
邹树文	虫白蜡利用的起源	1959年	《农史研究集刊》第1册
畜牧兽医			
邹介正	猪喘气病的初步临床观察和中药治疗的尝试	1958年	《农业遗产研究集刊》第1册
邹介正	补校《司牧安骥集》	1958年	《农业遗产研究集刊》第2册
邹介正	仔猪去势术	1958年	《农业遗产研究集刊》第2册
邹介正	我国相马外形学发展史略	1959年	《农史研究集刊》第1册
邹介正	唐代的针烙术	1960年	《农史研究集刊》第2册
邹介正	古籍中的羊病及其治疗方法	1960年3月	《中国农业科学技术资料汇志》第4集
邹介正	养羊史话	1963年第6期	《中国农报》

（续表）

作者	书名/文章名	出版时间	出版社/发表刊物
邹介正	养牛史话	1962 年 11 月 4 日	《新华日报》
蚕桑			
章　楷	我国蚕业发展概述	1960 年	《农史研究集刊》第 2 册
灾荒			
李长年	滨海棉区风灾的防治方法	1958 年	《农业遗产研究集刊》第 1 册
李长年	有关陨霜杀麦复生的碑文记载	1958 年	《农业遗产研究集刊》第 1 册
农业经济			
李长年	祖国的农场经营管理知识的整理分析	1958 年	《农业遗产研究集刊》第 2 册
叶静渊	我国古代对几种锦葵科植物的经济利用——沤麻	1958 年	《农业遗产研究集刊》第 2 册
陈恒力	嘉兴地区明末清初时期农产量与农产值的推测	1957 年第 4 期	《农业学报》
古农书整理与研究			
刘毓瑔	《农桑辑要》的作者、版本和内容	1958 年	《农业遗产研究集刊》第 1 册
陈恒力	从《补农书》看明末清初时代农业经济与技术的社会性质	1958 年	《农业遗产研究集刊》第 2 册
万国鼎	茶书总目提要	1958 年	《农业遗产研究集刊》第 2 册
丛　林	《齐民要术》调查研究的尝试	1959 年	《农史研究集刊》第 1 册
万国鼎	《吕氏春秋》的性质及其在农学史上的价值	1960 年	《农史研究集刊》第 2 册
缪启愉	读《读齐民要术札记》	1963 年第 2 期	《文史哲》
缪启愉	《齐民要术》十种校宋本题记	1963 年第 2 期	《图书馆季刊》
刘毓瑔	我国古代的农书	1956 年第 9 期	《读书月报》
刘毓瑔	《农政全书》的作者、时代和特点	1961 年第 5 期	《江海学刊》
刘毓瑔	我国古农书述要	1962 年第 7 期	《历史教学》

（续表）

作者	书名/文章名	出版时间	出版社/发表刊物
其他			
邹树文	虫白蜡利用的起源	1959年	《农史研究集刊》第1册
孙家山	本草学的起源及其发展	1959年	《农史研究集刊》第1册
四、未发表论著			
陈祖椝	1 中国作物源流考，2 中国茶叶简史		
陈恒力	1 中国肥料简史，2 中国近百年农业技史编写提纲，3《汉书》所记耕地面积和民户资料之鉴别，4《诗经》中的黍稷问题，5《管子·乘马篇》和齐地状况无关，6 秦国的土地占有和阶级结构，7 两汉前期的重农学说，8 关于先秦人口的推测，9 西北、渭南、三原、兴平、凤翔、武功调查提纲，10 我国农业技术的历史传统，11 重农学说的时代渊源、论思想体系		
潘鸿声	1 冯绣《区田试种实验图说》的研究，2 论证稷不是粟，3 耕犁发展简史，4 我国水稻插秧技术的历史发展，5 1931 年江淮水灾调查（江苏省政协约稿），6 揭穿美帝国主义者创办金陵大学所进行的政治经济文化侵略的阴谋活动（江苏省政协约稿）		
章　楷	中国蚕桑简史		
叶静渊	1 中国蔬菜栽培简史，2 中国果树栽培简史		
邹介正	1 中国兽医简史（油印散发），2 中国畜牧简史（油印散发），3 阴阳五行学说和中兽医（全国中兽医研究工作会议宣读），4《猪经大全》的研究，5 邹介正中兽医的色脉辨证（4、5 两种当时未出版）		
孙家山	1 苏北盐垦及苏北土地利用，2 苏北盐垦史稿（上下），3 历代人口垦地说明，4 本草书目资料（6种），5 闽粤桂双季稻栽培史的研究，6 我国植棉小史，7 苏北滨海盐土改良利用的历史经验（写于 1962 年，刊于《中国农史》1982 年第 2 期），8 稷即高粱说，9《齐民要术》中的蔬菜栽培技术，10 历代人口垦地统计表，11 中国历代耕地简表，12 明清农书介绍，13 甘蓝之引进和传播，14 玉米传入我国的时间和路径问题		
桑润生	1 近代江南地区水稻选育工作史料，2 关于长江流域栽培双季稻的历史经验，3 稻田灌溉篇，4 近代烟茎治螟史话，5 讲究农业生产因地制宜之马一龙		
缪启愉	种艺必用的时代、内容来源和错脱		
汪家伦	我国古代肥料的积制与使用		

本章时间段定在解放后到1978年改革开放前，实际开展工作的时间就是1954年春至1965年，1965年以后至1978年受政治运动及“文革”的影响与冲击，人员先下放江浦干校农场，后整体划归江苏省农业科学院，业务工作全面停顿。

2010年李成斌先生谈起“文革”前后农遗室的情况：

实际上遗产室讲起来几十年，真正干工作也就从1957年反右以后到1958年“大跃进”开始搞农学史，这个阶段搞了一点，1958年后到三年困难时期，这一段比较稳定，这段时间搞了一些工作，他们老先生除了写《农学史》以外，叶静渊、胡锡文、陈祖椝、李长年他们个人承担专辑，8个选辑都是在三年困难时期以前1958年“大跃进”《农学史》手稿结束之后出来的。另外还出了《集刊》，一个《农业遗产集刊》，还有一个《农史研究集刊》，每个集刊出了两期，这也是在困难时期以前。……1963年万一住院（后病逝），然后1965年这一年基本没什么正式业务，没什么课题上，到1966年批判海瑞罢官，接下来就是“文化大革命”，1968年到江浦，一等等了三四年，大概1976年（应为1973年）又把我们弄到农科院，到农科院也不搞业务了，全部分散了。①

农遗室在“文革”中1968年集体下放到江浦干校农场②，1972年12月24日，江苏省革命委员会发布1972-72号文件，决定自1973年1月1日起农遗室划归江苏省农业科学院领导。1979年3月，经江苏省农业科学院报请农业部、江苏省革委会，农遗室的领导体制改为部和地方双重领导，以部为主，并改名为中国农业科学院农业技术史研究室，并搬回南京农学院原址办公。

2019年11月，李成斌先生再次谈起在江苏省农业科学院这段往事：

南农搬到扬州，农遗室没有搬到扬州，临时划归江苏省农科院代管，从1973年一直到1979年前后六年，农遗室老的小的六年归农科院管。全

---

① 《李成斌先生访谈录》，2010年1月8日，曾京京主访并整理，整理稿经李先生过目。

② 《李成斌先生访谈录》，2019年11月26日，曾京京访谈并文字整理。

部在孝陵卫农科院内，1979 年他们从扬州回来，我们又回到卫岗。到农科院后农遗室对外挂农遗室牌子，对内不存在了，人员分散到农科院各个部门。对外人家有到农遗室联系工作，要看材料，通过农科院，可以。方志资料全部运到农科院保存。章楷先生跟马万明先生在农科院图书馆看管这批宝贝。我调到农科院院长办公室科研计划科。这些事情讲三天三夜也讲不完。①

与此同时，缪启愉先生在解放初被戴上地主帽子，在“文革”前长期以临时工身份从事农史研究。在“文革”中缪先生再次遭受冲击批斗，并于1969 年被遣送回原籍浙江省义乌县前洪公社务农，1971 年改为下放处理。②此外，在江浦下放期间孙家山先生病逝，在江苏省农业科学院期间陈祖椝先生病逝。但是农遗室基本的研究力量尚存，这期间有些先生还可以转换方向，继续从事某些专业工作，比如邹介正先生、曹隆恭先生。

① 《李成斌先生访谈录》，2019 年 11 月 26 日，曾京京访谈并文字整理。

② 中共南京农学院革命委员会核心小组：《关于缪启愉问题处理决定》（1971 年 11 月 9 日），落实政策办公室《农遗室、小麦室教职工“文革”案件复查材料》，文书处理号：落办-20，保管期限：永久，南京农业大学档案馆存。

第四章 恢复与快速发展时期

（1978—2000）

1978 年，农遗室的发展进入了新的阶段。1978 年 12 月 18—22 日，中国共产党十一届三中全会在北京召开，这次会议“实现新中国成立以来党的历史上具有深远意义的伟大转折，开启了改革开放和社会主义现代化的伟大征程”，中国从此进入了改革开放和社会主义现代化建设的历史新时期，中国共产党从此开始了建设中国特色社会主义的新探索。[①] 十一届三中全会的召开为社会科学研究事业提供了广阔的空间，中国农史研究也因此获得了空前发展。

农遗室的恢复首先从南京农学院的恢复开始。1979 年 1 月，中共中央办公厅发出《关于南京农学院复校问题》的批复，国务院决定恢复南京农学院，同年南京农学院由扬州迁回南京卫岗原址复校。农遗室也通过拨乱反正和整顿恢复，重新获得发展的活力，进入快速发展时期。

第一节　改革开放与农史研究事业的恢复

“文化大革命”期间，整个国家的经济和政治生活陷入极度混乱。教育事业和社会科学研究事业受到前所未有的破坏，新中国成立后 17 年的成就被一笔抹杀，教师和研究人员被大批遣散，图书资料被严重损毁，教学科研工作几乎全部中断。作为“重灾区”，到“文化大革命”结束时，高校教育及社会科学研究几乎被夷为一片废墟。

1976 年 10 月，粉碎“四人帮”反革命集团，标志着历时十年的“文化大革命”从此结束。粉碎“四人帮”后，要在几乎是一片废墟的基础上，恢复和发展高校教育及社会科学研究困难重重。

1978 年 12 月，党的十一届三中全会胜利召开，从根本上批判了“两个凡是”的错误，重新确立了党的解放思想、实事求是的思想路线，实现了党和国家工作重点的转移，开创了中国改革开放和社会主义现代化建设的新时期，翻开了高校教育和社会科学研究振兴发展的新篇章。

国家领导层面大刀阔斧改革，重视教育发展，重视科学研究。我国农史研

① 习近平：《在庆祝改革开放 40 周年大会上的讲话》，《人民日报》2018 年 12 月 19 日。

究状况大为改变，被解散的农史研究机构先后恢复，并新建了一些农史研究机构。关心和从事农史研究工作的同志越来越多，农史研究队伍逐步壮大。

“文革”以后农史研究进入全面发展的新阶段。其特点是在前一阶段整理农书的基础上，以农业科技史为中心，对农业生产力、生产关系、农业政策、农业文化等各个方面开展全面的研究，取得了丰硕的成果；同时，专业农史机构的研究和专业农史机构以外的各学科的相关研究也获得初步的整合。[①]

一、前期准备：农史复兴与南农复校

党的十一届三中全会以后，社会科学在社会主义现代化建设中的地位和作用逐渐被重新认识。早在“文化大革命”刚结束时，邓小平就指出大力发展生产力必须高度重视科技和教育，他又通过对世界经济和科技发展新态势的深刻分析，提出“科学技术是第一生产力”的思想，并明确指出“科学当然包括社会科学”。1978 年，国务院召开了全国教育工作会议，要求高等学校在完成教学任务的同时积极开展科学研究，指出“高等学校的文、史、哲、社会科学各科，也应该认真制订规划。恢复并新建一批研究所（室），积极开展社会科学研究，造就一支高水平的马克思主义理论队伍和学术队伍”。在邓小平同志的亲自关心和党中央、国务院的领导下，一些被撤销的文科院校、文科专业和科研机构迅速得到恢复，研究任务和研究经费逐步得到落实，广大文科教师从事科学研究的积极性得到党和政府的鼓励，长期停顿的科学研究工作开始起步。

1978 年，改革开放为中国学术打开了一扇自由开放的大门，农史研究事业得到了空前的关注和支持，中国农业科技史研究迈入一个新的发展阶段。各院校农史研究机构相继恢复建制，北京农业大学、华南农学院分别成立了农史研究室。[②] 农史学界的复兴为农遗室的恢复和发展起了示范效应。

---

① 李根蟠，王小嘉：《中国农业历史研究的回顾与展望》，《古今农业》2003 年第 3 期，第 70-85 页。

② 卜风贤：《二十世纪农业科技史研究综述》，《中国史研究动态》2000 年第 5 期，第 13-186 页。

北京农业大学于20世纪50年代就开始开展农史研究工作。1978年年初，北京农业大学成立农业史研究室，在学校教学、科研的具体需要和王毓瑚教授倡导主持下，农业史研究室研究农业技术史和农业经济史，既研究中国农业史，也兼及外国农业史，特别注意它们之间的比较分析。将从事多年的农书古籍整理分析、农学思想史研究、养猪史及畜禽饲养培育史、中兽医史等，一直列为工作重点。[①] 曾有王毓瑚、张仲葛、董恺忱、杨直民等农史大家执教于此，培养出一批农史研究的中青年学者，是中国农业史研究的重镇之一。[②]

华南农学院的农业历史遗产研究室成立于1978年3月，由农史学家梁家勉创立，研究室的前身是成立于1955年的中国古代农业文献特藏室。研究室是农业部批准的华南农学院8个重点研究室之一。其主要研究对象是中国农业历史遗产，包括科学技术、农业经济、农业政策、农业教育和有关的文物、文献、人物等方面的历史。从地区范围来说，除面向全国外，还特别以华南地区作为研究的重点。[③] 该室成立后，在进行农史有关专题研究中，除撰写了许多论文和论著外，还承担了国家下达的一些研究任务。如参加农业部和中国农业科学院主持的《中国农业科学技术史稿》的部分编写任务和主编工作及中国科学院自然科学史研究所主持的《中国生物学史》的部分编写工作；承担了《中国大百科全书·农业卷》农史分支部分条目的编写任务。另外，该室进行的《全芳备祖校注》即将交付农业出版社出版。1980年起，他们还编辑出版了《农史研究》刊物。上述两大高校都在中国的一线城市，他们一南一北带动了改革开放后中国农史研究的再度繁盛。

此外，南京农学院复校为农遗室的复兴提供了阵地。1979年1月，中共中央办公厅发出“关于南京农学院复校问题”的批复，1月11日，中共农林部党组、中共江苏省委联合提出《贯彻中央关于南京农学院复校问题的实施意见》。不久，由农林部和江苏省革委会联合向国务院报告，恢复南京农学院为全国重点学校，实行农林部和江苏省双重领导，以部为主的领导体制。南京

---

① 杨直民：《北京农业大学农业史研究室简介》，《农业考古》1982年第1期，第183-184页。

② 游修龄：《前浙江农大农史室的经历》。

③ 黄淑美：《华南农学院农史遗产研究室简介》，《农业考古》1981年第2期，第159页。

农学院开始复校筹建工作。1979 年，南京农学院由扬州迁回，在原校址（卫岗）恢复建制，江苏农学院仍在扬州校址办学。复校的南京农学院依靠先前基础很快恢复教学秩序。

二、农遗室的重生：改革开放后农遗室的复兴

党的十一届三中全会以后，随着工作重点的战略转移，农史研究工作也受到国家进一步的重视，农遗室又得到了新生。1978 年，经国务院批准，重新恢复建制，室址设在江苏省农业科学院内。南京农学院复校后，1979 年 3 月，中国农业科学院下发了《关于中国农业科学院农业遗产研究室交接事宜纪要》的文件，并派人员来宁与江苏省农业科学院交接。此时，“中国农业科学院农业遗产研究室”改名为“中国农业科学院农业技术史研究室”，实行部委与地方双重领导、以农业部为主的领导体制；农业技术史研究室的劳动工资、科研计划、财务、干部归农业部管理，主要干部任免由农业部提名与地方协商决定；该室原下放江苏省时，原有 45 名职工的编制指标和劳动工作指标全部上划，没有归队的技术干部由江苏省农业科学院继续动员，尽量归入该室；经费指标 2 万元从 1979 年 1 月起上划（正式上划文件由江苏省农业科学院和江苏省财政局另办），1—3 月江苏省农业科学院垫支的 11 000元由农业部拨还；该室现存图书、资料和下放时所有设备物资一并造册上划；农业技术史研究室上划后，搬回南京农学院（卫岗）内办公。经请示省农办党组批准党的基层组织归南京农学院党委领导，有关后勤方面工作由南京农学院代管。

在顶层设计和开放思路的总体规划下，原先农遗室的研究人员陆续回室，在极其困难的条件下，重新开展研究工作。自 1979 年后，农遗室开始进入全面发展的新阶段。

三、临危受命，团结一致激活农史科研事业

1978 年开始，农业部和中国农业科学院在北京邀集有关单位商讨《中国

农业科学技术史稿》编写的准备工作[①]。1979 年，农业部、中国农业科学院给农业技术史研究室下达任务，编写《中国农业科学技术史稿》。

期待《中国农业科学技术史稿》的编写，是我国农史界及有关学术界的共同夙愿。早在 1965 年，中共中央宣传部在大连召开编写《中国科学技术史稿》的会议上，便已提出了要编纂《中国农业科学技术史稿》的设想，后因发生“文化大革命”而未能实现。[②] 1978 年 12 月，农林部又部署这本书的编写工作。农遗室主持编写这样大部头的专著还是第一次，这时的农遗室由于遭受“四人帮”的残酷破坏，机构尚未恢复、人员也未归队，既缺少研究人员又没有办公地点。大家挤在狭小的房屋里既做内勤、又做外务，在这种极端困难条件下，农遗室成员兢兢业业，通力协作，为完成这个任务，经过了许多周折。

接到任务之初，农遗室领导和同志奔走全国做组织动员工作，登门拜访，取得了农史界的专家、学者大力帮助，为召开全国性的编书会议落实任务做好准备工作，同时广泛征求农史界的专家、学者对编写《中国农业科学技术史稿》的意见，着手拟定初步编写提纲。在组织动员的过程中，农业部、中国农业科学院都给予很大的支持，帮助农遗室创造条件。农业部发文给几个农业院校，要求全国农业历史界的专家、学者大力支持。

1979 年年初，农遗室在北京召开了首次小型座谈会，受到了在京农史学界的专家们的大力支持，增强了对这本巨著编写的信心与勇气。同年 3 月初，中国农业科学院受农业部委托，在郑州召开《中国农业科学技术史稿》第一次编写协作座谈会。[③] 这次会议由中国农业科学院副院长林山主持召开，邀请到了农史界的专家学者 40 多人，正是这次座谈会把分散在全国各地的农史工作者会聚在一起，共商编写《中国农业科学技术史稿》大计，[④] 这是解放以来农史研究界的第一次盛会。

---

① 杨直民：《农业科学技术史研究的蓬勃发展》，《中国农史》1985 年第 3 期，第 55-63 页。
② 梁家勉：《中国农业科学技术史稿》，农业出版社，1989 年，编后记。
③ 梁家勉：《中国农业科学技术史稿》，农业出版社，1989 年，编后记。
④ 游修龄：《胡道静先生与中国古农书》，《农业考古》1992 年第 3 期，第 307-309 页。

在郑州会议上，推选林山、段伯宇等12位同志为《中国农业科学技术史稿》编审委员会委员，梁家勉、李永福等6位同志为编写委员会委员，梁家勉同志为主编，上海人民出版社编审胡道静同志为顾问。中国农业科学院农业技术史研究室为主编单位，华南农学院、西北农学院、南京农学院、北京农业大学、浙江农业大学等10多个单位为协作单位，组织全国40多位专家学者共同编写。农业部又委托刘瑞龙、王发武同志领导这项工作，使之从组织上得到有力的保证。在会议上，农遗室对编写该书的指导思想、编写计划、编写提纲交换了意见，并经过磋商落实了任务。全书共分7编，计划于1981年完稿。会议还落实了蚕、桑、茶叶、畜牧、果树、耕作栽培、少数民族农业发展史、地区农业史等13个专题史的编写任务。

为了加强对该项工作的领导，郑州会议的计划被农业部迅速批准，并发文落实任务。遵照农业部文件精神，农遗室全部力量投入该项任务中。研究人员分到各个章节中去，参与编写，以起到主持单位的联系作用。各协作单位也积极展开工作。梁家勉同志拟出全书编写提纲，从篇章结构、资料搜集、内容取舍、工作步骤等方面提出具体要求，马宗申、李凤岐、张履鹏、郭文韬同志都来南京共同研究拟定各编的详细编写提纲。农遗室内派人分头到北京农业大学、浙江农业大学、华南农学院等院校商定编写提纲。

1979年9月底，在南京召开关于《中国农业科学技术史稿》编写进度汇报会议。会上交流了半年来工作经验，主编梁家勉同志作了全书编写要求说明后，最后统一编写体例，对部分章节做了调整落实。全书编写任务由原来的7编改为8章（章代替编），并商定在1980年6月拿出各章初稿。此次会议的召开很好地促进了编写工作。农业出版社朱洪涛同志就编写体例和出版要求作系统发言，对提高编写质量也起到了一定作用。

为争取早出书、出好书，所有参加该书编写的同志们，不辞辛苦进行收集资料、调查研究、抓紧时间进行工作。缪启愉同志提前完成了编写计划。很多同志加班加点整理资料。协作单位的同志们积极努力开展工作。到1979年年底，各章基本进入编写阶段，除个别章节尚待调整外，20世纪80年代初已经都能展开编写工作。大家争取1980年5—6月完成初稿后，集中起来进行全书的统稿工作。为加强编写工作的领导，使各章能做到互通情况，即时交流经验，拟办不定期的“编写简报”。

《中国农业科学技术史稿》经过全国数十名农史研究者的共同努力，历经8年艰辛，五易其稿，终于在1986年年底定稿，1989年10月由农业出版社正式出版。全书约有100万字，配有插图157幅。除正文外，书中还配有三个附录：中国农业科技史大事年表，拉丁学名表，引用书目一览表，供读者查阅使用。全书共分8章，叙述中国古代农业科学技术从原始社会起，经奴隶社会到封建社会的发生、发展、成熟的全部过程。全书引用书目达800多种（不包括单篇论文），吸收了近人的研究成果，对农业生产各个方面的科学技术的发展进行了深入的探讨研究，对一些有争议的问题，提出了自己的看法，提出了一些新的认识，并对传统农业的地位及其如何向现代农业转化，在理论上也进行了探讨，因此该书的学术价值较大。①

《中国农业科学技术史稿》是中国第一部农业科技史巨著，是中国农业科技史研究的一个里程碑。该书荣获国家科技进步奖三等奖、农业部科技进步奖一等奖等6项大奖。该书已成为我国农史专业研究生学位课程必读书。

在1979年的郑州会议上，农史研究专业工作者还倡议成立“农史研究学会”，受到与会者的支持。会议委托农业技术史研究室准备筹备工作。1979年9月前，在南京会议上成立筹备组，并初步确定成立大会于1980年5—6月召开，委托农遗室承办筹备事宜。为创建组织，发展会员征集论文，筹备组印制《中国农业历史研究会章程（草案）》、会员登记表等，农遗室先后给有关单位及个人发函241封。当时征集学术论文7篇，另有不少会员已报上题目，论文正积极准备中，拟赶在成立大会前脱稿，参加成立大会的学术交流活动。会员以参加郑州会议、南京会议的同志及有关专家、学者为基干，3个月左右会员发展到108人。

除了投入大部分力量参与《中国农业科学技术史稿》编写工作和农史研

---

① 穆祥桐：《中国第一部大型农业科技史专著——〈中国农业科技史稿〉》，《农业考古》1987年第1期，第45-47页。

究学会的成立筹备工作，农遗室研究人员还抽出精力，按时完成其他专著的研究和出版工作，主要有《四民月令辑释》（缪启愉，北京：农业出版社，1981）、《陈旉农书选读》（缪启愉，北京：农业出版社，1981）、《齐民要术校释》（缪启愉，北京：农业出版社，1982）、《四时纂要选读》（缪启愉，北京：农业出版社，1984）、《中国农学史（上、下）》（中国农业遗产研究室，北京：科学业出版社，1984）、《农桑经校注》（李长年，北京：农业出版社，1982）、《补农书校释》（陈恒力、王达，北京：农业出版社，1983）及《中国肥料简史》《茶叶资料专辑》《果树资料专辑》等。

第二节 农史科学研究的快速发展

在1979年农史研究室的改组和郑州会议的促进下，农史研究快速发展。从20世纪80年代之后，农遗室在专著出版、论文发表、课题申报、专项研究等方面硕果累累，学术研究走向了辉煌。

一、资料室建设与扩充

“工欲善其事，必先利其器”。任何一项学术研究都要有软件资源和硬件资源的支撑。软件资源主要有科学合理的学科管理体系、和谐的学术氛围等，硬件资源有图书文献、办公条件等。农遗室在这一阶段十分重视资料室的建设，着力购买和整理图书、方志和古籍农书等资料，同时开始在硬件上建设图书馆场地。

1981年农遗室开始建设图书资料室。首先将图书资料从江苏省农业科学院搬回南京农学院院内。为了改变图书资料管理上的混乱状态，1981年，农遗室对图书进行了全面清点和分类，对研究室收藏的期刊全部建立了账目，并按年装订成册，以便长期妥善保管。在清点摸底的基础上编印了研究室藏《中国古农书目录》，以便和兄弟单位交流，进一步充实、收集古农书。同时，为了适应科研工作要求，购进各类图书1 200册，做图书卡片3 000多张，订阅刊物125种，复印资料数10种，做资料分类卡片1 500多张。此后，图书购买和卡片制作一直是农遗室资料室建设的重点。

1982 年农遗室购进新书 924 册，制作卡片 3 000余张，订阅期刊 124 种，人大复印资料 15 种，装订杂志 138 册，制作农史题录分类卡 960 张，摘录 1949—1979 年中国古代史论文资料索引，其中有关农业方面的题录 1 064张。

1983 年，农遗室继续进行新书采购，上半年已购进新书 600 多册，购书速率超过 1982 年，整理装订 270 多套，并进行分类编目、制卡上架和编制论文索引以及科技档案整理等工作。截止到 1983 年，农遗室的图书资料室建设成效可观，大致统计数据如表 4-1。

表 4-1　1983 年农遗室资料室馆藏类目和数量详情

类　目	线装古书	农史资料	地方志资料	现代书籍	已装订成册期刊
数量（册）	7 000（其中善本 490）	613	680	超过 10 000	1 000

此后，农遗室继续加强资料室的建设，清理“文革”期间捆扎堆放多年的各种资料，从中整理出已出版的书稿 8 种，立卷 39 卷，论文底稿 16 篇。同时收集样书 17 册，论文样稿 92 篇，以及未出版的手稿或半成品 100 份，全部编号入档。将 1 000多册新书分类编目，及时上架，并制作书名卡 3 000张。另外将 20 世纪 50 年代遗留下来的无卡无账的古书进行入类编卡，做卡片 1 500 多张。同时，为中国农业科学院情报所录音室和南京图书馆中华人民共和国成立三十五周年展览提供了所需的图书资料，还编辑了 30 多年来《农史论文索引》2 000余条。

到 20 世纪末，农遗室农史资料的存储又引进了新的技术手段，即利用计算机技术将纸质农史资料数据化，以便保存和传阅。1999 年，农遗室在图文资料上的重大创新是利用计算机技术，对农遗室 20 世纪 50 年代从全国各地收集的中国地方志分类资料、农业史资料以及金陵大学时期就开始辑录的剪报资料进行校释、整理和研究工作，以期更好地保存利用这批珍贵资料。农遗室在继续完善现有各类大型图书资料的同时，组织人力、物力，收集当代 2 000余份县地方（农业）志资料，更好地为当代农业史的研究服务。

这一时期的农史资料存放存在着一定的困难和不足，集中体现在存放空间和图书馆建设上。1981 年 9 月南京农学院迁回卫岗原院址，农遗室图书资料室只分到 4 间办公用房。在共计 90 平方米的空间内，需要容纳 25 000余册图书资料、80 多个书架和书橱以及供读者查阅的卡片橱、阅览桌椅等，另外还需安排 3 名工作人员的办公桌椅。因此，无法再设置公共阅览室。研究人员查阅书籍资料，只能拿回办公室。这样便造成了管理工作上的困难。并且，藏书空间地方狭小，无法添置新书架，而采购的新书日益增多，新书存放困难、上架都成了大问题。特别是存放线装古籍的房间，一边是放电子显微镜，另一边是盥洗室，楼板又有裂缝，时刻存在漏水的危险。即使不漏水，也因为过于阴湿，不利于保存。该间房里还有国家封存的 24 册珍本古籍（随时会被征调）、私人手稿和资料，亦因无处整理而杂乱堆放在一起。这些珍贵的图书资料都必须妥善保存，但农遗室既无力改善藏书条件，亦无法改善安全措施。

总体而言，这一时期农遗室在极其简陋的条件和艰苦环境下，图书资料室资料建设成效卓越，不仅整理和挽救了大量的古籍农书资料，而且促进了资料的传阅和利用，从而促进了农史学的研究。同时，由于农遗室资料丰富，因此受到了国内外研究机构和学者的青睐，纷纷来宁参观和查阅资料。

二、科研产出丰盛

科研成果的产出是农遗室恢复和快速发展的标志之一。自 1979 年以来，农遗室的科研工作成果累累，论文和课题的数量十分可观，研究成果得到学术界的认可和赞扬。为指导实践和中国的农业现代化做出了贡献。这一阶段，农遗室的科研成果主要集中在以下几个方面。

（一）积极承接国家和省部级课题

在农遗室恢复之初，国家相关部门就立即委以重任，编写若干大部头著作。1980 年主持编写的《中国农业科学技术史稿》，这项任务在 1981 年 4 月底就已完成，全部书稿约 100 万字，1989 年由农业出版社出版，该书前文已有介绍。

1980 年，农遗室还承担了《中国大百科全书·农业卷》农史部分框架及条目的起草任务，有14位科研人员承担了20多个条目的撰写任务。所承担的条目撰写任务，占全部农史条目的三分之一。从文字上看，由于长条目和中条目较多，几乎占了农史部分全部工作量的二分之一。在1981年年底前，农遗室已完成一半以上条目的撰写任务。

农遗室所担任的第三个国家级课题和任务则是《中国农业百科全书·农史卷》结构大纲的起草及修订任务。1981年5月由农遗室起草了“结构大纲（草案）”，7月参加了“结构大纲（草案）”的讨论，11月又参加了“结构大纲”的修订以及二稿的拟定工作。

此外，农遗室承接了国家有关部门举办的华东“三省一市”农业领导干部培训班“中国农业科学技术史”课程。为顺利完成这门课程的教学任务，并为以后在农业高等院校开设“农业科技史”课程打下基础，农遗室组织李长年、郭文韬、缪启愉、张芳、宋湛庆、曹隆恭、姚春辉、章楷、马孝劬、邹介正10名科研人员，编写了《中国古代农业科学技术史简编》一书。全书共21万字，分10个专题，着重阐述了我国农业的优良传统，于1983年4月底完成，1985年3月由江苏科学技术出版社出版。该书充分贯彻了国家“把现代科学技术的研究成果同我国农业精耕细作的优良传统结合起来”的方针，为走出一条投资较少经济效益较高的农业现代化道路，提供有参考价值的历史经验。

（二）积极参与区域性农业课题研究，为农业现代化做出重要贡献

为了总结中国传统农耕经验，并为中国农业现代化做出贡献，农遗室积极开展区域性的农业课题研究，以总结经验、启示当下。

20世纪80年代初，农遗室开展“北方旱地农业历史经验的研究”，该课题是农牧渔业部委托中国农业科学院主持的重点课题“北方旱地农业开发研究”的一部分。为了顺利地开展这项重要的研究工作，课题组查阅了古农书约50部，查阅了500多个府、州、县的方志和其他文献资料数百篇，做了大量资料卡片。他们对所搜集的资料进行分析研究，撰写出4篇专题论文初稿，共14万多字，提前2个多月完成了第一阶段的工作。同年8月下旬至9月底，

农遗室还派 2 位同志到辽宁、黑龙江、陕西、山西四省进行了实地考察，并与当地有关的农业行政、科研人员以及部分基层干部进行了座谈、交流信息，听取了他们介绍的情况。同时，又搜集了不少专题资料，大大充实了专题论文的论据。通过这次调查，农遗室还落实了生产验证的协作单位和基点，加强了与兄弟单位的联系。实地考察以后，他们又撰写了《北方旱地农业考察报告》和《北方旱地农业历史经验的验证方案》，连同上述 4 篇专题论文，均于年底前印送中国农业科学院科研部和其他有关单位。1984 年 11 月，《我国北方旱地农业历史经验的研究》出版。

同期，农遗室还对太湖流域传统农耕经验展开了研究。“太湖地区农业史研究”课题是 1988 年“太湖地区农业史若干问题的研究”的结转。课题组于当年 5 月派出 5 位同志分两批前往太湖流域的主要市、县、集镇进行实地综合考查，着重了解太湖流域农业生产和农牧结合的发展概况与历史演变，历时一个月，收集了不少地方志资料，亦写了调查报告。课题的开题报告于 10 月上报中国农业科学院科研部。同时，该课题组从粮、棉、茶、经济作物、花卉、多种经营、商品经济等多方面，继续收集、整理有关资料，撰写论文，于 1985 年 6 月完成《太湖地区农史论文集》任务，1990 年 1 月由农业出版社出版了《太湖地区农业史稿》。

（三）出版和整理、编辑古农书和专辑资料

完成《中国农学史》上、下册的清样校对，1984 出版下册，1987 年获得农牧渔业部科技进步一等奖；[①] 完成《元刻本〈农桑辑要〉校释》21 万字的大部分编写任务；[②] 还完成《地方志水稻资料选编》（初稿）和《中国常绿果树专辑》以及《中国历代水利资料汇编》和《隋唐五代农业史料选编》的初步整理。

此外，农遗室还进行《齐民要术校释》编撰工作，于 1982 年由农业出版

---

① 叶依能：《中国农业遗产研究室》，《中国科技史杂志》1987 年第 1 期，第 38-39 页。《中国农学史》（初稿）分上、下两册，1959 年上册由科学出版社出版，1960 年下册完稿，由于种种原因，直至 1984 年上册再版时，下册才与上册一起由科学出版社出版。

② 缪启愉：《元刻本〈农桑辑要〉咨文试释》，《中国农史》1986 年第 4 期，第 102-106 页。

社出版；编撰《中国古代栽桑技术史研究》，1982 年由农业出版社出版；编撰《中兽医色脉诊断》，1983 年由农业出版社出版；编撰《四时纂要选读》，1984 年由农业出版社出版。

1984 年，农遗室完成农牧渔业部下达的《农史研究三十年》一文，发表于《中国农史》1984 年第 3 期，完成中国农业科学院下达的《农业遗产科研工作总结》《介绍室简况的录像解说词》，修改《室研究工作的长远规划》，拍摄科研成果并制成展览图片。下半年，派人参加了中国农业科学院在北京举办的第二期科研管理学习班。

（四）农遗室特色课题

除上述国家任务、区域性农史研究以及整理相关资料外，农遗室在这个阶段还积极开展本室特色研究课题。

1980 年，农遗室确定了本室两大重点课题："我国精耕细作优良传统的研究"和"隋唐五代农业史的研究"。尤其是后者，农遗室工作人员在 1980 年收集资料的基础上，1981 年又收集了部分资料，为编辑《隋唐五代农业史资料汇编》和开展断代史研究奠定了基础。在此后的几年中，农遗室继续开展隋唐五代农业史的研究，并撰写《论政策和科学对唐代农业生产的促进作用》一文。[①]

此外，为了对中国农史传统的专门领域进行深入研究，农遗室专门增设"专题史研究"课题，并从各个方面回顾和分析中国传统农业的诸方面，主要成果包括：撰写《中国畜牧简史》初稿；增补和修订了《中国兽医简史》初稿；完成《中国果树栽培史》《中国蔬菜栽培史》部分初稿；完成《中国养蚕技术资料汇编》《中国历代水利资料汇编》的资料收集工作；开始进行《中国农具史》的资料收集工作。最后，为了总结中国传统农耕"精耕细作"的经验，农遗室将《我国精耕细作优良传统的研究》作为本室特色课题进行深入调研和资料搜集。为了应对这一课题，农遗室于 20 世纪 80 年代初期就开展准备工作。1981 年为这一课题搜集有关资料 500 多条，做卡片 600 多张，为编

---

① 李成斌：《唐初的"与民休息"刍议》，《中国农史》，1988 年第 1 期。

写专辑和开展专题研究打下基础。1983 年继续搜集材料，并在《中国农史》和《农业技术经济》杂志上发表 2 篇文章。

（五）积极承担和完成各类基金课题

农遗室的研究人员也积极借助各类基金来开展自己的学术活动和课题研究，主要包括中国农业科学院院长基金（下称院长基金）和国家级社会科学（自然科学）基金赞助项目以及其他各类国家级和省部级课题。

院长基金是农遗室的常规基金项目。院长基金分一般项目和青年项目，分别由不同年龄层次和职称的研究人员承担。其中，由刘兴林同志主持的《商代农业研究》1992 年 11 月获批院长基金中青年基金。这一时期，获得院长基金一般项目主要有：①“中国近代畜牧兽医史”是“七五”院长基金延续课题。课题组成员在完成古代畜牧兽医史研究的基础上，赴江苏省农业科学院、中国第二历史档案馆、江苏省图书馆等单位收集整理有关史料 28 万多字，完成初稿 4 万字，发表相关论文 4 篇；②“明清农业灾荒研究”是“八五”院长基金资助课题，课题组成员分头收集各专题的历史资料并完成 5 万字的阶段性成果；③“明清时期南方山区农业开发的历史经验研究”是获准立项的“八五”院长基金资助课题，由朱自振副研究员、张芳副研究员主持。

农遗室的研究人员在这一阶段还获得多项国家级基金的资助。“中国大豆资料整理”获得“七五”国家自然科学基金重点项目子课题的资助，于 1992 年开展工作；“旧中国苏南农家经济研究”课题 1992 年获得国家青年社会科学基金资助，并于 1992 年发表阶段性论文一篇，此课题获江苏省社会科学优秀成果奖三等奖；曹幸穗研究员主持的“中国古代国家对农业的宏观调控研究”课题入选国家自然科学基金重点项目“中国农业现代化建设理论、道路与模式研究”子课题。

此外，农遗室还获得了其他国家级和省部级项目基金的资助。郭文韬研究员获得国家教委博士点科研基金 1993 年资助课题“中国耕作制度史研究”。1998 年，农遗室的研究课题获得了多项国家和省部级基金的资助，例如“中国农业通史”获得农业部“九五”重大项目的资助。“中国农学遗产选集”的整理获得该年的中国古籍整理出版“九五”重点规划项目，该项目麦、棉、粮食作物、豆类、油料作物、麻类作物、柑橘、常绿果树八类作物的下编列入中国古籍整理出版“九五”重点规划。此外，“中国古代工程大系·水利工程技术史·灌溉工程技术史卷”是中国科学院“九五”规划重点项目。“近代中美农业科技交流研究”“节水农业研究”则属于中国农业科学院科技基金项目。

三、保驾护航，行政助推科研产出

农遗室在这一阶段科研管理和行政管理逐渐步入正轨。规章制度的系统化一方面有助于农遗室的正常运行和可持续发展，另一方面也有助于研究人员集中更多的精力投入科研，为农业现代化做出贡献。

（一）恢复初期的工作成绩与问题

由于“文革”期间，农遗室多次变更办公场所，办公用房拥挤，科研管理制度不健全，搬回南京农学院后后，农遗室开始对科研管理工作进行安排，配备专人。从此，农遗室开始逐年总结本室年度工作情况和来年计划。例如1981年年底，农遗室在就把当年的科研工作进行总结上报，并上报经学术委员讨论和审定后的第二年即1982年的科研计划。农遗室把当年的课题计划、科研资料、课题总结、书稿等印刷、打印、分发做清理和安排，分别向南京农学院科研处和中国农业科学院科研部上报。

此外，分派专人负责科技档案、文书档案管理工作。清理图书档案，对1966年以前37卷、1978年后13卷分别归档。初步建立技术档案，当时技术档案3卷，积累资料，逐步归案6例。同时对一些正在完成和收集的专辑作了归档的必要安排，针对科学管理技术档案工作分别拟定计划和制度，提请全室讨论和学术委员会审查后执行。同时加强这方面的督促、检查，使之正常化，保证课题资料和档案工作完整无缺。

1983年上半年，在科研管理方面，已初步整理出自新中国成立以来的科技成果目录，并着手研究制订具体的报奖条例，行政后勤人员也积极为科研服务，努力提供必要的条件，以保证科研工作顺利开展。

在恢复之初，农遗室取得了一定的成绩，但由领导班子不健全、科研组织尚未建立，科研及管理上也存在一些问题，有的如缺少科研工作用房等一时也难以解决。

为此农遗室进行了一系列改革：①建立健全科研组织机构，经过讨论全室设农业史组、农业科技史组、专题组、图书资料组、行政组。分别设组长，待报批后正式开展工作，并调整配备科技人员。②建立健全职工考勤制度，根据南京农学院的有关规定，结合研究室具体情况，根据年龄、身体情况规定上班人员名单，制订切实可行的考勤制度。③建立健全图书资料管理制度，并在全室公布、执行。④根据中国农业科学院和南京农学院的稿费规定，讨论建室稿费制度和财务管理的审批制度。⑤建立科技档案立卷归档制度。⑥进行科研体制和研究方向的初步改革。充分发挥各科研组的作用，并初步拟定科研人员的岗位责任制。在老一辈科研人员的传帮带动下，有效地调动了中青年科研人员的积极性。同时，农遗室根据“科学技术工作要面向经济建设”的方针，调整了科研方向，如开展的“我国精耕细作优良传统的研究”“太湖地区农业史的研究”以及“中草药防抱醒抱对鸡产卵的影响的试验”等课题，都是与中国式农业现代化道路密切相关的课题。⑦积极培养研究生。这既是适应国家“四化”建设的重大智力投资，也是解决农遗室人员老化、充实新生力量、达到后继有人的重要途径。

从事农史研究起码需要专业知识、古文基础和历史知识三方面的基础知识，当时我国还少有专门培养上述所需人才的高等院校。因此，农遗室从实际需要出发，自己着力培养研究生。1981 年，农遗室被批准为农业史硕士学科点。1986 年被批准为国内唯一的农业史博士学科点。1992 年建立农学类博士后流动站农业史站点。1998 年被评定为理学类博士后流动站科学技术史站点。

（二）发展时期的科研管理与问题

这一阶段，农遗室的行政管理工作逐渐进入正轨，科研成果和业务建设产出丰富，并逐步加强硬件建设。农遗室报请中国农业科学院大力支持将农遗室所需的科研用房和图书资料室纳入翌年中国农业科学院的基建投资计划，以便从根本上解决农遗室科研、办公用房过分拥挤的严重问题，为更好开展各项科研工作提供必要的条件。

同时，切实加强思想建设和组织建设。在南京农学院党委的统一领导和具体指导下，首先解决室领导班子的建设问题，在继续加强思想政治工作，进一步统一和提高思想认识的基础上，具体帮助解决实际存在的矛盾和问题，以增强内部团结。认真改进领导作风，充分发挥共产党员模范带头作用，引导大家以大局为重，以党和人民的利益为重，充分调动全室工作人员的积极性，同心同德，团结奋斗，为开创农遗室科研工作的新局面而努力。

这一时期，农遗室在科研管理方面也存在着一定的问题，主要有：①科研人员对农遗室的研究方向认识不一，有时影响了农遗室的任务调整和落实。②科研用房过分缺乏、拥挤，全室 41 名人员，实际用房面积仅 200 平方米。科研人员无法全部坐班，图书资料不能开架，无法整理，严重地影响了正常工作。③科研体制和科研管理上，缺少实施的措施和办法。没有充分发挥各科研组和课题组的作用，对青年科技人员也缺少具体培养和指导，影响了科技人员的积极性。④领导思想比较保守，缺乏大胆创新的改革精神，领导之间分工不够明确，影响室内工作，工作效率不高。

（三）研究机构升级，科研成果丰硕

1999 年 12 月，农业部同意将中国农业科学院与南京农业大学共同管理的中国农业遗产研究室划转南京农业大学管理。2000 年中国农业遗产研究室与人文社会科学学院（成立于 1996 年 4 月）合并。合并后，中国农业遗产研究室仍保留中国农业科学院·南京农业大学中国农业遗产研究室的名称，同时新成立南京农业大学农业遗产研究室。

同时，农遗室的科研著作十分注意学术质量。由于处于农业与历史学科的交叉点，学术视角十分独特，因而，得出的结论对现代农业也具有独到的启示作用，社会效益较为明显，影响颇为广泛。因此，农遗室的科研著作多次获得各种奖励，得到了社会各界的认可。如陈恒力和王达完成的《补农书研究》，作者亲到《补农书》涉及的浙西地区进行蹲点、考察、访问，对这个地区的农业生产经营状况及农业生产发展历史规律作了全面的了解和总结。该书出版后，受到学术界的广泛好评并多次再版。如《北方旱地农业》（1986 年，农业出版社），1988 年获得中国农业科学院科技进步奖二等奖；《中国农业科技发

展史略》（1988 年，中国科学出版社），1989 年获得全国科技优秀图书奖二等奖；《中国农学史》，1987 年获得农牧渔业部科技进步奖一等奖；《太湖地区农业史稿》（1990 年，农业出版社），1992 年获农业部科技进步奖三等奖；《中国农业科学技术史稿》，1995 年获国家教委首届人文社科优秀成果奖二等奖，1996 年获农业部科技进步奖一等奖，1998 年获国家科学技术奖科技著作奖四等奖，国家科技进步奖三等奖；《齐民要术校释》（1982 年，农业出版社），1985 年 9 月获农业部科技进步奖二等奖，国家科技进步奖三等奖，1995 年获国家教委首届人文社科优秀成果奖二等奖，1992 年获全国首届古籍整理优秀图书奖二等奖。此外，农遗室研制的为现代化农业服务的中药制剂——醒抱丸、防抱散因具有显著的社会效益而获得南京农业大学科技进步奖三等奖。

这些获奖的科研著作及科研项目是农遗室科研成果丰硕的一个侧面的反映，说明了在广大农史工作者的辛勤耕耘下，农史学科已经得到了社会的承认，农史研究的成果也已产生了比较好的社会影响。这是几代农史工作者共同努力的结果。这一时期，农遗室还开展了近代农业史、太湖地区农业史、《诗经》农事诗等研究资料的收集工作，积累了一大批资料，为今后这些课题的展开奠定了基础。

第三节　农史专门人才培养体系的重大突破

1981 年农遗室被批准为农业史硕士学科点，成为国务院批准的首批硕士学位授予单位，1986 年被批准为国内唯一的农业史博士学科点，1992 年建立农学类博士后流动站农业史站点，1998 年被评定为理学类博士后流动站科学技术史站点。从 20 世纪 80 年代至今，已培养出诸多科学技术史专业（农学、理学大类，农业科技史方向）的硕士生、博士生。已毕业的研究生，大多从事科研和教学工作，其中不少人已成为学术带头人，为农业历史文化的研究做出了重要的贡献。回顾农遗室在摸索人才培养道路上的尝试，从申请硕士点、博士点、博士后流动站，再到为研究生们量身订制培养方案、筛选出精英导师队伍指导研究生的学习，农遗室的人才培养体系逐步建立完善。

一、农遗室研究生培养的启航

“文化大革命”期间，我国研究生教育基本处于荒废状态，1978 年之后，进入健康发展阶段，1977 年 10 月，国务院转教育部《关于高等学校招收研究生的意见》，研究生教育得以恢复。党的十一届三中全会之后，研究生教育的数量逐渐增多[①]。农遗室的研究生培养也是从这一阶段开始起步的。

改革开放初期，我国还少有专门培养上述所需人才的高等院校。经准备和筹划申报学位申请，1981 年农遗室被批准为农业史硕士学科点。1982 年开始制订研究生的培养方案、教学计划，并为招收研究生命题、评卷。1983 年上半年给研究生开设了中国通史、中国农业科学技术史和古农书选读三门专业课，总学时达 234 学时，编写讲稿 80 余万字。农遗室先后组织 7 名科研人员承担教学任务，教学效果良好。1985 年开始扩大招生（图 4-1）。

研究生教育是关乎国家未来发展的重要教育。百年大计，教育为本；教育大计，教师为本。农遗室注重加强研究生导师队伍建设，对导师个人素质和学术水平要求很高，同时加强师德师风建设，培养高素质导师队伍。1984 年，为了加强研究生的培养和教学工作，农遗室设立了教学组，专门负责研究生各项工作。农遗室除了给本室研究生讲授 1 门基础课和 2 门专业课外，还承担了南京农业大学部分教学任务，如：给中央农业管理干部学院开设中国农业科学技术史，给本科生开设中国通史、政治经济学等课程。

农遗室的研究生管理方面非常专业，设有专职教学秘书分管学生的科研与学习，协调教师与学生的互动，加强导师对学生的培养力度。农遗室不断改进和加强研究生课程建设，提高研究生培养质量，充分发挥课程学习在研究生成长成才中具有的全面、综合和基础性作用。农遗室除开设专业课外，还开设多门专业基础课及选修课，如开设农史文献研读、文献检索等课程，以提升学生自习能力；开设学术论文写作、英文论文写作等课程，以提高学生的学术成果

---

① 梁栋：《我国研究生教育发展回顾及反思》，《长春教育学院学报》2019 年第 2 期，第 52-54 页。

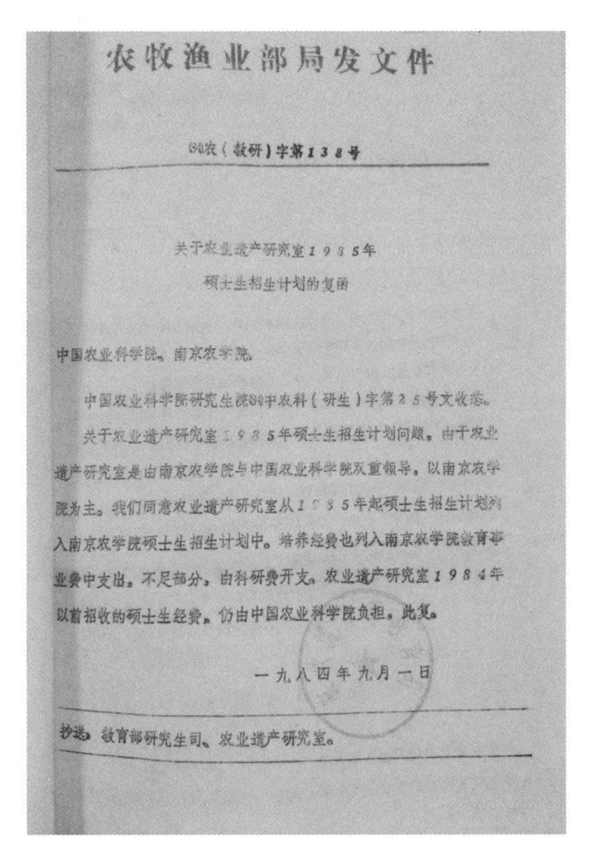

农牧渔业部局发文件

84农（教研）字第138号

关于农业遗产研究室1985年
硕士生招生计划的复函

中国农业科学院、南京农学院：

中国农业科学院研究生院84中农科（研生）字第25号文收悉。

关于农业遗产研究室1985年硕士生招生计划问题，由于农业遗产研究室是由南京农学院与中国农业科学院双重领导，以南京农学院为主。我们同意农业遗产研究室从1985年起硕士生招生计划列入南京农学院硕士生招生计划中。培养经费也列入南京农学院教育事业费中支出，不足部分，由科研费开支。农业遗产研究室1984年以前招收的硕士生经费，仍由中国农业科学院负担。此复。

一九八四年九月一日

抄送：教育部研究生司、农业遗产研究室。

图 4-1　农遗室招收研究生计划的复函

转化率；开设农业科技史、中国科学技术史、农业文化遗产概论、中国水利史等课程，以夯实学生专业基础；开设中国马克思与当代、自然辩证法概论等课程，以提高学生道德修养；开设中国通史、中国近现代史等课程，以扩展学生知识界等。

研究生的学位毕业论文是学术水平的体现，也是培养单位最不容忽视的一个环节。农遗室在1984年设立教学组的同时，还成立了研究生毕业论文指导小组和毕业论文答辩委员会，为的是加强对研究生的政治思想教育和毕业论文的指导，并拟订和修改培养方案等工作。当年的第一届两位硕士研究生的毕业论文答辩受到农遗室内外有关专家教授的好评。

经过完整的学术训练和最低三年的历练后，大部分数毕业生已经具备了从事科研、文教工作的技能和水平，也为农史界输入了新鲜血液。毕业生大多在科研单位及高校从事研究、教学、行政工作。他们中有的已成为学科带头人，有的已走上领导岗位，受到用人单位的重视与好评。

二、招收博士生壮大队伍

1986 年 7 月，经国务院学位委员会通过，南京农业大学 7 个学科获第三批博士学位授予权，其中农业史位列其中，成为国内唯一的农业史博士学位授权点，同时增列李长年研究员为博士生导师。

1992 年，经国务院博士后流动站管理小组批准，南京农业大学组建农学类博士后流动站，其中包括作物遗传育种、植物病理学、农业经济与管理、作物栽培与耕作学、作物营养与施肥、土壤学、蔬菜学、农业史 8 个博士专业，农遗室的博士后流动站农业史站点成为全国唯一的农业史博士后流动站。

1993 年，农业史被评定为农业部重点学科。1997 年，教育部学科调整后，农业史被划入科学技术史一级学科，可授予理学或农学学位，获得科学技术史一级学科博士学位授予权。

1998 年，研究院建立国内唯一的理学类博士后流动站科学技术史站点。目前是国内唯一的农业史博士学科点和科学技术史博士后流动站。除科学技术史一级学科博士学科点外，研究院还拥有科学技术哲学、历史学专门史、社会学三个硕士学科专业和一个公共管理硕士（MPA）研究生专业学位。科学技术哲学主要侧重农业技术创新，专门史侧重农村经济发展、农业文化和传统文化的利用与整合，社会学侧重农村社会学和科学社会的研究。

继 1993 年后，1999 年科学技术史再度被评为农业部重点学科，目前也是江苏省重点学科和国家重点学科培育点。

三、农史校友声誉卓越

作为中国农史研究的重镇，研究院拥有一批知识渊博、成果突出的专家学者。

万国鼎（1897—1963），江苏武进人。著名农业历史学家，中国农业历史研究的主要开拓者和奠基人。1920 年毕业于金陵大学。曾任中国农业科学院·南京农学院中国农业遗产研究室第一任主任、中国农业科学院第一届学术委员会委员等职务。他自 1920 年就开始涉足农史资料搜集、整理和研究工作。经过 40 多年的积累，建立了宝贵的农史资料收藏，并创办我国最早的农史刊物——《农业遗产研究集刊》《农史研究集刊》，在国内外农史和科技史学界颇具影响。他对中国农业古籍、农业历史的研究成果卓著，尤其是由他主持编写的《中国农学史》是我国第一部系统研究农业科学技术史的著作，堪称农史研究的里程碑。1987 年，该书获得农牧渔业部科技进步一等奖。

潘鸿声（1902—1993），江苏常熟人，研究员。从事农具史研究，1930 年毕业于金陵大学农经系，并留校先后任助教、讲师、副教授、教授等职。1947 年赴美国学习，1948 年美国州立大学获该校农业经济硕士学位，曾任联合国粮农组织农业机械调查研究工作，1949 年 1 月回国继续任教，1956 年调入中国农业遗产研究室，从事农史研究工作，1993 年 4 月去世。曾编写《中国农产贸易学》《中国农产对外贸易学》教材。1930—1946 年除教学工作外，还对我国的一些主要省区，进行了大量的农村经济调查研究工作，写了多篇农机具和农产品的产销调查研究报告和论文，尤其拍摄了各地的农机具照片和收集了许多珍贵的第一手资料，完成了《近代中国农机具图谱》一书的资料收集工作。

胡锡文（1907—1982），江苏宝应人，研究员。从事农业科技史研究。1932 年 7 月毕业于金陵大学农学院。1949—1955 年任职上海华东农林水利部，1955 年调至中国农业科学院·南京农学院中国农业遗产研究室，是参与创建主要人员之一。在作物育种试验和教学方面做过十多年的工作，先后编写了《中国农业遗产选集》（麦上编、粮食作物上编），参与编写《中国农学史》，并发表《中国小麦栽培技术简史》《古之粱秫及今之高粱》《我国最早的作物栽培法——畦种法》等学术文章。

缪启愉（1910—2003），浙江义乌人。著名农史学家，农业古籍整理和研究专家。1928—1932 年在上海大夏大学学习。1936—1937 年在南京地政学院研究院学习。1948 年任南京地政大学地政系副教授。1957 年起任中国农业遗产研究室副研究员、教授。以校释《齐民要术》而蜚声海内外。对中国农业史研究矢志不渝，辛勤耕耘，特别是对古农书的整理研究作出了重要贡献。《齐民要术校释》获得多种国家奖项。他为弘扬中华民族文化遗产，贡献了自己的全部智慧和精力。此外，还编著出版《四民月令辑释》《陈旉农书选读》《太湖塘浦圩田史研究》（农业出版社，1985）、《元刻农桑辑要校释》（农业出版社，1988）、《汉魏六朝岭南植物“志录”辑释》（农业出版社，1990）、《东鲁王氏农书译注》（上海古籍出版社，1993）以及《齐民要术译注》（上海古籍出版社，1998）等。

李长年（1912—2006），江苏扬州人，农史学家。1934—1938 年就读于金陵大学农学院农业经济系，1939—1941 年任中央农业实验所技佐，1941—1944 年任湖北省立农学院副教授，1945—1946 年在美国威斯康星大学进修，1953—1956 年任上海中央粮食干部学校教员，1956 年调任中国农业遗产研究室，任研究员、博士研究生导师、研究室主任。主持或参加《中国农学遗产选集》《农业遗产研究集刊》《农史研究集刊》《中国农学史稿》的编撰工作。在数十年的农史研究和教学工作中，为农史学科建设、学术发展和人才培养作出了重大贡献。主要论著有《中国农学遗产选集（豆类上编）》（中华书局，1958）、《齐民要术研究》（农业出版社，1959）、《中国农学遗产选集（麻类作物上编）》（农业出版社，1960）、《农桑经校注》（农业出版社，1982）、《中国农业发展史纲要》（天则出版社，1991）等。

章楷（1916—2014），江苏人，研究员，1941 年 7 月毕业于中央大学农艺系，历任中国农业遗产研究室助理研究员、副研究员、研究员。自 1985 年开始从文献中多方面搜集我国古代及近代的蚕桑资料，加以整理，编成《中国古代养蚕技术史料研究》和《中国古代养蚕技术史料选编》二书，由农业出版社出版，对我国古代蚕业发展的历史、蚕业兴衰进行考证，并对古代植桑、养蚕技术等课题进行研究，写成论文，开国内研究祖国蚕业史的先河。放养柞蚕是山区农家的重要副业，朝鲜、日本、苏联放养柞蚕的历史都不太清楚。为了探明柞蚕业在我国发生发展的历史，他曾广泛收集资料，详加考证，写成《我国放养柞蚕的起源和传播》及《我国近代柞蚕业发展史的探析》等论文，在《蚕业科学》上发表。从20世纪80年代期起对我国棉花栽培的历史进行研究，关于植棉史中的重要问题，如：宋末元初亚洲棉传到长江流域及其以北地区的栽培，明清时代长江三角洲棉区农作制的演变，近代我国棉品种改良事业的成就等，都写成论文在有关刊物上发表。另外还参加了研究室集体编写的几部重要著作中的部分撰写工作。

邹介正（1921—2014），山东蓬莱人，研究员。长期从事中兽医学和兽医史研究。1944年中央大学畜牧兽医系毕业，中国畜牧兽医学会中兽医学分会副理事长。1944—1948年任重庆牛奶场兽医师。1956年至今任中国农业遗产研究室南京农业大学研究人员。江苏省政协第五、第六届委员。主要科研成果有三个方面：①兽医古籍的整理和技术的发掘。出版《司牧安骥集校注》《古兽医方集锦》《牛医金鉴评注》《中兽医色脉诊断》《抱犊集校注》《牛病古方汇诠》《相牛心镜要览今释》等书，《元亨疗马集选释》《中国兽医针灸学》分别获农牧渔业部1986年科学技术进步奖二等奖和1988年全国优秀科技图书奖二等奖，主编《中兽医学初编》《中兽医学》《实用兽医学》等。②畜牧兽医史研究。主编《中国古代畜牧兽医史》，参加编写《中国农学史》《中国农业科学技术史稿》《中国古代农业科学技术史简编》三书的畜牧兽医史部分，发表《养牛史话》《我国养羊技术成就史略》《兽用本草的发展》《兽医针灸源流》等论文。③畜牧兽医研究古为今用。参与“太湖农区奶牛开发研究”“电针促进瘤胃最佳条件”“用补中益气汤治高产奶牛产后子宫复旧不全”“中药醒抱丸、防抱散催醒鸡就巢性和提高产蛋量”等项目。其中“太湖农区奶牛开发研究”和“电针促进瘤胃最佳条件研究”分别获得1979年、1980年江苏省科技奖三等奖。

郭文韬（1930—2005），辽宁清原人。研究员、博士生导师。1952年毕业于吉林农学院农学专业。1952—1979年在黑龙江省农业厅工作，历任技术员、农业技师等职，1980年调入农遗室工作，历任副研究员、研究员，主要从事农业科技史研究和教学工作。中国农史学会常务理事。主要科研成果：《深松耕法》获中国农机学会优秀科技书奖一等奖；《北方旱地农业》获中国农业科学院科技进步奖二等奖；《节水农业与区域治理》获农业部科技进步奖三等奖；《中国农业科技发展史略》获中国农业科技史学会优秀科技书奖二等奖。共主编、编著、参编农业科技著作 16 部，总字数达 400 万字。代表性著作：《中国古代的农作制和耕作法》《中国农业科技发展史略》《中国近代农业科技史》《中国传统农业与现代农业》（该书被译为日文、由日本农文协于 1989 年在东京出版）。发表学术论文 50 多篇，代表论文：《中国多熟制的历史发展》（国际多熟制学术讨论会论文），《中国再生稻的历史发展》（第七届国际东亚科学史学术讨论会论文，日本京都），《中国传统农业与现代农业》（第 34 届亚洲与北非洲研究国际学术讨论会论文，香港），《康乾时期中国南方的耕作改制》（清史国际学术讨论会论文）。

李成斌（1930—　），安徽合肥人，研究员。1955 年毕业于南京农学院农经系。毕业后即分配至农遗室从事农史研究工作，直至 1992 年 4 月退休。退休后被返聘继续主持《中国农史》刊物的编辑和出版工作。参编《中国农学史（初稿）》《中国农业科学技术史稿》。自 1983 年开始担任《中国农史》主编。

叶依能（1936—　），浙江金华人，研究员、博士生导师。从事农业经济史研究，1959 年南京农学院毕业，1959—1976 年任南京农学院农经系助教，1976—1980 年任南京铁道医学院马列主义教研室讲师，1980—1983 年任南京农学院教务处副处长兼马列室教师，1984—2001 年任农遗室主任、书记。曾先后在国家一、二级刊物上发表论文 40 余篇，正式出版著作三本。其中明清时期太湖地区农业商品经济的发展与市镇崛起的数篇研究论文和主编的《中国历代盛世农政史》及合编的《太湖地区农业史稿》等著作，得到了国内外同行的好评，有的论文被有关部门辑录成集，《太湖地区农业史稿》获得农业部科技进步奖三等奖。参加《中国土地大字典》《农业大字典》《中国农业百科农史卷》副主编。长期来为中国农史界的团结协作，做了不少有益工作，1993 年担任中国农史学会副会长。

张芳（1942—2005），女，江苏江阴人。农史学家、水利史学家。1965 年毕业于北京农业机械化学院农田水利系（今中国农业大学水利与土木工程学院水利系）。毕业后在农遗室从事农史学、水利史学领域的研究和教学工作。历任助理研究员、副研究员、研究员，南京农业大学人文学院教授、博士研究生导师。张芳教授是我国著名的农史研究专家，具有深厚扎实的农史研究基本功，善于总结历史经验，古为今用，在中国农史研究领域具有很高的学术声誉。先后主持多项国家级、省部级研究课题，研究成果在国内外产生了重要影响。撰写并主编了《中国农田水利史》《明清农田水利研究》《中国农业科技史》等多部论著，参编了《中国农业科学技术史稿》《太湖地区农业史稿》《中国国家农业地图集》《中国农业百科全书·农业历史卷》《农业大词典》等，发表论著60余篇。其中主编的教材入选南京农业大学“五个一工程”优秀成果，《中国农业科学技术史稿》获国家科技进步奖三等奖，《中国农业百科全书·农业历史卷》获中国图书奖二等奖。

自从招收研究生以来，从农遗室走出的毕业生们有相当一部分成为学术骨干。

曹幸穗，广西人，1952年出生。1981年考入农遗室攻读农业史硕士学位，1986年攻读农业史博士学位，1990年6月获得农业史博士学位，是我国培养的第一位农业史博士。毕业后留校，在农遗室从事农业史的研究和教学工作，曾任农遗室主任。1996年8月，遵照农业部调令，调往北京参与中国农业博物馆的展览筹建工作。曾任中国农业博物馆研究员、学术委员会常务副主任。先后当选第九、第十、第十一届全国政协委员、全国政协文史与学习委员会委员、中国民主同盟第九、第十、第十一届中央委员。目前担任农业农村部农业文化遗产专家委员会副主任、中国农民丰收节咨询专家组首席专家。先后参加和主持了多项国家级大型课题。在《中国农业现代化理论道路与模式研究》《中国农业发展史纲要》《中国农业实践概论》等学术专著中，他执笔完成了相关的中国农业史内容。他的代表作《旧中国苏南农家经济研究》从多角度论述了市场经济与小农经济的关系，获得了学术界的好评和广泛的学术引用。他主编的《民国时期的农业》是这一研究领域的重要参考书之一。先后担任国家重大文化工程项目《中国馆藏满铁资料的整理与研究》（30卷）和《中华大典·农业典》常务副主编，国家文化遗产保护“十一五”规划“指南针计划·农业科技史项目”项目主持人。农业部软科学研究基金项目“中国奶业史研究”“古代篇”和“近代篇”课题主持人。

王思明，湖南人，1961 年出生，农学博士，南京农业大学教授、博士生导师，科学技术史一级学科首席专家、国务院学位委员会学科评议组成员，中华农业文明研究院院长、中国农业科学院中国农业遗产研究室主任、中文核心期刊《中国农史》主编。

创建了南京农业大学中华农业文明研究院、中华农业文明博物馆和中华农业文明网。长期从事农业史和农业文化遗产保护研究。因其学术成就显著，先后入选农业部“神农计划”、江苏省“青蓝工程”优秀中青年学术带头人、教育部“新世纪优秀人才支持计划”、江苏省“333 人才工程”，享受国务院政府特殊津贴，民进江苏省委委员、科技委员会副主任，当选江苏省政协委员。任国家一级学会中国科学技术史学会常务理事、农学史专业委员会主任，中国农业伦理研究会会长，江苏省农史研究会会长，联合国全球重要农业文化遗产专家委员会委员、联合国丝绸之路科学与文明委员会委员。先后主持国家及省部级科研项目 20 余项，出版学术专著 8 部，主编著作 10 部，在学术刊物上发表论文 100 余篇。荣获省部级以上奖项科研成果 6 项。

上述学者对中国古代农作制度和工作方法的发展历史、发展规律、经验与教训、继承与改革等问题，进行了初步总结，这对发扬我国精耕细作优良传统，改革工作制度和工作方法以及我国自己的农业现代化道路有重要参考价值。

第四节　《中国农史》的创建与发展

《中国农史》创刊于 1981 年，由著名史学家周谷城先生题写刊名。《中国农史》是由中华人民共和国教育部主管，国家一级学会中国农业历史学会和中国农业科学院·南京农业大学中国农业遗产研究室、中国农业博物馆联合主办的，中国唯一的农业历史专业学术性刊物。30 多年来，《中国农史》已经发展成为学术界公认的国内三大经济史杂志之一，并在国际上产生了较为广泛的影响。

《中国农史》以反映代表中国农史学界最高水平的研究成果为己任，坚持“百花齐放、百家争鸣”的办刊宗旨。刊用文章包括农、林、牧、副、渔各个方面，内容涉及农业科技史、农业经济史、农村社会史、地区农业史、少数民族农业史、农业文化遗产保护、世界农业史、中外农业文化交流及农史文献整理与研究等诸多领域，也登载有益于农史研究的农业史学新著评论、农业史坛信息、读史札记等。

《中国农史》杂志连续被列为《中文核心期刊要目总览》历史类全国中文核心期刊、中国人文社会科学历史类核心期刊和中文社会科学引文索引（CSSCI）来源期刊。同时，《中国农史》所刊登文章被美国《史学文摘》《美国历史与生活》和《中国地理科学文摘》等列为摘录对象，刊物发行到美、英、荷、日、韩等30多个国家和地区。

一、初创时期：希望与困难并存

《中国农史》最初名为《农史》，是农遗室为了增强学术交流而创建的。这项动议最初启于1981年，1982年《中国农史》编辑出版了第一期和第二期。是年，《中国农史》在全国（除中国台湾外）发行，并向国外发售200份，成为农遗室同国外交流的重要渠道。不过，《中国农史》草创期各种资源捉襟见肘，1982年杂志的专任编辑才1人，主编则由农遗室副主任兼任，且印刷条件极其困难。

1983年上半年，农遗室除完成《中国农史》1982年第二期的重新印制外，还完成了1983年第一期和第二期的编辑、审阅、校勘和出版，并在同一年的杂志上发表“我国精细耕作优良传统的研究”课题的两篇文章。下半年按时完成《中国农史》后两期的编辑、出版工作。1983年《中国农史》终于摆脱了脱稿的现象，完成了季刊的任务。《中国农史》自发行以来，深受读者好评，订阅数量稳步上升。可喜的是，该杂志除通过中国国际书店往海外发售外，日本通过外交学会也可从农遗室订购。可见，《中国农史》的国际影响力日渐增大。该年《中国农史》还计划向东南亚发售。

《中国农史》杂志在1984年共出版4期，总字数达55万，每期印发4 700册，其中国内发行3 500册，国外发行200册。《中国农史》在日本、英国、美国、东南亚和中国台湾地区拥有广泛的读者。

此后，《中国农史》的编辑出刊工作日渐顺利，每年以季刊的标准发行4期，文章数量约60篇左右，字数约70万字左右。例如1985年印刷了3 800册，通过邮局和中国国际图书贸易总公司向国内外发售共计3 200册。

在1985年农遗室成立30周年之际，《中国农史》在1986年1月刊出特刊，共发行22篇文章。自1984年以来，《中国农史》的部分优秀文章就被国内权威文摘所摘录和引用。1984年和1985年，《中国农史》的10多篇论文被《中国农史文摘》摘录和转载。中国人民大学书报资料《经济史》全文复印了《中国农史》论文5篇。

这一时期的《中国农史》主要负责发掘具有新鲜见解的研究心得，以及偏向于刊发那些同一课题不同观点的文章以引起争论、活跃思想。同时，《中国农史》在挑选文章时也注意扶持业余农史研究者与中青年农史研究者。

当然，这一时期《中国农史》的刊发也存在很多不足之处，尤其是相关资源的短缺使得农遗室这一"巧妇"要花费很大的精力才能做好《中国农史》这"一锅饭"。首先是专门编辑人员短缺。自创刊以来，1982年编辑一名，次年增加到两名，主编由农遗室副主任代理。编辑少且缺乏相关经验：一个编辑是初出茅庐的中文系青年，而另一位编辑则是20世纪50年代从农经室调来的花甲老教师，全然没有农史方面的专业知识。这种处境到了1988年更加紧张。1988年，原先的两名编辑一人退休，另一人则调离农遗室。幸好下半年新调任两名硕士毕业生驰援，才得以缓解杂志编辑人手的短缺。事实上，人手短缺一直伴随着《中国农史》的发展全过程。

其次是办公设备短缺，尤其是印刷条件极其困难。自创刊以来，三年内承印单位换了五次，且印刷单位都在南京郊县，极为不便。最为严重的困难就是经费紧缺。《中国农史》读者面窄，成本高，又无广告费用收入，致使该杂志自成立以来一直是赤字运作。每年从农遗室的经费中贴补杂志，方才使《中国农史》出刊运转至今。比如，1986 年《中国农史》预计经费 2 万余元，由于经费长期短缺，农遗室实在无力支撑，从当时的情况来看，1986 年农遗室甚至一度试图考虑停刊。考虑到《中国农史》在国内外的影响力巨大，很多同行都认为应当坚持。然而情怀不能化作经费，《中国农史》的发行依然囊中羞涩、捉襟见肘。

到了 1987 年和 1988 年，由于纸张价格和印刷成本剧烈上升，以致 20 世纪 80 年代末期，《中国农史》的出刊成本和经费急剧上升，办刊经费急剧短缺。例如，1988 年 4 期《中国农史》杂志的印刷费就高达 2 万元，另支出稿酬 5 500元，而在收入方面，仅靠发行费回收 4 500元。因此仅 1988 年这一年，就直接亏损 2 万余元。而事实上，如果查遍农遗室自 1978 年至 1987 年的经费使用情况来看，《中国农史》一直处于经费短缺和亏本运营之中，每年的亏损额都在 2 万左右。这不仅与印刷成本居高不下有关，也与农遗室本身经费短缺有很大的关系。

如何解决资金问题，一直是 80 年代农遗室头疼的问题。于是“拆东墙补西墙”成了农遗室的权衡之计：农遗室一方面采取用本室经费支援《中国农史》；另一方面向学校和农牧渔业部的宣传司申请经费。然而 1987 年的经费申请没有获批。这是农遗室在经费上最窘迫的一年，由于大量经费都挪向《中国农史》，农遗室笑称这一年的年终奖金就要人手一本《中国农史》了。

尽管如此，编辑部成员在农遗室和南京农业大学的领导下，排除各种困难积极发展《中国农史》，使得这本杂志在最危难的时候并没有夭折，反而迎来了更好的发展时期。

二、发展时期：发行系统化与制度化

进入 20 世纪 90 年代，《中国农史》进入新的发展阶段。随着农史学在中国大陆的恢复和发展，越来越多的人从事中国农史方面的研究，因此也越来越需要一些专业的期刊作为学术交流的阵地，因此《中国农史》在 90 年代的发展就符合当时学术界的需求。同时，随着经费的保障，编辑人手的补充，尤其是农遗室在学术界的重要性越来越提升，因此进入 90 年代以后，《中国农史》

进入了平稳的发展时期。

20 世纪 90 年代以后，作为季刊的《中国农史》基本上可以保证每年 4 期的出版数量，且基本能够保证发售量和文章质量。从文章数量来看，《中国农史》季刊每年发行 4 期，共计文章 60 余篇，总字数 70 万字左右。

由于文章质量得到保证，《中国农史》的文章经常被其他杂志和期刊转发，一般转发量都占《中国农史》总论文数的 1/4。例如 20 世纪 90 年代最初几年，《中国农史》的论文就经常被其他杂志和期刊转发。侧面验证了《中国农史》在学术界的影响。

在保证文章质量前提下，《中国农史》为了鼓励后进、昭显青年，一般重点或者优先发表青年学者有独到见解的文章——当然学界前辈和学术耆宿的文章也被高度重视。

随着的蓬勃发展，《中国农史》成为农遗室与国内外同行学术交流的重要阵地。《中国农史》早在 1992 年就已经被评为国家历史类核心期刊，也是江苏省社科类核心期刊之一。这是《中国农史》第一次获此殊荣。在创刊 10 年内即获得同行认可并获评国家级核心期刊，足见《中国农史》工作的成就。1997 年，《中国农史》已经第二次被评为国家历史类核心期刊，也是江苏省 20 家核心期刊类杂志之一。同样在 1997 年，《中国农史》被江苏省新闻出版局评为一级期刊。可见，《中国农史》已经在学术界拥有广泛的声誉。

为了加强与国际学术界的进一步交流，同时也为了促进中国学术期刊的行文规范和编辑规范，从 1997 年开始，《中国农史》杂志开始选择性的将具备一定水平的论文摘要翻译成英文呈于杂志尾部。这一举措是为了与国际期刊接轨的同时，也能更加方便将杂志的文章介绍给更多的国外读者和学者。此后，将论文摘要翻译成英文以飨读者，成为《中国农史》杂志的惯例，这也是杂志国际化的重要一步。

进入千禧年后，农遗室于 2001 年更名为南京农业大学中华农业文明研究院，将《中国农史》作为研究院的代表期刊。《中国农史》也迈入了一个新的阶段。在此后的发展过程，《中国农史》有了充足的办刊经费和编辑人员，因此每年 4 期的季刊出版得到充分保证。《中国农史》迎来了另一个发展的契机和历程。

第五节　学以致用，服务社会

将学术知识运用于社会、服务于社会一直是农遗室开展学术研究的初心，也是农史研究最终的使命。任何学术研究必然具有强烈的问题意识，也要有现实担当。农遗室在 1978 年恢复伊始，就积极学以致用、服务社会。

1978—2001 年，农遗室的社会服务主要在以下几个方面开展：第一，承接各类课题，出版各种论文和著作，用所学知识解决各种现实问题；第二，积极参加区域性农业问题研究，解决具体的区域问题；第三，整理和重编各类农业古籍和方志。第四，促进学术知识向社会成果的转化；第五，开设农业干部培训班，用农学相关知识培训一线干部，服务“三农”，服务社会。

一、承担各类课题，出版相关论文和著作

农遗室在学以致用、服务社会方面的第一个举措便是熟练运用各种农史知识承担各类相关课题，并将研究成果作为论文和著作发表，有利于更多的读者阅读。例如在 1978 年农遗室刚刚恢复之后，就积极将大量人力投入《中国农业科学技术史稿》这一大部头著作的编写工作。

同时，农遗室也在 20 世纪 80 年代初期，积极配合和承担农业部下达的关于编写《中国农业可续技术发展史展览内容方案》，以便为全国农业展览馆举办农业科技发展史展览提供文字内容。这一任务由北京农业大学和农遗室共同承担。这一任务于 1980 年 10 月完成，为后来举办的“农业科技发展史展览”做出了巨大的贡献。

此后，运用课题将专业农史知识落实到具体的实践中去服务农业生产，一直是农遗室的工作重点和传统。例如农遗室承担的“我国古代农业精耕细作传统经验研究”课题，通过对中国古代传统农业生产经验的总结，为当前农业现代化提供历史依据。又如“中国历代水利资料汇编”这一课题，努力搜集二十五史以及各种方志中水利资料，汇编成册，不仅有助于学术界在研究中

对这些资料的阅读和运用，也为水利实务界提供了历史经验。

二、农遗室积极参加区域性农业问题研究，为解决具体的农业问题、促进农业生产力的发展做出应有的贡献

除广泛承担课题与发表论文外，农遗室也着重钻研区域性农业问题的解决方案。事实上，区域性的农业生产由于其同质性，更加具有针对性，也更加容易解决。因此农遗室将这一做法视为服务社会的重要措施之一。

农遗室早在20世纪50年成立初期，就已经积极地为解决区域性农业难题贡献自己的力量。农遗室重新恢复后，农遗室的研究员们主要在以下三个区域努力耕耘：在东北致力于新式耕法的研究和推广，在太湖地区总结太湖流域传统农业历史经验以推动农业现代化的建设，以及通过对北方旱地的农业传统经验总结来推动当前旱地农业现代化服务。

首先，在20世纪70年代，农遗室就致力于耕制改革和深松耕法的研究，并且参加了黑龙江省耕作改制和深松耕法的实验、示范与推广工作。现在，深松耕法已经成为黑龙江省大面积机械化耕作的主要方法。并且据此编写了《深松耕法》一书，以总结经验，对推广该法做出了巨大的贡献。

其次，农遗室通过对太湖地区的传统农业经验的回顾，来促进太湖地区现代农业的发展和农业现代化。自古以来，太湖地区在精耕细作、增肥地力、农牧结合、农桑并举农田水利和多种经营等方面积累了丰富的历史经验，从中可以探索有机农业、生态农业的线索，找出稳产高产的历史经验。这对当前太湖农业现代化有重要意义。1983年，农遗室开启了“太湖地区农业史若干问题的研究”课题。随后，搜集了粮棉油栽培史、果树栽培史、畜牧史、茶叶史方面的相关资料。利用这些资料，农遗室撰写了《太湖地区农林牧副渔综合发展》论文一篇。

1984年5月，农遗室派出5位同志分两批分别前往太湖地区主要的县、镇、集市等进行实地综合考察，着重了解太湖流域农业生产和农牧结合的发展概况和历史演变，历时一个月，搜集了大量的材料。

此后，农遗室对太湖流域开展了更加细致的研究，包括：太湖地区粮油棉

生产历史经验的研究、太湖地区农牧渔结合的历史经验、太湖地区蚕业史研究、太湖地区多种经营研究、太湖地区果树栽培研究、太湖地区上海水蜜桃来源的研究。

太湖流域的研究产生了许多重要的成果，例如1986年，出版了《太湖塘浦圩田史研究》一书。而在1992年，《太湖地区农业史稿》则获得了农业部科学技术进步奖。这些研究促进了读者对太湖流域农业历史的了解。

最后，农遗室还对北方旱地耕作的传统经验进行了总结，为当前促进北方旱地农业生产提供了历史经验。为了总结传统农业经验，服务于农业现代化的事业，1984年，农遗室将“北方旱地农业精耕细作的传统经验”作为研究重点。这一课题是中国农业科学院主持的“北方旱地农业增产技术体系研究”的重要组成部分，于1984年开题，经过1年的努力，完成4个专题研究，写出了14万字的论文。同年，农遗室还参加中国农业科学院主持的北方旱地农业经济科研协作组，由此开展了“北方旱地农业历史经验的研究”的课题研究。该课题撰写了4篇专题论文和重点项目的阶段验证成果，受到有关方面的重视。根据课题所编写的《北方旱地农业历史经验》一书也由中国农业科技出版社出版。

1985年，农遗室针对北方旱地农业耕作经验的课题，进行了另外两个专题的拓展，分别是：“北方旱地种树种草的历史经验”和“北方旱地农牧结合的历史经验”，写出共计6万字的论文。此外，1985年还进行了北方旱地农业历史经验的验证工作，这项工作同辽宁省农业科学院阜新基点、山西省农业科学院沁县基点以及陕西省农业科学院合阳基点协作进行。其验证项目包括：秋收作物苗期中耕深松与深刨法的验证；夏季作物夏闲期间深松蓄墒的验证；带状区间种法的验证；粮草间作法的验证。这些验证都取得了预期的结果。

上述对北方旱地农业历史经验的课题研究最终以《北方旱地农业》一书的形式作为最终成果，该书于1986年10月出版。该书是“北方旱地农业历史经验的研究”课题的研究总结，着重总结了抗旱耕作、用养结合、抗旱栽培、盐碱土改良等历史经验，对促进北方旱地农业增产有一定意义。

除上述三个案例外，农遗室还积极开展其他地区的区域性农业耕作历史经验研究，以便为农业现代化做出农史学的贡献。例如在 1987 年，农遗室在河南省商丘地区开展该地区农业历史经验研究。这是黄淮海旱地农业攻关项目在河南商丘地区实验研究的一个子课题。1987 年，农遗室着手从商丘地区的《地方志》搜集商丘的农史资料，为开展商丘地区农业生产历史提供了有参考意义的资料，同时为商丘地区农业现代化和农业增产提供一定的参考意义。

三、积极整理、重编和校释各类农业古籍与地方（农业）志

中国拥有悠久绵长的农业耕作历史。先贤们根据世世代代流传下来的农耕技术和知识，将它们文字化和系统化，于是就成了古农书。由于中国农耕历史悠久，因此历史的长河中也徜徉着各类内容丰富的古农书。这些古农书不仅是中华瑰宝，也是研究中国古代农业的重要参考文献。因此，为了使得更多的农史学者能够阅读这些古农书，农遗室花费大量的人力、物力和财力来重新校释这些古农书，以期对学术界有所裨益。早在 1981 年，农遗室的同人们就进行了《四时纂要选读》的整理工作，并于当年完成，由农业出版社出版。1983 年，农遗室开始对元刊本《农桑辑要》的校对展开工作。1983 年，已完成二十五史中关于水利的史料搜集工作。此后两年，增加对古籍的整理和校注，例如完成对《司牧安骥集》《学圃杂书》《水蜜桃谱》和《广志》的校释工作。其中，农遗室对《齐民要术校释》的工作最为典型，《齐民要术》是一部内容丰富多彩的古农书，农遗室研究人员对该书进行了仔细的标点、复校、会校、勘正谬误、提出质疑，并用现代科学知识做了审慎的注释，有一定的突破和创新。对《齐民要术》的重新校释，为学术界其他同行研究中国传统农业提供了便利。基于此，《齐民要术校释》在 1985 年获得农牧渔业部科技进步奖二等奖。

在 20 世纪最后 20 余年中，农遗室整理了 8 部古农书和 5 部古兽医书，共计 300 多万字。对这些古农书的重新校释，能够增加这些书籍的利用程度，为农史学界做出应有的贡献。

同时在 1984 年开启了对各地方志的整理工作。在 90 年代继续不遗余力地搜集各地农业方志。例如在 1993 年，农遗室计划组织人员搜集当代 2 000余县

地方（农业）志资料。

到了20世纪90年代，方志的整理出现了新的变化。90年代后，计算机技术逐渐运用到学术研究中。学术研究不再是面对故纸堆，而是要将传统的学术研究与新的计算机技术、数据处理结合起来。这一结合必将进一步促进农史学的研究。因此，农遗室从1993年开始，积极将计算机技术与传统史志研究结合起来。在这一年，农遗室利用计算机技术，对本室从20世纪50年代从全国各地搜集来的中国地方志分类资料、农业史资料以及早在金陵大学时期就开始辑录的剪报资料展开校释、整理与研究工作。一方面将这些纸质资料电子化，有助于更好地保存这些资料，另一方面也方便传播和传阅，让学术界更多的研究者阅读、分析和利用。到目前为止，中华农业文明研究院已经通过数字技术整理了大量的方志资料。这些技术不仅有助于保存方志，也能够让这些方志广为流传，方便学术界人士资源共享。

四、促进学术知识的社会转化

农遗室积极创造条件促进知识向社会生产力的转化。学术研究只有转化成生产力，才能为社会进步做出自己的贡献。因此农遗室服务社会的一项重要内容便是努力促进知识向成果转化。概括而言，这一时期农遗室在这方面主要有以下三个方面的社会服务：利用中医兽医知识为现代家畜、家禽的畜养提供知识支援；利用中国传统栽培技术推广观赏植物的栽培；写作与出版各类科普读物，促进农史知识在社会大众中的传播。

传统的中兽医其实有很多可挖掘的知识，这些知识不仅是我国传统农业的瑰宝，如加以利用，也能为当前的兽医事业服务。农遗室利用传统中兽医以促现代农业的案例主要有3个。

其一，1983年农遗室通过中草药促进对鸡抱孵性抑制和和催醒提高产蛋量实验，取得一定的成绩，并完成对扬州鸡、乌骨鸡的小批量运用。据数据表明，它不仅在鸡的防抱和醒抱有了初步效果，还在提高产蛋量方面有着显著增产作用（图4-2）。1984年将这一技术运用到太湖鸡、鹿苑鸡身上，收效良好。1984年与江苏省盐城兽医厂进行了技术转让与合作。这是农遗室运用学农知识学以致用、服务社会的典型案例。

图 4-2 学以致用，中兽医运用到现代家禽业

其二，1985 年农遗室参加“奶牛乳房炎的防治”课题与实验工作。1985 年制订了工作方案，并选取了三个牧场做试验基点，根据各个牧场的不同情况提出不同的试验方案，并对牛群进行了抽样检验。在试制试验药物方面，一共试了三种药物，加以改进，筛选出更理性的药物。

其三，农遗室也将中兽医的传统知识运用到提升种公牛的精液质量上，1986 年，农遗室与南京农业大学种公牛站合作，由对方提供经费，由农遗室提供配方并参加制药，利用中草药对公牛精液质量进行改良。药剂试用后具有良好的效果。

当然，中兽医的运用范围十分广泛。例如农遗室也将传统中兽医知识运用于猪的疾病治疗和防御，参加了《猪病电脑诊断系统》的资料搜集和整理工作。同时，农遗室也有同志奔赴山西，参加了犬的饲养和犬病防治试验研究。将传统中兽医知识运用于当代的动物畜养中。

农遗室也利用中国传统栽培技术推广观赏植物的栽培。农遗室通过对传统栽培技术的研究和分析，研究并改进了香叶天竺葵的栽培，发明了香叶天竺葵试管苗和钵体苗两种栽培方式。农遗室将这种栽培方式作为专利转让给山东的花木企业，不仅实现了创收，也产生了经济效应。

为了普及和传播农学知识，宣传我国历史悠久的农业历史和农业技术，发扬爱国主义优良传统，提升自信，农遗室研究人员以“史话”“选读”为形式撰写一批科普读物和科普文章，出版了7种科普读物和30多篇科普文章，例如《五谷史话》《农业史话》《蚕业史话》《肥料史话》《古代农学家的故事》《古代茶叶诗选注》以及《植棉史话》等。这些文章和著作总计42万字。这种将科学、历史与普及相结合的科普读物，深受读者欢迎。

在写作与出版科普读物的同时，农遗室也开展了与中国农业科技出版社合作的组稿编辑工作和“江苏田园书店”的图书发行工作。

五、开办干部培训班，促进干部知识化

农遗室最后一个学以致用、服务社会的举措便是开办各种农业一线干部培训班。这些农业干部都处在农业实践的第一线，他们是否掌握现代化农业科学知识，关系到中国农业生产的效率问题。同时对一线干部进行农业知识培训也符合新时期干部知识化的时代特征。因此，农遗室自恢复以来就积极开办各种农业干部的培训班。例如，为了给华东“三省一市”干部培训班开设农史课，农遗室在1982年做了大量的准备工作。在1983年下半年，为华东“三省一市”农业领导干部培训班讲授“中国农业科学技术史”这一课程，并为此编写教材《中国农业科学技术史简编》。以后，为“三省一市”的一线干部培训班教授农史课便成为农遗室的传统。

农遗室正是通过这样的培训班，将学术知识转化为实践知识，真正学以致用、服务社会。此后，农遗室积极利用本室和南京农业大学的教学设施，多次联合南京农业大学其他学院办学开班，1994年和1995年连续两年开班，在创收的同时，也传播了更多的知识。

第六节　农史学术交流与合作

一直以来，农遗室及改制后的中华农业文明研究院非常重视学术交流工

作，是中国科学技术史学会农学史专业委员会、中国农业历史学会畜牧兽医史专业委员会和江苏省农史研究会的挂靠单位。在国际学术交流方面，先后与英、美、法、日、韩、加、荷等国家及港台地区的农史研究机构和学者保持了良好合作关系。

在改革开放后，农遗室积极恢复和开展对外的学术交流与学术合作活动。1978—2000 年，农遗室学术交流与合作活动以 1985 年为界可以分为两个阶段。1978—1985 年，更多的是恢复阶段，农遗室逐渐从“文革”的混乱中恢复过来，有了相对稳定的研究环境，在部门归属上厘清了隶属关系。同时由于国家对科学和学术的进一步重视，那些在“文革”中被打倒和旁落的研究人员也陆续回归。在这样的情况下，农遗室逐渐恢复对外学术交流活动，同时也开始筹备召开首届农业史学年会。学术交流的象征之一——《中国农史》也在 1983 年正式出刊。自 1985 年后，随着农遗室名气的增加，与境外的学术合作越来越频繁，越来越多的境外学者来华访学、开展学术交流。2001 年，农遗室正式更名为中华农业文明研究院，此后的研究院在学术交流与合作上又呈现出另外一种风采。

1978—2000 年，农遗室的学术交流与合作可以分为恢复和重建农史学术共同体、承接国家项目与大部书目的编纂工作、学术会议、境外学者来访以及研究生留学和访学五个方面。

一、恢复和重建农史学术共同体

中国的社会科学在“文革”期间遭到了严重的破坏。“知识无用论”的错误观念使得大量的社会科学研究人员离开岗位，社会科学研究机构被迫转行或者关门。随着“四人帮”的粉碎以及改革开放的推行，社会科学重新得到了重视，并开始“补课”，积极与国际接轨。在这样的大背景下，农史学科迎来了复兴的时机，在 1978 年后逐渐恢复和重建农史学的学术共同体。在此过程中，农遗室充分利用此前的研究基础和人脉声望，在学术共同体重建过程中发挥了巨大的作用。

在粉碎“四人帮”、中国百废待举、百业待兴之际，农遗室也迎来了发展的新机遇。1979年3月，根据农业部相关精神，中央决定加强对农遗室的领导，实行体制上划。此后农遗室更名为“中国农业科学院农业技术史研究室”，实行部委与地方双管。此后，农遗室陆续引回科研人员，日渐走上正轨。①

在机构体制走向正常的情况下，农遗室依托有利条件展开了各种学术交流和合作活动，致力于恢复与重建农史学术共同体。要建设学术共同体，首先就要成立自己的学会。因此重建学术共同体的第一步，就是要商讨成立农史研究学会，于是为进一步加强农业史学界的交流和合作，1979年农遗室积极筹备成立“农史研究学会”事宜，计划在1980年5—6月召开。1980年学术交流与合作的工作重心仍然在于筹备即将召开的“农史研究学会”，计划于翌年春召开。

农史研究学会的筹备工作在1982年迎来了实质性的突破。这一年农遗室继续开展大会的筹备工作，共收到论文205篇，发展会员250余名，为召开农史学会做好了准备。为了使农学史学界有一块自己的学术阵地，以便充分开展学术交流和讨论，农遗室于1981年便决定要举办一本杂志《中国农史》，计划将其作为季刊出版发行。

农史学界学术共同体建设的最为重大的一年当属1985年。这一年是农遗室成立30周年。为了庆祝这一次周年活动，农遗室于该年11月召开了“农业遗产研究室成立三十周年暨学术讨论会”。这既是农遗室的重要时刻，也是农史学界的一大盛会。全国学者纷纷投稿参加，开展充分和广泛的讨论。济济一堂、蔚为大观。除学者外，时任农牧渔业部的副部长王发武同志也应邀出席。此次学术讨论会得到了学术界大力支持和来信祝贺，例如著名农史专家李根蟠和兄弟单位上海市社会科学院历史研究所发来贺信，支持并鼓励农遗室的研究。时任农业部常务副部长的刘瑞龙同志特发来贺信，表示祝贺与鼓励。以此为契机，由农遗室最初发起的农史学会年会也在此后开始有序召开，其影响力越来越大。

---

① 《关于中国农业科学院农业遗产研究室交接事宜纪要》。

此后，中国农史学会作为中国农史学的共同体象征，逐渐系统化和制度化。越来越多的学者和学生积极投稿参加这一农史学界的学术盛会。

1993 年的 11 月 16—19 日，农遗室召开“中国农史学会第二次代表大会暨第六次学术年会”，扩大了农遗室的学术影响。

1994 年的中国农史学会第七届年会“吴文化研讨会”召开，农遗室本室研究员也积极参加。

1995 年，为了进一步筹办农史学会 1995 年的年会，农遗室派出多名研究员和研究生参加前期筹备会以及当年的正式年会，并宣读论文 3 篇。

此后，随着农史学会建设的制度化和系统化，每一届农史学会的年会都正常召开，每一届年会都有各自的主题，年会的持续开展和会员们交流的加深使农史学术共同体越来越团结。

二、承接国家项目与大部书目的编纂工作

这一阶段农遗室对外的学术交流与合作的第二项重要内容承担各种由中国农业科学院以及农牧渔业部的课题与项目。同时，农遗室也举办各种学术会议，邀请国内外专家学者共同讨论重大学术问题。通过积极参加学术会议和提交论文，不仅有助于扩大农遗室在国内的影响力，更有助于促进农史学界的交流与合作。

在改革开放之初，农遗室就积极参加和承担各种政府委托的项目。例如为完成农林部、中国农业科学院下达关于编写《中国农业科学技术史稿》一书，1979 年年初在北京召开小型座谈会，广泛征集农业史学界相关意见，受到了北京农业史学界专家的大力支持。当年 3 月，在郑州召开《中国农业科学技术史稿》编写工作会议，邀请大批相关专家出席。此次会议成立了编委成员、确定章节内容和分工。与会者畅谈春光，乃称“郑州之春”。除此之外，农遗室积极参加各种学术著作的编写活动，除了业已进行中的《中国农业科学技术史稿》一书外，也调拨人手参加了《中国大百科全书·农业卷》的框架与词条，与学界其他单位开展了有效的合作。而在 1981 年，农遗室又分别承担了《中国大百科全书·农业卷》和《中国农业百科全书·农史卷》的编纂工

作。这是农遗室积极参加国家学术合作的重要活动。这两部百科全书的编纂工作终于在 1982 年宣告完成。这意味着农遗室历经多年，终于顺利完成国家交付的学术任务。

有了之前承接国家委托项目的经验后，农遗室在此后就十分熟练地参加各种国家项目书目的编纂工作。例如 1985 年和 1986 年，农遗室连续参加中国农业科学院下属课题《中国农业科学技术史稿》的统稿工作。

三、国内外学术会议和学术交流

在 20 世纪最后 20 年中，农遗室另外一项重要的学术交流与合作活动就是积极参加各种国内外学术会议，同时也积极举办各种学术会议。事实上，学术会议是学术界交流与合作的重要形式之一。参加各类学术会议并在会上发表论文不仅是促进农史学术共同体团结的重要方式，也是各个研究机构和高校之间加强学术合作、互通有无的有益途径。

在 1978 年恢复建制以及明确归属后，农遗室就积极参加各种国内外学术会议，并在会上发表论文。部分论文还曾获得过各种会议组织的奖项。

首先，农遗室积极参加本校的科学研究大会。在 1983 年和 1984 年连续两年参加南京农业大学主办的科学大会报告，并在会上提交论文多篇：1983 年提交论文 15 篇，而 1984 年则撰写并提交学术报告 14 篇。在南京农业大学（南京农学院）科学大会上提交并发表报告，有助于在本校内扩大农遗室的影响力，让更多的人知道农遗室的工作内容和工作成绩。

同时，农遗室也派遣本室研究员积极参加国内各种学术会议，为农史学界学术共同体添砖加瓦。农遗室早在 1983 年就积极参加了国内各类学术会议，例如参加了“明代科学家徐光启逝世 350 周年学术讨论会”“中国科技史学会”“全国兽医中草药学术讨论会”“黄河流域水利史学术讨论会”“中日兽医针灸学术报告会”以及“《南方草木状》国际学术讨论会”，提交论文多篇。

在此之后，农遗室就成了各类学术会议的活跃成员，共同推动农史学界相关话题的讨论。在 1984 年，农遗室不仅接待了院属水稻所、河南省农业厅和山东省农业科学院等 17 个科研单位共商农史学界大事外，还于各类报刊上发表文章共计 10 篇。其中，陈宾如同志的遗作《中国柑橘的分类》被“第三届国际中国科学史讨论会”选中，并在大会宣读。农遗室还参加了“中国科学技术史农史分科学术讨论会”；参加了农牧渔业部在广州召开的研究生培养方案讨论，加强了与外界的联系，扩大了学术交流，增进了农学届的团结。这一年农遗室所著《齐民要术校释》获得农牧渔业部技术进步二等奖。

1985 年是农遗室成立三十周年的重大纪念年份，因此农遗室主要的工作精力都放在召开纪念学术大会的筹备上。不过在年底，农遗室也选派研究员参加国内其他学术机构举办的各类学术会议，例如农遗室研究员先后参加了“国际国内多熟制学术交流会”“全国中兽医学术研讨会”“淮河水利史学术研讨会”等，提交论文多篇。

1986 年农遗室研究人员参加全国各类学术会议共计 13 次，提交学术论文 11 篇。其中具有代表性的是：“中国农学会北方旱地农业学术讨论会”“中国科学技术史学会农史科学第二次讨论会”“华东地区中西兽医结合研讨会”和“全国青年科技史讨论会”上提交的论文。

1987 年，农遗室同时也积极参加国内外各种学术会议，例如“农史学会成立大会”“宋应星诞生四百周年学术讨论会”“拉萨中西兽医学术研讨会”以及“广禅侯学讨论会”等，共计提交论文 18 篇。

在 1994 年，农遗室也派遣本室研究人员积极参加国内外各种学术会议，共计 4 次学术会议，包括：1994 年 10 月在湖北省枝江举办的“关庙山稻作文化研讨会”和同在湖北宜昌举行的“全国第九次农业志经验交流会暨中国农业历史学会当代农业史专业委员成立大会”。同年 10 月，农遗室参加了在河南开封举办的“第四届全国生物学史年会暨明代朱橚科学成就研讨会”。最后一次会议是在 11 月参加了中国农史学会第七届年会“吴文化研讨会”。通过参加学术界各种学术会议，农遗室与其他兄弟单位的学者同仁保持了良好的关系。

为了进一步加强与农业考古学界的联系，农遗室也积极参加农业考古学术界的学术会议，1997 年 10 月，本室就有两位同志参加在江西南昌举办的“第二届农业考古国际学术讨论会”。

1999 年，农遗室的学术活动十分活跃。这年 6 月，农遗室派出了 6 位同志前赴西安参加“中国农史学会青年学术骨干研讨会”，10 月应邀参加了复旦大学历史地理研究所举办的小型研讨会“中国历史时期的灾害与社会”。

其次，农遗室不仅积极参加国内会议并收获各类论文奖项，同时也积极派遣本室研究员和研究生参加各种国际学术交流会。借此努力在国际学术界形成农遗室的影响力和声望，让更多的人了解农遗室的研究成果。例如 1993 年，农遗室的研究员郭文韬同志代表农遗室和南京农业大学参加了三次国际会议，分别是：在 1993 年 3 月在北京参加“国际土壤耕作组织中国分会”，并当选为该组织的委员；同年 8 月，赴日本京都参加“第七届东亚科学史学术讨论会”，并在会上宣读论文。以及在该年 8 月，参加在香港大学主办的“第 34 届亚洲及非洲国际学术会议”，并得到了中国农业科学院外事处的经费资助。通过积极参加国际会议并宣读论文，农遗室与国际农学界开展了良好的合作与交流。

最后，农遗室通过自身承办各种学术会议来加强与学术界的合作与交流。农遗室举办的第一次重大会议便是在 1985 年为了纪念农遗室成立三十周年所召开的“农业遗产研究室成立三十周年暨学术讨论会”。全国学者纷纷投稿参加，开展充分和广泛的讨论。济济一堂、蔚为大观。接着这次大会的东风，1985 年 12 月 26 日，农遗室在南京举办学术报告会，著名甲骨文专家胡厚宣等专家在会上宣读论文。报告会促进了同行之间的交流。

1993 年农遗室召开了一次全国性学术会议。11 月 16—19 日，农遗室召开“中国农史学会第二次代表大会暨第六次学术年会”，扩大了农遗室的学术影响。

在此后的 1999 年，农遗室举办了一次小型学术会议，并组织本室青年学者开展学术讨论 2 次。

四、与境外的学术交流与合作

1978—2000 年，农遗室学术交流与合作的另一项重大内容便是积极接待境外专家学者的来访、考察和查阅资料。在改革开放之前，中国学术界很少与境外学术圈开展学术交流与人员的互访。这一部分因为中国彼时封闭的状态，另一部分也出于对境外学术圈的轻视，当然境外学界对中国知识分子缺乏了解、甚至存在误解也是这种“断交”的原因之一。改革开放为境内外的学术交流提供了极大的便利，很多研究中国的西方学者纷纷进入国门查阅资料和实地考察，其中就包括大量的中国农史专家。另外，农遗室在中国农史研究方面的影响和声望也吸引了境外学者来农遗室访问考察、查阅资料。

十一届三中全会后，中国实行改革开放政策，农遗室也接待了更多的外国学者，对外学术交流的规模扩大。同英、美、法、日、加、荷等国家及港台地区的农史研究机构和学者建立了长期的学术交流关系。

1980 年，农遗室迎来了改革开放后的第一批国（境）外的来访学者。这些学者深知农遗室在中国农业科技史方面的研究专长，因此慕名而来。为了编写《中国科学技术史》中的农史部分，李约瑟博士的助手白馥兰（Francesca Bray）于当年 6 月访问农遗室，搜集相关资料。9 月，德国科隆大学科学助教埃林·蒙德来宁考察江苏、浙江和湖南的湖田系统，由农遗室接待并安排考察。这两次境外学者的接待活动为农遗室融入国际学术交流打开了大门，且积累了宝贵的经验。此后，越来越多的境外学者来农遗室访学考察。

在这一阶段，农遗室接待了来自全球各国和地区的学者来访。主要合作的有两个国家和一个地区：分别是美国、日本和中国台湾。这三地的学者对中国传统农业十分感兴趣，因此借着改革开放的东风迅速与农遗室开展学术交流。

（一）日本与农遗室的学术交流与合作

中日之间有着相似的文化传统和农业文明。在新的时期和国际环境下，中日农史学者很有必要开展深入的学术交流与合作（图 4-3）。日本学者最早是在 1987 年到中国来农遗室开展访问和学术交流的。1987 年，农遗室主要接待了两拨日本相关专家和学者。1987 年 5 月 1—15 日，农遗室欢迎并接待了日本东海大学副教授渡部武先生。同年 10 月 12 日，农遗室邀请并接待了日本农山渔村文化协会专务理事坂本尚及其夫人坂本玄子来华进行学术考察。坂本夫妇在南京参观了中山陵和灵谷寺，并和农遗室的同志们开展了深入的学术交流。坂本夫妇十分赞赏农遗室科研人员所编的《中国传统农业与现代农业》

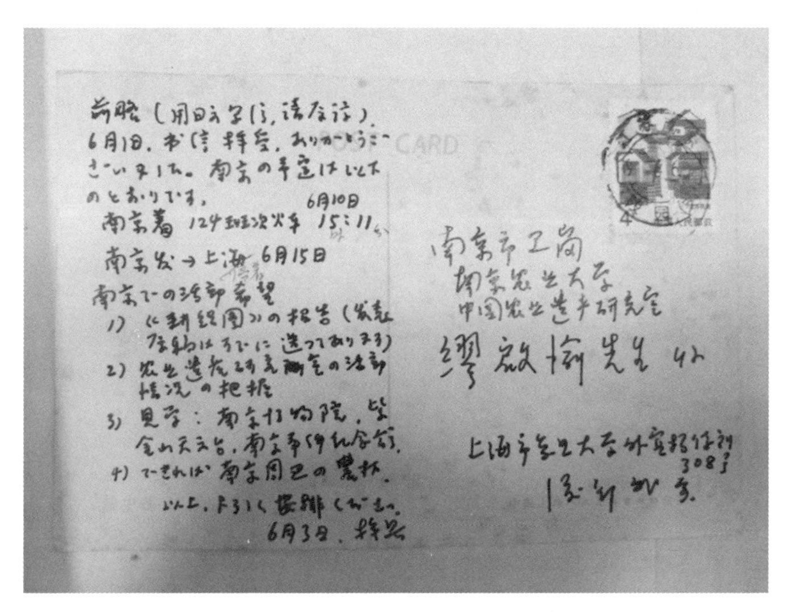
前略（用日文写信，请原谅）。
6月1日，お手紙拝受，ありがとうございました。南京の予定は以下のとおりです。
南京着 124班次列车 6月10日 15:11分
南京発→上海 6月15日
南京での活動希望
1)《封建圏》の報告（発表原稿はすでに送ってあります）
2) 農業遺産研究室の活動情況の把握
3) 見学：南京博物院，紫金山天文台，南京市[illegible]。
4) できれば南京周辺の農村。
以上，よろしく按排ください。
6月3日，[illegible]

POST CARD

南京市卫岗
南京农业大学
中国农业遗产研究室
缪启愉先生 收

上海市复旦大学外宾招待所 308号
[illegible]

图 4-3　复旦大学转发日本学者来宁访问相关情况

一书，认为该书对日本学术界深有启发，并约定由他组织人手翻译成日语。此外，坂本尚先生还向农遗室赠送礼物，分别是：《日本农史全集》35 卷、《明治农书全集》13 卷、《明治大正农政经济名著集》24 卷、《氾胜之书》1 册。两位日本学界友人的来访进一步促进了中日友好邦交，也促进了中日农史界的交流与沟通。

1987 年的两位日本学者为中日学术访问和交流开启了良好的先河（图 4-4，图 4-5）。此后，不断有日本学者来农遗室访问和访学，同时查阅相关资料。1993 年，农遗室接待了两批日本学术界友人的来访，先是 11 月宫崎大学的藤原宏志教授来华交流水稻起源问题及关于相互培养研究生的相关事宜，然后 12 月东京都立大学的浅田泰三和奥村哲教授来访，商讨开展中日近代农业经济史的交流活动及商讨联合召开相关学术会议。

1995 年经有关部门的批准，农遗室与日本的学术界开展了相关交流。例如这一年农遗室接受了日本大学农兽医学部教授陈仁端来本室访问进修及开展

图 4-4　日本学者坂本尚教授与农遗室同志座谈

相关合作。

（二）美国与农遗室的学术交流与合作

在国际学术界中，美国的农史学术界一直有着巨大的声望和影响力，尤其是美国的汉学家对中国的历史与中国农史的研究十分深入。同时，美国农史学界的学者为了进一步开展和深入他们的研究，也十分希望能够到中国实地考察和查阅相关档案资料。因此在改革开放后，借着中美之间重新开展学术交流之际，美国学术界的农史学专家纷纷来华，与农遗室开展学术合作。

图 4-5 日本学者坂本尚教授与农遗室同志合影留念

第一批来农遗室访问的美国学者和研究人员于 1988 年到达。这一年，美国政府先后派遣 10 名研究人员来华各高校进行学术访问和交流。

1989 年 4 月，美籍华人学者李明珠教授来华开展研究和查阅档案（图 4-6）。李教授此次的研究课题是关于中国的水灾与饥荒。李教授希望中方提供

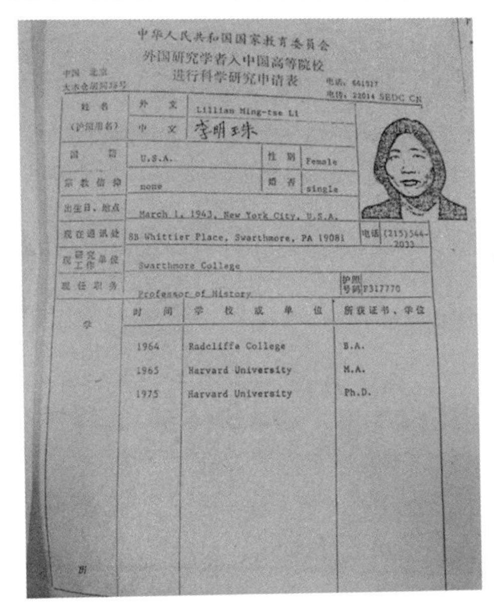

中华人民共和国国家教育委员会
外国研究学者入中国高等院校
进行科学研究申请表

姓名（护照用名）	外文	Lillian Ming-tse Li		
	中文	李明珠		
国籍	U.S.A.		性别	Female
宗教信仰	none		婚否	single
出生日、地点	March 1, 1943, New York City, U.S.A.			
现在通讯处	88 Whittier Place, Swarthmore, PA 19081		电话	(215)544-2033
现研究工作单位	Swarthmore College			
现任职务	Professor of History		护照号码	F317770

学	时间	学校或单位	所获证书、学位
	1964	Radcliffe College	B.A.
	1965	Harvard University	M.A.
	1975	Harvard University	Ph.D.

图 4-6 美国学者李明珠教授来农遗室查阅资料

一个历史学方面的研究生作为她在华期间的助理，同时在南京期间，主要希望农遗室的同志协助其在中国第二历史档案馆开展档案的查询工作。

1993 年，为深入交流中国古代土壤问题，农遗室于 11 月接待了美国加州大学戴维斯分校的农史中心主任林彼得。12 月，农遗室的领导主动拜会了美国“美中文化交流中心”驻中国办事处主任格里曼博士，商讨关于合作开展“中国农业生态变迁史”的课题，并由美方开展经费统筹。此外，与美国农史学会主席、史密森研究院丹尼尔教授商讨并决定：自 1994 年开始由美方提供经费赞助农遗室博士生到美国进行短期交流。

（三）中国台湾与农遗室的学术交流与合作

早在 1980 年，农遗室就已经与中国台湾农史学界的学者开展了学术交流。不过彼时的交流仅仅局限于期刊和文章，属于神交。《中国农史》创刊后，受到了众多台湾地区学者的青睐，并通过各种途径进行订阅，不过在 20 世纪 80 年代大概也就仅限于此。台湾地区学者与农遗室真正开展学术交流与合作则是在 20 世纪 90 年代。

1991 年 9 月，来自中国台湾的近代史研究所两位研究员到南京查阅资料。农遗室与对方单位共享课题合作，主要关于清代亩产量的研究。农遗室接待了此次两位研究员的档案查阅工作。

1994 年 12 月，农遗室特别邀请了中国台湾“中央研究院”人文社科研究所研究员刘石吉先生来宁访问讲学，探讨海内外中国农村经济史的研究现状。在此基础上，农遗室与中国台湾“中央研究院”人文社科研究所建立了良好的合作关系。在 1995 年，刘石吉研究员更花大量的时间和精力在农遗室进行短期讲学，使得学生有机会接触到中国台湾乃至国际农史学的最新进展。农遗室也借此加深了同中国台湾相关研究人员的接触，建立学术联系。这为农遗室日后进一步与中国台湾之间开展学术交流和人员交换奠定了基础。

（四）其他国家与农遗室的学术交流与合作

除去上述三个主要国家与地区外，农遗室同时也与其他国家和地区保持着良好的学术联系，开展了丰富多彩的学术交流与合作。

早在 1987 年 10 月底，法国学者、法中研究协会会长米歇尔・卡蒂埃就来农遗室进行了学术访问。他此来研究目的在于研究中国人口增长和农业之间的关系。米歇尔为此查阅了农遗室收藏的相关资料和并参观了阅览室。

此后，1991 年 10 月，由农业部国际交流协会转来的关于法国研究员迪德尼小姐来南京农业大学查阅相关资料的接待任务，也由农遗室负责了此次的接待工作。

五、研究生交流与访学

上述四个方面或着眼于机构之间的学术交流和合作，或着眼于学者之间的访问、查阅资料。事实上，这一阶段的农遗室还有另外一项特别重要的学术交流活动，那就是派遣研究生出国留学或者访问。研究生出国进行短期交流合作和访学，有助于培养学生的国际视野，拓宽资料查询的范围，是研究生培养过程中的一项重要环节。

得益于和美国农史学界的交流和合作，1993 年，农遗室与美国相关方面约定于 1994 年派遣中国留学生前往美国进行短期交流，其间费用由美方承担。因此 1994 年 5—9 月，农遗室派遣博士生王思明前往美国农业部农史研究中心进行中美农业史研究的交流。这次短期交流开创了农遗室研究生出国交流的先河。

1996 年，张家炎获国家留学基金资助去荷兰瓦赫宁根大学、莱顿大学进修。1998 年，农遗室又选派了一名年轻学术骨干赴美国加州大学开展学术合作。

第五章　拓展与创新

中华农业文明研究院的建立（2001至今）

为了适应新时代、新环境的变化，通过对相关学术资源进行整合，中华农业文明研究院于2001年6月正式成立，为农史研究搭建了一个好平台。研究院成立以后，继续致力于中华农业文明的传承与弘扬，保持传统优势特色，拓宽研究领域，聚合国内外农业史的研究力量，结合当前经济和社会发展中的重大问题，有针对性地开展工作，发挥其农史领域带头人的作用，在科学研究、社会服务、人才培养、交流合作等方面都成果卓著。

第一节　中华农业文明研究院的成立

在国务院深化农业科研体制改革背景下，中国农业科学院中国农业遗产研究室与南京农业大学达成了院、所合并共建的协议，并于2001年6月组建中华农业文明研究院（以下简称研究院），是国内唯一一个国家级农业历史专业研究机构。研究院继续保持专业优势，整合学科力量，提升科研条件，重视人才培养，促进教学相长，拓宽研究领域，推动农史研究进入新的发展时期。

一、研究院建立的背景

中华人民共和国成立后，中国农史研究自20世纪50年代初创到80年代复兴曾经两度辉煌。但渐入困境，例如研究经费不足、年轻人中对农史学习和研究的兴趣下降等。此外，已有农史研究也存在一些问题：一是很多工作仍局限于古代农业技术和生产力方面，探讨技术对社会政治、经济发展和文化生活的影响的研究工作太少；二是多数工作仍局限于古代史方面，近现代农史著作少且集中在农业科技史方面；三是世界农史和比较农史的工作虽有几位先生大力倡导，但未能真正开展起来；四是农史在内容上具有极强的辐射性，较之其他学科有更强的交叉性和开放性，需要农史研究人员掌握多学科知识或多学科参与到农史研究中来。在此背景下，农史研究需要整合各学科力量，重新定位，开拓新的研究方向。

除中国农业遗产研究室外，同时期从事农史研究工作的单位主要还有西北农林科技大学古农学研究室、华南农业大学中国农业历史遗产研究室、中国农业大学农业史研究室以及浙江农业大学农业遗产研究室等，它们在农史研究方面也都做了很多工作，取得了丰硕的成果。另外中国农业历史学会的广大会员、兼职的农史研究人员，其中包括农学界和历史学界的老专家、老教授也都积极从事农史有关专题的研究，关心和从事农史研究工作的学者越来越多，农史研究队伍正在逐步壮大，但科研人员力量分散，很难集中精力进行攻关，所以有待进一步整合。

21 世纪到来之际，农遗室全面落实党的十五大精神，开展“九五”科研项目，《中国农业通史》的编撰、《中国农学遗产选集》的整理、《司牧安骥集》校释与研究工作等，都在有序进行中，农遗室科研人员的专著、论文陆续出版和发表，成果显著。

此时，国务院进一步深化农业科研体制改革，中国农业科学院（以下简称农科院）部分直属单位响应政策，开始下放地方，与高校合作共建，合并共赢，寻求新的发展机遇。例如中国农业科学院柑桔研究所于 2001 年 9 月起由中国农业科学院与西南大学合作共建；中国农业科学院蚕业研究所于 2001 年 3 月与华东船舶工业学院正式合并，从而形成了科研与教育优势互补、资源共享、相互促进、共同发展的体制创新模式。农遗室作为农科院的一个直属单位，也积极响应政策，审时度势，着手准备与南京农业大学的合作共建。

农业科研体制改革是促进组建中华农业文明研究院的直接原因。而除此之外，21 世纪之初，农遗室面临的内外危机和挑战也是促使机构调整的间接因素。在管理体制方面，农遗室主要由中国农业科学院（北京）管理，但办公场所却在南京农业大学（南京），在人员管理、财务管理、上下级沟通方面存在诸多不便。为了解决这些问题，需要进一步理顺领导关系，建立更有效的管理机制，以利机构的生存和发展。

在人才培养方面，农遗室是农业史硕士学位授权点、国内唯一农业史博士学位授权点和农业史博士后流动站，承担着农史人才的培养重任，但农遗室招生人数少，例如 1998 年按计划招收硕士生 1 名、博士生 2 名、硕博连读 1 名，新生力量薄弱。同时农遗室离退休人员比例大（1.5∶1），学科梯队面临着“青黄不接”的困境。随着国内农业高校、政府部门、科研单位、地方志编纂馆（室）等对农业史人才需求的大幅度增加，农遗室需要为人才培养提供一个更大的平台。

农遗室的农史研究工作开始最早，21 世纪伊始，有着接近 90 年的农史文献收集和学术研究的积累，已发展成拥有数千种珍稀农业古籍资料和专业研究人员的农史资料收藏中心和研究中心，是一个在国内外学术同行中享有较高学术声誉的、并富有学科特色的农史研究机构。进入 21 世纪后，在经济全球化、社会多元化的新的历史条件下，农遗室仍肩负重任，如何与时俱进，搞好学科建设，加强横向联系，拓展研究方向和开辟新的研究领域，培养更多农史青年人才，创建好研究平台，为社会和“三农”服务，如何进一步弘扬我国优秀的传统文化，使之在经济建设、社会发展、国际交流及精神文明建设中发挥更大的作用，是摆在农遗室面前的重要挑战。在此背景下，农遗室响应农业科研体制改革的政策，积极把握发展机遇，与南京农业大学积极慎重地调研、分析和反复探讨，最终达成了院所合并共建的协议，为中华农业文明研究院的成立做了充分的准备。

根据国务院有关深化农业科研体制改革的精神，经过调研、协商，2000 年农遗室与人文社会科学学院合并，成立新的人文社会科学学院（下称人文学院）。2000 年 2 月 15 日，南京农业大学金陵研究院隆重举行“中国农业遗产研究室正式划转南京农业大学交接仪式”，双方根据农业部《关于同意将中国农业遗产研究室划转南京农业大学管理的批复》精神，按照《中国农业科学院国有资产管理实施办法》《共同支持中国农业遗产研究室事业发展的协议》，将研究院现有固定资产全部无偿划转南京农业大学，中国农业科学院计财局王升林局长和南京农业大学孙健副校长代表双方在《国有资产划转协议书》上签字，王思明教授兼任农遗室主任与人文学院院长。

二、研究院的建立

在时任校长翟虎渠教授和副校长胡金波教授的鼎力支持下，2001 年 6 月，通过对中国农业遗产研究室、人文社会科学学院等平台和资源进行整合，组建南京农业大学中华农业文明研究院，同时继续保留中国农业科学院中国农业遗产研究室的牌子，依然为国内唯一国家级农业历史专业研究机构，致力于中华农业文明的传承与弘扬（图 5-1）。

图 5-1　中华农业文明研究院

为适应学科发展的需要，2001 年 7 月 2 日，南京农业大学校长办公室特将院内设组织机构及负责人任命如下。

院办主任：李安娜　　科研办主任：周中建

农业科技史研究室主任：李群　　农业经济史研究室主任：周中建

农业文化研究室主任：曾京京　　农史文献研究室主任：陈少华

西部农业开发研究中心主任：惠富平

《中国农史》编辑部主任：沈志忠

资料室主任：王俊强　　中华农业文明多媒体研发中心主任：杨坚

三、研究院体制变化

中华农业文明研究院是一个开放型的学术机构，实行院务委员会领导下的院长负责制，以专职研究人员为核心，兼职人员、博士后研究人员及国内外访问学者为外围，以科研项目为纽带，开展广泛的科学研究、人才培养和信息收集与传播的工作。研究院是中国农业科学院分类改革进程中第一个进入大学的研究所，进入大学后，工作性质和工作任务跟以前相比有所区别，由原来的纯科研机构转变为一个教学与科研并重的学术机构，研究院必须转变观念，在新的形势和环境中重新定位与磨合，进一步加强资源的优化与整合。

研究院与人文学院合并以后，实行中国农业科学院与南京农业大学共建，以南京农业大学管理为主的体制。为了充分发挥中国农业科学院与南京农业大学联合共建的优势，实行三块牌子一套班子的新的运行体制，即：中国农业科学院中国农业遗产研究室、南京农业大学中华农业文明研究院和南京农业大学人文社会科学学院。农遗室和研究院侧重科学研究功能，学院侧重人才培养功能，通过制度安排将教学与科研力量打通，所有科研人员都参与不同层次人才培养的工作，研究院的教师根据自己所长开设多门本科和研究生课程，既丰富了人文院专业学生的学习课程门类，也充分调动了研究院的师资力量；同时以科研项目为纽带将所有教师纳入科学研究工作中去，既壮大了科研队伍，又有助于提高人文院师生的科研能力，逐渐形成了一种科研与教育优势互补、学科相互支撑、资源融合共享、人员互补共进的发展格局。

在管理制度方面，为了建立一套有激励作用的机制和制度，2003 年学院进一步完善了院务委员会、院学术委员会及院教学指导委员会等制度建设，从组织上、制度上保障了各方面意见的及时沟通及院务的公开与透明。为调动不同管理层的积极性，学院还明确了院一级和系一级的工作职责，加大系级工作任务和权限，让系主任真正发挥好学科带头人和学术组织者的角色。院、所合并后的人员分流，使“人尽其才”，形成了一支与研究院和学校的教育与科技事业发展相适应、满足人才培养需要、层次较高、以专为主、专兼结合、敬业爱岗的教职工队伍，成为学校事业成功与发展的基础。

在组织架构方面，根据经济和社会发展的需要及国际学术发展的趋势，将相关力量重新整合，研究院组建了 7 个研究中心，即：科技、经济与社会发展研究中心、农业科技史研究中心、农业经济史研究中心、农村社会史研究中心、生态环境史研究中心、中外农业交流研究中心、中国农业遗产信息资源中心。科学技术史在保持传统优势的同时，拓宽研究方向，向生物学史、生态环境史、科技政策与科技管理、科学社会学及科学传播学延伸，将科学技术史学科逐渐发展成为人文院的龙头学科，教学与科研并重，为未来的发展奠定坚实的基础。

在学科点建设方面，研究院在已有的科学技术史一级学科博士后流动站、博士学科点和硕士学科点基础上，整合师资力量，新增专门史硕士学科点并开始招生，开设中国历史文献学、历史学理论与研究方法、中国社会史专题、农业经济史专题、农业文化专题、遗产旅游概论、乡村旅游理论与实践、旅游规划专题、旅游史专题等课程，培养学生掌握广博的历史学基础知识以及扎实系统的专门史知识，具备较高的学术素养和学术道德，具备独立从事科学研究、教学或其他方面专业工作的能力。

在健全学术梯队方面，学院采取内部培养与外部引进结合、专职人员与兼职人员结合两条腿走路的办法。建院初期，年轻科研人员中约有 30% 拥有博士学位或在职攻读博士，为了加强人才培养，研究院除积极鼓励年轻教师在职攻读博士学位，鼓励科研人员在职和脱产学习进修外，还积极物色和引进优秀人才，例如 2002 年共引进博士后 2 名、博士 1 名、副教授 1 名、硕士 2 名，此外新招博士研究生 8 名、硕士研究生 16 名。针对某些学科学术力量相对薄弱的状况，2002 年研究院还新聘了 3 位知名专家学者作为兼职教授，借助国内外相关学术力量来推进研究院的科研工作。

总之，研究院的建立，推动农史研究进入了一个新的发展时期。研究院与人文学院的合并，为双方翻开了新的历史篇章，有助于科研、教育资源的整合，促进科教相长、科教相融，优势互补、互利共赢。研究院以研究和宣传我国悠久的农业历史和灿烂的农业文化为己任，保持传统优势特色，拓宽研究领域，聚合国内外农业史的研究力量，结合当前经济和社会发展中的重大问题，有针对性地开展工作，发挥其农史领域带头人的作用，为中国农业与农村的健康发展和农业现代化建设服务，发展成为国内领先并具有国际影响力的农史科学研究中心、人才培养中心、学术交流中心和信息资源中心。

四、研究院研究方向

研究院整合各学科力量，重新定位，开拓新的研究方向，总结为以下十个方面：农业科技史、农业经济史、农村社会史、农业历史文献学、农业文化史、生物学史、科技、经济与社会发展研究、生态环境史、中外农业文化交流和中华农业文明多媒体研发。

农业科技史主要探讨中国传统农业科技发生、发展、成就及其规律，总结农业科技的优良传统，发掘其中适应现代化农业发展的合理成分，为国家农业科技发展规划和决策提供历史借鉴。

农业经济史主要探讨历史时期农业领域中生产关系与生产力的辩证关系，包括农业政策、农业思想、土地制度、赋税制度、生产力水平等方面的内容，为国家农业经济发展规划提供背景资料和参考意见。

农村社会史主要探讨历史时期农村社会结构、农民社会心理和社会行为，以期揭示农村经济、社会和文化之间的互动关系，推动中国农业现代化的发展进程。

农业历史文献学主要负责各种农业典籍、农史资料的搜集、整理、传注等工作，并对农史文献的目录、年代、版本、源流、价值等问题进行探讨，为农史研究提供准确、翔实的资料。

农业文化史主要探讨与农业生产活动直接相关的各种文化现象，包括物质文化、制度文化、技术文化和观念文化四个层面，并探讨农业发展对中国文化发展的影响、农业与区域文化之间的关系。

生物学史以中国生物学的发生、发展为主要研究对象，探讨中国生物学学科的发展演变过程、生物学在科学领域中的地位与作用、生物学发展与社会经济发展的互动关系。

科技、经济与社会发展研究主要探讨科技、经济与社会诸因素之间互动关系，包括科学技术进步的社会背景、科学技术对经济和社会发展的影响。此外，还对科学技术的本质及其相互关系、科技奖励制度及科学活动规律等问题展开研究。

生态环境史主要探讨历史时期人类活动与生态环境变迁之间的互动关系，侧重研究农业开发对生态环境变迁的影响、生态环境变迁与人类文明发展进程的关系，以便为国家农业发展战略提供启示和借鉴。

中外农业文化交流主要探讨中外农业科技的交流与合作、中外农业文化的传播和发展，在研究内容上，主要侧重近现代中国与日本、韩国、美国、英国、拉美等国家和地区的交流与合作。

中华农业文明多媒体研发主要依托研究院丰富的农史信息资源，利用计算机数字图像处理技术，对农业历史典籍进行数字化存储，建立中国农业历史文献信息数据库系统信息系统，为农史研究提供了快捷、方便的通道。

以上均为研究院成立初期设定的研究方向，当今研究名实发生了较大的变化，特别是拓展与创新（见下文），但上述方向依然是最基础和最核心的，是研究院的立院之本。

第二节　学术平台建设的重要突破

20世纪由于体制原因、大环境及相关责任人缺乏这方面的意识，中国农业遗产研究室尚缺乏平台建设举措，自2001年改组之后，中华农业文明研究院之平台建设进入一个春天，并且持续到今天，未来也依然如此。

一、学会类平台

（一）中国农业历史学会畜牧兽医史专业委员会暨南京农业大学中华农业文明研究院畜牧兽医史研究中心

2005年10月24—27日，中国农业历史学会畜牧兽医史专业委员会暨南京农业大学中华农业文明研究院畜牧兽医史研究中心成立大会在南京农业大学召开（图5-2）。来自全国各地20余个单位40多位代表参加了这次会议。中国工程院张子仪院士、中国农业出版社、山东畜牧兽医职业学院、甘肃畜牧工程职业学院、西北农林科技大学中兽医医药研究所、中国台湾“中华传统兽医学会”、日本国兽医史学会、世界兽医史学会等个人和单位专门发来贺电、贺信。

图 5-2 时任中国农业历史学会理事长宋树友（右一）、中国农业博物馆党委书记王红谊（左一）为中国农业历史学会畜牧兽医史专业委员会揭牌

中国农业历史学会畜牧兽医史专业委员会（下称委员会）是中国农业历史学会批准成立的二级学会，挂靠在中华农业文明研究院。会议推选出了第一届专业委员会名单，王思明院长当选为专业委员会主任委员，中国农业出版社副总编辑陈江凡编审、南京农业大学中华农业文明研究院李群副教授、中国农业博物馆研究部徐旺生研究员、中国农业大学人文学院张法瑞教授当选为专业委员会副主任，李群副教授当选为秘书长（兼），四川筠连县畜牧兽医局副局长王成高级畜牧师当选为副秘书长。在畜牧兽医史专业委员会成立的同时，还举办了首届中国畜牧兽医史学术讨论会，大会共收到学术论文 38 篇，在大会交流 16 篇。

中国的畜牧兽医史是中国农业历史的重要组成部分，古人给我们留下丰富的遗产，研究畜牧兽医史，不仅能够及时总结历史文化遗产，而且还能够直接为当前的畜牧事业服务，既具历史意义，又具备现实意义。前辈学者如谢成侠、张仲葛、王毓瑚、于船、金重冶、邹介正等先生做了大量的工作。委员会及研究中心的成立的目的在于继往开来、总结前人留下的丰厚遗产、努力开展畜牧兽医史研究工作。

（二）中国科学技术史学会农学史专业委员会

2008 年 11 月 1—3 日，中国科学技术史学会第八次会员代表大会在上海举行，为更好地开展学术研究与交流活动，经中国科学技术协会批准，中国科学技术史学会常务理事会决定将中国科学技术史学会农学史专业委员会挂靠中华农业文明研究院，由王思明院长任委员会主任，樊志民教授、倪根金教授、郑有贵教授任副主任，陈少华副教授任委员会秘书。大会期间，由中国科学技术史学会农学史委员会、技术史委员会、金属史委员会、传统工艺委员会和少数民族科技史委员会联合发起成立“中国技术史论坛”，并决定首届论坛定于 2009 年秋季在南京举行，由研究院承办。

（三）江苏省农史研究会

2003 年 12 月 20 日，由中华农业文明研究院主办的江苏省农史研究会成立大会在南京农业大学召开，旨在推动江苏省农史研究工作的深入开展，促进农史研究群体的学术交流。来自中国社会科学院、南京大学、南京师范大学、江苏省社会科学院、江苏省农业科学院等院校的专家学者 50 余人参加了会议。

江苏省农史研究会是一个由从事农史研究的专业工作者和业余爱好者组成的学术性群众团体，接受江苏省哲学社会科学界联合会和江苏省民政厅的业务指导和监督管理。其主要任务：组织和协调全省农史工作者，大力开展农业历史特别是江苏农业历史的科学研究，探索农业的发展特点和规律，总结历史经验，并组织学术交流活动，不断提高农业历史研究和普及水平。

江苏省农史研究会是由南京农业大学中华农业文明研究院、南京大学、南京师范大学、南京林业大学、苏州大学、江苏省社会科学院、江苏省农业科学院等单位专家学者联合发起筹建的。早在 2003 年年初，王思明院长鉴于江苏省农史学界人员众多，但力量分散，缺乏密切联系和相互合作的状况，与一些专家学者经过反复酝酿和洽商，决定由中华农业文明研究院牵头，筹备成立江苏省农史研究会。此后，经过秘书组成员的辛苦操作，江苏省农史研究会获得江苏省哲学社会科学界联合会批准，并在江苏省民政厅登记注册。筹备工作完成后，发起单位共同决定召开江苏省农史研究会成立大会。

经过反复认真的讨论，会议推选出江苏省农史研究会第一届理事会成员，由江苏省政协原主席孙颔同志担任江苏省农史研究会名誉会长，王思明院长担任江苏省农史研究会会长。为了今后更好地开展工作，还聘请南京农业大学党委书记管恒禄教授、江苏省农林厅刘立仁厅长、江苏省农业科学院严少华院长、江苏省社会科学院宋林飞院长、中国农业历史学会副会长李根蟠研究员、江苏省人大农业与农村工作委员会姜道远主任担任江苏省农史研究会的顾问。

江苏省农史研究会是从事历史上"三农"问题研究、农业古籍整理、农业文物研究和普及农史知识的学术性群众团体，直接隶属于江苏省社会科学联合会和江苏省民政厅。它的成立，是江苏省农史学界的一件大事，改变了江苏省农史学界力量分散、缺乏交流与合作的状况，对于整合省内学术研究资源，加强学术交流，深化农史研究，弘扬中华农业传统文明，都具有十分重要的作用。

至 2019 年，江苏省农史研究会已经走过了 3 届，愈发成熟稳健。2019 年 6 月 15 日，江苏省农史研究会第四次会员代表大会在南京农业大学学术交流中心举行，全省各相关高校及企事业单位的会员代表 50 余人参加了会议（图 5-3）。

会议审议通过了江苏省农史研究会第三届理事会工作报告以及学会章程修订、财务收支情况和会费收取说明，宣布并表决通过学会第四届理事会组成人员建议名单。经会员代表选举表决，一致通过南京农业大学惠富平教授担任江苏省农史研究会第四届理事会会长，南京大学刘兴林教授、江苏省社会科学院孙克强研究员、江苏省委党校彭安玉教授、苏州大学胡火金教授、南京师范大学郭爱民教授、南京农业大学卢勇教授担任副会长，南京农业大学陈少华副教授担任秘书长。会议还推举上届学会领导王思明院长担任学会荣誉会长，范毓周教授、慈鸿飞教授、徐元明研究员担任学会顾问。

图5-3　江苏省农史研究会第四次会员代表大会

二、研究类平台

（一）国家重点学科培育建设点

根据《省教育厅关于公布江苏省一级学科国家重点学科培育建设点名单的通知》（苏教研〔2009〕13号），科学技术史一级学科被认定为江苏省一级学科国家重点学科培育建设点。

开展江苏省一级学科国家重点学科培育建设点建设工作，是江苏省为强化高校优势学科建设，进一步提高一级学科重点学科建设水平，提高在新一轮国家重点学科竞争中优势地位的一项重要措施。遴选认定的标准是，以已立项建设的省一级学科重点学科为基础，参照教育部一级学科国家重点学科认定条件，在具有一级学科博士授权的学科中，根据现有按二级学科设置的省重点学科和国家重点学科所占该一级学科内全部二级学科的比例确定。按照上述条件和原则，江苏省教育厅共遴选认定了48个一级学科培育建设点。

（二）江苏省重点学科

2016年11月29日，根据《省教育厅省财政厅关于公布“十三五”省重点学科名单的通知》（苏教研〔2016〕9号），江苏省教育厅公布了“十三五”江苏省重点学科立项学科名单，来自南京大学、东南大学等56所高校和江苏省委党校的313个学科入选。

江苏省重点学科作为优势学科的后备力量，旨在引导和支持江苏省内高校主动服务国家重大战略和江苏经济社会发展需求，立足高校自身优势和特色，优化学科结构，凝练学科方向，突出学科建设重点，创新学科组织模式，打造学科高原，形成学科建设梯队，为打造高峰学科做好储备（图5-4）。

图5-4　时任南京农业大学副校长陈发棣（右一）为重点学科授牌

江苏省“十三五”一级学科省重点学科分为一级学科省重点学科、一级学科省重点（培育）学科和一级学科省重点建设学科。其中，一级学科省重点学科的申报学科原则上为具有博士学位授权的一级学科，一级学科省重点（培育）学科的申报学科原则上为具有硕士学位授权的一级学科，一级学科省重点建设学科的申报学科原则上为具有学士学位授权的一级学科。

南京农业大学共有7个学科入选，其中一级学科省重点学科5个，科学技术史学科赫然在列。这是科学技术史学科第三次进入一级学科省重点学科。

（三）江苏高校哲学社会科学重点研究基地

2009 年 10 月，经专家评审，江苏省教育厅务会研究决定，南京农业大学“中国农业历史研究中心”被确定为首批“江苏高校哲学社会科学重点研究基地”（苏教社政〔2009〕22 号），11 月 27 日，江苏省教育厅在南京召开高校哲学社会科学重点研究基地建设工作会议，江苏高校哲学社会科学重点研究基地——南京农业大学“中国农业历史研究中心”被正式授牌成立。基地主任为王思明院长，主任助理为何红中副教授，行政秘书和资料管理员为刘馨秋副教授。

“中国农业历史研究中心”下设江苏农业文化遗产研究室、太湖流域区域发展研究室和苏北农业灾害与环境研究室。

江苏农业文化遗产研究室致力于梳理和掌握江苏重要农业文化遗产的分布、数量、特征、保存现状、环境状况等基本情况，并通过评估这些农业文化遗产的社会、经济、历史价值，全面了解江苏农业文化遗产状况，以便对具有重要价值的农业文化遗产及时认定、公布并实行分类保护，从而为申报未来的国家农业文化遗产乃至全球重要农业文化遗产奠定基础，机构负责人为王思明院长，成员有李明、崔峰、谭放、路璐、陈叶、丁晓蕾等。

太湖流域区域发展研究室致力于深入、系统地研究明清时期该地区农业发展的历史过程、历史成就及其特点，从中总结历史规律，挖掘传统农业精华，从而对区域经济、文化的协调发展和社会进步起到推动作用，机构负责人为惠富平教授，成员有夏如兵、沈志忠、李群、曾京京等。

苏北农业灾害与环境研究室致力于分析造成本时期苏北农业灾害频发的深层原因，还历史以本来面目，从生态环境和社会的视角去分析当时灾害的生发原因和相互间的螺旋互动关系。在此基础上，努力探寻历史时期苏北灾害生发的脉络，找出一些规律性的特征，古为今用，为今天苏北地区的灾害防治与经济发展提供有益借鉴，机构负责人为严火其教授，成员有卢勇、姚兆余、周应堂等。

（四）江苏省非物质文化遗产研究基地

2014 年 6 月 24 日印发《关于命名首批江苏省非物质文化遗产研究基地的

通知》，江苏省文化厅公布了首批入选“江苏省非物质文化遗产研究基地”的单位名单，南京农业大学中华农业文明研究院等14家单位成功入选。11月7日，江苏省文化厅专门举行了座谈会暨基地授牌仪式（图5-5），文化厅副厅长吴晓林、非遗处处长冯锦文等及首批14家研究基地负责人出席了会议。

图5-5　江苏省非物质文化遗产研究基地授牌仪式

江苏省非物质文化遗产研究基地的建立，是为了充分利用高等院校学科和人才密集的优势，为全省非物质文化遗产的保存、传承和传播提供智力支持和专业指导，加强校、地合作，有序开展非物质文化遗产理论研究、保护规划及对策等相关工作。首批研究基地各具特色，有的侧重非遗理论与规划，有的侧重工艺美术，有的侧重音乐表演，有的侧重民间文学，还有的侧重饮食文化。中华农业文明研究院则侧重农业文化遗产的保护，基地主任为王思明院长。

（五）中日农史比较研究中心

2005年8月，中华农业文明研究院成立了中日农史比较研究中心（图5-6）。中国古代传统农业文化对周边地区产生了深远的影响，尤其是近邻日本在历史上曾经积极吸收中国文化，大量引进中国的农业典籍，在我国传统农业文化的影响下，形成了与中华农业文明同质的、以精耕细作为突出特征的日本传统农业文化。因此，对中日两国的农业文化进行比较研究，具有重要的学术价值和现实意义。为了推进中日农业文化交流史和两国农业历史文化的比较研究，特成立中日农史比较研究中心，主任是衣保中教授（南京农业大学兼职教授）和黑泷秀久教授（东京农业大学）。

图 5-6　东京农业大学生物产业学部与研究院签署学术交流协定书

该中心已承担日本住友财团项目“日本与清末中国西方农学引进”等研究课题，并就中国农业文化在日本的传播、中国传统农业文化对日本传统农业的影响、日本在近代中国引进西方农学中的中介作用等方面展开研究。目前，中心已经与日本北海道大学、关西学院大学、大阪经济大学、岛根县立大学以及日本农业历史学会、日本关西农史学会等相关机构的学者建立了交流关系。

（六）中英农业起源与传播联合中心

2012 年 12 月 15—17 日，中华农业文明研究院与雷丁大学农业考古学系（Department of Archaeology of University of Reading，UK）联合主办“农业起源与传播国际学术研讨会”，具体见何红中等会议综述《多维视野下的农业起源与传播研究——农业起源与传播国际学术研讨会综述》(《中国农史》2013 年第 1 期)，更大的价值在于，2013 年 5 月 3 日，周光宏校长一行访问英国雷丁大学，双方就南京农业大学与雷丁大学共建“农业起源与传播联合中心”(Joint Center of Origin and Diffusion of Agriculture，简称 JCODA）签署了合作协议，并就两校农业历史文化博物馆及其他合作事宜交换了意见，开展包括合作科研、互派访问学者等更为广泛的合作。

雷丁大学始建于 1892 年，由牛津大学创办，如今已成为一所集研究和教学于一体的综合大学，其学生来自世界 130 多个国家和地区。学校设有 43 个系，约 58%的科系被列为 5 星或超 5 星，是英国著名红砖大学。

JCODA 为校级国际合作科研机构，依托南京农业大学中华农业文明研究院和英国雷丁大学考古系、英国农村生活博物馆管理，中英双方各设一名主任和常务副主任，中方主任为王思明院长、常务副主任为沈志忠教授，研究人员总数约 30 人，双方就共同感兴趣的课题开展合作研究。中心秘书何红中副教授 2016 年 01 月至 2017 年 01 月赴英国雷丁大学考古系访学一年。

（七）中美中国研究联合中心

2014 年 9 月，王思明院长应邀访问美国普渡大学，并与之商定组建“南京农业大学·普渡大学中国研究联合中心”（NAU-PU Joint Center for China Studies）(图 5-7)，建设一支专兼职结合的研究队伍，就共同感兴趣的课题进行合作研究，每年轮流在南京农业大学和普渡大学举办学术研讨会，并互派教师和研究生，联合发表学术论文等。联合中心实行中美双主任制，各配一名副主任及学术秘书，中方主任为王思明院长，副主任为刘馨秋副教授，中心秘书为李昕升博士。

“普渡大学—南京农业大学中国研究联合中心（PNJCCS）”正式创建于 2015 年 10 月 12 日，旨在为世界各国专家学者搭建一个开放性的学术交流平台，从政治、经济、科技、文化、农业与农村发展等不同视角探讨中国的历史发展。中国研究联合中心的成立与首届学术论坛的举办，是中华农业文明研究院积极响应南京农业大学“1235”战略、推动国际化发展的重要举措，对于促进科学技术史学科的交叉研究与快速提升具有重大意义和影响。

图 5-7 时任南京农业大学副校长徐翔（右一）与普渡大学历史系主任赫特教授（左一）为中心揭牌

首届论坛于 2015 年 10 月 11—14 日在南京农业大学举办，第二届于 2016 年 10 月在普渡大学举办，第三届于 2017 年 10 月在南京农业大学举办，均为中美联合主办。第四届于 2019 年 10 月在普渡大学举办。

（八）中国名村变迁与农民发展协同创新中心

中国名村变迁与农民发展协同创新中心由浙江农林大学发起和牵头，于 2014 年 5 月 18 日成立。成员单位包括浙江农林大学中国农民发展研究中心（王景新教授团队）、农业部农村经济研究中心（宋洪远研究员、陈洁研究员团队）、中国社会科学院当代中国研究所经济史研究室（郑有贵研究员团队）、南京农业大学中华农业文明研究院（王思明教授团队）、西北农林科技大学中国农业历史文化研究中心（樊志民教授团队）、浙江师范大学农村研究中心（车裕斌教授团队）。

中国名村变迁与农民发展协同创新中心的建设任务：一是协同创新基地和团队建设——通过项目合作、联合培养等渠道培养专门人才，使之成为中国农业经济史、农村变迁史和农民发展研究的著名基地和团队；二是“中国名村变迁展示馆（含农民发展数据库）”建设，展示馆和数据库落地浙江农林大学，由名村自愿申请、协同创新中心批准采集入馆。展示和数据收集内容包括：村庄变迁的历史资料、图片音像或部分有代表性实物（或复制件）；村级经济组织或企业集团年报数据，记账农户数据，村民委员会或村集体经济组织所受表彰的奖章和奖品（复制件）；村史村志，人物传记，历史名人文献资料等。

（九）农业部景观设计重点实验室

根据《农业部办公厅关于公布“十三五”农业部重点实验室及科学观测实验站建设名单的通知》，农业部景观设计重点实验室是 2016 年 12 月 29 日经农业部批准建设的专业性/区域性重点实验室，隶属农业部都市农业学科群。实验室依托南京农业大学风景园林学科、观赏园艺学科和农业遗产学科等，现有国家菊花种质资源圃、江苏省花卉种质创新与利用工程技术研究中心、中国地标文化研究中心、江苏省特色田园乡村协同创新研究基地、世界乡村发展研究中心等平台，拥有农业部农业科研杰出人才及其创新团队和江苏省现代农业产业技术创新团队。这是我国景观设计和景观植物学科高级人才培养和承担国家及地方重点重大科研项目的教学、研发与推广中心之一。

实验室主任为南京农业大学陈发棣校长，研究院作为实验室的重要组成部分，是协同创新的重要载体。

（十）教育部基地美洲研究中心

自 20 世纪 90 年代开始，研究院便开始致力于美洲作物传播史的研究，在此后的 20 多年的潜心研究过程中，研究院在美洲作物领域取得了丰硕的研究成果，其中比较有代表性的成果有《美洲作物在中国的传播及其影响研究》《中国南瓜史》等。

2017 年 2 月，教育部办公厅发布《关于做好 2017 年度国别和区域研究有关工作的通知》（教外厅函〔2017〕8 号），文件要求各高等学校要结合自身发展需要，按照本校教育国际化战略规划，整合校内资源，发挥人才优势，设立国别和区域研究中心。

2017 年 3 月，为响应教育部文件的号召，研究院牵头组建美洲农业问题的跨学科研究平台，南京农业大学美洲研究中心正式成立。目前，美洲研究中心拥有正式研究人员 16 人，兼职研究人员 10 人，拥有博士后流动站、博士点、硕士点，其研究范围包括农业历史、农业伦理、农业科技、农业经济、农业法等多学科领域。

2017 年 6 月 13 日，根据《关于公布 2017 年度国别和区域研究中心备案名单的通知》（教外司综〔2017〕1377 号），美洲研究中心成功获得教育部备案，标志着美洲研究工作迈入一个新的阶段，也为美洲研究工作提供了一个新的机遇。从这时起，美洲研究开始从自发性研究向有目的、有计划的研究转变，并直接与国家层面的外交工作实践联系起来。

自成立以来，美洲研究中心积极开展咨政研究工作，完成教育部委托课题两项，分别为“阿根廷贸易政策研究”与“拉美国家高等教育体制和资历框架研究——以阿根廷和厄瓜多尔为中心”，并在此基础上提交咨政类研究专报 4 份，发表论文多篇，如《阿根廷贸易政策的演变历史》《拉丁美洲高等教育发展历程与启示：从冲突依附到独立自主》等。

人才培养方面，美洲研究中心在以往中外农业交流的研究方向基础上，申请开设了“美洲史”课程，该课程是面向全校研究生的选修课程。人才培养是美洲研究中心的重要工作任务之一。未来，围绕美洲问题开展课程体系的建设，将是美洲研究中心建设的重点内容之一。

在对外交流方面，自成立以来，美洲研究中心积极参与相关学术交流并发言。比如，2018 年 11 月 9—11 日，中心主任王思明院长、副主任何红中副教授参会并分别作“美洲起源农作物在中国的引种与长期社会和经济影响”和“早期美洲文明独立还是外来起源？——基于中国和美洲农业诞生与发展的比较研究”的报告。2018 年 11 月 14—16 日，张敏副教授、何红中副教授参加了教育部国际司指导，国别和区域研究工作秘书处、浙江师范大学非洲研究院主办的“教育部国别和区域研究备案中心第四次交流会议暨非洲中心建设专题研讨会”并与各中心进行了交流、互动，扩大了美洲研究中心在国别与区域研究领域的影响。

（十一）江苏省特色田园乡村协同创新研究基地

2017 年 10 月 21 日由江苏省住房和城乡建设厅、新华日报社与南京农业大学联合共建的江苏省特色田园乡村协同创新研究基地在南京农业大学正式揭牌成立。这是江苏第一家依托政府部门、主流媒体和重点高校的优质人才和资源而成立，致力于打造成为系统研究江苏特色田园乡村建设的高端智库型研究平台。

此次揭牌成立的江苏省特色田园乡村协同创新研究基地（图 5-8），将坚持问题导向，增强责任感、使命感、紧迫感，以创新思维和务实举措，加快推进“田园乡村”理论创新、政策创新和实践创新，形成政府、媒体和高校集智、携手探索田园振兴的新路径，助力江苏城乡融合发展和美丽中国建设。

图 5-8　各方领导共同为研究基地揭牌

21 日下午，来自联合国粮农组织、农业部、中国社会科学院、中国农业大学等科研院所等机构的专家学者，呼应乡村振兴战略和城乡融合发展的时代背景，就世界乡村发展趋势、原生态下的乡村发展、特色村镇和乡村历史及文化保护等主题，多角度深入探讨和交流，情真意切为乡村文化和绿色发展建言献策。

（十二）江苏省重点高端智库大运河文化带建设研究院农业文明分院

大运河文化带建设研究院是为了响应江苏省委书记、省大运河文化带建设工作领导小组组长娄勤俭提出的，要以习近平总书记关于大运河文化带建设的重要指示批示精神为指导的重要讲话精神背景下，由江苏省委、省政府专门发文，并依托江苏省社会科学院组建而成。大运河文化带建设研究院是作为智库性质的研究机构来研究大运河文化带历史意义和现实作用等问题，并提出高质量、创新性的对策建议。大运河文化带建设研究院以大运河沿岸城市为依托，已建立了苏州、淮安、徐州、扬州 4 个城市分院，充分利用沿岸城市的高校与研究机构力量来开展大运河相关研究。除此之外，大运河文化带建设研究院还决定成立大运河专题式研究分院，农业文明分院是首家批准成立的分院。农业文明分院依托南京农业大学的学术平台，以大运河农业文明研究为基础，彰显特色，进一步扩大学术影响，推动整个大运河文化带建设的研究，从而办出特色与成效。

2019 年 5 月 26 日，江苏省首家大运河农业文明研究专题分院、南京农业大学大运河文化带建设研究院农业文明分院正式成立（图 5–9）。

图 5–9　江苏省社会科学院夏锦文书记（右一）与南京农业大学陈利根书记（左一）为分院揭牌

（十三）中国草学会农业伦理学研究会

研究院协助任继周院士筹备和建立农业伦理学研究会。2017 年 9 月 22—24 日，中国草学会农业伦理学研究会成立大会暨农业伦理学与农业可持续发展学术研讨会在南京农业大学举行（图 5–10）。该会议由中国草学会主办，南京农业大学中华农业文明研究院、兰州大学草地农业科技学院承办。

9 月 23 日上午，首先召开了中国草学会农业伦理学研究会全国会员代表大会，选举产生了第一届理事会，中国工程院院士、兰州大学草地农业科技学院名誉院长任继周院士当选研究会名誉主任，王思明院长当选研究会主任委员。

图 5–10　中国草学会农业伦理学研究会开幕式揭牌仪式

中国传统村落保护协同创新中心、中国地标文化研究中心详见第六节 动静结合：农史研究致力服务经济、社会和文化发展。

第三节　传承与发展：农史研究的坚守与创新

中华农业文明研究院是一个以研究、传承中国农业历史文化为宗旨的专业学术机构。围绕研究院的特藏资料为中心，学者们开展了大量科学研究工作，20 年来，研究院在赓续传统、继往开来，取得诸多成绩，共发表 500 余篇论文，立项各类项目 200 余项。

一、诸多传统强势领域的坚守

仅 2001 年一年，研究院共承担各类科研项目 10 项，累计科研经费 53 万余元，共主编著作 4 部，参编著作 1 部，在省级以上各类刊物上共发表学术论文 34 篇。主要科研项目有 10 项：

中央级科研院所科技基础性工作专项经费项目：《中国农业典籍的收集、整理与保存》，对古籍书库的藏书条件进行了改造，展开珍稀古籍、方志的数字化工作及文献的整理与保存工作。

农业部“九五”重大项目：《中国农业通史》的编撰，本院承担“魏晋南北朝”和“近代”两卷。

中国古籍整理出版“九五”重点规划：《中国农学遗产选集》编辑整理，该项目有麦、棉、粮食作物、豆类、油料作物、麻类作物、柑橘、常绿果树等八类作物的下编已列入中国古籍整理出版“九五”重点规划。

中国科学院“九五”规划重点项目：“中国古代工程技术史大系·水利工程技术史·灌溉工程技术史卷”。

中国农业科学院科技基金资助项目：“西部农业开发的历史反思”。

南京农业大学研究生重点课程教材建设项目：《中国农业科技史》的编撰出版工作。

中国农业科学院科技基金项目：“司牧安骥集的研究和注释”。该项目顺利完成并由中国农业出版社于 2001 年 8 月出版了专著《司牧安骥集校注》。

中国农业科学院科技基金项目：“中国当代农业科技史研究”“中国农业

历史名产研究”“司牧安骥集的研究和注释”等研究工作。

在中国农业科学院的大力支持下，顺利完成了“中国近代农业改进史”的研究工作，并于2001年11月出版了专著。

在文化部及中国农业科学院的支持下，启动和开展了“中国农业遗产信息数据库”工程及“中华农业文明网”的建设工作。

限于篇幅，我们仅以上述2001年为例，基本上代表了这20年来的新常态，就是始终坚守传统研究领域不放松，传统作物史方向更是大放异彩。

《美洲作物在中国的传播及其影响研究》（中国三峡出版社，2010）是“第一部从整体上专门论述美洲作物的专著，讨论了9种最为重要的美洲农作物的在华传播发展史，堪称集大成者”（《中国社会经济史研究》2016年第1期）。四川大学张箭教授指出该书“深入分析了它们传开普及的各种原因，充分论述了它们带来的积极影响和产生的重大意义，同时也指出了其中一些作物所附带的消极作用，是一本农作物传播史方面的优秀专著”（《中国农史》2013年第2期）。该书出版后引发“美洲作物热”，相关研究如雨后春笋，专著被引率过百，仅《美洲原产作物的引种栽培及其对中国农业生产结构的影响》截至目前下载1 555次、被引73次。其延伸研究《清至民国美洲作物生产指标估计》被《中国人民大学复印报刊资料》全文转载。诚如曾雄生教授所言：“王教授是国内农史研究者中为数不多的具有海归背景的学者，倚重其宽广的国际视野，他领导的团队对外来作物，特别是对花生、辣椒、陆地棉等，在中国的传播及其影响，做了大量富有创造性的研究，并取得‘出人才出成果双丰收’。”（《中国农史》2016年第3期）

此后，何红中的著作《中国古代粟作史》（中国农业科学技术出版社，2015）是“首次全面而系统地总结粟作历史与文化，构建了一部体系完整的中国古代粟作史”（《农业考古》2015年第6期）。李昕升的著作《中国南瓜史》（中国农业科学技术出版社，2017）是“第一部关于蔬菜作物史的专著”（《中国经济史研究》2019年第3期），“开创了美洲作物史的研究范式，堪称一部完整的南瓜生命史”（《农业考古》2017年第4期）。近年研究生们又在西瓜史、辣椒史、花生史等研究方面取得了较高的建树，堪称填补空白的研究。

二、农史文献数字化整理研究

从 2001 年开始，中华农业文明研究院充分发挥其学术积累优势，在农业文献遗产整理与保护、利用方面，先后成功申请多项国家及省部级科研项目。其中包括国家科技部科技基础性工作专项“中国农业典籍的搜集、整理与保存”（2000—2003）、“中国农业科技遗产信息数据库建设”（2003—2006）和科技部社会公益性项目“中国农业科技古籍抢救、保护与利用技术研究”（2006—2010）等。这些项目的实施，极大地改善了研究院文献资料类遗产保护和利用的条件：一是以过去的农业古籍编目成果为蓝本，文献搜集力求完备详尽，摸清中国农业古籍存佚收藏家底，在此基础上编著《中国农业古籍目录》；二是收集 200 余种古农书、部分农业古籍善本、农史文献资料、农史研究论著等作为原始材料，依托中华农业文明网，借助中文信息处理技术手段，率先建成中国农业遗产信息平台，其中包含题录库、全文库和图文库等多种农业遗产信息数据库，实现了农业古籍、相关农史资料和研究论著的网上资料查询检索、分类浏览及 PDF 下载功能，提高了资源共享和公共服务的水平；三是初步开展民国农业文献资料的整理、利用与保护工作，并在农业古籍信息数据库的基础上，开始建设“民国农业科技文献信息数据库”。四是建设 120 平方米恒温恒湿书库，购置封闭式书橱等相关硬件设施，改善农业古籍及农史文献资料的收藏环境。

（一）中国农业历史文献信息数据库系统

为了更有效地保存我国农业历史典籍文献，研究院在国家科技部的大力支持下，与中国国家图书馆图威科技发展中心合作，利用计算机数字图像处理技术，对研究院珍藏的部分农业历史典籍进行数字化存储，建立一个先进的中国农业历史文献信息数据库系统信息系统。

中国农业历史文献信息数据库系统信息系统首期工程包括 9 个数字化光盘、16 种重要历史典籍，大部分是被国务院古籍规划小组列为“善本书”的明清刻本藏书。在类别上，有明崇祯刊本《农政全书》、明刻本《齐民要术》、清刻本《齐民要术》《仿北宋齐民要术》《本草搜根》等农史典籍，有《唐类函》《新刊唐荆川先生稗编》《新镌陈眉公先生十种藏书》《初学记》《唐宋白孔六帖》《古事苑》《事类赋》《修辞指南》《艺文类聚》《月令广义》《花史左编》等文献典籍，还有《方志综合资料》《方志物产》等方志资料。

中国农业历史文献信息数据库系统信息系统可采取单机光盘或硬盘文件形式存储浏览，按书籍名称查询调用。其中农业古籍按书名、版本、成书年代、栏目、文章名或专业术语进行标签检索，方志抄本按省份、志书名、成书年代、栏目、文章名或专业术语进行标签检索。查询结果可按页面下载或打印输出，为研究者查找、搜集资料提供了极大的便利。

（二）中国农业科技遗产信息数据库建设

“中国农业科技遗产信息数据库建设”项目于2002年12月立项，由研究院承担，南京农业大学信息科技学院参与，项目主要研究内容是：①制订中国农业科技遗产信息数据库系统数据处理规范；②编制中国农业科技遗产信息数据库系统应用软件；③建立中国农业科技遗产信息数据库；④规划、设计、开发中华农业文明网站，开发建设基于WEB的中国农业科技遗产信息数据库网上联机服务系统和网络服务用户认证系统（图5-11）。

2006年12月23日，由中华农业文明研究院承担的国家科技基础性工作专项“中国农业科技遗产信息数据库建设”通过了科技部验收（受科技部发展计划司委托，农业部科教司组织有关专家进行了验收），这表明我国在农史文献资料的数字化保存利用和资源共享方面取得了重要进展。据悉，通过项目实施，建成了我国第一个中国农业科技遗产信息平台，填补了目前农史数字资源的空白，数据库容量大，平台界面友好，检索利用方便；运用信息组织技术，以文字、图片及图文对照等多种形式，对我国古农书和农史论文分门别类地开展了数字化整理，对促进相关科研和教学的发展具有重要的意义；推动了农史专门人才的培养，取得了一批相关研究成果，实现了由单纯的项目研究向“项目—基地—人才”相结合的方向转变；使中国农业遗产研究室在中国农业科技遗产的整理、数字化方面在国内外保持领先地位。

图 5-11　中国农业遗产信息平台

（三）《方志物产》数字化

2000 年，王思明院长与张芳教授承担了中央级科研院所科技基础级工作专项“中国农业典籍的搜集、整理与保存”项目，其中一项成果是研制了《地方志资料·江苏卷》全文电子版光盘，收录了《方志物产》中的“江苏方志物产”，可检索扫描图像全文；2005 年，王思明院长与惠富平教授承担了科技部社会公益性项目“中国科技农业遗产数字化保护与利用研究”，该项目采用人工录入的方式初步实现了《方志物产》资料的电子文本文档的生成；2013 年，侯汉清教授带领研究团队从技术层面对数字化古籍整理与开发的各种智能技术进行了研究和探讨，通过对自动编纂、自动注释、自动校勘、自动断句标点、自动分类标引等技术的深入研究，推动了方志整理和研究的自动化和智能化，使得数字化方志物产资料除了实现文本字符的数字化、基于超链接的浏览阅读与检索功能外，还初步具有了研究支持功能。近年来，研究院多位学者，运用信息技术以方志物产内容知识组织与开发利用为主题展开了多项研究。2007 年，衡中青运用基于古汉语语言的模式识别方法，挖掘《方志物产·广东》中的物产异名别称及引书名称，并建立了物产分类体系表。2008 年，白振田等以《方志物产》为语料，设计并构建了一个古籍引书挖掘系统，重点探讨了引书的模式提取、N-gram 分词识别等功能算法。2014 年，胡以涛、宋叶尝试对《方志物产》数字化整理过程进行研究，并通过实践摸索提出了“图文对照+文档附件”的整理模式。自 2011 年始，包平教授团队先后运用命名实体识别技术挖掘物产与地名之间的关系，并借助 GIS 进行物产分布及传播路径的可视化展示；以《方志物产》山西分卷为例，构建了一套符合《方志物产》自身特点的物产分类体系；基于社会网络分析技术视角展示其语料库中物产名与别名之间的网络关系以及构建了基于条件随机场的地名自动识别模型。

为充分发挥该院特藏的史料价值，实现人文社会科学研究范式的全面升级和创新发展，2018 年，南京农业大学成立数字人文研究中心，旨在吸引更多传统人文领域的研究者和精通计算机技术及多媒体技术的专家学者共同协作，将数字仓储、文本挖掘、信息可视化等多种信息技术深入应用于人文领域，提升人文社会科学研究的质量与效率。同年，数字人文研究中心主任包平教授作为首席专家，主持研究院历史上首个国家社会科学基金重大项目“方志物产知识库构建及深度利用研究”（18ZDA327）。该课题主要基于方志物产材料，运用自然语言处理的语言模型、机器学习与深度学习的方法、本体与关联数据技术，构建方志物产素材库并进行多维度、多层次的语义化知识组织，面向特定领域用户的研究需求以及普通公众的科普需求，构建支持数字学术与公众史学的方志物产知识库，从而为相关学科的深入研究以及传统农耕文化知识的传播提供坚实的知识来源与工具支撑。

三、农业文化遗产研究的拓展

全球重要农业文化遗产（Globally Important Agricultural Heritage Systems，简称 GIAHS）项目于 2004 年正式启动，此外，由农业部领导组织的“中国重要农业文化遗产（China—NIAHS）”评选工作也于 2012 年 3 月正式展开。

早在联合国“全球重要农业文化遗产”项目问世前，中华农业文明研究院便已萌生学术思潮，最早可以追溯到 1920 年，前文已有说明，不再赘述。

项目启动后，如《中国的农业遗产研究：进展与变化》(《中国农史》2010 年第 1 期）属业内第一批研究成果，首先对中国农业遗产的概念进行了界定，回顾了中国农业遗产研究兴起的历史背景与各阶段主要特征，在此基础上阐述了近年来中国农业遗产研究在研究重心、研究方法和研究领域等方面的诸多变化。结合江苏实际，《江苏农业文化遗产保护调查与实践探索》(《中国农史》2011 年第 1 期）对江苏农业文化遗产保护实践取得的成果与经验进行了概括。2012 年连出数篇专论对农业文化遗产的学理精髓和研究理路进行了全面考察，代表性如《农业文化遗产：保护什么与怎样保护》(《中国农史》2012 年第 3 期，本文获 2012 年度江苏省社科应用研究精品优秀成果二等奖)、《农业文化遗产保护面临的困境与对策》(《中国农业大学学报（社会科学版)》2012 年第 3 期）等高被引文献。此外，《农业文化遗产保护与区域经济社会发展关系研究——以江苏兴化垛田为例》(《中国人口·资源与环境》2013 年第 12 期）获 2014 年江苏高校第九届哲学社会科学研究优秀成果三等奖。

2010 年 8 月，南京农业大学研究团队和江苏省政协文史委员会对江苏省农业文化遗产保护开展专题调研活动，相关调研报告用于文史委员会起草政协提案，并在 2011 年 2 月 9 日召开的江苏省政协十届四次全会上正式提交，对推动江苏省农业文化遗产保护工作的开展起到了重要作用。

2010 年 10 月 23—24 日，首届中国农业文化遗产保护论坛在南京农业大学召开，与会专家学者围绕论坛主题分别从理论研究、现状研究、比较研究和个案研究等方面作了大会报告，进行了全面而深刻的研讨。本次会议旨在促进社会公众各界更多地关注我国农业文化遗产的保护和科学利用，初步搭建一个当代农业文化遗产理论建设和实践发展的交流平台。

自2011年起，以王思明院长为代表的南京农业大学研究团队开始了创新和重构“广义农业文化遗产”学术话语体系的尝试，力图将GIAHS学术话语和传统的“农业遗产”学术话语相融合。《江苏农业文化遗产调查研究》《农业：文化与遗产保护》等著作出版。《江苏农业文化遗产调查研究》是首次对江苏省境内的重要农业文化遗产进行大规模系统、全面、深入的调查研究，填补了国内此类研究的空白，荣获江苏省社科联2010—2011年度社科应用研究精品工程优秀成果一等奖和2012年江苏省第十二届哲学社会科学优秀成果三等奖（图5-12）。

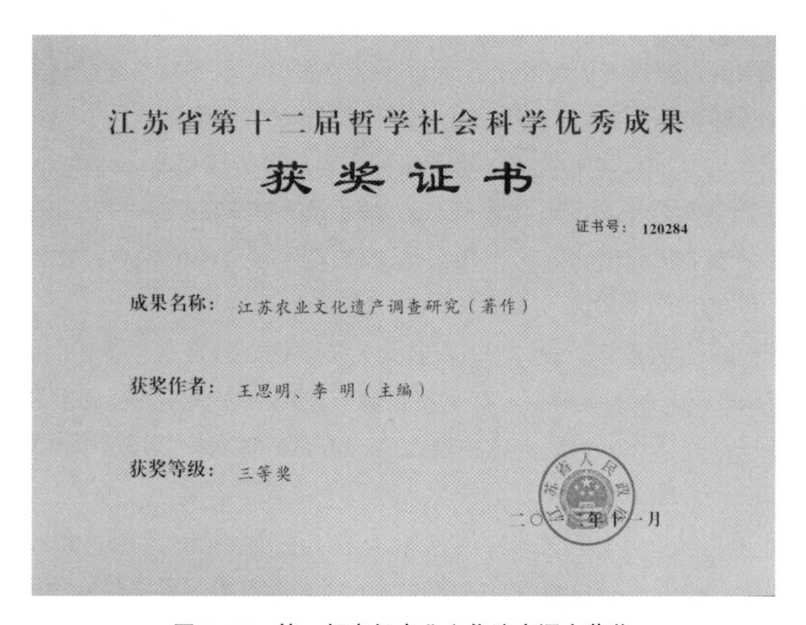
江苏省第十二届哲学社会科学优秀成果

获奖证书

证书号：120284

成果名称：江苏农业文化遗产调查研究（著作）

获奖作者：王思明、李　明（主编）

获奖等级：三等奖

江苏省人民政府

二〇一二年十一月

图5-12　第一部省级农业文化遗产调查获奖

2011年10月23—25日，中国农业历史学会第五届会员代表大会暨第二届中国农业文化遗产保护论坛在南京农业大学学术交流中心隆重召开。本次会议主题包括农业文化遗产保护的理论探索、农业文化遗产分类保护研究、区域农业文化遗产保护研究、农业文化遗产保护的实践探索和个案研究等方面。

2012 年，《中国农史》从第 2 期开始开设“农业文化遗产专栏”。

2013 年，科学技术史学科开始招收农业文化遗产保护方向的研究生。2013 年 9 月，科学技术史专业开设了“农业文化遗产概论”研究生课程。

2014 年 1 月 16 日，王思明院长入选农业部“全球重要农业文化遗产专家委员会”。2014 年 3 月 25 日，王思明院长入选农业部“中国重要农业文化遗产专家委员会”。

2014 年 6 月，江苏省文化厅公布了首批入选“江苏省非物质文化遗产研究基地”的单位名单，中华农业文明研究院以农业文化遗产特色成功入选。

2015 年，《农业文化遗产学》一书出版，首次将广义农业文化遗产的研究提升到学科构建的高度，系第一部农业文化遗产研究的教材，2016 年荣获江苏高校第十届哲学社会科学研究优秀成果三等奖及中国文化管理协会新农村文化建设优秀成果奖。

2015—2016 年，王思明院长等按照“广义农业文化遗产”学术话语体系推出了《中国农业文化遗产》书系（包括《中国农业文化遗产研究》《中国农业文化遗产名录（上下册）》《中国农业文化精粹》，中国农业科学技术出版社），成为首次以“农业文化遗产”为书名入选国家出版基金（2015 年度）的项目，是我国首部“广义农业文化遗产”名录。该书系共三卷四本约 300 万字，其中，第一卷《中国农业文化遗产研究》52 万字，2015 年 12 月出版；第二卷《中国农业文化遗产名录（上下册）》196. 8 万字，2016 年 6 月出版；第三卷《中国农业文化精粹》55. 5 万字，2015 年 12 月出版。《中国农业文化遗产名录（上下册）》荣获 2018 年江苏省第十五届哲学社会科学优秀成果三等奖。书评有《学术话语体系和学术共同体：中国农业文化遗产研究的回顾与展望——兼评〈中国农业文化遗产〉书系》(《中国农史》2016 年第6 期)

2015 年 10 月 13 日，王思明院长在全球重要农业遗产授牌十周年纪念会上被授予“FAO-GEF 全球重要农业文化遗产保护与发展贡献奖”（农业文化遗产科学研究类）（图 5-13），表彰其在联合国粮农组织（FAO）和全球环境基金（GEF）共同实施的 GIAHS（全球重要农业文化遗产）保护与发展过程中在“遗产保护科学研究”方面做出的突出贡献。

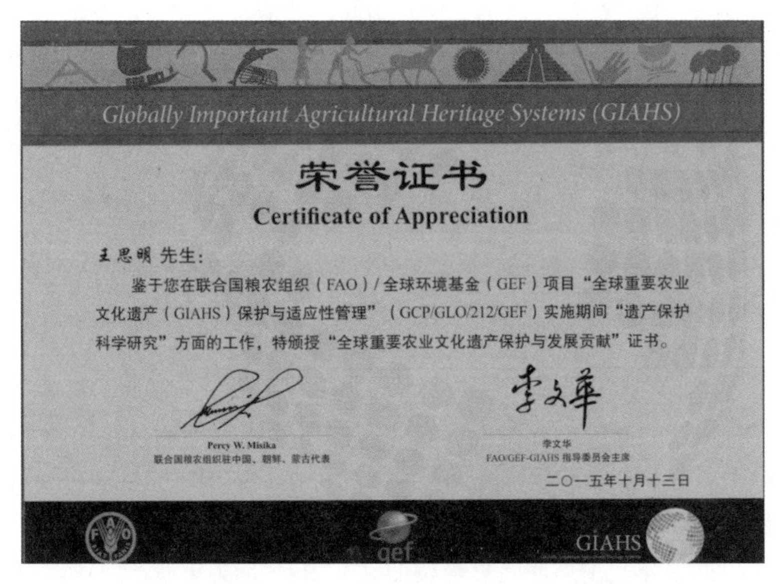

图 5-13　农业文化遗产保护工作获得联合国奖励

2013 年，“农业文化遗产价值评价体系研究”首次以“农业文化遗产学”为主题入选教育部基金项目；2017 年，“农业文化遗产学的学科体系、学术体系、话语体系建设和创新研究”首次以“农业文化遗产学”为主题入选国家社会科学基金项目。

2019 年 12 月 4 日研究院历史上第二个国家社会科学基金重大项目“大运河文化建设研究”立项（首席专家王思明院长）。

四、中华农业文明研究院文库

中华农业文明研究院文库（丛书）由研究院院长王思明教授主编，中国三峡出版社总编辑冯志杰编审策划组织的“《中华农业文明研究院文库》出版工程”启动。

研究院有着整理和编辑学术著作的优良传统。早在金陵大学时期，农业历史研究组就搜集和整理了《先农集成》456 册。1956—1959 年，在万国鼎先生的组织领导下，遗产室派专人分赴全国 40 多个大中城市、100 多个文史单位，收集了 1 500多万字的资料，整理成《中国农史资料续编》157 册，共计 4 000多万字。20 世纪 60 年代初，又组织人力，从全国各有关单位收藏的 8 000多部地方志中摘抄了 3 600多万字的农史资料，分辑成《地方志综合资料》《地方志分类资料》及《地方志物产》共 689 册。在这些宝贵资料的基础上，遗产室陆续出版了《中国农学遗产选集》稻、麦、粮食作物、棉、麻、豆类、油料作物、柑橘等八大专辑，《农业遗产研究集刊》《农史研究集刊》等，撰写了《中国农学史》等重要学术著作，为学术研究工作提供了极大的便利，受到国内外农史学人的广泛赞誉。

为了进一步提高科学研究工作的水平，加强农史专门人才的培养，值 2005 年院庆之际，研究院启动了《中华农业文明研究院文库》（以下简称《文库》）。

《文库》推出的第一本书即《万国鼎文集》（王思明、陈少华主编），以缅怀中国农史事业的主要开拓者和奠基人万国鼎先生的丰功伟绩。《文库》主要以研究院科学研究工作为依托，以学术专著为主，也包括部分经过整理的、有重要参考价值的学术资料。

《文库》启动初期，主要著述将集中在四个方面，形成四个系列，即《中国古代农业史丛书》《中国近现代农业史丛书》《中外农业交流史丛书》和《中国农业生态环境史丛书》。《文库》的出版，必将推动中国农业历史研究向纵深发展，为今天中国农业与农村的健康发展提供历史借鉴。

其中，研究院研究员邹介正先生校注的《司牧安骥集校注》一书，在 2003 年第四届全国优秀古籍整理评选中荣获二等奖。

2007 年 3 月 15 日，香港商务印书馆在中国香港举行新书发布会，《中国历代茶书汇编校注本》（上、下册）正式出版发行，16 日香港《大公报》等众多中英文媒体都对此进行报道，对著作给予了高度评价。该书由我国著名茶叶历史文化专家、中国农业遗产研究室朱自振教授与香港城市大学中国文化中心主任郑培凯先生合作编著，汇集唐代陆羽《茶经》至清代王复礼《茶说》共 114 种茶书，是现存所见茶书总汇中收录最丰富的，较明代喻政《茶书》多出 56 种，较《中国古代茶叶全书》多出 39 种，具有较高的学术价值和史料价值。

2010 年 10 月，在研究院建院九十周年之际，由人文学院王思明院长等策划编导的纪录片《万国鼎与中国农业遗产研究》顺利制作完成，纪录片多角度记述了万国鼎先生与农史学科的建设发展历程。

第四节 人才培养：专门人才与通识教育双管齐下

中华农业文明研究院是一个集科学研究、人才培养和信息收集与服务于一体的开放型的学术机构。科学研究之外，人才培养是研究院重要职能，由于是国内农业史单位中唯一具有独立博士学科点、博士后流动站单位，在农史人才培养方便，确实也必须肩负起领头羊的角色。

人才培养包括专门人才与通识教育培养，专门人才又包括学生与教师特别是青年教师。2000 年之前由于招生名额限制、定位是以科研为主的非教学单位，虽然农史研究大家众多，但培养的学生并不多且主要是传统的师傅带徒弟的方式，可以说目前研究院院友的六成以上均是研究院成立之后的 20 年培养的，教学与科研相辅相成，取得了出人才和出成果双丰收的局面。

2020 年 7 月，南京农业大学经过专家论证和教学指导委员会批准，以科技史学科为基础正式开设文化遗产本科专业，这是中国高校第一个以农业文化遗产专门人才培养为主要目标的本科专业。

一、研究生培养

（一）培养目标

培养具有良好的道德风尚、文史哲素养和科学素养，熟悉科学技术史的相关文献资料，系统掌握科学技术史学科专业理论知识，了解学科研究动态和前沿问题，具备较强创新能力和独立从事相关科学研究及教学工作的能力，能够胜任科学研究、高校教学、行政管理、新闻出版等工作的高级专门人才。

（二）培养方向

农业史研究——科学技术史学位授权点的核心研究方向，也是本学科最具特色的研究领域，主要涉及历史时期农业科技、农业经济和农村社会演变与发展的研究，以及与之相关的农史文献、中外农业交流等研究。

农业生态与灾害史研究——研究历代农业生产活动与生态环境变迁的互动关系以及相关农业灾害问题，重点探讨历史时期长江流域和淮河流域农业开发对生态环境的影响。

农业文化遗产保护研究——主要涉及中国农业技术遗产挖掘整理研究、中国农业文化遗产调查研究、中国传统村落调查研究等。

农史文献整理与研究（本方向是前三个方向的基础和延伸，团队均有涉猎）——主要涉及各种农业典籍、农史资料的辑佚、考订、校释、传注等整理工作以及数字化研究等，并对农史文献的目录、年代、版本、源流、价值等问题进行探讨，为农史及其他研究提供准确、翔实的文献资料。

（三）奖助体系

近五年，学位授权点研究生共获国家奖学金 6 名，博士研究生国家奖学金奖励标准为每生每年 3 万元；硕士研究生国家奖学金奖励标准为每生每年 2 万元。国家助学金，博士研究生资助标准为每生每年 12 000元，直博生享受博士研究生资助，标准为每生每年 12 000元，硕士研究生资助标准为每生每年 6 000元。校长奖学金博士研究生每生奖励 50 000元；硕士研究生每生奖励 30 000元。另有以金善宝、陈裕光等命名的奖学金，每生 3 000元。

学业奖学金已经做到学科点研究生全覆盖，其中，一、二、三等奖学金获奖比例分别为 30%、40%和 30%，奖学金额度博士研究生分别为 18 000元、15 000元和 12 000元，硕士研究生分别为 12 000元、8 000元和 6 000元。另外，授权点研究生还可获得最高每月 3 500元的研究资助。

学校发表论文的科研奖励：论文一类核心 3 000元、二类核心 1 500元、三类核心 800 元。学院设有兆龙新农村建设奖学金，研究生每生 5 000元；鹭溪农业奖学金，研究生每生 1 500元。

（四）核心课程

本学位授权点核心课程：2001 年开设农史研究法、农业经济史专题、农业科技史、中国通史、历史地理学以及农业历史文献研究等硕、博士研究生课程。近年为农业史概论（李群教授）、科技史导论（沈志忠教授）、农业史文献概论（惠富平教授）、生物学史（夏如兵副教授）、农业文化遗产概论（李明副教授、王思明教授）、科技史研究（王思明教授）、农业史研究（王思明教授），精品课程为History of Science and Technology，针对留学生，授课语言为英文。

自编教材《中国农业科技史》《中国农业经济史论纲》为“教育部学位管理与研究生教育司推荐教材”；《农业文化遗产学》系第一部农业文化遗产研究的教材，荣获江苏高校第十届哲学社会科学研究优秀成果三等奖（2016）、中国文化管理协会新农村文化建设优秀成果奖（2016）。

（五）招生就业

本学科点研究生论文在各类论文抽检中全部通过、评审合格，通过率100%，符合培养要求，达到质量标准。

目前就业率为100%。毕业研究生绝大多数（博士生比例100%，硕士生比例50%）进入相关高校、科研院所和文化事业单位从事教学、研究与行政等工作，成为所在单位、学科的学术骨干与中坚力量，得到了所在工作单位的肯定和好评。目前，2010年之前的毕业生的职称已经全部晋升为教授。

2001年招收硕士生4名、博士生4名，近年平均每年招收博士研究生8名、硕士研究生7名左右，2015年以来硕士生招生规模略有提高。

学位论文质量达到国内一流水平，荣获江苏省优秀博士学位论文1项，获校博士学位论文创新工程项目1项。

（六）典型案例

2011级硕士研究生张瑞胜，导师王思明院长，2014年前往美国普渡大学跟随美国农业历史学会原主席R. Douglas Hurt教授攻读博士学位，系21世纪以来本院第一位全职脱产海外博士（历史时期第二位，第一位乃张家炎教授）。

2012年10月28日，2010级博士研究生叶磊和2005级博士研究生严小青参加“江苏省第二届青年文史学者论坛”，其参会论文《日本江户农书〈农业自得〉中的特色稻作技术考察》和《中国古代的蒸馏提香术》分别获优秀论文二等奖和三等奖。

2015 年 8 月，2012 级博士研究生李昕升的论文《明清时期南瓜栽培技术》获首届全国科学技术史博士生论坛三等奖；2014 年 6 月 26 日，李昕升的论文《再谈〈金瓶梅〉〈红楼梦〉之瓜子考》获第九届民间文化青年论坛特别评审奖，等等。

每年均有 2 名研究生获得江苏省研究生创新工程项目资助。2014 级博士研究生刘启振获得南京农业大学人文社科首届博士学位论文创新工程资助。2016 级博士研究生陈明获得 2019 年度南京农业大学校长奖学金（本系首个）。2 名博士研究生（李昕升、李娜）的论文被推荐参评江苏省优秀博士学位论文、1 名硕士（童肖）研究生的论文被推荐参评江苏省优秀硕士学位论文，其中，李娜、童肖的论文分获 2019 年江苏省优秀博士、硕士学位论文。

二、青年教师培养

为了进一步加快年轻学者的成长，健全学术梯队，我室积极创造条件，鼓励年轻学者在职攻读博士学位，并将那些学术基础好、有一定组织能力的年轻学者推向科研领导工作第一线，使他们得到多方的锻炼，更快地成长。2001 年即引进博士后研究人员 2 名，近年每年引进博士后、青年教师已成常态。

（一）国内科学技术史/农业史学科第一位博士后

2003 年 3 月 27 日下午，国内科学技术史学科第一位博士后惠富平副教授顺利出站。学院组织了以南京师范大学博士生导师慈鸿飞教授为主席的评审委员会。评委会对惠富平博士的出站报告《中国古代西部农业开发研究》给予了高度的评价，认为该报告提升西部农业史研究的学术层次，论点鲜明，论证精当，不仅对开拓专门史以及科技史的研究领域有很高的学术价值，而且对当代西部农业的开发具有重要的借鉴意义。评审委员会一致通过该报告，并评定为“优秀”等级。

惠富平同志在站期间，在合作导师王思明教授指导下，开展了“中国古代西部农业开发”的研究。该研究贯通古今西部农业开发的重要问题，建立系统的研究体系。全文内容起于远古，终于明清，共分为 7 个部分，力图反映出历代农业开发的特点和起伏变化。各部分内容大体包括西部农业经营策略、移民屯垦、水利建设、良种引进及推广、作物种植、抗旱耕作、畜牧生产、农业经营、农业区拓展与生态环境变化等几个方面，注意与现实西部农业开发问题相联系。

（二）学术基金与学术奖励

“万国鼎学术基金”和“万国鼎青年学术创新奖”是以万国鼎先生的名字来命名的青年基金，研究院自 2008 年创设该基金和奖项以来，已有四次项目立项与表彰。以万先生的名字命名这个项目名称和奖项是对研究院青年教师的莫大鼓励，全院掀起学术研究热潮，大兴科研创新之风，深入推进学院的科研创新工作，把学院的科研工作做大做强，进一步形成学院科研创新的良好氛围。

2015 年 4 月，卢勇教授入选江苏省“青蓝工程”青年骨干教师；2016 年 10 月，入选江苏省“333 高层次人才”第三层次；2019 年 12 月，入选南京农业大学学术骨干；2014 年 10 月，他的论文《明清时期淮河水患与生态社会关系》获江苏省第十三届哲学社会科学优秀成果三等奖。

2012 年 10 月，路璐教授入选南京农业大学首批“钟山学术新秀”；2012 年 10 月，入选江苏省“青蓝工程”优秀青年骨干教师；2014 年 10 月，入选江苏省首批青年社科英才；2018 年 10 月，入选江苏省“333 高层次人才”第三层次；2019 年 12 月，入选南京农业大学学术骨干；她的论文《去弊与显现：中国新生代导演的底层空间建构》荣获江苏省第十二届哲学社会科学优秀成果二等奖。

2019 年 8 月 5 日，刘馨秋副教授入选江苏社科优青。

2019 年 6 月 9 日，朱锁玲副教授入选南京农业大学“钟山学术新秀”。

三、通识教育

2018 年编撰出版具有广泛影响的本学科专业教材和工具书 1 种——《世界农业文明史》，系本领域第一部通识教材，2019 年出版，学校推荐申报“十三五”江苏省重点教材（图 5-14）。2019 年秋季学期开课。2019 年 6 月，南京农业大学教学指导委员会正式通过通识教育改革方案，“世界农业文明史”“农业伦理学”（图 5-15）等课程被列入全校通识教育核心课程，主要由科学技术史学科专业教师负责讲授。

图 5-14　第一部农业史通识教育教材

（一）教材内容

中国通识教育方兴未艾，通识教材百家争鸣，科学技术史理应扛起通识教育的大旗，《世界农业文明史》正是在这样的背景下应运而生。该书是农史教育在南京农业大学的一次实践，是暗合中国传统文化、培养学生文化自信的尝试。该书纲举目张，共分十章，以全球性为经、以专题化为纬，不仅全面综述了前人的研究成果，更瞄准学科前沿有所建树，同时图文并茂，知识性与趣味性相结合，以研究世界农业文明的特点、传播、演进、动因、影响机制以及与各种社会因素之间的互动关系为旨趣，开该领域教材之先河。

本书除前言外，十章分别为世界农业的起源、古代农业文明的中心、近现农业的发展、主要作物传播的世界性影响、三大饮料作物在世界的传播、世界畜牧业的发展、农田水利与世界农业发展、生态环境变迁与世界农业文明的兴

图 5-15 农业伦理学相关成果

衰、外来作物如何影响中国人的生活、中国传统农业对世界农业文明发展的影响。第一到第三章为纵的历史脉络描述，让读者对世界农业的发展历程有一个概括性的了解。从第四到第八章为横的专题论述，通过不同专题探讨世界农业文明的相互影响及其与经济社会发展的互动关系。鉴于本教材主要用于中国高校，因此研究重心更多关注中华农业文明的历史演进及其影响，因此，第九章专门探讨了外来作物如何影响中国人的生活，分析了国外农业对中国农业文明发展的影响；当然，历史上中国农业也深刻地影响了世界，第十章专门探讨了中国传统农业对世界文明发展的影响。

与以往世界农业史或世界农业科技史专著和教材注重区域国别和历史时序不同，本书注重世界农业文明的特点特征、影响农业文明进程的因素、农业文明的互动关系及其影响，统分结合，将中华农业文明置于世界文明体系之中，既从中国看世界，又从世界看中国，开阔学生视野，帮助学生认识和理解世界农业文明的本质和发展趋势。同时纵横结合，一方面，概要性地梳理世界农业的起源及传统农业、现代农业的历史脉络，另一方面，通过不同专题尝试探讨世界农业文明之间的相互影响及其与经济社会和自然生态之间的互动关系。

（二）教材编写

为确保工作任务的顺利进行，研究院组织了由 8 位农业史专业研究人员参加的《世界农业文明史》教材编写组。由王思明院长负责总体框架设计和督促执行。编写组数次召开专题会议研讨，梳理研究思路，分析章节特点、主要内容、资料来源及研究和撰写过程中应当注意的问题。然后根据各自的学术背景和专长，对各章节研究及撰写任务进行了分工。

教材编写先于课程开设，从 2017 年 4 月开始即着手搜集相关专著、教材及资料，认真整理，6 月形成资料汇编和撰写提纲。之后结合提纲，编撰各自承担章节的教材文稿，于 2017 年年底完成初稿，2018 年年中定稿，历时一年时间。之后结合出版社意见（中国农业出版社）不断完善书稿、出版规范等。2019 年 7 月最终出版。同时根据自己拟就的章节编写提纲和搜集的资料制作授课 PPT 课件，力求言之有据、逻辑严密、图文并茂、生动有趣。2018 年年底 PPT 汇总，美工润色，形成“世界农业文明史”课程专用 PPT。

最初的讲授设想是原则上各专题由专题撰写人主讲，这与学校最初规定的已在部分理工科班级试点的想法是吻合的。书稿完成后，学校打算将之做成一个品牌，扩大授课面，即针对全校学生开设作为必修课，考虑到我单位师资力量不足，改为责任人一以贯之的授课方式，即班级负责制，一个人针对某些班级从学期初讲到学期末。此外，留学生课程也拟引入《世界农业文明史》，考虑到学科壁垒，只有科学技术史能够作为留学生少数必修的公共课之一，我单位针对国际留学生（西亚、非洲居多）的专门课程已有 History of Science and Technology，由于新课程的建设，完全可以替代后者，势必更有助于学校特色的构建与中华文明的发扬。

伴随着课时量激增，我单位一方面加大引进人才，自 2018 年以来，已引进副教授 1 名、讲师 3 名、师资博士后 2 名，是学科梯队良性循环的契机；同时安排在站博士后、高年级博士研究生作为助教，协助专业任课教师；另一方面整合学术资源、凝练方向，适当关闭部分选修学生较少的选修课，减少学术资源的浪费，集中火力瞄准新的培养方案。具体授课时，除了前三章历史主线叙述在先，其他专题不必按照教材先后顺序，可根据授课人的各自情况自行调整。根据教材章节多寡、内容的差异，课时分割并不要求均分，每章 2~4 课时不等。

第五节　动静结合：农史研究致力服务经济、社会和文化发展

中华农业文明研究院在过往注重学术研究的传统上，积极参与江苏省地方农业经济、农业文化、农业历史、文化遗产保护等方面的建设，发挥学术优势积极参政议政。近年来注重理论联系实际，积极投身乡村振兴大局。从专业所长出发，以农业文化遗产为抓手，协助地方政府做好精准扶贫、乡村旅游、特色农产品开发等。

一、《中国传统村落记忆》与中国传统村落保护协同创新中心

2016 年，南京农业大学中华农业文明研究院启动“江苏特色村镇研究”，通过江苏省住房和城乡建设厅村镇处、规划处、江苏省政协文史委员会等部门的支持与配合，结合项目申报单位在农史研究、农业科技遗产数据库建设、数字化信息平台建设方面的优势，对江苏特色村镇的历史发展脉络、与农业生产生活密切相关的文化遗产资源、保护现状与存在问题、保护与利用模式等方面进行资料搜集整理和细致深入调研，在此基础上进行资料数据化处理、构建数据库、建设共享平台，为江苏特色村镇保护工作提供支持，为留存江苏特色村镇资源、传承江苏乡土文化和历史记忆提供途径。

王思明院长担任项目负责人，在历时 2 年多的研究中，完成了江苏特色村镇调研与数据采集、江苏特色村镇保护的理论分析与对策探索、资料数据化处理、数据库建设等内容。发表《分享经济视角下的中国传统村落利用及其保障机制研究》《城镇化进程中传统村落文化的传承与保护——以湖州荻港村为例》《中国传统村落保护的矛盾与模式探析》《加强对特色村镇的保护刻不容缓》《农业特色小镇：如何精准定位与建设》《江苏传统村落农业文化遗产及其保护模式探索》等学术文章。完成著作《江苏特色村镇发展研究》，已于

2018 年由江苏人民出版社出版。该书具有较为突出的学术性、规范性、严谨性、创新性与可读性，社会反响较好。

为积极推进中国传统村落保护研究，确保“中国传统村落记忆”等重大学术工程的进展和质量，中华农业文明研究院已联络国内 8 所高等院校和科研院所共同组建“中国传统村落保护协同创新中心”。以中国传统村落调查研究为己任，以协同创新中心参与高等院校和科研院所为主体，开展全国性传统村落调查与保护研究工作。

2017 年 5 月，以“中国传统村落：记忆、传承与发展”为主题，召开首届“中国传统村落保护论坛（南京）”。此次会议由中国农业历史学会、农业部农村经济研究中心、江苏省政协文史委员会及南京农业大学共同主办；由中国科学技术史学会农学史专业委员会、农业部农村社会事业发展中心、中国文化管理协会新农村文化建设管理委员会、江苏省炎黄文化研究会协办；并由南京农业大学中华农业文明研究院承办。来自中国社会科学院、农业部农村经济研究中心、浙江大学、中国农业大学、西北农林科技大学、江西省社会科学院、日本东京大学、韩国釜山大学、美国佐治亚南方大学及南京农业大学等 60 多家研究机构的 150 余位国内外代表参加了会议，引起了极大的社会反响。会议论文集《中国传统村落：记忆、传承与发展研究》，已于 2017 年由中国农业科学技术出版社出版（图 5-16）。

2018 年，以此为基础的扩展研究项目《中国传统村落记忆》丛书，获国家出版基金规划管理办公室“2018 年度国家出版基金项目”立项。丛书系统梳理传统村落资源，深入挖掘农业遗产价值，抢救留存传统村落记忆，旨在成为中华文脉赓续和文化创新的基础学术工程。目前，江苏卷、安徽卷、浙江卷、湖南卷 4 卷已由中国农业科学技术出版社于 2018 年出版（图 5-17）。

2016 年 9 月，江苏省农史研究会会长王思明教授的撰写的调研报告《关于江苏传统村落保护的对策与建议》获得江苏省委书记李强同志批示，标志着“江苏特色村镇研究”已获得政府及社会各界认可。批示指出，传统村落保护工作意义重大，指示相关部门要明确要求，落实责任，全面推动。调研报告针对当前江苏传统村落面临的空心化、老龄化、建设与开发不当、村民意愿

图 5-16 已出版的图书封面

与村落保护之间矛盾凸显、法律法规不健全等问题和困境，提出将传统村落保护纳入《江苏省历史文化名城名镇保护条例》，明确政府主体责任、纳入政绩考核指标，处理好政府、村民、企业的责任和利益关系，以及创新保护利用模式和方式等对策建议，对长久留存江苏有限且珍贵的传统村落，传承江苏乡土文化和历史记忆，具有重要现实意义。

二、中华地标品牌公益工程与中国地标文化研究中心

2017 年 6 月 17 日，紧紧围绕国家品牌战略，由南京农业大学中华农业文明研究院、中华社会文化发展基金会发起和公益支持的“中华地标品牌公益工程”，以树立中华优秀地标品牌，弘扬中华优秀地标文化，促进地标产业发展为目标。学科点负责人王思明院长担任中华地标品牌公益工程学术委员会主任，邀请中国工程院院士任继周教授、中国工程院院士刘旭研究员、中国工程

图 5-17 《中国传统村落记忆·江苏卷》

院院士盖钧镒教授担任顾问，来自中国科学院、北京大学、清华大学、南京农业大学等多所研究机构和高校的 20 余名专家学者共同组成专家委员会。中华地标品牌公益工程动员有志于地标行业、地标产业、地标文化的有识之士行动起来，形成弘扬中华优秀地标文化、打造中华地标品牌的强大力量。

北京卫视《解码中华地标》采取外景拍摄加专家解读的形式，由中华地标品牌公益工程专家委员会深度参与并提供智力支持。《解码中华地标》在全国范围内寻找和发现具有历史之美，文化之美、人文之美、情感之美、故事之美的“中华地标”以及与“地标”联系在一起的人的生活、命运故事，把充满民族情怀的“中华地标文化”通过百姓生活展现出来。节目输出的不仅是“地标故事”，也是中华民族的文化符号。于 2017 年 11 月 26 日第 1 期播出，至今已经播放 40 余期。《解码中华地标》与《国家宝藏》《朗读者》等被列为“适合全家看的电视综艺节目”（8 个）之一，并受到国家相关部门全媒体舆情监测口头表扬。

为进一步弘扬中华地标文化，树立中华地标品牌，促进地标产业发展，2017 年 8 月经南京农业大学批准成立中国地标文化研究中心，实行主任负责制，采取主任领导下的项目合作制，充分利用校内外和国内外学术和社会资源，以科研项目为纽带，集全国农业史、科学技术史、农业经济管理之力量，开展广泛的科学研究、人才培养、信息收集与传播工作，为中国地标产业发展做出贡献。目前，中国地标文化研究中心制定了《中华地标品牌管理办法》《中华地标品牌申报流程》《中华地标品牌公共标识使用规范》《中华地标品牌专家评审表》等一系列规范标准文件。

此外，中国地标文化研究中心完成著作《中国农业地标文化集萃》，总字数达 100 万字，以农业部审批通过的逾 1 700件农产品地理标志为基础，兼顾区域平衡、社会影响力、文化代表性等因素，精心筛选出 18 类、300 多件农业地标产品，深入剖析农产品地理标志的产品概况与历史文化，即将出版。中国地标文化研究中心完成编写《中国地理标志品牌发展报告（2018）》（蓝皮书），以国家质检总局、工商总局、农业农村部行政审批的近万个地标产品、地标品牌为基础，紧紧围绕国家品牌战略，梳理地标品牌资源，彰显地标优势特色，促进中国地标品牌发展，该书是国内首个地标品牌的年度发展报告，突出学术性、规范性、严谨性、创新性与可读性。之后又编写了《中国地理标志品牌发展报告（2019）》，由社会科学文献出版社出版。

2018 年 8 月 26 日，中加地理标志发展协会成立，王思明院长担任国际文化节学术委员会主任（图 5-18），并为温哥华唐人街成为首个海外“中华地标”做指导。中加地理标志发展协会筹备期间，已经成功把郫县豆瓣、兰州拉面、龙口粉丝、丹东螃蟹、盱眙龙虾、北京烤鸭、南京盐水鸭、南翔包子、老山石斛、段园阳光玫瑰葡萄等众多地理标志产品推介到加拿大。协会也为中加两国在地理标志产业科技、文化、贸易、旅游等方面提供了务实有效的合作平台，紧紧围绕两国之间的地理标志产业整体发展，加强与世界知识产权组织、联合国粮农组织、联合国教科文组织及其他国家和地区同类组织的交流合作，讲好中华地标品牌故事，提高中华地标品牌的国际影响力，促进中加地理标志产业全面发展。

图 5-18　王思明院长（右三）担任中加地理标志发展协会国际学术委员会主任

三、江苏省特色田园乡村协同创新研究基地

2017 年 10 月 21 日由江苏省住房和城乡建设厅、新华日报社与南京农业大学，联合共建“江苏省特色田园乡村协同创新研究基地”，在南京农业大学正式揭牌成立，王思明院长担任该研究基地负责人。这是江苏省第一家依托政府部门、主流媒体和重点高校的优质人才和资源而成立，致力于打造江苏特色田园乡村建设的高端智库型研究平台。

该协同创新研究基地自成立以来，有效地沟通了政府、学界、媒体、企业，将推进乡村振兴落到实处。如 2017 年 10 月 23 日，该研究基地组织来南京农业大学参加“丝绸之路与中外农业交流学术研讨会”的 40 余位中外专家学者代表齐聚南京江宁区，对观音殿特色田园乡村、“乡伴苏家”乡村生活示范区、黄龙岘茶文化旅游村进行了参观、调研，积极建言献策。2018 年 4 月

11 日，江苏省首届乡村振兴国际研讨会在溧阳召开，江苏省住房和城乡建设厅、江苏省农业委员会、南京农业大学、新华日报社、溧阳市人民政府共同主办，中华农业文明研究院承办，该会议以“新时代新田园新乡村”为主题，旨在汇聚最强大脑，全面贯彻推进乡村振兴战略，来自德国、日本及中国众多知名专家学者齐聚溧阳，分享精彩的观点和案例实践，共同观察乡村多姿多彩的新变化，思考乡村振兴的有效路径，解剖乡村振兴的鲜活实践。王思明院长做相关主题发言，路璐教授主持圆桌对话环节。

2018 年 10 月 14 日，中华农业文明研究院与新华传媒智库、兴化市政府在兴化举办的“江苏乡村振兴圆桌峰会”，王思明院长做主题发言，提出“万科利用周边垛田花海生态资源，通过专业化建设和优质客户资源导入，实现村与村、城与乡资源互补、优势互动，从而打破美丽乡村‘潮汐现象’瓶颈，打通绿水青山和金山银山间的通道。”2018 年 11 月 11 日，“2018·新时代乡村振兴与城乡融合发展研讨会暨交汇点乡村振兴频道上线仪式”在南京举行，中华农业文明研究院作为重要组织者之一，邀请来自中国农业大学、农业农村部的相关专家一同研讨乡村振兴战略如何高质量发展，如何让乡村与城市更好地融合，如何在实践中解决农业农村发展的不充分不平衡问题，王思明院长进行重要主题发言。

乡村振兴，正处在历史和未来的交汇点上。江苏在全国率先提出田园乡村建设，是江苏省委省政府立足本省实际、着眼乡村振兴做出的一项战略决策。2017 年江苏省委省政府印发特色田园乡村建设计划明确，“十三五”期间，省级规划建设和重点培育 100 个特色田园乡村试点。响应乡村振兴战略，建设特色田园乡村是一项开创性事业，离不开全社会的集思广益、兼容并蓄。因此，江苏省住房和城乡建设厅、新华日报社与南京农业大学携手共建特色田园乡村研究平台，正是三方契合国家战略和社会、时代需求，深度融入特色田园乡村建设基础理论与实践研究的创新之举，其立足南京农业大学特色、推进乡村振兴的社会影响不断发酵，业已成为江苏省乡村振兴的重要研究基地。

四、大运河文化带建设研究院农业文明分院

2019 年 5 月 26 日上午，大运河文化带建设研究院与南京农业大学联合举行“大运河文化带建设研究院农业文明分院揭牌仪式暨国际学术研讨会”。江苏省社会科学院党委书记、院长、大运河文化带建设研究院院长夏锦文出席会议并讲话。南京农业大学党委书记、农业文明分院院长陈利根出席并致辞。南京农业大学党委副书记盛邦跃，江苏省政府研究室副主任沈和，淮安师范学院校长、大运河文化带建设研究院淮安分院院长焦富民，大运河文化带建设研究院副院长王健以及大运河院各分院代表、相关专家、媒体记者出席会议。成立大会由南京农业大学党委副书记盛邦跃主持。

会上，夏锦文、陈利根共同为“大运河文化带建设研究院农业文明分院”揭牌。王健宣读《关于设立大运河文化带建设研究院农业文明分院的决定》。

大运河是中华文明的重要标识，推进大运河文化带建设，是以习近平同志为核心的党中央从全局和战略高度做出的重大决策部署。江苏省委省政府高度重视大运河文化带建设，成立了江苏省大运河文化带建设领导工作小组，并由江苏省社会科学院牵头成立大运河文化带建设研究院。在充分考虑南京农业大学对运河农业文明研究的深厚积累的基础上，大运河文化带建设研究院决定与南京农业大学共建农业文明分院。作为大运河文化带建设研究院的第一所“专题式”分院，希望农业文明分院继往开来，勇攀高峰，争创一流，不断为大运河文化带建设研究添砖加瓦，积极贡献高质量、高水准的决策建议。一要坚持守正创新，勇立时代潮头。要立足历史视野、全球视野，不断挖掘大运河农业文明的精神实质。要注重大运河农业文化的创造性转化和创新性发展，积极主动地用创新性研究成果回应时代需求，弘扬时代精神，展现时代风采，为推动新时代高质量发展凝聚强大精神动力。二要加强专业合作，提升研究水准。要强化系统性思维，在智库建设中不断整合农史、文化、生态、经济、旅游、餐饮、法学等多个领域的研究力量，加快建设多学科“联动互补”的高水平研究团队，推出标志性的研究成果，打造特色鲜明的智库品牌。三要把握发展机遇，对标高端智库。要深刻认识大运河智库发展的重大机遇和使命责

任，主动作为，加快创新发展。树立建设一流智库的战略目标，充分借鉴国内外高端智库的先进经验，努力建设运作规范、服务优良、成果突出、影响广泛的高水平新型智库。

农业文明分院将汇集学界力量，深入挖掘大运河文化带内涵，为高质量建设大运河文化带提供思想支撑、智力支撑、理论支撑，切实把大运河文化带江苏段打造成为先导段、示范段、样板段，一方面，通过构建“小核心、大外围，小机构、大网络”的研究团队，聚天下英才共研共创，着力打造服务学界政界、省内省外、国内国外的新型智库；另一方面，规范农业文明分院运作机制，推动各项目标任务落实见效，健全工作推进机制，通过科学有效的激励评价调动智库资源，完善成果转化机制。

五、中华农业文明网

中国自古以农立国，源远流长的农业文明是中华传统文化的重要组成部分。进入 21 世纪，在经济全球化、信息网络化的新的历史条件下，如何进一步弘扬我国优秀的传统文化，使之在经济建设、社会发展、国际交流及精神文明建设中发挥更大的作用，是摆在从事农业文明研究的科技工作者面前的一项十分重要的工作。

为顺应信息科技和互联网飞速发展的形势，消除信息流动在时间和空间方面存在的障碍，为中华传统农业文明的传播、研究与利用开辟更为广阔的前景，中华农业文明研究院全体成员经过半年多的努力，终于创办、开通了“中华农业文明网”（http：//www. icac. edu. cn）（图 5-19）。

中华农业文明网是一个以农业历史和文化为主题、学术性与普及性兼顾的专题文化网。在栏目设置上，以农业科技史、农业经济史、农村社会史、农史文献、区域农业史、世界农业史、农业文化、中外农业交流、农业现代化等学术性专栏为经，以本院概况、学术队伍、科学研究、人才培养、学术交流、信息中心等介绍性栏目为纬，同时设有介绍农业历史知识的园地、反映农史研究最新动态的窗口。融学术研究与信息动态为一体，兼备知识性、趣味性，是中华农业文明网的特色。

图 5-19　中华农业文明网主页

2001 年 10 月，中华农业文明网开始整体设计，第一批上网内容的栏目及主持人分别为：农业科技史——李群、农业经济史——周中建，农业文化——曾京京，中外农业交流——沈志忠，西部农业开发研究——惠富平，主页及其他栏目——杨坚，随着网站的发展，现主要运营由宋叶负责，栏目也进行了重新整合与细化。

经南京农业大学校园网站建设与管理工作小组组织评议和学校审定，研究院中华农业文明网荣获“南京农业大学校园优秀网站”、何红中同志荣获“南京农业大学校园网站管理先进个人”。据悉，此次获得表彰的共有 14 个单位门户网站、4 个专题网站和 20 名先进个人。

六、《中国农史》杂志再出发

为进一步办好《中国农史》，提高刊物质量，扩大社会效益，同时也为适应本单位科研、教学工作的需要，2000 年《中国农史》改进和加强了编委会，补充了编辑部力量，主编为叶依能教授、副主编为王思明院长。2004 年编委会再次改组，主编为王思明院长、副主编为沈志忠教授。2020 年，副主编为卢勇教授。

《中国农史》（图 5-20）目前由南京农业大学中华农业文明研究院与中国农业博物馆联合主办，编委会主任刘新录，副主任王思明，编委（按姓氏笔画为序）：王利华、王建革、王思明、邓志喜、朱宏斌、刘新录、衣保中、张波、张建民、李成贵、李伯重、沈志忠、范金民、郑有贵、胡泽学、姚兆余、倪根金、徐旺生、曹幸穗、萧正洪、惠富平、曾雄生、游修龄、樊志民、（美）R. Douglas Hurt、（美）Peter A. Coclanis、（韩）崔德卿、（日）松本武祝。

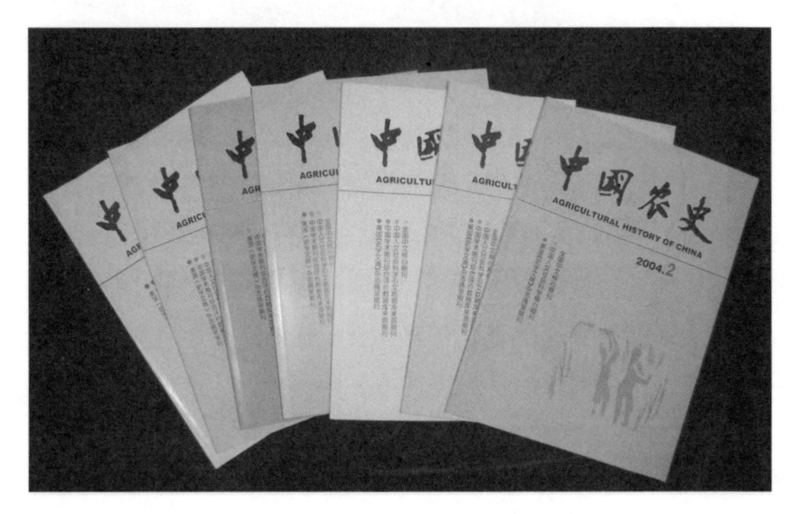

图 5-20　《中国农史》

2004 年 5 月，江苏省新闻出版局、江苏省科学技术厅组织开展了第五届江苏省期刊质量评估分级和组建第二届江苏期刊方阵活动，经过质量评估分级，《中国农史》被评定为“江苏省一级期刊”，同时《中国农史》入选“第二届江苏期刊方阵”并被评为“优秀期刊”。《中国农史》获得“第四届全国农业优秀期刊奖”，沈志忠副主编获得“全国优秀农业期刊工作者”荣誉称号。

2007 年江苏省新闻出版局进行了“第六届江苏省期刊质量评估及优秀期刊评选”，2008 年 3 月江苏省新闻出版局召开了全省新闻出版（版权）工作会议，对荣获我省第六届期刊质量评估分级的优秀期刊进行表彰。《中国农史》荣获“第六届江苏省优秀期刊”。2009年1月，沈志忠副主编获评江苏省优秀编辑。

作为农史方向权威期刊，《中国农史》一直以来均是全国中文核心、中国人文社会科学核心期刊和中文社会科学引文索引（CSSCI）来源期刊。《中国农史》自2002年第3期起改为大16开版，2012年1月改季刊为双月刊。从2012年第2期开始开设“农业文化遗产”专栏，目前常设栏目为农业科技史、农业经济史、农村社会史、农业文化遗产，不定期登载书评、综述。《中国农史》从2018年第4期开始不定期开设“生态环境史”专栏，与时俱进，得到学界的一致好评，文章关注度、被引率在史学期刊中均名列前茅，是新华文摘、人大复印资料（每期均有）重要转载源。刊登文章被美国《史学文摘》《美国历史与生活》和《中国地理科学文摘》等列为摘录对象，刊物发行到美、英、荷、日等30多个国家和地区。因此，《中国农史》不仅在国内农史界、经济史界享有较高的声誉，在国际上也产生了较为广泛的影响。据了解，不少高校将《中国农史》定为学校核心目录中的顶尖期刊。

《中国农史》网络电子管理系统及微信公众号“中国农史”于2018年8月正式上线，官方网址为http：//zgns. paperonce. org/，也可从“中华农业文明网”链接进入。办公邮箱（非投稿）为zgns@njau. edu. cn。办公电话025-84396605。

此外，初创于2016年6月的微信平台公众号“农史研究资讯”（nsy jzx），也是《中国农史》的支撑平台之一，由南京农业大学中华农业文明研究院李昕升、吴昊，中国科学院自然科学史研究所杜新豪，南开大学历史学院方万鹏，云南大学历史与档案学院耿金，绵阳师范学院陈桂权，北京科技大学科技史与文化遗产研究院宋元明七位年青学者担任责任编辑。致力于农史研究讯息的传播，包括农史论文赏析、研究前沿传递、读史札记、农史通信、农史访谈、新书推介、会议通知等板块，是与时俱进的农史研究不可或缺的重要平台。

七、其　他

2019 年 9 月，研究院参与承办的“中国重要农业文化遗产主题展全国巡展”（首展江苏站）开幕式在南京农业大学体育中心隆重开幕。

国务院学位委员会第三十一次会议审议通过了第七届国务院学位委员会学科评议组成员名单，王思明院长当选为科学技术史学科评议组成员。国务院学位委员会学科评议组是国务院学位委员会领导下的专家组织，其成员为本学科学术造诣深厚的教授或相当专业技术职务的专家、学者组成，从事学位与研究生教育的指导、审核、监督、研究和咨询等工作。

2019 年 5 月 25 日，国际科学史研究院（International Academy of the History of Science）在法国巴黎召开理事会议，确认了 2018 年院士增选结果，宣布了新当选院士（21 名）和通讯院士（44 名）名单。研究院院长王思明教授当选国际科学史研究院通讯院士。国际科学史研究院是国际科学技术史界最高学术荣誉机构，由院士和通讯院士组成，成员为终身荣誉称号。该院成立于 1928 年，主要发起者是意大利梅力（A. Mieli）教授和美国哈佛大学萨顿（G. Sarton）教授，总部设在巴黎。该院院士每三年增选一次，由两名以上不同国籍院士提名，由全体院士无记名投票并经理事会全体会议通过。中国科学院原副院长竺可桢（1961 年）、中医学史学科创始人王吉民（1966 年）、中国科学院院士席泽宗（1993 年）、国际科学史学会原主席刘钝（2002 年）都是该院院士。

王思明院长被聘为农业部农村社会事业专家咨询委员会委员（2019 年 8 月），并入选江苏省政协“最美政协委员——70 年 70 人”（2019 年 9 月）。

包平教授致力于图书馆服务研究，其成果《ClimateQUALTM 图书馆服务质量评价新体系》获江苏省高校第八届哲学社会科学研究优秀成果论文类二等奖（2012 年，排名第一），《江苏省高等学校数字图书馆工程建设与实践》获江苏省教学成果奖高等教育类一等奖（2013 年，排名第一）。包平教授、沈志忠教授、夏如兵副教授参编《南京农业大学·历史卷》《南京农业大学·人物卷》获 2014 年南京农业大学校园文化建设优秀成果特别奖。

2014—2017 年，惠富平教授赴江苏华西村、山东威海西霞口村等多个培训基地，以“农耕文化传承与农民精神培育”为主题，为农业部农村实用人才培训班及大学生村官授课 20 余场次；多次参与江苏开放大学等单位的农业史、科技史视频节目录制。2017 年清明节期间，惠富平教授应邀走进江苏教育电视台“科学会客厅”，以对话形式讲述清明节的由来及其文化意义，内容主要包括清明节的含义、形成过程及主要活动，清明节、端午节、中秋节和春节的关系，清明节习俗的地域差异，二十四节气申遗成功的现实意义等，使观众朋友对清明这一重要传统节日及与之相关的二十四节气有了进一步了解。

沈志忠教授等撰写的《改变世界的科学丛书——农学的足迹》获第四届中国科普作家协会优秀科普作品奖（图书类）金奖。

卢勇教授所写《引进与重构：日本全球农业文化遗产“朱鹮—稻田系统”对江苏的启示》入选《江苏农村发展决策要参》2016 年第 1 期。卢勇教授撰写决策要参《以农业文化遗产为抓手，践行和推进乡村振兴》入选《江苏省人民政府研究室成果要报》2018 年第 22 期。卢勇教授牵头组织申报江苏兴化“兴化垛田传统农业系统”成功入选中国重要农业文化遗产，2014 年入选联合国粮农组织全球重要农业文化遗产，2017 年以农业文化遗产兴化垛田推动的江苏兴化市休闲农业消费指数居全国第一，成功入围“全国休闲农业和乡村旅游综合发展实力十强县（市）”。2016 年，卢教授牵头组织申报江苏高邮“高邮湖泊湿地农业系统”成功入选中国重要农业文化遗产。他还带领项目组调研传统农业文化遗产保存好的区域积极组织申报，于 2014 年、2018 年成功帮助广西龙胜龙脊梯田成功申报中国重要农业文化遗产和全球重要农业文化遗产。

朱冠楠副教授于 2017 年 9—12 月、2018 年 7—10 月两次被借调到农业农村部，负责重要科研任务。主要有：第一，参加 2017 年筹建设立“国家丰收节”提案的撰写，主要负责史料的搜集、考证与整理；参与农业农村部筹备策划 2018 年中国农民丰收节活动的全过程，主要负责 2018 年中国农民丰收节筹备组会议纪要，撰写《2018 年中国农民丰收节大事记》；主持编纂《2018 年中国农民丰收节资料汇编》等。第二，参编、参审农业农村部 2017 年《中国（庆阳）农耕文化节报告会论文集》；撰写《传承农耕文化，发展现代农业》研究报告；参加组织筹备2017年“中国农村创业创新论坛”等。

第六节　文明因交流而发展：农史学术交流与合作

中华农业文明研究院学术交流乃一大特色，平均每年交流百余人次，出访海外亦占有相当的比例。平均每年主办大型学术会议1~2次，每年接待国内外学者100余人次来学科点参观访问，每年派出研究人员参加国内外学术会议约50人次，一半以上的研究生参加过学术交流。

一、万国鼎学术讲座与万国鼎青年论坛

研究院自2002年始，不定期地举办“万国鼎学术讲座”，邀请国内和海外著名的专家学者来院做学术报告。为纪念万国鼎先生对农史研究的卓越贡献，推动农史研究的深入开展，增进学术爱好者和社会人士对农史研究的了解，开始举办“万国鼎学术讲座”，至今已经举办了百余场。

美国农业历史学会主席、北卡罗来纳大学全球研究院主任考克莱尼斯教授（Peter A Coclanis），美国普渡大学历史系主任赫特（R. Douglas Hurt）教授，堪萨斯大学美国历史赫尔杰出教授、美国人文与科学学院院士沃斯特（Donald Worster）教授，德意志博物馆研究部主任、慕尼黑大学历史系崔希勒（Helmuth Trischler）教授，美国威斯康星大学经济系赵冈教授，俄勒冈大学地理系约翰内森（Carl L. Johannessen）教授，美国密苏里大学经济系教授、日本一桥大学客座研究员马德斌教授，日本北海道大学经济学部牛山敬二教授，日本东京农业大学黑泷秀久教授，日本东京大学农学院松本武祝教授，日本九州大学元兼正浩教授，日本东京农业大学田中俊次教授，英国剑桥大学李约瑟研究所所长古克礼（Christopher Cullen）教授，剑桥大学东亚系研究员Sally K Church教授，英国爱丁堡大学白馥兰教授，韩国农史学会主席、国立庆北大学农学院李镐澈教授，韩国釜山大学历史系主任崔德卿教授，阿根廷奥斯达拉尔大学农业经济学院Ana Eugenia、Roberto Juan、Mac Clay三位教授、拉丁美洲一体化联邦大学

费尔南多·罗梅洛·维莫尔教授，墨西哥国立自治大学中国—墨西哥研究中心主任恩里克（Enrique Dussel Peters）教授等国际知名教授都曾莅临讲座。

2019 年 3 月 9 日由李昕升副教授召集，举办了第一届万国鼎青年工作坊学术沙龙“历史上的农业、食物与环境”。万国鼎青年工作坊遵循“不年轻的不邀请、不优秀的不邀请、不与农业相关的不邀请”的“三不”原则，旨在为青年学者搭建一个学术探讨的平台。以往的农业研究重视农业技术，然而农业是食物的载体、食物是农业的结果，两者都与环境有关，因此对农业、食物与环境三者关系的研究是十分有必要的。除了研究院青年教师外，来自南京理工大学、南京师范大学、南京信息工程大学、南京工业大学等学校的学者参加了沙龙。2019 年 12 月 1 日召开了第二届万国鼎青年工作坊中国史青年学术沙龙“农业、技术与环境”，来自中国科学院自然科学史研究所、南开大学历史学院、中山大学历史学系、扬州大学社会发展学院、云南大学历史与档案学院等单位优秀青年学者发表了主旨演讲。该论坛已经形成品牌，在农史研究的青年学者中产生了较大的影响。

二、牛山敬二文库

中日农史比较研究中心已经与日本北海道大学、关西学院大学、大阪经济大学、岛根县立大学以及日本农业历史学会、日本关西农史学会等机构的学者建立了交流关系。尤其是原北海道大学教授、日本著名农业经济、农业史学者牛山敬二先生把平生积累的 5 000余册日文图书资料无偿捐献给研究院的中国农业遗产信息资源中心。这部分图书主要内容涉及日本农业、日本经济以及日本历史文化等方面，为中心今后开展日本农业历史文化研究和人才培养提供了丰富的原版参考文献。研究院将以这部分图书为主体，把南京农业大学图书馆和中国农业遗产信息资源中心原有的日文文献集中起来，2005 年 10 月建立专门的日文农史资料库——牛山敬二文库。

三、访学与域外出版

芝加哥大学历史系博士候选人邵学儒（Spencer Stewart）于 2018 年 10 月

至2019年4月来研究院访问交流，是第二位海外访问学者，第一位是韩国庆北大学朴根必博士。塔里木大学李鑫鑫老师曾于2016年10—12月来院访问。

相较之下，本单位师生访学数量、频率更甚之。

1999年9月至2000年10月，王思明院长赴美国加州大学戴维斯分校农史研究中心访学。

2010年10月至2010年12月，夏如兵副教授赴英国剑桥大学李约瑟研究所访学。

2010年11月至2011年11月，李琦（在读博士生）赴英国剑桥大学李约瑟研究所访学。

2012年9月至2013年9月，胡文亮（在读博士生）赴英国剑桥大学李约瑟研究所访学。

2014年1月至2015年2月，路璐教授赴美国普渡大学历史系访学。

2014年9月至2015年9月，芮琦家（在读博士生）赴日本东京大学访学。

2015年3月至2016年3月，朱锁玲副教授赴美国伊利诺伊大学厄巴纳—香槟分校访学。

2016年5月至2016年7月，李昕升讲师赴台湾政治大学访学。

2015年10月至2016年4月，卢勇教授赴英国剑桥大学李约瑟研究所访学。

2016年1月至2017年1月，何红中副教授赴英国雷丁大学考古系访学。

2016年9月至2017年1月，王思明院长赴美国普渡大学历史系访学。

2016年10月至2017年10月，石慧（在读博士生）赴美国普渡大学历史系访学。

2017年9月至2018年2月，丁晓蕾教授赴美国密歇根大学访学。

2017年9月至2018年9月，周杰灵（在读博士生）赴美国普渡大学历史系访学。

2018年9月至2018年12月，卢勇教授赴加拿大阿尔伯塔大学访学。

2018年10月至2019年2月，陈明（在读博士生）赴美国普渡大学历史系访学。

2018 年 10 月至 2019 年 10 月，郭欣（在读博士生）赴荷兰乌得勒支大学访学。

2019 年 1 月至 2020 年 4 月，黄颖（在读博士生）赴美国密歇根州立大学访学。

《中国农业经济史论纲》由日本东海大学文学部东洋史研究室渡部武教授译成日文在日本出版。

《补农书》由日本上智大学文学部大泽正沼教授译成日文在日本出版。

四、主办学术会议（表 5-1）

表 5-1 主办学术会议情况

时间	会议名称	地点
2019 年 11 月	信息时代下的农林文明研究	南京林业大学
2019 年 5 月	中国与美洲的互动：历史、现状与展望	钟山宾馆
2018 年 6 月	“中日农史比较研究中心”建设与发展研讨会	南京农业大学
2017 年 12 月	2017 中华地标品牌发展论坛	北京会议中心
2017 年 10	丝绸之路与中外农业交流学术研讨会暨第三届 PNJCCS 论坛	南京农业大学
2017 年 9 月	中国草学会农业伦理学研究会成立大会暨农业伦理学与农业可持续发展学术研讨会	南京农业大学
2017 年 5 月	首届中国传统村落保护论坛	南京农业大学
2016 年 10 月	第二届“普渡大学—南京农业大学中国研究联合中心”学术论坛	美国普渡大学
2015 年 10 月	首届“普渡大学—南京农业大学中国研究联合中心”（Purdue University-Nanjing Agricultural University Joint Center for China Studies，简称 PNJCCS）学术论坛	南京农业大学
2015 年 5 月	第 13 届东亚农业史国际学术研讨会暨第 3 届中华农耕文化研讨会	南京农业大学
2014 年 11 月	江苏省农史研究会第 3 届代表大会暨学术研讨会	南京农业大学
2014 年 10 月	中国农业历史学会第 9 次学术研讨会	南京农业大学
2013 年 11 月	“明清以来的农业农村农民”国际学术研讨会	江西南昌
2012 年 12 月	农业起源与传播国际学术研讨会	南京农业大学

（续表）

时间	会议名称	地点
2012 年 10 月	农史学科发展论坛	南京农业大学
2011 年 10 月	中国农史学会第五届会员代表大会暨第二届中国农业文化遗产保护论坛	南京农业大学
2010 年 10 月	首届中国农业文化遗产保护论坛	南京农业大学
2009 年 10 月	首届中国技术史论坛	南京农业大学
2008 年 10 月	江苏省农史研究会第 2 届代表大会暨中国科学技术史学会农学史专业委员会学术年会	南京农业大学
2005 年 10 月	中华农业文明研究院 85 周年院庆暨中国农业历史学会第 11 次学术年会	南京农业大学
2002 年 10 月	二十世纪中国农业与农村变迁学术研讨会	南京农业大学
2002 年 10 月	中国农史学会第 9 次学术研讨会	南京农业大学

五、参加学术会议（表 5-2）

2001 年以来参加学术会议众多，仅以海外为例。研究院在全国影响之外，逐步在世界范围内建立学术声誉。

表 5-2　参加学术会议情况

时间	会议名称	地点
2019 年 9 月	第 1 届国际科学史研究院大会“不同文化与文明中的科学”	希腊雅典
2019 年 3 月	联合国南南合作高级别多边会	阿根廷首都布宜诺斯艾利斯
2018 年 11 月	第 8 届 CELAO（亚洲暨大洋洲拉丁美洲研究理事会，Consejo de Estudios Latinoamericanos de Asia y de Oceanía）国际会议	澳门大学
2017 年 10 月	农业与环境：中国食物的历史变迁	澳大利亚
2017 年 7 月	第 25 届国际科学技术史会议	巴西里约热内卢
2016 年 11 月	“世界农业文化遗产与茶”国际研讨会	日本静冈
2016 年 11 月	“亚洲的文明与科学”专题研讨会	韩国

（续表）

时间	会议名称	地点
2016 年 10 月	第二届“普渡大学—南京农业大学中国研究联合中心”（Purdue University - Nanjing Agricultural University Joint Center for China Studies，简称 PNJCCS）学术论坛	美国普渡大学
2016 年 9 月	第 14 届东亚农业史国际学术研讨会	日本同志社大学
2016 年 9 月	Joint East Asian Studies Conference（JEAS）	英国
2016 年 3 月	欧洲社会科学史大会	西班牙
2015 年 8 月	台湾城乡教育文化发展协会座谈会	中国台湾
2015 年 7 月	李约瑟诞辰纪念会	英国剑桥大学
2014 年 5 月	“农业博物馆研究与建设”（Research and Construction of Agricultural Museum）学术会议	英国雷丁大学
2014 年 8 月	日本兽医史学会第 67 次学术研讨会	日本东京
2009 年 9 月	第九届东亚农业史国际学术研讨会	韩国全州
2003 年 8 月	第三届东亚农业史国际学术研讨会	韩国庆州

第七节　中华农业文明博物馆：中国高校第一个农业历史博物馆的创建

在大量传统农业文明遗迹遗存、实物以及文化现象逐渐消亡的背景下，中华农业文明研究院利用其学科优势，创建了国内高校第一个农业历史专题博物馆——中华农业文明博物馆（简称农博馆）。该馆系统展示了从原始农业到传统农业、近代农业和现代农业的演变过程，真实地反映了我国农业发展的特色与成就。自开馆以来，接待参观者累计 40 万人次以上，众多媒体进行了专题采访和宣传报道，在收藏与保护农业文化遗产、开展大众爱国教育、传播科学文化知识、弘扬民族传统文化等方面发挥着重要作用。

一、农博馆的创建

中国自古以农立国，农耕文明源远流长，在漫长历程中积累了丰富的农业遗产，但社会对农业历史遗存的集藏和保护还不够，大量珍贵农史文物标本损毁和散失。在现代化进程中，大量的传统农业文明遗迹遗存、实物以及文化现象正在迅速消亡。鉴于此，中华农业文明研究院利用其学科优势，创建国内高校第一个农业历史专题博物馆——中华农业文明博物馆，地点位于南京农业大学（图5-21）。南京农业大学是中国近代高等农业教育和农业科学研究的重要发源地和创新基地，素有“中国高等农业教育拓荒者”之誉，建有国内唯一的农业史博士后流动站，因此在南京农业大学建立农博馆对收藏保护中国优秀农业遗产、宣传展示中国农业的辉煌成就具有重要的学术价值和现实意义。

图5-21　中华农业文明博物馆外景

农博馆于2003年5月立项正式筹建。学校成立中华农业文明博物馆筹建工作领导小组，由分管科研的周光宏副校长任组长，副校长王耀南、人文学院院长王思明任副组长，具体筹备工作由王思明院长负责。为使展品丰富，农博馆自2003年9月开始向全国征集文物，征集地区主要集中在黄河文明发源地陕、甘、晋、豫、鲁和长江文明发源地江、浙、皖等地，征集从新石器时代到明清时期的文物，石、铜、铁制古农具实物有1 000余件，还有古代农作物和动物标本，中外农业土壤标本以及反映古代农业生活和文化的文物，其中包括

6 000多年前农业生产、农产品加工的石刀、石斧等，7 000多年前碳化的种子和8 000多年前驯养家禽的骨骼等，直观地展示了我国悠久的农业文明（图5-22）。此外，农博馆还收集保存了南京农业大学各个历史时期的校史文物。依托中华农业文明研究院丰富的院藏资源（原版农业古籍 346 部 3 000余册），农博馆还展出许多珍贵的古籍善本，例如被誉为“中国古代农业的百科全书”的明嘉靖马直卿刻本《齐民要术》。《齐民要术》是中国现存最早、最完整的一部农书，农博馆展示的版本在全国只有两本，被国务院古籍整理小组列为重点文物。此外还先后展览过明嘉靖刻本《齐民要术》、崇祯平露堂刻本《农政全书》、明刻本《唐宋白孔六帖》和《花史左编》等，它们都被国务院古籍整理小组列为善本古籍。此外，展品还包括大量反映我国农业科技和文化的发展的模型、丰富多彩的实景图片和众多反映农田耕作、民风民俗的名家作品。

2004 年 10 月 20 日，中华农业文明博物馆正式开馆，学校发文任命周光宏副校长为博物馆馆长，王思明教授为常务副馆长，卢夏为副馆长。并隆重举行了开馆典礼。开馆典礼由南京农业大学党委书记管恒禄主持，江苏省省长梁保华、教育部副部长吴启迪、中国农业科学院院长翟虎渠为农博馆开馆剪彩，中央电视台、江苏电视台、《人民日报》《新华日报》等 40 多家媒体进行了报

图 5-22　中华农业文明博物馆内景一瞥

道。农博馆的建筑是南京农业大学校内一幢独立的富有民族特色的建筑，由近代“南派”建筑大师杨廷宝设计，于1953年建成，占地面积2 000多平方米，其中陈列面积约1 700平方米。农博馆对收藏保护中国优秀农业遗产，宣传展示中国农业的辉煌成就具有很高的学术价值和现实意义，有利于广大师生和社会公众全面了解中国农业历史的脉络、真实感受中华农业文明的精髓。

农博馆自创建以来，与南京博物院、中国农业博物馆建立了良好的合作关系，挂牌“中国农业博物馆南京分馆”和“南京博物院南京农业大学分院”。英国雷丁大学（University of Reading）英国农村生活博物馆也与农博馆建立姊妹博物馆关系，共同开展合作研究，交换教师和学生并联合举办学术会议。农博馆以农业历史与农业文化遗产为主题，平均每年进行4~5次会议研讨，每年利用社会资源举办3~5次主题展览，并创建微信公众号。此外农博馆管理是农博馆运行的可靠保证。建馆初期，下设办公室、文物征集部、规划展示部、研究部、宣传推广部等。农博馆根据工作需要，进行合理分工，设专职、兼职工作人员，聘请在校大学生担任兼职讲解员，设立专家委员会制度，共同推动农博馆工作的发展，充分发挥农博馆的各项职能。2019年以来董维春副校长任农博馆馆长，卢勇任常务副馆长，卢夏任副馆长，并设有馆务委员会和学术咨询委员会。

（一）与南京博物院合作共建

农博馆自2003年5月立项正式筹建以来，一直得到南京博物院的鼎力支持，2004年6月双方签署了共建协议，确定农博馆为南京博物院分院，有利于为农博馆的建设和发展提供丰富的馆藏资源和有力的技术支撑。

2003年6月16日上午，农博馆与南京博物院合作共建协议签字仪式在行政楼613会议室举行。周光宏副校长代表学校与南京博物院签署了协议，同时，学校聘请南京博物院徐湖平院长为我校兼职教授，管恒禄书记为徐院长颁发了聘书。签字仪式后，双方就共建工作进行了交流。徐湖平院长就如何办一个具有特色的博物馆谈了他的意见与建议；管书记在会谈中表示，南京农业大学与南京博物院合作共建，能够充分发挥学校的知识优势和博物院的资源优势，实现优化组合，具有重大的意义。

（二）与中国农业博物馆合作共建

农博馆以农业文明为特色，集保存、研究、展示中国农耕文化三项功能于一体，是研究和传承中国优秀文化的重要场所。为进一步将农博馆办成特色鲜明、藏品丰富的优秀专题博物馆，南京农业大学与中国农业博物馆决定充分利用各自的优势和资源，合作共建中国农业博物馆南京分馆。

2005 年 12 月 12 日上午，在农博馆门前隆重举行“中国农业博物馆南京分馆”揭牌仪式，并由农博馆馆长、南京农业大学副校长周光宏主持。中国农业博物馆党委书记王红谊和南京农业大学党委书记管恒禄共同揭牌，随后中国农业博物馆副馆长曹举向农博馆赠送了一套精美的农具模型。揭牌仪式结束后，全体代表兴致勃勃地参观了农博馆。

（三）农博馆二期建设

2013 年年初，南京农业大学全委扩大会议提出当年人文学院主要任务之一就是农博馆建设，应当使农博馆成为学校教学科研活动的有机组成部分，并与科学技术史（农业史）学科建设结合起来，扩大学科的学术和社会影响力。同年，农博馆正式提出二期建设申请报告，农博馆二期建设工程旨在通过多种形式和手段，系统、生动地展示中国农业文明的形成与发展过程及其对世界文明进程的影响，在布展内容上包括中国农业的起源、动植物生产、农业工具、病虫害防治、农田水利与土地利用、农业生产与经营、农产品加工、生态农业、中外农业交流、农村生活等，注重学术性、知识性、感知性和趣味性的结合，进一步增加实物和图片的展示，通过声光电和信息技术丰富展示内容，增强展示效果。通过声光电等多种方式增强参观者的感观和体验，让参观者更直接地感受历史文化的魅力。

2015 年，落实教育部修购项目的招标采购工作，农博馆二期建设全面启动。2016 年，农博馆二期竣工，学校任命董维春副校长为馆长，人文社科处卢勇副处长为常务副馆长，王思明教授为学术委员会主任。并完成了“中华农业文明展”及临展——“茶文化专题展”的布展，布展面积 1 500平方米，共计陈列文物 500 件，陈列展板 200 块，模型与场景两个，实现了农博馆文物陈列与多媒体手段相结合的现代展陈理念。

作为国内高校建立最早的农业历史与文化专题博物馆，农博馆将依托学校农业科技及农业历史文化学科的优势，进一步丰富内涵，提升品质，突出特色，将农博馆建设成为具有国际影响的中国农业历史与文化的收藏中心、展示中心、研究中心和学术交流中心。

二、农博馆的展览内容

农博馆以中国农业起源为起点，以农业科技发展为主线，农业制度、农村经济和农业文化贯穿始终，系统展示了从原始农业到传统农业、近代农业和现代农业的演变过程，真实地反映了我国农业发展的特色和成就。农博馆展示内容分为五个部分。

第一部分为“农业起源”，揭示中国农业的起源。该部分通过幕墙和展柜相结合的形式，图片和实物搭配的方式，直观明了地展示了原始农业的肇始、发展过程，让人们了解农业的发生是人类发展历史上意义极其深远的一次变革，它使人类从此进入文明发展的轨道。

第二部分为“精耕细作”，展示中国传统农业技术体系的创立和发展。该部分主要通过农时把握和土壤耕作、农田水利和土地利用、作物生产、栽桑养蚕、畜牧兽医和农学家以及农书六大块内容呈现。其中，被国务院古籍整理小组列为重点文物的明嘉靖刻本《齐民要术》，距今已有480年历史，是我国现存最早、最完整的一部农书。

第三部分为“重农固本”，展示中国古代农业经济制度与政策。该部分从农本思想和重农政策、土地制度、赋税制度、荒政制度和权衡度量制度等方面展示中国古代农业经济制度和政策的变迁。

第四部分为“农村生活”，展示丰富多彩的农业文化。农民是中华民族真正的“脊梁”，他们以勤劳和智慧创造了辉煌灿烂的中华农业文明。该部分展出了婚礼仪式（上花轿、拜天地等）、各类年画（庆新春、耗子娶亲等）、“女十忙”“男十忙”、耕织图等图片和清代红漆提桶等器物，有利于提高参观者的兴趣。

第五部分为临展展厅。临展展厅可根据具体情况而定，如金陵竹刻艺术展、宜兴紫砂艺术展、全球重要农业文化遗产（GIAHS）展等。

三、农博馆的影响

（一）取得的荣誉

农博馆自开馆以来取得了不少荣誉，2004 年被南京市委市政府授予“建设新南京有功单位”荣誉称号，2005 年被评为“江苏省科普教育基地”，2006 年被评为“南京市爱国主义教育基地”，2007 年被评为“江苏省爱国主义教育基地”，2010 年被中国科协命名为“全国科普教育基地”。目前，农博馆挂牌中国农业博物馆南京分馆、南京博物院南京农业大学分院，是南京现代农业科技园区核心区的重点建设项目。

农博馆作为全国科普教育基地，名声渐大。农博馆展示了中国农业的辉煌成就，在收藏与保护农业文化遗产、开展大众爱国教育、传播科学文化知识、弘扬民族传统文化等方面发挥了重要作用，在国内外产生了积极、广泛的社会影响，获得了各界人士的一致好评。农博馆还被评为国家科普研究基地，并于 2012 年获教育部校园文化建设优秀成果二等奖。农博馆如同一部生动形象的立体农业历史百科全书，为专家学者、普通学生、游客群众提供我国历史上农业技术、农业经济、农村生活、乡村习俗等方面的知识与文化，使其了解中华农业文化的博大，感受中华农业文明的精髓，弘扬文化自信和爱国主义情操，是南京农业大学及孝陵卫街道“钟山红色专线”党员学习教育培训定点参观学习单位。

农博馆正致力于建设成为南京农业大学厚重历史积淀与传统农业文化展示的窗口，预计用三到五年的时间打造成“博物馆+研究所+论坛会场+校园文化建设基地+爱国主义教育基地”“五位一体”的综合性教学科研中心。

（二）媒体的报道

农博馆自开放以来，接待参观者累计 40 万人次以上。中央电视台《新闻联播》、江苏电视台、南京电视台以及《人民日报》《新华日报》《中国青年报》《科学时报》《扬子晚报》等 40 多家媒体对农博馆进行了大量的专题采访和宣传报道，省市电视台也多次进行过专题片的拍摄和播放。

2011 年 5 月 5 日，江苏教育电视台对农博馆进行了采访报道，来自南京农业大学农学院分党校的党员义务讲解员为其进行了农博馆的介绍讲解。在采访拍摄过程中，来自江苏教育电视台的记者对农博馆展出的翻车以及明嘉靖刻版《齐民要术》产生了浓厚的兴趣，讲解员对这两件文物进行了详细的讲解。翻车又称龙骨水车，主要用于较高地势的农田灌溉作业，农博馆展出的龙骨水车年代为清，身长约为 7 米。北魏贾思勰所著的《齐民要术》在农业史上拥有划时代的意义，被称作“农业百科全书”，明嘉靖刻版《齐民要术》在国内仅余两套，而馆内收藏的这套则是全国最完整的一套，可谓孤本。电视台记者还在农博馆中了解了我国农业历史发展过程，拍摄了相关文物。

（三）参观与活动

农博馆吸引了大量的国内外专家学者、政府官员、社会团体成员、大中专院校学生前来参观，曾先后接待过江苏省副省长黄莉新一行，江苏省政协领导一行 20 余人，江苏省委常委、无锡市委书记携无锡市党政领导、各县（市）、区和部委办局及相关企业界负责人 60 余人，李忠云书记、邓秀新校长率领的华中农业大学赴南京农业大学交流团一行 20 人，等等，他们参观了农博馆内我国历代农业生产工具，听取了讲解员的解说，对农博馆创办给予了高度评价。

农博馆还积极配合江苏省、南京农业大学的科普宣传周和庆典活动，组织一系列的展览和宣传，例如 2005 年 5 月 22—23 日，为了积极配合全国第五届科技活动周以及江苏省第十七届科普宣传活动周，农博馆决定对外开放，欢迎社会各界人士前来参观；2018 年 10 月 25 日，由中国民间文艺家协会、南京农业大学人文与社会发展学院承办，并由农博馆等协办的“紫金文化艺术节：2018 中国农民画南京论坛”在农博馆顺利召开。农博馆不仅成为我校对外宣传和展示的一个窗口，而且成为展示中国几千年源远流长的农耕文明的发展史和中华民族勤劳质朴、自强不息精神的爱国主义教育基地，成为南京市精神文明建设的一个亮点。

2019 年 9 月 3 日，由农业农村部农村社会事业促进司、江苏省农业农村厅指导，中国农业博物馆、南京农业大学主办，南京农业大学中华农业文明博物馆、中国农业遗产研究室承办的“中国重要农业文化遗产主题展全国巡展”（首展江苏站）开幕式在南京农业大学体育中心隆重开幕，由农博馆副馆长卢勇主持。南京农业大学副校长、农博馆馆长董维春在巡展开幕式致欢迎辞。

总之，农博馆是国内高校第一个系统收藏、研究和展示中国农业历史与文化的专题博物馆。农博馆宣传展示中国农业的辉煌成就，收藏保护中国优秀农业文化遗产，开展大众社会教育，在传播科学和文化知识等方面发挥了重要作用，彰显了南京农业大学的特色和优势，极大地提升了学校的社会影响和文化品位，在国内外产生了积极的社会影响。

附录一　大事记

- 1920 年 6 月，万国鼎于金陵大学农林本科毕业。

夏，金陵大学、美国农业部及美国国会图书馆商议合作，计划选派美国图书馆专家卫德（Katharine Howes Wead）女士前往金陵大学图书馆开展中国古代农书索引编制等。

冬，万国鼎撰写《中国蚕业史》一文，翌年 3 月刊载于《中华农学会报》（第 16 期），开始了农业历史研究。

- 1921 年 5 月，美国专家卫德女士来到南京，就任金陵大学图书馆合作部（与美国农业部、美国国会图书馆进行合作的机构）主任，编制中国古农书索引。同年金陵大学农林科学生陈祖槼，由金陵大学农林科芮思娄教授介绍协助卫德女士编制古农书索引(《玉海・食货索引》《授时通考索引》)。

- 1922 年，毛雍任职金陵大学图书馆合作部，开始编制《中国农书目录汇编》《南方草木状索引》（毛雍与刘纯甫合编，中英文对照）。

- 1923 年秋，金陵大学图书馆合作部改称金陵大学图书馆农业图书研究部，兼隶金陵大学农林科，主要工作以收集、整理和研究农业历史资料为主（后又开始中国农业史的教学，专注农业历史文献收集整理、农业历史研究和教学）。

- 1924 年 1 月，万国鼎就任金陵大学图书馆农业图书研究部主任，开拓、发展中国农业历史事业。

6 月，第一部关于中国古农书目录的专门著作《中国农书目录汇编》（毛雍编，万国鼎校）出版。

11 月，陈祖槼任职金陵大学图书馆农业图书研究部，参与编制《农业论文索引》。

- 1925 年，万国鼎开始编制《新桥字典》，这是在前期中国古农书索引工作中为解决汉字排列而创立新的检字法的试验，为以后农业图书研究部的索引、书目等提供了基础。

- 1926 年春，万国鼎制订金陵大学农业图书研究部新的计划，“将现存关于农业之全部文献，审订除复，分类排比，汇为一编，名之曰《先农集成》，以结数千年农学之总账”。

• 1927 年，万国鼎为借鉴国外农业史著作的结构体例，完成翻译《欧美农业史》（Norman Scott Brien Gras. *A History of Agriculture in Europe and America*. 1925），为以后中国农业史写作中提供参考。

• 1928 年 5 月，万国鼎撰写文章《古农书概论》(《农林新报》第 133 期)，揭示中国古农书价值，倡导古农书整理工作。

• 1929 年秋，万国鼎在金陵大学农学院农业经济系讲授“中国农业史”课程，这是国内首次农业历史教学。

• 1930 年，万国鼎、刘国钧、李小缘等赴上海选购检书，以志书为多约 90 部，农书等约 30 部。

• 1931 年，金陵大学图书馆方志数量从 1921 年的 4 部 48 册，增加到 1 597部 18 460册；古代农书由 1921 年的 17 部 243 册，增加到 228 部 2 397册。

• 1932 年 8 月底，金陵大学图书馆农业图书研究部改组为金陵大学农业经济系农业历史组，继续承担中国农业史的教学，同时进行农业历史的课题研究（至 1937 年，万国鼎兼任金陵大学图书馆农业图书研究部主任，同时担任地政学教学研究工作）。

• 1933 年 5 月，万国鼎《中国田制史》由南京书店出版，列为中国地政学会丛书第一种（1934 年 12 月，南京正中书局再次印刷此书，列入大学丛书系列）。12 月，金陵大学《农业论文索引》出版。

• 1940 年，陈祖椝撰《中国茶业史略（附表）》刊载于《金陵学报》第 10 卷第 1/2 期，金陵大学农业经济系农业历史组在金陵大学迁校成都期间艰苦条件下继续农业历史教学科研。

• 1943 年 6 月，李约瑟访问了迁至成都的金陵大学。李约瑟在考察金陵大学农学院过程中，了解到金大农经系农史研究室正在编纂《先农集成》，后来信求寄，并称相关图书资料给李约瑟着手《中国的科学与文明》的编写有很大的帮助。

• 1952 年，全国高校院系调整，以金陵大学农学院和南京大学农学院（原国立中央大学农学院）为主体以及浙江大学农学院部分系科，组建成立南京农学院。

• 1954 年 4 月，南京农学院金善宝院长调万国鼎先生回南京农学院，任农经系教授。

10 月 27 日—11 月 12 日，第二次全国高等农业林教育会议于北京召开，高教部杨秀峰部长作总结发言，其中特别用了相当大篇幅阐述对整理祖国农业遗产的态度和工作思路。

• 1955 年 2—5 月，万国鼎、陈祖椝、李成斌、吴君琇等整理和装订《中国农业史资料初编》（俗称红本子）。

4 月 18 日，金善宝关于整理中国农业资料工作问题给农业部刘瑞龙副部长致信；4 月 25 日，农业部宣传总局组织召开整理祖国农业遗产座谈会。

6 月，金善宝致信中央，呼吁成立中国农业遗产研究机构。

7 月 15 日，农业部文件批准万国鼎先生兼任中国农业科学院筹备组/南京农学院中国农业遗产研究室主任。同年夏秋，中国农业遗产研究室启动方志农业资料搜集与整理工程，组织人员赴全国二十余省市六十多个图书收藏机构，查抄地方志中的农业史资料，收录方志农业资料 4 000余万字，被学界誉为农史研究的“万里长城工程”。

• 1956 年，编竣并出版《中国农学遗产选集》之《稻》《麦》《棉》《豆类》《麻类作物》《油料作物》《粮食作物》《柑橘》上编；编竣《常绿果树》，未及出版。

7 月，中国科学院召开中国自然科学史第一次科学讨论会，万国鼎先生大会宣读论文并被大会选为农学及生物学史组长。年底，农业遗产研究室开始了中兽医遗产研究。

• 1957 年 2 月，万国鼎《氾胜之书辑释》第一版由中华书局出版。

6—12 月，缪启愉完成《四民月令辑释》。

12 月，陈恒力从农业部调来农遗室任副主任。

• 1958 年 6 月，英国科技史学者李约瑟来访农业遗产研究室并做学术交流。

• 1959 年 4 月，《中国农学史》初稿下册编竣。9 月，《中国农学史》初稿上册由科学出版社出版。

12 月，邹介正、马孝劬校注《司牧安骥集》由农业出版社出版。

- 1961 年 1 月至 1963 年 3 月，缪启愉完成《齐民要术校释》。

- 1963 年 2 月至 3 月底，中共中央和国务院召开全国农业科学技术工作会议，农遗室制定《1963—1972 年十年科研工作规划》。

4—8 月，缪启愉完成《四时纂要校释》。11 月 15 日，万国鼎先生因病去世。

- 1964 年，参与组织筹备召开全国农业遗产研究工作会议。

- 1965 年 7 月，万国鼎《陈旉农书校注》由农业出版社出版。

- 1968 年，中国农业遗产研究室集体下放江浦农场。

- 1972 年 12 月 24 日，江苏省革命委员会发布 1972-72 号文件，决定自 1973 年 1 月 1 日起农遗室划归江苏省农业科学院领导。

- 1978 年，经国务院批准，恢复中国农业遗产研究室建制。

- 1979 年 1 月，中共中央办公厅发出《关于南京农学院复校问题》的指示。

3 月，经江苏省农业科学院报请农业部、江苏省革委会，农遗室的领导体制改为部和地方双重领导，以农业部为主，并改名为中国农业科学院农业技术史研究室，并搬回南京农学院原址办公。同年，农业部、中国农业科学院下达《中国农业科学技术史稿》编写任务。

- 1981 年，获农业部批准为农业史硕士学科点。同年，中国农业历史学会会刊《中国农史》创刊。同年又分别承担了《中国大百科全书 · 农业卷》和《中国农业百科全书 · 农史卷》的编纂工作。

- 1985 年，举办“中国农业遗产研究室解放后建室三十周年学术讨论会”。

9 月，《齐民要术校释》分别获国家科技进步三等奖和农业部科技进步二等奖。

- 1986 年，获批准为国内唯一的农业史博士学科点。

- 1987 年，《中国农学史》荣获 1987 年度农牧渔业部科技进步一等奖。

- 1990 年 6 月，曹幸穗作为农遗室培养的全国第一个农业史博士，毕业后留校在农遗室从事农业史的研究和教学工作。

- 1992 年，建立农学类博士后流动站农业史站点。同年《太湖地区农业史》获农业部科技进步三等奖。
- 1993 年，农业史学科被评为农业部重点学科。
- 1996 年，《中国农业科学技术史稿》分别获得 1995 年度国家教委首届人文社科优秀成果二等奖和农业部科技进步一等奖。
- 1997 年，因学科调整，农业史被划入理学类科学技术史学科。
- 1998 年，建立国内唯一的理学类博士后流动站科学技术史站点。
- 1999 年，农业史学科再度被评为农业部重点学科。
- 2000 年 2 月 15 日，“中国农业遗产研究室正式划转南京农业大学交接仪式”在南京农业大学举行，将农遗室固定资产全部无偿划转南京农业大学。
- 2001 年 6 月，中华农业文明研究院建立，同时继续保留中国农业遗产研究室。7 月 2 日，南京农业大学校长办公会决议下达中华农业文明研究院内设组织机构及负责人任命书。
- 2003 年 3 月，科学技术史/农业史学科第一位博士后惠富平出站。

12 月，《司牧安骥集校注》荣获全国优秀古籍整理二等奖；经江苏省哲学社会科学界联合会批准，并在江苏省民政厅登记注册，成立江苏省农史研究会。

- 2004 年 6 月 16 日，南京农业大学中华农业文明博物馆与南京博物院举行了合作共建协议签字仪式，双方签署共建协议，确定中华农业文明博物馆为南京博物院分院。

10 月 20 日，国内首座系统展示中华农业文明和历史渊源的专题博物馆——中华农业文明博物馆在南京农业大学正式开馆，时任江苏省省长梁保华、时任教育部副部长吴启迪和时任中国农业科学院院长翟虎渠为博物馆开馆剪彩。

- 2005 年 8 月，中华农业文明研究院“中日农史比较研究中心”成立。

10 月 25 日，中国农业历史学会畜牧兽医史专业委员会暨南京农业大学中华农业文明研究院畜牧兽医史研究中心成立，举行中华农业文明研究院 85

周年院庆。

12 月 12 日，南京农业大学与中国农业博物馆合作共建中国农业博物馆南京分馆，举行揭牌仪式。

• 2006 年 7 月，科学技术史一级学科首次入选江苏省重点学科。

• 2008 年 11 月，经中国科学技术协会批准，中国科学技术史学会农学史专业委员会挂靠中华农业文明研究院，王思明教授任农学史专业委员会主任。

• 2009 年 10 月，科学技术史一级学科被认定为江苏省一级学科国家重点学科培育建设点。

11 月，首届中国技术史论坛在中华农业文明研究院举行。

11 月 27 日，中国农业历史研究中心作为首批江苏高校哲学社会科学重点研究基地授牌成立。

• 2010 年 10 月，中华农业文明研究院举行“首届中国农业文化遗产保护论坛”。

11 月 8 日，李约瑟研究所所长古克礼教授来访，与王思明院长签署李约瑟研究所与中华农业文明研究院长期合作协议。

• 2011 年 3 月，王思明等完成的“中国农业科技遗产保护与数字化信息平台建设研究”和朱自振等完成的《中国历代茶书汇编校注本（全二册）》分别获江苏省第十一届哲学社会学科优秀成果“决策咨询报告类”三等奖和“著作类”三等奖。

9 月，张芳、王思明主编的《中国农业科技史》由中国农业科学技术出版社出版；

10 月，郭文韬等著的《中国农业经济史论纲》由河海大学出版社出版，两书被遴选为教育部全国研究生用推荐教材。

11 月，科学技术史一级学科二次入选江苏省重点学科。

• 2012 年 11 月，王思明和李明完成的“江苏农业文化遗产调查研究”研究成果荣获江苏省第十二届哲学社会科学优秀成果“著作类”三等奖。

• 2013 年 5 月，南京农业大学—雷丁大学“农业起源与传播联合中心”成立。

• 2014 年 1 月，王思明被聘为农业部全球重要农业文化遗产专家委员会委员。

3 月，王思明被聘为农业部中国重要农业文化遗产专家委员会委员。

5 月，中国名村变迁与农民发展协同创新中心成立。

6 月，中华农业文明研究院入选首批江苏省非物质文化遗产研究基地。

10 月，卢勇完成的《明清时期淮河水患与生态社会关系》获江苏省第十三届哲学社科优秀成果三等奖。

11 月，王思明教授当选为科学技术史学科评议组成员。王思明教授参编的《科学编年史》获上海市科学技术奖二等奖。

• 2015 年 3 月，多卷本《中国农业文化遗产》获国家出版基金项目立项。

9 月，中国科学技术史学会工业考古与工业遗产研究会在中国科学院自然科学史研究所成立，王思明当选研究会副理事长。

10 月，普渡大学—南京农业大学“中国研究联合中心”成立。

10 月，王思明被授予“FAO-GEF 全球重要农业文化遗产保护与发展贡献奖”。

• 2016 年 6 月，惠富平教授当选为中国农业历史学会第六届理事会副理事长、卢勇副教授当选为副秘书长、沈志忠教授当选为常务理事。

8 月，王思明教授调研报告《关于江苏传统村落保护的对策与建议》获江苏省委书记批示。

10 月，沈志忠等《改变世界的科学丛书——农学的足迹》获第四届中国科普作家协会优秀科普作品奖（图书类）金奖。

11 月 29 日，科学技术史一级学科第三次入选江苏省重点学科。同年参与组建的农业部景观设计重点实验室获批建设。

• 2017 年 6 月 13 日教育部基地美洲研究中心备案。

6 月 17 日，与中华社会文化发展基金会共同发起“中华地标品牌公益工程”。

8 月，“中国地标文化研究中心”成立。

10月，江苏省特色田园乡村协同创新研究基地成立。

11月，组织召开科学技术史学科发展战略研讨会，科学技术史学科国务院学科评议组专家齐聚，对科学技术史学科进行专业评估。

12月，作为发起单位举行国家“十三五”规划重点出版项目、中国茶科学及茶文化领域的体例科学、内容完备的首部通典巨著《中华茶通典》编撰工作会议在南京农业大学翰苑宾馆举行。

- 2018年3月27日，中国优质农产品开发服务协会地标品牌发展分会成立，王思明当选为副会长。

7月9日，国家社科基金重大项目“方志物产知识库构建及深度利用研究”立项（首席专家包平）。

9月1日，《中国农史》正式启用网上在线投稿系统。

11月，王思明、李明完成的《中国农业文化遗产名录》获第十五届江苏省哲学社会科学优秀成果三等奖。

12月，我国首部地理标志品牌发展蓝皮书《中国地理标志品牌发展研究报告（2018）》正式发布。

- 2019年5月25日，王思明当选为国际科学史研究院通讯院士。

5月26日，江苏省重点高端智库“大运河文化带建设研究院农业文明分院”成立。

6月，江苏省农史研究会换届，惠富平教授担任江苏省农史研究会第四届理事会会长。

7月，王思明教授为主编的团队完成的“十三五”江苏省高等学校重点教材《世界农业文明史》（40万字），由中国农业出版社出版发行。

9月，参与承办的“中国重要农业文化遗产主题展全国巡展”（首展江苏站）隆重开幕。

10月，王思明教授当选为第十届中国科学技术史学会副理事长。

12月，国家社科基金重大项目“大运河文化建设研究”立项（首席专家王思明）。

- 2020年6月，王思明教授、卢勇教授入选农业农村部办公厅正式公布的第二届全球重要农业文化遗产专家委员会名单。

6月，《光明日报》整版刊登王思明教授的文章《国家形象亮丽标识 中华文明重要支撑——大运河的历史价值与文化遗产体系》。

7月，南京农业大学经过专家论证和教学指导委员会批准，以科技史学科为基础正式筹建文化遗产本科专业，这是中国高校第一个以农业文化遗产专门人才培养为主要目标的本科专业。

附录二　人员名录

一、历任主要负责人

万国鼎（任职时间：1924 年至 1934 年、1955 年 7 月至 1963 年 11 月）

陈祖槼（任职时间：1934 年至 1949 年，缺照片）

陈恒力（任职时间：1957 年 12 月至 1960 年）

李永福（任职时间：1962 年 8 月至 1982 年 1 月）

姚　斌（任职时间：1979 年 12 月至 1982 年 2 月）

涂前熙（任职时间：1982 年 2 月至 1991 年 3 月）

李长年（任职时间：1982 年 5 月至 1984 年 1 月）

叶依能（任职时间：1984 年 1 月至 1997 年 1 月）

曹幸穗（任职时间：1991 年 4 月至 1996 年 8 月）

王思明（任职时间：1998 年 4 月至今）

龚龙英（任职时间：1999 年至 2001 年 3 月）

盛邦跃（任职时间：2001 年至 2003 年）

余林媛（任职时间：2003 年 11 月至 2011 年 5 月）

二、研究人员

万国鼎

陈祖槼

陈恒力

邹树人

胡锡文

潘鸿声

缪启愉

李长年

章　楷

邹介正

郭文韬

李成斌

朱自振

宋湛庆

叶静渊

王　达

闵宗殿

叶依能

张　芳

刘毓瑔

孙家山

王从骅

曹隆恭

马孝劬

单人耘

马万明

吴崇仪

刘　骥

牛家藩

王铭农

陈宾如

张克良

咸金山

徐洁明

殷荫成

舒迎澜

翟虎渠

曹幸穗

王思明

王红谊

刘　旭

刘兴林

王利华

张家炎

侯汉清

惠富平

衣保中

盛邦跃

严火其

李　群

包　平

沈志忠

丁晓蕾

卢　勇

路　璐

季中扬

胡　燕

杨旺生

姚兆余

崔　峰

朱世桂

和文龙

林颂华

曾京京

杨　坚

刘庆友

周应堂

周中建

夏如兵

袁家明

李　明

何红中

朱锁玲

刘馨秋

李昕升

朱冠楠

伽红凯

陈少华

吴　昊

徐定懿

龚　珍

洪学东

刘启振

黎海明

吕金伟

还有研究人员刘纯甫、毛雍、何汉三、杭立武、范允康、韩煦元、何逸吾、储瑞棠、刘家豪、刘一泉、黄沩、万国鼐、徐治、刘宣、奚竹卿、恽宝润、桑润生、王德崇、汪家伦、李国炎、韩世杰、周云、杨静、许道夫、杨荣度、何福金、姚春辉、沈飙、王仲、王远声、王宁霞、吴滔、秦冬梅等目前照片暂缺。

客座教授

姓名	单位	任职时间
崔德卿	韩国釜山大学	2010 年
松本武祝	日本东京大学	2012 年
马丁·贝尔（Martin Bell）	英国雷丁大学	2013 年

（续表）

姓名	单位	任职时间
R. 道格拉斯·赫特（R. Douglas Hurt）	美国普渡大学	2014 年
黑泷秀久	日本东京农业大学	2015 年
范为仁	日本东京农业大学	2015 年
任继周	兰州大学	2017 年
弗里德里克·戴维斯（Frederick R. Davis）	美国普渡大学	2018 年
帕尔维兹·库哈弗坎（Parviz Koohafkan）	联合国粮食及农业组织、世界农业遗产基金会	2019 年

进修与访问学者

姓名	单位	进修或访问时间
杨松水	安徽巢湖学院	2004 年 9 月—2005 年 7 月
刘亚中	淮北师范大学	2006 年 2 月—7 月
王秀东	中国农业科学院农业经济与发展研究所	
Stewart Spencer Dean	芝加哥大学	2018 年 9 月—2019 年 6 月
王　剑	长江师范学院	2019 年 6 月—2020 年 7 月

三、行政职员

方淑勤、厉鼎薰、赵文璜、吴君琇、毛素萍、夏家柱、叶黛民、肖纪正、顾飞、薛因端、王亚东、唐双平、王俊强、李士斌、顾晓茜、李安娜、宋叶、蒋楠

四、博士后

博士后

进站时间	姓名	合作导师
2000 年 12 月	惠富平	王思明

（续表）

进站时间	姓名	合作导师
2001 年 6 月	姚兆余	王思明
2004 年 9 月	吴海燕	王思明
2007 年 1 月	王　勇	王思明
2009 年 6 月	郭爱民	惠富平、王思明
2010 年 11 月	刘馨秋	王思明
2012 年 7 月	阮世良（越南）	王思明
2016 年 1 月	伽红凯	王思明
2016 年 1 月	吴　昊	李　群
2016 年 7 月	冯志洁	严火其
2017 年 1 月	王大宾	惠富平
2017 年 7 月	黎孔清	包　平
2017 年 8 月	徐定懿	王思明
2018 年 1 月	龚　珍	王思明
2019 年 1 月	李　烊	王思明、刘祖云
2019 年 1 月	洪学东	王思明
2019 年 1 月	吴　昊	刘祖云、王思明
2019 年 7 月	刘启振	刘祖云、王思明
2019 年 12 月	吕金伟	包　平

五、研究生

博士研究生

入学年份	姓　名	导　师	学科专业
1986	曹幸穗	李长年	农业史
1989	赵　敏	郭文韬	农业史
1991	王建革	郭文韬	农业史

（续表）

入学年份	姓　名	导　师	学科专业
1992	王思明	郭文韬	农业史
1992	樊志民	郭文韬	农业史
1993	赖作卿	郭文韬	农业史
1994	严火其	郭文韬	农业史
1996	胡火金	郭文韬	农业史
1997	刘　椿	叶依能	农业史
1998	罗晓春	叶依能	农业史
1998	谢　丽	叶依能	农业史
1999	盛邦跃	曹幸穗、张芳	科学技术史
1999	曾京京	曹幸穗、张芳	科学技术史
2000	沈志忠	王思明	科学技术史
2000	朱洪启	曹幸穗	科学技术史
2000	李　群	张　芳	科学技术史
2001	郑　林	曹幸穗	科学技术史
2001	殷晓岚	王思明	科学技术史
2001	杨　坚	张　芳	科学技术史
2001	衣保中	王思明	科学技术史
2002	封　玲	王思明	科学技术史
2002	张士杰	王思明	科学技术史
2002	陈少华	王思明	科学技术史
2002	王中越	王思明	科学技术史
2002	朱世桂	王思明	科学技术史
2002	梁亚荣	王思明	科学技术史
2002	周邦君	张　芳	科学技术史
2002	王赛扬	张　芳	科学技术史
2003	曹　玲	侯汉清	科学技术史
2003	何建新	侯汉清	科学技术史
2003	薛春香	侯汉清	科学技术史

（续表）

入学年份	姓　名	导　师	学科专业
2003	汪志国	曹幸穗、惠富平	科学技术史
2003	蒋高中	曹幸穗、惠富平	科学技术史
2003	丁晓蕾	王思明	科学技术史
2003	从卫兵	王思明	科学技术史
2003	夏如兵	王思明	科学技术史
2003	包　平	王思明	科学技术史
2003	周应堂	王思明	科学技术史
2003	颜家安	王思明	科学技术史
2003	蒋慕东	王思明	科学技术史
2003	周广西	衣保中	科学技术史
2003	王宝卿	王思明	科学技术史
2004	王雅戈	曹幸穗	科学技术史
2004	薛建明	惠富平	科学技术史
2004	张祥稳	惠富平	科学技术史
2004	施　威	王思明	科学技术史
2004	余林媛	王思明	科学技术史
2004	黄富成	惠富平	科学技术史
2004	梁诸英	衣保中	科学技术史
2004	宋　超	惠富平	科学技术史
2004	何　琳	侯汉清	科学技术史
2004	常　娥	侯汉清	科学技术史
2004	衡中青	侯汉清	科学技术史
2004	李运景	侯汉清	科学技术史
2005	徐丙奇	曹幸穗	科学技术史
2005	刘　竟	侯汉清	科学技术史
2005	李　华	侯汉清	科学技术史
2005	严小青	惠富平	科学技术史
2005	崔永华	惠富平	科学技术史

（续表）

入学年份	姓　名	导　师	学科专业
2005	袁家明	惠富平	科学技术史
2005	曾　芸	王思明	科学技术史
2005	朱考金	王思明	科学技术史
2005	卢　勇	王思明	科学技术史
2005	于春英	衣保中	科学技术史
2006	赖　毅	严火其	科学技术史
2006	黄建年	侯汉清	科学技术史
2006	陈恩虎	惠富平	科学技术史
2006	王　敏	惠富平	科学技术史
2006	杨　珉	盛邦跃	科学技术史
2006	匡导球	王思明	科学技术史
2006	曾玉珊	王思明	科学技术史
2006	秦长江	曹幸穗	科学技术史
2006	于秋芳	衣保中	科学技术史
2006	阚国坤	惠富平	科学技术史
2007	胡孔发	曹幸穗	科学技术史
2007	方立松	惠富平	科学技术史
2007	何红中	惠富平	科学技术史
2007	熊帝兵	惠富平	科学技术史
2007	李　新	李　群	科学技术史
2007	李晏军	李　群	科学技术史
2007	郑二红	盛邦跃	科学技术史
2007	羌　建	王红谊	科学技术史
2007	李义波	王思明	科学技术史
2007	王倚海	王思明	科学技术史
2007	王银泉	王思明	科学技术史
2007	尹北直	王思明	科学技术史
2007	龚光明	严火其	科学技术史

（续表）

入学年份	姓　名	导　师	学科专业
2007	俞建飞	严火其	科学技术史
2007	李　红	衣保中	科学技术史
2007	王鹏飞	衣保中	科学技术史
2008	朱锁玲	包　平	科学技术史
2008	胡茂胜	曹幸穗	科学技术史
2008	童永生	惠富平	科学技术史
2008	张明月	惠富平	科学技术史
2008	胡　明	盛邦跃	科学技术史
2008	李　燕	盛邦跃	科学技术史
2008	杨　虎	王红谊	科学技术史
2008	姜　萍	王思明	科学技术史
2008	卞　粤	严火其	科学技术史
2008	李　琦	严火其	科学技术史
2008	徐　群	严火其	科学技术史
2008	杨　慧	衣保中	科学技术史
2009	唐惠燕	包　平	科学技术史
2009	陈蕴鸾	曹幸穗	科学技术史
2009	殷志华	惠富平	科学技术史
2009	王　燕	李　群	科学技术史
2009	范虹珏	盛邦跃	科学技术史
2009	亓军红	王红谊	科学技术史
2009	胡文亮	王思明	科学技术史
2009	胡　燕	王思明	科学技术史
2009	游衣明	王思明	科学技术史
2009	蒋忠华	严火其	科学技术史
2009	于广琮	严火其	科学技术史
2009	张立伟	衣保中	科学技术史
2010	李琦珂	曹幸穗	科学技术史

（续表）

入学年份	姓　名	导　师	学科专业
2010	过慈明	惠富平	科学技术史
2010	叶　磊	惠富平	科学技术史
2010	王　莉	李　群	科学技术史
2010	张月群	李群、王思明	科学技术史
2010	李占华	盛邦跃	科学技术史
2010	尤晓霖	王红谊、严火其	科学技术史
2010	刘婷婷	王思明	科学技术史
2010	韦丹辉	王思明	科学技术史
2010	陈　超	严火其	科学技术史
2010	齐文涛	严火其	科学技术史
2010	汪天梅	衣保中	科学技术史
2011	白振田	包　平	科学技术史
2011	房　利	惠富平	科学技术史
2011	胡以涛	惠富平	科学技术史
2011	包艳杰	李　群	科学技术史
2011	孙　建	李　群	科学技术史
2011	张巍巍	刘　旭	科学技术史
2011	高国金	盛邦跃	科学技术史
2011	曹　珊	王思明	科学技术史
2011	陈如东	王思明	科学技术史
2011	黄　颖	王思明	科学技术史
2011	曾中平	王思明	科学技术史
2011	李　勇	严火其	科学技术史
2011	汪德飞	严火其	科学技术史
2012	陈海珠	包　平	科学技术史
2012	朱冠楠	李　群	科学技术史
2012	刘　涛	惠富平	科学技术史
2012	王志斌	惠富平	科学技术史

（续表）

入学年份	姓　名	导　师	学科专业
2012	刘　琨	李　群	科学技术史
2012	沈丽君	曹幸穗	科学技术史
2012	邓丽群	盛邦跃	科学技术史
2012	李昕升	王思明	科学技术史
2012	莫国香	王思明	科学技术史
2012	刘　畅	严火其	科学技术史
2012	王世红	衣保中	科学技术史
2013	张　敏	严火其	科学技术史
2013	石　松	盛邦跃	科学技术史
2013	芮琦家	包　平	科学技术史
2013	王泽岷	惠富平	科学技术史
2013	王　哲	王思明	科学技术史
2013	朱正西	衣保中	科学技术史
2013	王长伟	李　群	科学技术史
2013	朱　绯	王思明	科学技术史
2014	李　娜	包　平	科学技术史
2014	孙雁冰	惠富平	科学技术史
2014	慕亚芹	李　群	科学技术史
2014	崔江浩	李　群	科学技术史
2014	石　慧	王思明	科学技术史
2014	袁祯泽	沈志忠	科学技术史
2014	王洪伟	盛邦跃	科学技术史
2014	刘启振	王思明	科学技术史
2014	王　昇	严火其	科学技术史
2015	朱星宇	包　平	科学技术史
2015	何彦超	惠富平	科学技术史
2015	陈加晋	李　群	科学技术史
2015	葛小寒	沈志忠	科学技术史

（续表）

入学年份	姓 名	导 师	学科专业
2015	冷 鹏	盛邦跃	科学技术史
2015	于 帅	王思明	科学技术史
2015	周杰灵	严火其	科学技术史
2015	马 伟	衣保中	科学技术史
2016	陈 明	王思明	科学技术史
2016	谌 敏	盛邦跃	科学技术史
2016	郭 欣	严火其	科学技术史
2016	黄 伟	沈志忠	科学技术史
2016	李秋萍	刘旭、沈志忠	科学技术史
2016	盛 超	惠富平	科学技术史
2016	徐晨飞	包 平	科学技术史
2016	张洪玉	李 群	科学技术史
2017	顾胜楠	李 群	科学技术史
2017	王 颖	包 平	科学技术史
2017	郭建新	惠富平	科学技术史
2017	张凤岐	盛邦跃	科学技术史
2017	周红冰	王思明	科学技术史
2017	李烈川	严火其	科学技术史
2017	侯玉婷	沈志忠	科学技术史
2017	AGHABABAYEV FAIG（阿塞拜疆）	王思明	科学技术史
2018	盛 馨	包 平	科学技术史
2018	刘 爽	惠富平	科学技术史
2018	韩晓芬	李 群	科学技术史
2018	周志强	刘旭、王思明	科学技术史
2018	崔逸豪	沈志忠	科学技术史
2018	孙笑逸	盛邦跃	科学技术史
2018	林雅斯	王思明	科学技术史
2018	郑宝丰	严火其	科学技术史

（续表）

入学年份	姓　名	导　师	学科专业
2018	赵　文	王思明	科学技术史
2019	冯竹清	王思明	科学技术史
2019	王羽坚	王思明	科学技术史
2019	潘雅萍	严火其	科学技术史
2019	杨　琼	李　群	科学技术史
2019	田雁冰	包　平	科学技术史
2019	郭云奇	惠富平	科学技术史
2019	王　荧	沈志忠	科学技术史
2019	肖　阳	衣保中	科学技术史

硕士研究生

入学年份	姓　名	导　师	学科专业
1981	曹树基	李长年	农业史
1981	曹幸穗	李长年	农业史
1982	和文龙	邹介正	农业史
1982	萧正洪	李长年	农业史
1983	张　丽	李长年	农业史
1983	邱泽奇	缪启愉	农业史
1983	史江彬	邹介正	农业史
1985	朱德开	郭文韬	农业史
1985	程　遥	郭文韬	农业史
1985	王建革	郭文韬	农业史
1985	杨　拯	邹介正	农业史
1986	陈兴华	缪启愉	农业史
1986	王利华	缪启愉、李成斌、朱自振	农业史
1987	张家炎	李成斌	农业史
1990	汤向东	郭文韬	农业史
1992	秦冬梅	朱自振	农业史

（续表）

入学年份	姓　名	导　师	学科专业
1993	吴天马	郭文韬	农业史
1993	吴　滔	叶依能	农业史
1994	周中建	叶依能	农业史
1995	吴　峻	叶依能	农业史
1995	郭剑化	叶依能	农业史
1996	杨　坚	张　芳	农业史
1996	杨国安	张　芳	农业史
1997	王克强	张　芳	农业史
1997	周邦君	张　芳	农业史
1998	包　平	王利华	农业史
1998	朱洪启	叶依能	农业史
1999	殷晓岚	王思明	科学技术史
1999	夏如兵	王思明	科学技术史
2000	郭春华	王思明	科学技术史
2000	陆芹英	王思明	科学技术史
2000	丁振强	王思明	科学技术史
2000	李香会	王思明	科学技术史
2000	曹　玲	张　芳	科学技术史
2000	赵林凤	张　芳	科学技术史
2001	郭欣旺	王思明	科学技术史
2001	王丽丽	王思明	科学技术史
2001	周广西	张　芳	科学技术史
2002	梁诸英	张　芳	科学技术史
2002	章传政	王思明	科学技术史
2002	鲁　彦	王红谊	科学技术史
2002	施　威	王红谊	科学技术史
2002	沈正榜	张芳、李群	科学技术史
2003	严小青	惠富平	科学技术史

（续表）

入学年份	姓　名	导　师	学科专业
2003	王志军	惠富平	科学技术史
2003	程海娟	李群、曾京京	科学技术史
2003	徐丙奇	王红谊	科学技术史
2003	曾　芸	王思明	科学技术史
2003	亓军红	杨旺生	科学技术史
2003	章新芬	杨旺生	科学技术史
2003	顾　芳	姚兆余、王思明	科学技术史
2003	唐秀珠	曾京京	科学技术史
2003	刘　冬	曾京京	科学技术史
2003	于淼淼	姚兆余、王思明	科学技术史
2004	曹　猛	惠富平	专门史
2004	胡玉萍	惠富平	专门史
2004	焦建新	林颂华	专门史
2004	龚光明	杨旺生	专门史
2004	康旭峰	曾京京	专门史
2004	杨莉勤	李　群	科学技术史
2004	殷　子	李　群	科学技术史
2004	羌　建	王红谊	科学技术史
2004	刘玉霞	王思明	科学技术史
2004	童立艳	杨旺生	科学技术史
2004	潘　云	姚兆余	科学技术史
2005	马　宁	惠富平	专门史
2005	邹莉莉	惠富平	专门史
2005	吴　敏	沈志忠	专门史
2005	茅正芳	杨旺生	专门史
2005	乔　俊	杨旺生	专门史
2005	石　超	杨旺生	专门史
2005	郭　华	曾京京	专门史

（续表）

入学年份	姓　名	导　师	学科专业
2005	马　琳	曾京京	专门史
2005	何红中	惠富平	科学技术史
2005	赵　荣	惠富平	科学技术史
2005	李　新	李　群	科学技术史
2005	宋　静	李　群	科学技术史
2005	涂云杰	李　群	科学技术史
2005	程跃刚	沈志忠	科学技术史
2005	许桂霞	沈志忠	科学技术史
2005	熊帝兵	王红谊	科学技术史
2005	陈蕴鸾	杨旺生	科学技术史
2005	周铁军	姚兆余	科学技术史
2006	陈凡学	惠富平	专门史
2006	许　臻	惠富平	专门史
2006	叶公平	沈志忠	专门史
2006	程大峰	杨旺生	专门史
2006	马丽娜	杨旺生	专门史
2006	朱益芳	杨旺生	专门史
2006	王亚鹏	曾京京	专门史
2006	张建华	曾京京	专门史
2006	胡忠永	惠富平	科学技术史
2006	郭　凯	李　群	科学技术史
2006	林　瞳	李　群	科学技术史
2006	辛　文	李　群	科学技术史
2006	朱　敏	沈志忠	科学技术史
2006	杨　虎	王红谊	科学技术史
2006	刘冬青	王思明、夏如兵	科学技术史
2006	米　雪	杨　坚	科学技术史
2006	王朝君	衣保中、夏如兵	科学技术史

（续表）

入学年份	姓　名	导　师	学科专业
2007	王国帅	惠富平	专门史
2007	王吉祥	惠富平	专门史
2007	陈　俊	刘庆友	专门史
2007	韩西坤	刘庆友	专门史
2007	周　磊	刘庆友	专门史
2007	程玉艳	沈志忠	专门史
2007	陈　潇	杨旺生	专门史
2007	樊译蔚	杨旺生	专门史
2007	孙　丽	曾京京	专门史
2007	谢　眈	曾京京	专门史
2007	殷志华	惠富平	科学技术史
2007	陈晗阳	李　群	科学技术史
2007	徐澜超	李　群	科学技术史
2007	何丽丽	沈志忠	科学技术史
2007	孙振兴	沈志忠	科学技术史
2007	方秋萍	王红谊	科学技术史
2007	夏　磊	王思明	科学技术史
2007	胡文亮	杨　坚	科学技术史
2008	王　炜	惠富平	专门史
2008	于传宝	惠富平	专门史
2008	黄　欢	刘庆友	专门史
2008	朱　清	刘庆友	专门史
2008	何晓芳	沈志忠	专门史
2008	马良义	杨旺生	专门史
2008	张俊霞	杨旺生	专门史
2008	高国金	曾京京	专门史
2008	宋国庆	曾京京	专门史
2008	赵　杰	惠富平	科学技术史

（续表）

入学年份	姓　名	导　师	学科专业
2008	包艳杰	李　群	科学技术史
2008	王　佳	李　群	科学技术史
2008	方　芳	沈志忠	科学技术史
2008	马盈盈	王红谊	科学技术史
2008	康彬彬	王思明	科学技术史
2008	李日葵	王思明	科学技术史
2008	原　媛	杨　坚	科学技术史
2009	郝鹏飞	惠富平	专门史
2009	谢远丹	刘庆友	专门史
2009	杨　媛	刘庆友	专门史
2009	李媛媛	杨旺生	专门史
2009	马　静	曾京京	专门史
2009	许敏蓓	惠富平	科学技术史
2009	肖先娜	李　群	科学技术史
2009	章世明	李　群	科学技术史
2009	樊育蓓	沈志忠	科学技术史
2009	秦　琴	杨　坚	科学技术史
2009	NFORSI GABRIEL NEBA（喀麦隆）	王思明	科学技术史
2010	庄桂平	丁晓蕾	专门史
2010	王　玲	惠富平	专门史
2010	孙宜莉	刘庆友	专门史
2010	王一宁	杨旺生	专门史
2010	殷小霞	曾京京	专门史
2010	曹　颖	惠富平	科学技术史
2010	李　妍	李　群	科学技术史
2010	陈　越	沈志忠	科学技术史
2010	李昕升	王思明	科学技术史
2010	葛明宇	夏如兵	科学技术史

（续表）

入学年份	姓 名	导 师	学科专业
2011	胡乂尹	丁晓蕾	专门史
2011	朱晓雯	惠富平	专门史
2011	于 静	刘庆友	专门史
2011	王 微	惠富平	科学技术史
2011	李海锋	李 群	科学技术史
2011	袁祯泽	沈志忠	科学技术史
2011	张瑞胜	王思明	科学技术史
2011	徐暄淇	夏如兵	科学技术史
2012	张 楠	丁晓蕾	专门史
2012	何彦超	惠富平	专门史
2012	江海燕	刘庆友	专门史
2012	刘西峰	杨旺生	专门史
2012	宋少华	杨旺生	专门史
2012	刘 艳	曾京京	专门史
2012	王 昇	惠富平	科学技术史
2012	陈加晋	李 群	科学技术史
2012	韩 丛	沈志忠	科学技术史
2012	韩冰心	王思明	科学技术史
2012	刘启振	王思明	科学技术史
2012	刘倩文	夏如兵	科学技术史
2012	宋 健	杨 坚	科学技术史
2013	包佩娟	杨旺生	专门史
2013	李 惠	惠富平	专门史
2013	张 文	丁晓蕾	专门史
2013	曹蓓蓓	丁晓蕾	专门史
2013	陈 翔	杨旺生	专门史
2013	刘海霞	刘庆友	专门史
2013	赵 芊	沈志忠	科学技术史

（续表）

入学年份	姓 名	导 师	学科专业
2013	鲁科伟	卢 勇	科学技术史
2013	程庚平	杨 坚	科学技术史
2013	唐 盈	王思明	科学技术史
2013	叶致远	李 群	科学技术史
2013	于 帅	夏如兵	科学技术史
2013	周杰灵	惠富平	科学技术史
2014	付春晓	崔 峰	专门史
2014	王 雨	丁晓蕾	专门史
2014	李潇云	惠富平	专门史
2014	马 杰	季中扬	专门史
2014	邱 艳	刘庆友	专门史
2014	刘慧芳	杨旺生	专门史
2014	华启航	杨旺生	专门史
2014	沈 婧	曾京京	专门史
2014	周瑞洲	何红中	科学技术史
2014	张秀梅	李 明	科学技术史
2014	梁 冉	李 群	科学技术史
2014	沈雨珣	卢 勇	科学技术史
2014	李一琦	沈志忠	科学技术史
2015	单申生	崔 峰	专门史
2015	李静华	丁晓蕾	专门史
2015	田海涛	惠富平	专门史
2015	王新儒	惠富平	专门史
2015	师 慧	季中扬	专门史
2015	王炎文	刘庆友	专门史
2015	许慧群	杨旺生	专门史
2015	王 兵	何红中	科学技术史
2015	赵逸秋	惠富平	科学技术史

（续表）

入学年份	姓　名	导　师	学科专业
2015	赵鹏飞	李　明	科学技术史
2015	葛　雯	李　群	科学技术史
2015	张馨月	沈志忠	科学技术史
2015	张　越	王思明	科学技术史
2015	童　肖	夏如兵	科学技术史
2016	千继贤	崔　峰	专门史
2016	杜伟利	丁晓蕾	专门史
2016	佘燕文	惠富平	专门史
2016	王姝文	刘庆友	专门史
2016	王新月	曾京京	专门史
2016	钱伶俐	惠富平	科学技术史
2016	马凤进	李　群	科学技术史
2016	陈园园	卢　勇	科学技术史
2016	胡思婷	沈志忠	科学技术史
2016	冯竹清	王思明	科学技术史
2016	王　威	夏如兵	科学技术史
2017	王　瑜	崔　峰	专门史
2017	杨昭娣	丁晓蕾	专门史
2017	董宜凡	惠富平	专门史
2017	高莉莉	惠富平	专门史
2017	石文倩	刘庆友	专门史
2017	蒋　静	何红中	科学技术史
2017	李祥凝	惠富平	科学技术史
2017	王恺溪	李　明	科学技术史
2017	金家霖	李　群	科学技术史
2017	冯　培	卢　勇	科学技术史
2017	张　寅	沈志忠	科学技术史
2017	尧　捷	王思明	科学技术史

（续表）

入学年份	姓　名	导　师	学科专业
2017	由　毅	夏如兵	科学技术史
2017	徐雪桦	杨　坚	科学技术史
2018	周龙兴	丁晓蕾	科学技术史
2018	刘新语	何红中	科学技术史
2018	胡钰爽	惠富平	科学技术史
2018	李晶瑶	李　明	科学技术史
2018	王新权	李　群	科学技术史
2018	陈雪音	卢　勇	科学技术史
2018	徐敏菁	沈志忠	科学技术史
2018	段　彦	王思明	科学技术史
2018	金逸伦	夏如兵	科学技术史
2019	张　倩	丁晓蕾	科学技术史
2019	张志翔	何红中	科学技术史
2019	李双玉	惠富平	科学技术史
2019	汪　云	李　明	科学技术史
2019	丁　斌	李　群	科学技术史
2019	张　强	卢　勇	科学技术史
2019	李　建	沈志忠	科学技术史
2019	张雨晴	王思明	科学技术史
2019	张木子	夏如兵	科学技术史
2019	常召旺	朱锁玲	科学技术史